全国计算机等级考试系列用书

Visual Basic 程序设计
学习与考试指导（第二版）

主　编　施　珺　陈艳艳

副主编　蔡　虹　宋世斌　王　霞　周立东

中国铁道出版社
CHINA RAILWAY PUBLISHING HOUSE

内 容 简 介

本书是针对全国计算机等级考试二级 Visual Basic 而编写的，通过对考试知识点的讲述和总结，帮助学生快速掌握 VB 笔试和上机考试的相关知识及应试技巧。

全书按照全国计算机等级考试二级 Visual Basic 考试的内容进行合理安排，分为 VB 程序设计知识要点综述、VB 基础知识典型例题精解、VB 上机操作典型例题精解、二级公共基础知识综述、二级公共基础知识典型例题精解、综合练习、学习方法与应试策略，共 7 章。最后，本书还附有近三年全国计算机等级考试二级 VB 真题汇编。

本书内容紧扣全国计算机等级考试二级 Visual Basic 考试大纲，是准备参加二级 VB 考试考生的优秀复习资料，尤其适合在校大学生复习应试。

图书在版编目(CIP)数据

Visual Basic 程序设计学习与考试指导/施珺，陈艳艳
主编 . —2 版.—北京：中国铁道出版社，2012.6（2016.1 重印）
全国计算机等级考试系列用书
ISBN 978-7-113-14772-3

Ⅰ.①V…　Ⅱ.①施…②陈…　Ⅲ.①BASIC 语言—
程序设计—水平考试—自学参考资料　Ⅳ.①TP312

中国版本图书馆 CIP 数据核字（2012）第 104475 号

书　　名：Visual Basic 程序设计学习与考试指导（第二版）
作　　者：施　珺　陈艳艳　主编

策　　划：张围伟
责任编辑：贾淑媛
编辑助理：包　宁　王　惠
封面设计：付　巍
封面制作：刘　颖
责任印制：李　佳

出版发行：中国铁道出版社（100054，北京市西城区右安门西街 8 号）
网　　址：http://www.51eds.com
印　　刷：河北新华第二印刷有限责任公司
版　　次：2009 年 8 月第 1 版　　2012 年 6 月第 2 版　　2016 年 1 月第 3 次印刷
开　　本：787mm×1092mm　1/16　印张：25　字数：612 千
印　　数：3 001～4 000 册
书　　号：ISBN 978-7-113-14772-3
定　　价：43.00 元

第二版前言

Visual Basic（以下简称 VB）是一种可视化的、面向对象和采用事件驱动方式的结构化高级程序设计语言，可用于开发 Windows 环境下的各类应用程序，易学易用。目前很多高校为非计算机专业学生开设了"VB 程序设计"这门计算机应用基础课程。在全国计算机等级考试和江苏省高等学校非计算机专业学生计算机基础知识和应用能力等级考试中，VB 都是报考人数最多的二级考试语种之一。

全国计算机等级考试二级 VB 于 2002 年秋正式开考，目前每年报考人数达几十万。为了帮助广大学生更好地学习 VB 程序设计的有关知识并顺利通过全国二级 VB 考试，我们组织编写了这本《Visual Basic 程序设计学习与考试指导》。本书着力解决以往同类考试资料多而散的问题，将考试大纲、VB 程序设计基础教程、上机实验指导、习题集、全国计算机等级考试二级 VB 笔试与上机真题汇编有机地融合起来。编写重点放在知识点综述和典型例题解析指导上，将知识点和考点科学地结合起来，通过对典型考题所涉及的知识点进行全面分析、归纳、总结，指导学生掌握解题思路，并能举一反三、融会贯通，帮助学生高效率地掌握二级 VB 考试的相关知识和应试技巧。

全国计算机等级考试二级 VB 由笔试和上机考试两部分组成，笔试部分共 100 分，其中公共基础知识部分包括单选题（20 分）、填空题（10 分），VB 部分包括单选题（50分）、填空题（20 分）；上机考试 100 分。上机考试各场次的考试内容不同，但题型和知识点类似，都是考三类关于 VB 的操作题：基本操作题（30 分）、简单应用题（40 分）和综合应用题（30 分）。本书参照 VB 考试的三大模块（VB 理论知识、VB 上机操作和公共基础知识），分 6 章进行了知识点归纳综述、典型例题精解和综合练习，最后编写了学习方法与应试策略。本书配套的上机操作数据环境请到"凌风阁·VB 课件"教学网站 http://sjweb.hhit.edu.cn/vbweb/download.htm 上下载。

本书由施珺、陈艳艳任主编，蔡虹、宋世斌、王霞、周立东任副主编。施珺编写了第 1、4、7 章，陈艳艳编写了第 2 章和附录 A、B，宋世斌、王霞编写了第 3 章，蔡虹编写了第 5、6 章和附录 C、D，周立东编写了本书所有的习题，最后由施珺和陈艳艳负责统稿和主审。在本书的编写过程中，胡云参与了部分章节的校阅，在此表示衷心的感谢。同时，也对本书参考文献中列出的图书或资料的所有作者表示感谢。

本书第一版于 2009 年 8 月正式出版；第二版增补了部分新的知识点和例题，特别强化了上机例题的讲解，附录中新增了近三年全国等级考试真题与参考答案。

由于编者水平有限，加之时间仓促，书中难免有不妥和错误之处，敬请广大读者指正。

编 者
2012 年 4 月

目　录

第 1 章　VB 程序设计知识要点综述

Visual Basic 简称 VB，是一种可视化的、面向对象和采用事件驱动方式的结构化高级程序设计语言，可用于开发 Windows 环境下的各类应用程序。VB 程序设计包括 Visual 可视化界面设计和 BASIC 语言程序设计两部分知识。

本章根据《全国计算机等级考试二级 Visual Basic 程序设计考试大纲》的要求，将 VB 程序设计知识分为 7 个模块进行讲解，各模块包括考点提要、基本知识点详述和常见错误与难点分析。通过本章学习，读者可以全面掌握二级 VB 考试大纲涉及的所有相关知识。

1.1　VB 可视化界面设计

本节主要介绍 VB 可视化界面设计所涉及的相关知识，包括 VB 程序开发环境、基于对象的可视化编程的基本概念、窗体的设计、常用标准控件的使用、菜单的设计、对话框的应用、鼠标和键盘事件的响应等。

1.1.1　考点提要

根据全国计算机等级考试二级 VB 程序设计考试大纲，VB 可视化界面设计相关的考点见表 1-1。

表 1-1　VB 可视化界面设计考点框架

第　一　层	第　二　层	第　三　层
Visual Basic 程序开发环境	Visual Basic 的特点和版本	—
	Visual Basic 的启动与退出	—
	主窗口	标题和菜单
		工具栏
	其他窗口	窗体设计器和工程资源管理器
		属性窗口和工具箱
对象及其操作	对象	Visual Basic 的对象
		对象属性设置
	窗体	窗体的结构与属性
		窗体事件
	控件	标准控件
		控件的命名和控件值
	控件的画法和基本操作	—
	事件驱动	—

第 一 层	第 二 层	第 三 层
常用标准控件	文本控件	标签
		文本框
	图形控件	图片框、图像框的属性、事件和方法
		图形文件的装入
		直线和形状
	按钮控件	—
	选择按钮	复选框和单选按钮
		列表框和组合框
	滚动条	—
	计时器	—
	框架	—
	焦点与 Tab 顺序	—
菜单与对话框	用菜单编辑器建立菜单	—
	菜单项的控制	有效性控制
		菜单项标记
		键盘选择
	菜单项的增减	—
	弹出式菜单	—
	通用对话框	—
	文件对话框	—
	其他对话框	颜色、字体、打印对话框
多重窗体与环境应用	建立多重窗体应用程序	—
	多重窗体程序的执行与保存	—
	Visual Basic 工程结构	标准模块
		窗体模块
		Sub Main 过程
	闲置循环与 DoEvents 语句	—
键盘与鼠标事件过程	KeyPress 事件	—
	KeyDown 与 KeyUp 事件	—
	鼠标事件	—
	鼠标光标	—
	拖放	—

1.1.2　基本知识点详述

1．VB 可视化开发环境

（1）Visual Basic 的特点

① 具有基于对象的可视化设计工具。

② 事件驱动的编程机制。

③ 提供易学易用的应用程序集成开发环境。

④ 结构化程序设计语言。

⑤ 强大的网络、数据库、多媒体功能。

⑥ 完备的联机帮助功能。

（2）Visual Basic 的版本

Visual Basic 6.0 包括 3 种版本，分别为学习版、专业版和企业版。

① 学习版：Visual Basic 的基础版本，可用来开发 Windows 应用程序。该版本包括所有的内部控件（标准控件）、网格（Grid）控件、Tab 对象以及数据绑定控件。

② 专业版：该版本为专业编程人员提供了一整套用于软件开发、功能完备的工具。它不但包括学习版的全部功能，同时还包括 ActiveX 控件、Internet 控件、Crystal Report Writer 和报表控件。

③ 企业版：可供专业编程人员开发功能强大的组内分布式应用程序。该版本不但包括专业版的全部功能，同时还具有自动化管理器、部件管理器、数据库管理工具、Microsoft Visual SourceSafe 面向工程版的控制系统等。

（3）Visual Basic 的启动与退出

VB 的启动方式有如下几种：

① 选择"开始"菜单中的"程序"命令，从中选择"Microsoft Visual Basic 6.0 中文版"命令。

② 使用"我的电脑"，找到安装 Visual Basic 6.0 程序的硬盘位置，双击 vb6.exe 图标。

③ 选择"开始"菜单中的"运行"命令，在"打开"文本框中输入 Visual Basic 6.0 启动文件的名字（包括路径）。例如 C:\Program Files\VB\vb6.exe。

④ 建立启动 Visual Basic 6.0 的快捷方式。

在以上启动方式中，推荐使用快捷方式，这样每次打开运行最便捷。

退出 VB 环境很简单，直接单击窗口标题栏右侧的"关闭"按钮，或从"文件"菜单中选择"退出"命令，或按快捷键【Alt+Q】即可。关闭时要注意保存工程和窗体文件，选择适当的保存路径并给定含义清晰的文件名。

（4）主窗口

主窗口是标题栏、菜单栏和工具栏所在的窗口。

① 标题栏：屏幕顶部的水平条，它显示的是应用程序的名字。

② 菜单栏：在标题栏的下面，是集成环境的主菜单。

③ 工具栏：包括编辑、标准、窗体编辑器和调试，并可根据需要定义用户自己的工具栏。

（5）其他窗口

① 窗体设计器窗口：利用工具箱提供的控件，在该窗口中设计用户界面。

② 属性窗口：从该窗口设置窗体及各种控件的属性，不同对象具有不同的属性，很多属性可以使用默认值。

③ 工程资源管理器窗口：在该窗口列出一个应用程序所需要的文件列表，该窗口中的文件分六类：窗体文件、程序模块文件、类模块文件、工程文件、工程组文件和资源文件。

④ 工具箱：由工具图标组成，这些图标就是 VB 应用程序的构件，称为图形对象或控件。工具箱中的工具分两类，一类称为内部控件或标准控件，一类称为 ActiveX 控件。启动 VB 时，工具箱中只有标准控件，ActiveX 控件需要手动添加。

⑤ 调色板窗口：单击该窗口中的各颜色块即可改变当前选中的窗体或控件的背景色。

⑥ 代码窗口：在该窗口编写程序代码，双击窗体、控件，或单击工程资源管理器窗口的"查看代码"按钮即可打开代码窗口。

⑦ 立即窗口：是调试时最常用、最方便的窗口，可以在代码中利用 Debug.Print 方法把输出送到该窗口，也可以直接在该窗口中使用 Print 语句或"?"显示变量的值。

2. VB 可视化编程的基本概念

（1）VB 基本术语

① 工程（Project）：是指用于创建一个应用程序的文件的集合。

② 窗体（Form）：是所有控件的容器，用来创建应用程序的用户界面。

③ 控件（Control）：工具箱中列出的各种按钮、标签、文本框等。

④ 对象（Object）和类：对象是具有特殊属性（数据）和行为方式（方法）的实体。类是同一种对象的集合与抽象。类是创建对象实例的模板，对象则是类的一个实例。VB 中主要有两类对象：窗体和控件。VB 中的每个对象都是用类定义的，在界面设计时通过各种控件类来创建控件对象。

⑤ 属性（Property）：是指对象的特征，如大小、标题或颜色。

⑥ 事件（Event）：事件是发生在对象上的动作。事件的发生不是随意的，某些事件仅发生在某些对象上。在 VB 中事件的调用形式如下：

```
Private Sub 对象名_事件名
    (事件内容)
End Sub
```

⑦ 方法（Method）：方法指的是控制对象动作行为的方式。它是对象本身内含的函数或过程，方法不是随意的，一些对象有一些特定的方法。在 VB 中方法的调用形式如下：

```
[对象名].方法名　[参数]
```

若省略对象名，表示为当前对象，一般指窗体。

⑧ 过程（Process）：在程序设计中，为各个相对独立的功能模块所编写的一段程序称为过程。VB 程序的基本单位是过程。

⑨ 事件驱动机制：传统编程使用的是面向过程、按顺序进行的机制，VB 是采用事件驱动编程机制的语言。在事件驱动的应用程序中，代码不是按照预定的路径执行，而是在响应不同的事件时执行不同的代码片段（过程）。事件可以由用户操作触发，也可以由来自操作系统或其他应用程序的消息触发，甚至可由应用程序本身的消息触发。这些事件的顺序决定了代码执行的顺序，因此应用程序每次运行时所经过的代码的路径都可以是不同的。代码在执行中也可以触发事件。

（2）VB 程序的组成

VB 应用程序是基于对象的，一个 VB 程序也称为一个工程，一个工程通常由三类文件组成：窗体文件、标准模块文件、类模块文件，见表 1-2。

表 1-2　VB 应用程序文件类型

文 件 类 型	说　　明
工程文件（.vbp）	它是与该工程有关的全部文件和对象的清单，该文件是必选项
窗体文件（.frm）	它包含事件过程，以及该窗体及窗体上的各个控件对象的属性设置以及相关的说明，该文件是必选项
二进制数据文件（.frx）	当窗体中含有二进制属性（如图片或图标）时，该文件将自动产生
标准模块文件（.bas）	它包含可以被任何窗体或对象调用的过程程序代码，该文件是可选项
类模块文件（.cls）	该文件是可选项
包含 ActiveX 控件的文件（.ocx）	该文件是可选项

（3）VB 程序的开发步骤

① 创建程序的用户界面。

② 设置界面上各个对象的属性。

③ 编写对象响应事件的程序代码。

④ 保存工程。

⑤ 测试应用程序，排除错误。

⑥ 创建可执行程序。

在 VB 程序设计中，基本的设计机制是：改变对象的属性、使用对象的方法、为对象事件编写事件过程。程序设计时要做的工作就是决定应更改哪些属性、调用哪些方法、对哪些事件做出响应，从而得到希望的外观和行为。

3．窗体

（1）窗体的属性（见表 1-3）

表 1-3　窗体常用属性简介

属　性	名　称	说　　明
Name	窗体名称	系统识别窗体的标识名，一个窗体名必须以一个字母开头，可包含数字和下画线，但不能包含空格和标点符号
Caption	窗体标题	出现在窗体标题栏中的文本内容
Icon	窗体图标	这个属性是用户经常要使用的一种属性。当用户的应用程序在工具条上最小化或在 Windows 桌面上变为一个独立应用程序时，该属性决定将采用何种图标，窗体控制框里的图标也由它决定
BackColor	窗体背景色	可以从属性框里弹出调色板，选择所需要的颜色
ForeColor	窗体前景色	窗体上显示文字的颜色
BorderStyle	边框风格	这个属性决定了窗体边框的样式，共有 6 种属性值。改变窗体的 BordrStyle 属性后，窗体在屏幕上没有变化，它只在运行时才变为所要求的样子
MaxButton	最大化按钮	该属性为 ture 时，窗体右上角有最大化按钮，否则无
MinButton	最小化按钮	该属性为 ture 时，窗体右上角有最小化按钮，否则无
Font	字体	用来改变该窗体上显示信息的字体、字形和字号，它控制着直接在窗体上打印的文本显示
Visible	可见性	该属性决定窗体是否可见，默认情况下是可见的
WindowState	窗体状态	指定窗体在运行时的三种状态：正常、最小化、最大化

属　　性	名　　称	说　　明
Enabled	活动性	默认值为 True，决定窗体能否被访问
Left、Top、Height、Width	左边距、顶边距、高度、宽度	决定窗体在屏幕上的位置及窗体大小

设置属性的方法如下：

① 在设计时通过属性窗口设置。直接在属性窗口中选择或输入即可。

② 在程序代码中改变属性值。代码中的格式为：

对象名.属性=属性值

例如：

Form1.BackColor=RGB（255,0,0）

（2）窗体的常用方法（见表 1-4）

表 1-4　窗体常用方法

方法名称	使　用　格　式	功　能　说　明
Hide	object.Hide	用以隐藏 MDIForm 或 Form 对象，但不能使其卸载
Move	object.Move left [,top[,width,height]]	用以移动 MDIForm、Form 或控件。只有 left 参数是必需的
Print	object.Print [outputlist]	在"立即"窗口中显示文本。可以用空白或分号来分隔多个表达式。如果 outputlist 数据是 Empty，则无内容可写
PrintFrom	object.PrintForm	用以将 Form 对象的图像逐位发送给打印机
Refresh	object.Refresh	强制全部重绘一个窗体或控件。Refresh 方法不能用于 MDI 窗体，但能用于 MDI 子窗体。不能在 Menu 或 Timer 控件上使用 Refresh 方法
Show	object.Show[style,[ownerform]]	用以显示 MDIForm 或 Form 对象。参数 style 是可选的，如果 style 为 0，则窗体是无模式的；如果 style 为 1，则窗体是模式的
Cls	object.Cls	清除运行时 Form 或 PictureBox 上所显示的图形和文本。但设计时在 Form 中使用 Picture 属性设置的背景位图和放置的控件不受 Cls 影响

说明：

① 隐藏窗体时，它就从屏幕上被删除，并将其 Visible 属性设置为 False。 用户将无法访问隐藏窗体上的控件，但是对于运行中的 Visual Basic 应用程序，或对于通过 DDE 与该应用程序通信的进程及对于 Timer 控件的事件，隐藏窗体的控件仍然是可用的。窗体被隐藏时，用户只有等到被隐藏窗体的事件过程的全部代码执行完后才能够与该应用程序交互。如果调用 Hide 方法时窗体还没有加载，那么 Hide 方法将加载该窗体但不显示它。

② 在下列情况下使用 Refresh 方法：在另一个窗体被加载时显示一个窗体的全部；更新诸如 FileListBox 控件之类的文件系统列表框的内容；更新 Data 控件的数据结构。

③ Show 方法中的参数 Ownerform 是可选的，指出部件所属的窗体被显示。对于标准的 Visual Basic 窗体，使用关键字 Me。如果调用 Show 方法时指定的窗体没有装载，Visual Basic 将自动装载该窗体。当 Show 在显示模式窗体时，除了模式窗体中的对象之外不能进行输入（使用键盘或鼠标）。MDIForm 不能是模式的。

④ 如果激活 Cls 之前 AutoRedraw 属性设置为 False，调用时该属性设置为 True，则放置在 Form 或 PictureBox 中的图形和文本不会被清除。这就是说，通过对正在处理的对象的 AutoRedraw 属性进行操作，可以保持 Form 或 PictureBox 中的图形和文本。调用 Cls 之后，对象的 CurrentX 和 CurrentY 属性复位为 0。

（3）窗体的常用事件（见表 1-5）

表 1-5　窗体常用事件

事 件 名 称	说　　明
Load	这个事件发生在窗体被装入内存时，且发生在窗体出现在屏幕之前。窗体出现之前，Visual Basic 会看一看 Load 事件里有没有代码，如果有，那么它先执行这些代码，再让窗体出现在屏幕上
Click, Dblclick	这两个事件在单击或双击窗体时发生。不过单击窗体里的控件时，窗体的 Click 事件并不会发生，Visual Basic 会首先查看控件的 Click 事件里有没有代码
Activate（活动）与 Deactivate（非活动）	显示多个窗体时，可以从一个窗体切换到另一个窗体。每次激活一个窗体时，发生 Activate 事件，而前一个窗体发生 Deactivate 事件
Resize	在窗体被改变大小时会触发此事件

（4）窗体的控制

① 装入或卸出窗体。要装入或卸出窗体，用 Load 或 Unload 语句。

装入窗体：

```
Load formName
```

卸出窗体：

```
UnLoad formName
```

formName 变量是要装入或卸出的窗体名。Load 语句只是把窗体装入内存，并不显示出来，要显示窗体可以使用窗体的 Show 方法。

② 显示或隐藏窗体。要显示或隐藏窗体，用 Show 或 Hide 方法。若尚未装入内存，则先装入再显示。

显示窗体格式如下：

```
formName.show [mode]
```

隐藏窗体格式如下：

```
formName.hide
```

formName 是窗体名，参数 mode 为 0（默认值）时窗体为非模式，为 1 时窗体为模式。模式窗体完全占有应用程序控制权，不允许切换到别的应用程序，除非关闭，而非模式窗体则反之。

③ END 语句。END 语句的功能是终止应用程序的执行，并从内存卸载所有窗体。语法是：

```
END
```

4．常用标准控件

（1）标准控件一览表（见表 1-6）

表 1-6　标准控件

英 文 名	中 文 名	英 文 名	中 文 名	英 文 名	中 文 名
TextBox	文本框	Timer	计时器	HScrollBar	水平滚动条
ListBox	列表框	Pointer	指针	VScrollBar	垂直滚动条
CheckBox	复选框	Label	标签	DirListBox	文件夹列表框
PictureBox	图片框	Line	线条	DriveListBox	驱动器列表框

续表

英 文 名	中 文 名	英 文 名	中 文 名	英 文 名	中 文 名
ComboBox	组合框	Shape	图形	FileListBox	文件列表框
OptionButton	选项按钮	Image	图像	Data	数据控制
CommandButton	命令按钮	Frame	框架	OLE	对象连接与嵌入

注：OLE（Object Linking and Embedding，对象连接与嵌入）是在客户应用程序间传输和共享信息的一组综合标准。通过该控件可以将其他软件内嵌到 VB 程序中，如 Word、Excel 等。

（2）常用控件的属性、方法和事件（见表 1–7）

表 1–7　常用控件的属性、方法和事件

控 件 名 称	属性、方法、事件	说　　明
TextBox 文本框（用于接受用户在框内输入的内容）	Text 属性	即用户从文本框输入的内容
	PasswordChar 属性	设置口令时用的掩码，如用*代替实际输入的内容
	MaxLength 属性	最大长度，默认值为 0，即可以输入任意个字符
	MultiLine 属性	为 True 时可以多行文本显示，为 False 时只能输入一行文本
	Alignment 属性	文本在框中的对齐方式：0=左对齐，1=右对齐，2=居中
	Chang 事件	当文本框中的文本内容发生变化时触发该事件
	LostFocus 事件	当光标离开文本框时触发该事件
Label 标签（用于在窗体上添加文字说明）	Caption 属性	为标签控件中显示的文本内容
	Alignment 属性	Caption 文本的对齐方式：0=左对齐，1=右对齐，2=居中
	WordWrap 属性	为 True 时可根据标签大小自动换行
	AutoSize 属性	自动调节大小，为 True 时可根据文本大小自动调整标签大小，为 False 时标签大小不能改变，过长的文本被截掉
ListBox 列表框（用于列出可供用户选择的项目列表）	List 属性	用于保存列表内容，访问格式如下： [对象名.]List(列表项序号) 列表项的序号由上到下依次为 0、1、2、3、…
	ListCount 属性	列表项数目
	ListIndex 属性	列表项索引，其值为最后选中的列表项序号，第一个为 0，如果未选中任何表项，其值为-1
	Text 属性	列表项正文，其值为最后选中的列表项的文本，它与 List（ListIndex）相同
	Columns 属性	列表框显示形式取 0 时为一列显示所有行，其他值为多列
	Sort 属性	排序属性，为 True 时，列表项按 ASCII 码排序；为 False 时，则不排序
	AddItem 方法	添加列表项，使用格式如下： [对象名.]AddItem<列表项文本>[,插入位置序号] 若不指定位置，则插入到列表末尾
	Clear 方法	删除列表所有项目
	RemoveItem 方法	删除列表项，使用格式如下： [对象名.] RemoveItem 删除项序号

续表

控 件 名 称	属性、方法、事件	说　　明
PictureBox 图片框 Image 图像（用来把图形放入程序里）	AutoSize/Stretch 属性	调整图片框以适应图像/调整图像以适应外框

	Picture 属性	决定控件中显示的图像
		装入图形：
		`Picture1.Picture=LoadPicture("c:\sj\hand.bmp")`
		删除图形：
		`Picture1.Picture=LoadPicture("")`

ComboBox 组合框（将列表框和文本框结合在一起）	Style 属性	外观属性：取 0 时，系统创建一个带下拉式列表框的组合框；为 1 时，系统创建一个由文本框和列表框直接组合在一起的简单组合框，可以从列表框中选择，也可以直接在文本框中输入；为 2 时，系统创建一个没有文本框的下拉式列表框，单击列表框上的按钮才显示文本框，用户不能在文本框中输入，只能在下拉列表中选择
	Text 属性	其值为用户从列表框中选定的文本或直接输入的文本
	AddItem 方法	添加列表项，使用格式如下： `[对象名.]AddItem<列表项文本>[,插入位置序号]` 若不指定位置，则插入到列表末尾
	Clear 方法	删除列表所有项目
	RemoveItem 方法	删除列表项，使用格式如下： `[对象名.]RemoveItem 删除项序号`
CommandButton 命令按钮	Caption 属性	为命令按钮上显示的文本内容
	Cancel 属性	取消属性，它为 True 时，按【Esc】键即等于单击此按钮
	Default 属性	默认属性，它为 True 时，按【Enter】键即等于单击此按钮
Timer 计时器	Interval 属性	两次调用 Timer 事件的事件间隔，用于创建动态效果。它的值以 0.001s 为单位
	Enabled 属性	设置该控件是否被激活
	Timer 事件	当时钟控件的 Enabled 属性为 True 时，Timer 事件以 Interval 属性值的 ms 间隔发生。如果将时钟控件的 Enabled 属性设为 False 或 Interval 属性设为 0 时，计时器停止运行，则 Timer 事件不会发生
Frame 框架	Caption 属性	框架控件上显示的文本内容，该属性为空时，显示为一个封闭边框
CheckBox 复选框	Caption 属性	设置选项按钮旁的标题文字
	Alignment 属性	决定它们的对齐方式，0 表示左对齐，1 表示右对齐
	Value 属性	决定复选框是否被选中，当为 1 时，表示选中，当为 0 时，表示未选中，当为 2 时，灰色禁用
OptionButton 选项按钮	Caption 属性	设置选项按钮旁的标题文字
	Alignment 属性	同复选框
	Value 属性	决定选项按钮是否被选中，当为 True 时，表示选中，当为 False 时，表示未选中

控 件 名 称	属性、方法、事件	说　明
Scroll Bar 滚动条	Max、Min 属性	Min 属性决定滚动条最左端或最顶端所代表的值。Max 属性决定滚动条最右端或最下端所代表的值
	Value 属性	Value 属性代表当前滑块所处位置的值，这个值由滑块的相对位置决定
	SmallChange、LargeChange 属性	SmallChange 决定在滚动条两端的箭头按钮上单击时增减的值，LargeChange 决定在滑块上方或下方区域单击时增减的值
	Change 事件	Value 属性值变化时发生
	Scroll 事件	在滑块移动时发生

另外，VB 控件还有下列一些公共属性、公共方法和公共事件：

① 公共属性：Name、Enabled、Fontsize、Height、Width、Index、Left、Top、TabStop。

② 公共方法：Move、Refresh、Setfocus（设置焦点）。

③ 公共事件：Click、DblClick、LostFocus（失去焦点）。

（3）常用控件的使用辨析

① 文本框和标签的区别。文本框通常用于向计算机输入信息，而标签通常用于输出信息。文本框是一个十分重要的控件，它是由外界向程序输入信息的主要控件。标签可以看成是一个在运行时不能修改正文的文本框，因此标签主要用于输出信息。

② Label 的 AutoSize 属性和 WordWrap 属性。

- 为了使标签具有垂直伸展和字换行处理功能，必须将它的 AutoSize 属性和 WordWrap 属性同时设置为 True。
- AutoSize 属性为 False，WordWrap 属性为 False 时，若标签不够高而 Caption 太长时，Caption 将被切割掉。
- AutoSize 属性为 False，WordWrap 属性为 True 时，情况也如此。
- AutoSize 属性为 True，WordWrap 属性为 False 时，表示可以水平伸展，但只显示一行信息。

③ PictureBox 和 Image 的 Stretch 属性和 AutoSize 属性。

- Image 只有 Stretch 属性，而 PictureBox 只有 AutoSize 属性。
- AutoSize 属性设为 True，则 PictureBox 改变自己的大小来适应其中的图形。
- Stretch 属性设为 True，则 Image 中的图形将改变自己的大小来适应外面的边框。

④ Frame 框架、CheckBox 复选框、OptionButton 选项按钮的区别。

- 复选框和选项按钮用于向程序输入信息，框架用来对复选框和选项按钮进行分组，每一组单选按钮都是独立的。
- 复选框选中时会在小方框里打一个勾，选项按钮选中时会在小圆圈里点一个点。
- 单选按钮和复选框能够响应 Click 事件，但通常不需要编写事件过程。
- 框架的重要属性是 Caption，一般不需要编写事件过程。

5. 菜单与对话框

（1）菜单

VB 中的菜单一般由菜单条、菜单标题、菜单项、子菜单、弹出式菜单组成。

① 普通菜单的设计。

- 给菜单命名：菜单标题和菜单命令也有 Caption 和 Name 属性，设置了这两个属性就等于创建了菜单。Name 是一个抽象名称，Caption 是屏幕上可见的，可在 Caption 里加入 "&" 来设置访问键（即在拟作访问键的字母下产生一个下画线，按【Alt】+访问键可启动该菜单）。快捷键（即热键）在菜单编辑器中直接选择。
- 增加和删除菜单：在 Menu Editor 中部有三个命令钮分别是 "下一个"、"插入"、"删除"。按 "插入" 按钮可用来增加新的菜单，"删除" 按钮可用来删掉菜单。
- 移动菜单：有 4 种情况包括向上移动、向下移动、向左缩排、向右缩排。选中某一菜单标题，按上下箭头菜单将上下移动到所需的位置上。由于菜单是分级的，按左右箭头可以改变菜单的级别，按向右箭头，按一次缩进一次，菜单下降一个级别；按向左箭头，按一次则菜单上升一个级别。例如：没有缩排时是一个菜单标题，按向右箭头缩排一次将变成一个菜单命令，缩排两次将成为一个子菜单命令。VB 里可以总共设计四层子菜单。
- 设置分隔线：VB 将分隔线也看成一个菜单项，当设置了一个 Caption 属性为 "–"（减号）的菜单项时，实际上就设置了一个分隔线。
- 菜单的各种简单属性如下：
  - ➤ Checked 复选属性：这个属性值设置为真，将在菜单命令左边产生一个打勾的确认标志。
  - ➤ Enabled 有效属性：Enabled 属性为真，则菜单命令是清晰的，Enabled 属性为假，则菜单命令是模糊的，这时用户就不能选中这个菜单项了。
  - ➤ Visible 可见属性：如果把 Visible 属性设为假，则菜单根本不会出现在屏幕上。
  - ➤ Index 属性：可以生成菜单命令数组，用索引号区分开。添加菜单可用 Load 方法。

以上这些属性可以在运行时设置，形成动态的菜单。
- 为每个菜单项编写事件过程代码。

菜单的事件过程格式与控件的事件过程相似，如已知某菜单项的名称为 Menu1，则其 Click 事件过程格式如下：

```
Private sub Menu1_Click()
```
② 生成弹出式菜单（或浮动菜单）。

弹出式菜单用 PopupMenu 方法调用。假设已经用菜单编辑器生成了名为 mnuedit 的菜单，则可以在 MouseDown 事件加入如下代码就可以生成弹出式菜单：

```
If Button=2 Then PopupMenu mnuedit
```
此处 Button=2 用来表示当右击时弹出菜单。

（2）对话框

① 对话框的分类。在 VB 应用程序中，对话框有三种：预定义的对话框、通用对话框和用户自定义对话框。
- 预定义对话框：是系统提供的对话框，VB 提供了两种预定义对话框，即输入框和消息框，分别用 InputBox 和 MsgBox 函数建立。
- 通用对话框：是一种控件，用这种控件可以设计较复杂的对话框，如打开、另存为、颜色、字体、打印和帮助 6 种类型的对话框。使用它们可以减少设计程序的工作量。
- 自定义对话框：是由用户根据自己的需要定制的对话框，是具有特殊属性设置的窗体。作为对话框的窗体的 BorderStyle、ControlBox、MaxButton 和 MinButton 属性应分别设置为 1、False、

False 和 False。如果需要比输入框或信息框功能更多的对话框，只能由用户自己建立。

② 对话框的特点。

- 在一般情况下，用户没有必要改变对话框的大小，因此其边框是固定的。
- 为了退出对话框，必须单击其中的某个按钮，不能通过单击对话框外部的某个地方关闭对话框。
- 在对话框中不能有"最大化"按钮（MaxButton）和"最小化"按钮（MinButton），以免被意外地扩大或缩成图标。
- 对话框中不是应用程序的主要工作区，只是临时使用，使用后就关闭。

③ 通用对话框控件的使用方法。

对话框运行时通过程序代码激活，在程序中设置通用对话框的 Action 属性或调用 Show 方法，就可以调出相应的对话框。通用对话框的属性和方法如表 1-8 所示。

命令格式：

```
CommonDialog1.ShowXXX
```
或
```
CommonDialog1.Action=X
```

表 1-8　通用对话框的属性和方法

通用对话框类型	Action 属性	Show 方法	共 用 属 性	特 殊 属 性
"打开"（Open）对话框	1	ShowOpen	CancelError、DialogTitle、HelpCommand、HelpContext、HelpFile、HelpKey	—
"另存为"（Save As）对话框	2	ShowSave		—
"颜色"（Color）对话框	3	ShowColor		Color、Flags
"字体"（Font）对话框	4	ShowFont		FontBold、FontItalic、FontName、FontSize、Flags、FontStrikeThru 和 FontUnderline、Max 和 Min
"打印"（Print）对话框	5	ShowPrinter		Flags、Copies、hDC、FromPage 和 ToPage、PrinterDefault、Max 和 Min
"帮助"（Help）对话框	6	ShowHelp		—

说明：

- "字体"（Font）对话框在设置 Max 和 Min 属性之前，必须把 Flags 属性值设置为 8192。
- "打印"（Printer）对话框如果把 Flags 属性值设置为 262144，则 Copies 属性值总为 1；如果要使用 FromPage 和 ToPage 属性，必须把 Flags 属性设置为 2。
- "打印"（Print）对话框的 hDC 属性是分配给打印机的句柄，用来识别对象的设备环境，用于 API 调用。
- PrinterDefault 属性是一个布尔值，在默认情况下为 True。当该属性值为 True 时，如果选择了不同的打印设置（如将 Fax 作为默认打印机等），Visual Basic 将对 Win.ini 文件做相应的修改。如果把该属性设为 False，则对打印设置的改变不会保存在 Win.ini 文件中，并且不会成为打印机的当前默认设置。

6．多重窗体与环境应用

简单的 VB 应用程序通常只包括一个窗体，称为单窗体程序。对复杂的应用程序，单一窗体往往不能满足需要，必须通过多重窗体（Mulit-Form）来实现。

（1）建立多重窗体应用程序

在多重窗体程序中，在设计之前应先通过"工程"菜单中的"添加窗体"命令建立每个窗体。设计中要注意多个窗体之间的切换，需要打开、关闭、隐藏或显示指定的窗体。

① 与多重窗体程序设计有关的语句和方法如下：

• Load 语句格式：

Load 窗体名称

• Unload 语句格式：

Unload 窗体名称

• Show 方法格式：

[窗体名称.] Show [模式]

• Hide 方法格式：

[窗体名称.] Hide

② 建立界面（窗体）。

一般应有封面窗体及各功能模块对应的其他窗体，各窗体的设计方法同单窗体。

③ 为各窗体编写程序代码。

程序代码是针对每个窗体编写的，其编写方法与单一窗体相同。只要在工程资源管理器窗口中选择所需要的窗体文件，然后单击"查看代码"按钮，就可以进入相应窗体的程序代码窗口。

（2）多重窗体程序的执行与保存

① 指定启动窗体：VB 规定，多窗体程序必须指定其中一个为启动窗体，只有启动窗体才能在运行时自动显示出来，其他窗体必须通过 Show 方法才能看到。如果未指定，系统则把设计时的第一个窗体作为启动窗体首先显示出来。

② 多窗体程序的存取。

• 保存多窗体程序：多窗体设计时，每个窗体都要保存，且要保存工程文件。

• 打开多窗体程序：应该通过"打开工程"命令打开多窗体程序的工程文件，这样可以在工程资源管理器中显示出所有窗体文件，方便窗体设计和相互调用。

• 多窗体程序的编译：多窗体程序可以编译生成可执行（.exe）文件，生成后的文件可在 Windows 中直接执行。

（3）Visual Basic 工程结构

VB 中主要有三种模块：窗体模块、标准模块和类模块。VB 应用程序结构如图 1-1 所示。

① 标准模块。标准模块也称全局模块或总模块，由全局变量声明、模块层声明及通用过程等几部分组成。其中全局变量声明放在标准模块的首部，因为每个模块都可能要求有它自己的具有唯一名称的全局变量。全局变量声明总是在启动时执行。

在标准模块中，全局变量用 Public 声明，模块层变量用 Dim 或 Private 声明。

一个工程文件可以有多个标准模块，也可以把原有的模块加入到工程中。当一个工程中有多个标准模块时，各模块中的过程不能重名。

VB 通常从启动窗体命令开始执行，在此之前，不会执行标准模块中的 Sub 或 Function 过程，只能在窗体指令中调用。

```
                                                         ┌ 全局变量声明
                                              标准模块    │ 模块层声明
                                              （.bas）   ┤ Sub Main 过程
                                                         └ 通用过程
                                   工程         窗体模块    ┌ 窗体层声明
                                 （.vbp）     （.frm）   ┤ 通用过程
                       工程组                              └ 事件过程
                     （.vbg）      工程         类模块
                                 （.vbp）     （.cls）
                                   …
```

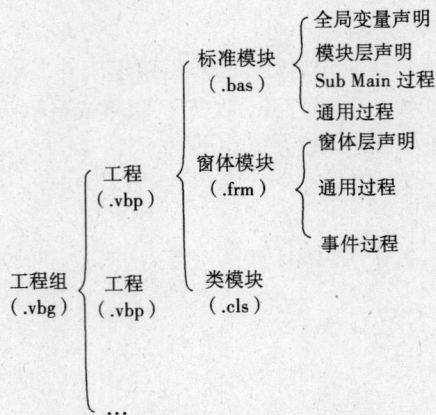

图 1–1　VB 应用程序结构

　　② 窗体模块。窗体模块包括三部分内容，即声明部分、通用过程部分和事件过程部分。在声明部分中，用 Dim 语句或 Private 语句声明窗体模块所需要的变量，因而其作用域为整个窗体模块，包括该模块内的每个过程。注意，在窗体模块代码中，声明部分一般放在最前面，而通用过程和事件过程的位置没有严格限制。

　　窗体模块中的通用过程可以被本模块或其他窗体模块中的事件过程调用。在窗体模块中可以调用标准模块中的过程（当过程名唯一时可以直接调用），也可以调用其他窗体模块中的过程（必须加上过程所在窗体的名字），被调用的过程必须用 Public 定义为公用过程。

　　③ Sub Main 过程。在一个含有多个窗体或多个工程的应用程序中，有时候需要在显示多个窗体之前对一些条件进行初始化，这就需要在启动程序时执行一个特定的过程。在 Visual Basic 中，这样的过程称为启动过程，并命名为 Sub Main，它类似于 C 语言中的 Main 函数。

　　Sub Main 过程在标准模块窗口中建立，方法是：选择"工程"菜单中的"添加模块"命令，打开标准模块窗口，在该窗口中输入：

```
Sub Main
```

按【Enter】键，将显示该过程的开头和结束，然后即可在两个语句之间输入程序代码。

　　Sub Main 过程位于标准模块中，一个工程可以含有多个标准模块，但 Sub Main 过程只能有一个。一般 Sub Main 过程通常是作为启动过程编写的，但 VB 并不能自动识别该过程为启动过程，必须在工程属性窗口中将其设置为启动对象。

　　（4）闲置循环与 DoEvents 语句

　　VB 是事件驱动型的语言，一般情况下只有当事件发生时才执行相应的程序，如果没有事件发生，则应用程序处于"闲置"状态。另一方面，当 VB 执行一个过程时，将停止对其他事件的处理，当 VB 处于忙碌状态，事件只能在队列中等待。为改变这种执行顺序，Visual Basic 提供了闲置循环（Idle Loop）和 DoEvents 语句。

　　所谓闲置循环就是当应用程序处于闲置状态时，用一个循环来执行其他操作。当执行闲置循环时，会占用 CPU 全部的时间，不允许执行其他事件，使系统处于无限循环中，没有任何反应。为此，VB 提供了一个 DoEvents 语句，当执行闲置循环时，可以用它把控制权交给周围环境使用，然后回到原来程序继续执行。

　　DoEvents 既可以作为语句，也可以作为函数使用，一般格式如下：

［窗体号＝］DoEvents［()］

7. 键盘与鼠标事件过程

（1）鼠标

除了 Click 和 DblClick 之外，鼠标事件还有 MouseDown、MouseUp 和 MouseMove。

VB 提供了这三个鼠标事件过程的模板。

按下鼠标事件过程：

```
Sub Form_MouseDown(Buttom As Integer, Shift As Integer,x As Single,y As Single)
End Sub
```

松开鼠标事件过程：

```
Sub Form_MouseUp(Buttom As Integer, Shift As Integer,x As Single,y As Single)
End Sub
```

移动鼠标光标事件过程：

```
Sub Form_MouseMove(Buttom As Integer, Shift As Integer,x As Single,y As Single)
End Sub
```

三个鼠标事件过程具有相同的参数，含义如下：

① Button：被按下的鼠标键，可以取 3 个值，vbLeftButton（值为 1，表示按下鼠标左键）、vbRighttButton（值为 2，表示按下鼠标右键）、vbMiddleButton（值为 3，表示按下鼠标中间键）。

② Shift：表示【Alt】、【Ctrl】和【Shift】键的状态，可以取 8 个值：

0——【Alt】、【Ctrl】和【Shift】键都没有被按下。

1——只有【Shift】键被按下。

2——只有【Ctrl】键被按下。

3——【Shift】和【Ctrl】键同时被按下。

4——只有【Alt】键被按下。

5——【Shift】和【Alt】键同时被按下。

6——【Ctrl】和【Alt】键同时被按下。

7——【Alt】、【Ctrl】和【Shift】键同时被按下。

③ x、y：表示当前鼠标光标的位置。

这三个鼠标事件过程适用于窗体和大多数控件。

（2）键盘

键盘事件有 KeyPress、KeyUp 和 KeyDown。KeyUp 和 KeyDown 所接收到的信息与 KeyPress 接收到的不完全相同。

KeyUp 和 KeyDown 能检测到 KeyPress 不能检测到的功能键、编辑键和箭头键。

KeyPress 接收到的是用户通过键盘输入的 ASCII 码字符。例如，当键盘处于小写状态，用户在键盘按【A】键，则 KeyAscii 参数值为 97；当键盘处于大写状态，用户在键盘按【A】键，则 KeyAscii 参数值为 65。KeyUp 和 KeyDown 接收到的是用户在键盘所按键的键盘扫描码。例如，不管键盘处于小写状态还是大写状态，KeyCode 参数值都是 65。

总之，如果需要检测用户在键盘输入的是什么字符，则应选用 KeyPress 事件；如果需要检测用户所按的物理键时，则应选用 KeyUp 或 KeyDown 事件。

在默认情况下，单击窗体上的控件时，窗体的 KeyPress 与 KeyUp 和 KeyDown 事件不会发生。

为了启用这三个事件，心须将窗体的 KeyPreview 属性设为 True，而默认值为 False。一旦将窗体的 KeyPreview 属性设为 True，键盘信息要经过两个平台（窗体级键盘事件过程和控件的键盘事件过程）才能到达控件。例如，假定有下列两个过程：

```
Sub Form_KeyPress(KeyAscii As Integer)
    KeyAscii=KeyAscii+1
End Sub
Private Sub txtTest_ KeyPress(KeyAscii As Integer)
    KeyAscii=KeyAscii+1
End Sub
```

则当用户在键盘上输入小写字符"a"时，文本框 txtTest 接收到的字符是"c"。利用这个特性可以对输入的数据进行验证。例如，如果在窗体的 KeyPress 事件过程中将所有的字符都改成大写，则窗体上的所有控件都不能接收到小写字符。

用户应该根据需要决定数据验证放在窗体级还是放在控件级。

（3）普通拖放

所谓拖放就是用鼠标从屏幕上把一个对象从一个地方"拖拉（Dragging）"到另外一个地方放下。VB 提供了让用户自由拖放某个控件的功能。拖放的一般过程是：把鼠标指针移动到一个控件对象上，按下鼠标左键不要松开，然后移动鼠标，对象将随鼠标的移动在屏幕上拖动，松开鼠标左键后，对象即被放下。在运行时拖动源对象并不能自动改变源对象位置，必须进行编程来重新放置控件。拖动时的图标由源对象的 DragIcon 属性决定。

与拖放有关的属性、事件和方法如表 1-9 所示。

表 1-9　与拖放有关的属性、事件和方法

	属性、事件、方法名称	格 式 示 例	功 能 说 明
属性	DragMode	Picture1.DragMode=1	该属性用来设置自动或手工拖放模式，0 表示手工方式，1 表示自动方式；可以在属性窗口设置，也可以在代码中设置；当 DragMode 设置为 1 时，该对象不再接收 Click 事件和 MouseDown 事件
	DragIcon	Picture1. DragIcon=LoadPicture（"C:\sj\move.ico"）	该属性用来设置代表移动对象的图标。在拖放一个对象的过程中，并不是对象本身在移动，而是移动代表对象的图标
事件	DragDrop	Sub 对象名_ DragDrop (Source AS Control, x As Single,y As Single)	当把控件拖到目标之后，松开鼠标则产生 DragDrop 事件。参数 Source 是一个对象变量，该参数含有被拖动对象的属性，x、y 是松开鼠标键放下对象时鼠标指针的位置
	DragOver	Sub 对象名_ DragDrop (Source AS Control,x As Single,y As Single, State As Integer)	该事件用于图标的移动，当拖动对象越过一个控件时，产生 DragOver 事件。前三个参数含义同上，State 是一个整数值，可以取三个值：0 表示光标正进入目标对象的区域；1 表示光标正退出目标对象的区域；2 光标正位于目标对象的区域之内
方法	Move	对象名.Move A [,B [,C [, D]]]	该方法可移动窗体和控件，并可改变其大小。A 代表左边距，B 代表上边距，C 代表宽度，D 代表高度，A、B 参数表示对象移动的位置，C、D 参数表示对象移动后自己的大小
	Drag	控件.Drag 整数	不管控件的 DragMode 属性如何设置，都可以用 Drag 方法来人工启动或停止一个拖放过程。整数取值为 0、1、2，含义如下： 0——取消指定控件的拖放； 1——当 Drag 方法出现在控件的事件过程中时，允许指定的拖放； 2——结束控件的拖动并产生 DragDrop 事件

手工拖放与自动拖放的区别如表 1-10 所示。

表 1-10　手工拖放与自动拖放的区别

对　象	手　工　拖　放	自　动　拖　放
源对象	DragMode 置为 0 用 Drag 方法启动"拖放"操作	DragMode 置为 1 没有 MouseDown 事件
中间对象	发生 DragOver 事件	发生 DragOver 事件
目标对象	发生 DragOver 和 DragDrop 事件	发生 DragOver 和 DragDrop 事件

（4）OLE 拖放

OLE 拖放是可在 VB 应用程序中添加的最强大、最有用的功能之一，即支持在控件和控件之间、在控件和其他 Windows 应用程序之间拖动文本和图形。使用 OLE 拖放时，并不是把一个控件拖动到另一个控件并调用代码，而是将数据从一个控件或应用程序移动到另一个控件或应用程序。例如，用户先选定并拖动 Excel 中的一列单元格区域，然后将它们放到应用程序的 DBGrid 控件上。VB 的几乎所有控件都在某种程度上支持 OLE 拖放，这意味着无论是从控件拖出还是在控件内放入都不需要编写代码。

当源对象的 OLEDragMode 属性为 1（Automatic）时，自动支持 OLE "拖"操作；当目标对象的 OLEDropMode 属性为 2（Automatic）时，自动支持 OLE "放"操作。

完全支持 OLE 拖放的控件有 TextBox、PictureBox 和 Image 等控件。

支持自动"拖"操作，但不支持自动"放"操作的控件有 ListBox、ComboBox、DirListBox 和 FileListBox 等控件。

只支持 OLE "拖"事件的控件有 Label、CommandButton、OptionButton、CheckBox、Frame 和 DriveListBox 等控件。

1.1.3　常见错误与难点分析

1．标点符号错误

在 VB 中只允许使用英文标点，任何中文标点符号在程序编译时将产生"无效字符"错误，并在该行以红色字显示。建议在进入 VB 后不要使用中文标点符号。

2．字母和数字形状相似

L 的小写字母"l"和数字"1"形式几乎相同、O 的小写字母"o"与数字"0"也难以区分，这在输入代码时要十分注意，避免单独作为变量名使用。

3．对象名称（Name）属性写错

在窗体上创建的每个控件都有默认的名称，用于在程序中唯一地标识该控件对象，例如，Text1、Text2、Command1、Label1 等。用户可以将属性窗口的 Name（名称）属性改为自己所指定的可读性好的名称，如 txtInput、txtOutput、cmdOk 等。对初学者，由于程序较简单、控件对象使用较少，也可以直接用默认的控件名。

当程序中的对象名写错时，系统显示"要求对象"的信息，并对出错的语句以黄色背景标识。用户可以在代码窗口的"对象"列表框检查该窗体所使用的对象。

4．Name 属性和 Caption 属性混淆

① Name 是系统用来识别对象的，编程时需要用它来指代各对象，在窗体上不可见；Caption 是给用户看的，提示用户该对象的作用。

② Name 可以采用系统默认的名称，但 Caption 应该根据实际情况改成意义明了的名词。

③ 所有对象都有 Name，但不一定都有 Caption，例如文本框控件就没有 Caption（标题）属性。

5. 对象的属性名、方法名写错

当程序中对象的属性名、方法名写错时，VB 系统会显示"方法或数据成员未找到"的信息。在编写程序代码时，尽量使用自动列出成员功能，即当用户在输入控件对象名和句点后，系统自动列出该控件对象在运行模式下可用的属性和方法，用户按【Space】键或双击即可，这样既可减少输入又可防止此类错误出现。

6. 无意形成控件数组

若要在窗体上创建多个命令按钮，有些用户会先创建一个命令按钮控件，然后利用该控件进行复制、粘贴，这时系统显示："已经有一个控件为 Command1。创建一个控件数组吗？"的信息，若单击"是"按钮，则系统创建了名称为 Command1 的控件数组。若要对该控件的 Click 事件过程编程，系统显示的框架如下：

```
Private Sub Command1_Click(Index As Integer)
End Sub
```

这里，Index 表示控件数组的下标。若非控件数组，Click 事件过程的框架如下：

```
Private Sub Command1_Click()
End Sub
```

7. Print 方法中的定位问题

定位通过 Tab、Spc 函数和最后的逗号、分号和无符号来控制，VB 中通过 Print 方法中各参数的综合使用达到所需的结果。

（1）Tab(n)与 Spc(n)的区别

Tab(n)从最左第一列开始算起定位于第 n 列，若当前打印位置已超过 n 列，则定位于下一行的第 n 列，这是常常定位不好出现的问题。在格式定位中，Tab 用得最多。

Spc(n)从前一打印位置起空 n 个空格。例如，下面的程序段显示了 Tab 与 Spc 的区别，效果如图 1-2 所示。

```
Private Sub Command1_Click()
    Print "1234567890",
    Print Tab(1);"**";Tab(2);"%%%";Spc(2);"$$$$"
End Sub
```

（2）逗号"，"和分号"；"的使用

分号"；"是紧凑格式符，即输出项之间无间隔。但对于数值型，输出项之间系统自动空一列，而由于数值系统自动加符号位，因此，大于零的数值，实际空两列。对于字符型之间无空格。逗号"，"是标准输出格式（即分区输出格式），以 14 个字符位置为单位把一个输出行分成若干区段，逗号后面的表达式在下一个区段输出。若各表达式用空格隔开，效果与分号"；"相同，也是紧凑格式。

例如，下面程序段的效果如图 1-3 所示。

```
Private Sub Command1_Click()
    Print 1;-2;3
    Print "1234";"5678"
    Print "A";"B";"C";"D","E","F"
End Sub
```

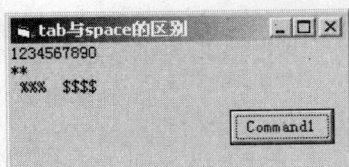

图 1-2 Tab 与 Spc 使用示例

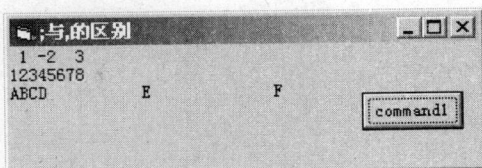

图 1-3 逗号 "," 与分号 ";" 使用示例

从该例应区分数值和字符在紧凑格式输出时的差异。

8. 打开工程时找不到对应的文件

一般一个最简单的应用程序也应由一个工程.vbp 文件和一个窗体.frm 文件组成。工程文件记录该工程内的所有文件（窗体.frm 文件、标准模块.bas 文件、类模块.cls 文件等）的名称和所存放在磁盘上的路径。

若在上机结束后，把文件复制到闪存盘上保存，但又少复制了某个文件，下次打开工程时就会显示"文件未找到"。也有在 VB 环境外，利用 Windows 资源管理器或 DOS 命令将窗体文件等改名，而工程文件内记录的还是原来的文件名，这样也会造成打开工程时显示"文件未找到"的信息。

解决此问题的方法：一是修改.vbp 工程文件中的有关文件名；二是通过"工程"菜单的"添加窗体"中的"现存"命令，将改名后的窗体加入工程。

9. 遗漏对象名称

在 VB 程序设计时，初学者常犯的一个错误是遗漏对象名称，特别是在使用列表框时。例如，如果要引用列表框（List1）中当前选定的项目，List1.list(ListIndex)是错误的。即使当前焦点在 List1 上，VB 也不认为 ListIndex 是 List1 的属性，而是一个变量。所以正确的引用方式是 List1.list(List1.ListIndex)。

10. 列表框的 Columns 属性

列表框的 Columns 属性决定列表框是水平还是垂直滚动，以及如何显示列表框中的项目。如果水平滚动，则 Columns 属性决定显示多少列。在程序运行期间，该属性是只读的，也就是说，不能在运行时将多列列表框变为单列列表框或将单列列表框变为多列列表框。

11. 窗体顶部菜单栏中的菜单项与子菜单中的菜单项的区别

窗体顶部菜单栏中的菜单项与子菜单中的菜单项都是在菜单编辑器中定义的，但是它们有如下区别：

① 窗体顶部菜单栏中的菜单项不能定义快捷键，而子菜单中的菜单项可以有快捷键。

② 当有热键字母（菜单标题中 "&" 后的字母）时，按【Alt】+热键字母选择窗体顶部菜单栏中的菜单项，按热键字母选择子菜单中的菜单项（当子菜单打开时）。子菜单没有打开时，按热键无法选择其中的菜单项。

③ 尽管所有的菜单项都能响应 Click 事件，但是窗体顶部菜单栏中的菜单项不需要编写事件过程。

12. 在程序中对通用对话框的属性设置不起作用

多数情况是因为在弹出对话框后才进行属性设置而导致的。例如，下面的程序代码就存在这样的问题，改正方法是将弹出对话框语句放到最后，即把 CommonDialogl.Action=l 放在所有属性设置语句的后面。

```
CommonDialog1.Action=1
CommonDialog1.FileName="*.Bmp"
CommonDialogl.InitDir="C:\Windows"
CommonDialog1.Filter="Pictures(*.Bmp)|*.Bmp|All Files(*.*)|*.*"
CommonDialog1.FilterIndex=1
```

13. 在工程中添加现有窗体时发生加载错误

在使用"工程"菜单中的"添加窗体"命令添加一个现存的窗体时经常发生加载错误，绝大多数是因为窗体名称冲突的缘故。例如，假定当前打开了一个含有名称为 Forml 窗体的工程，如果想把属于另一个工程的 Forml 窗体装入则肯定会出错。

> **注 意**
>
> 窗体名与窗体文件名的区别：在一个工程中，可以有两个文件名相同的窗体（分布在不同的文件夹中），但是绝对不能同时出现两个窗体名相同的窗体。

14. 通用对话框的 CancelError 属性和 Err 对象

当通用对话框的 CancelError 属性为 True 时，无论何时选择"取消"按钮，均产生 32755(cdlCancel)号错误，即将 Err 的 Number 属性设置为 32755。

Err 是 VB 的一个系统对象，它记录了程序运行期间所发生的错误。Err 对象的重要属性有 Number（默认属性）和 Description。当错误发生后，错误的生成者把错误号和有关错误的说明分别存放在 Number 和 Description 属性中。

15. 与窗体有关的事件

在首次用 Load 语句将窗体（假定该窗体在内存中还没有创建）调入内存之时依次发生 Initialize 和 Load 事件。在用 UnLoad 将窗体从内存中卸载时依次发生 QueryUnLoad 和 Unload 事件，再使用"Set 窗体名=Nothing"语句解除初始化时发生 Terminate 事件。

Initialize 是在窗体创建时发生的事件。在窗体的整个生命周期中，Initialize 事件只触发一次。用户可以将一个窗体装入内存或从内存中删除很多次，但窗体的建立只有一次。也就是说，在用 Load 语句将窗体装入内存时会触发 Load 事件，但并不一定触发 Initialize 事件。

在用 UnLoad 语句卸载窗体后，如果没有使用"Set 窗体名=Nothing"语句解除初始化，则在下次使用 Load 语句时不会触发 Initialize 事件，否则会引起 Initialize 事件。

16. MouseDown、MouseUp 和 Click 事件发生的次序

当用户在窗体或控件上按下鼠标按钮时，MouseDown 事件被触发，MouseDown 事件肯定发生在 MouseUp 和 Click 事件之前。但是，MouseUp 和 Click 事件发生的次序与单击的对象有关。

当用户在标签、文本框或窗体上作单击时，其顺序如下：

① MouseDown；② MouseUp；③ Click。

当用户在命令按钮上作单击时，其顺序如下：

① MouseDown；② Click；③ MouseUp。

当用户在标签或文本框上作双击时，其顺序如下：

① MouseDown；② MouseUp；③ Click；④ DblClick；⑤ MouseUp。

1.2   VB 程序设计基础

本节主要介绍 VB 程序设计的基础知识，包括 VB 的基本数据类型、常量和变量的定义方法、变量的作用域问题、常用内部函数的功能、运算符和表达式的使用方法、数据的输入和输出方法等。

1.2.1   考点提要

VB 程序设计基础相关的考点如表 1-11 所示。

表 1-11   VB 程序设计基础考点框架

第 一 层	第 二 层
数据类型	基本数据类型
	用户定义的数据类型
	枚举类型
常量和变量	局部变量与全局变量
	变体类型变量
	缺省声明
常用内部函数	转换函数
	数学函数
	日期和时间函数
	随机数函数
	字符处理与字符串函数
运算符与表达式	算术运算符
	关系运算符与逻辑运算符
	表达式的执行顺序
数据的输入/输出	Print 方法
	Print 方法有关的函数：Tab、Spc、Space$
	格式输出：Format$
	InputBox 函数
	MsgBox 函数与 MsgBox 语句
	字形
	打印机输出：直接输出、窗体输出

1.2.2   基本知识点详述

1. VB 程序的书写规则

（1）VB 代码书写规则

① 程序中不区分字母的大小写，Ab 与 AB 等效。

② 系统对用户程序代码进行自动转换：

- 对于 VB 中的关键字，首字母被转换成大写，其余转换成小写。
- 若关键字由多个英文单词组成，则将每个单词的首字母转换成大写。
- 对于用户定义的变量、过程名，以第一次定义的为准，以后输入的自动转换成首次定义的形式。

（2）语句书写规则

① 在同一行上可以书写多行语句，语句间用冒号（:）分隔。

② 单行语句可以分多行书写，在本行后加续行符：空格和下画线（_）。

③ 一行允许多达 255 个字符。

（3）程序的注释方式

① 整行注释一般以 Rem 开头，也可以用单引号（'）。

② 用单引号（'）引导的注释，既可以是整行的，也可以直接放在语句的后面，最方便。

③ 可以利用"编辑"工具栏中的"设置注释块"、"解除注释块"按钮设置多行注释。

2. 数据类型

（1）基本数据类型

Visual Basic 6.0 提供的基本数据类型主要有字符串型和数值型，此外还提供了字节、货币、对象、日期、布尔和变体数据类型，如表 1-12 所示。

表 1-12　VB 的标准数据类型

数 据 类 型		关 键 字	类 型 符	存 储 空 间	范　　围
数值数据类型	字节型	Byte	无	1 字节	0～255
	整型	Integer	%	2 字节	-32 768～32 767
	长整型	Long	&	4 字节	-2 147 483 648～2 147 483 647
	单精度型	Single	!	4 字节	负数：-3.402 823 E38～-1.401 298 E-45 正数：1.401 298 E-45～3.402 823 E38
	双精度型	Double	#	8 字节	负数：-1.797 693 134 862 32E308 　　　- 4.940 656 458 412 47E-324 正数：4.940 656 458 412 47E-324 　　　1.797 693 134 862 32E308
	货币型	Currency	@	8 字节	从 -922 337 203 685 477.580 8 ～922 337 203 685 477.580 7
逻辑型		Boolean	无	2 字节	True 或 False
日期型		Date	无	8 字节	100 年 1 月 1 日 到 9999 年 12 月 31 日
对象型		Object	无	4 字节	任何 Object 引用
变长字符型		String	$	10 字节+字符串长度	0 到大约 20 亿
定长字符型		String	$	字符串长度	1 到大约 65 400
变体数字型		Variant	无	16 字节	任何数字值，最大可达 Double 的范围
变体字符型		Variant	无	22 字节+字符串长度	与变长 String 有相同的范围

说明：

① VB 中对没有声明的变量其默认的数据类型是变体型，可以用来存储各种数据，但所占用的内存比其他类型都多。为提高运行效率（整型效率较高），或达到一定的运算精确度（浮点型精度较高，但运行较慢），应合理的定义数据类型。

② 逻辑型数据只有 True 和 False 两个值，转换成整型时，True= -1，False=0。将其他类型

转换成逻辑型时，非 0 数转换为 True，0 转换为 False。

③ 字符型可以包括所有的英文字符和汉字，字符必须用双引号括（" "）起来，如"abc123"。

④ 日期型数据按 8 字节的浮点数来存储，日期型数表示方式有两种：可以用"#"括起来，也可以用数字序列表示（小数点左边的数字代表日期，右边代表时间，0 为午夜，0.5 为中午 12 点，每 0.1 表示 2 小时 24 分，负数表示是 1899 年 12 月 31 日前的日期和时间）。例如：

```
#3/22/2002#   #2002-3-22 14:30:20#
Dim T As Date
T=-2.5
Print T    '打印出来的结果是 1899-12-28 12:00:00
```

⑤ 任何数据类型的数组都需要 20 B 的内存空间，加上每一数组维数占 4 B，再加上数据本身所占用的空间。数据所占用的内存空间可以用数据元数目乘上每个元素的大小加以计算。例如，以 4 个 2 B 的 Integer 数据元所组成的一维数组中的数据，占 8 B。这 8 B 加上额外的 24 B，使得这个数组所需总内存空间为 32 B。

（2）用户定义的数据类型

用户可以利用 Type 语句定义自己的数据类型，其格式如下：

```
Type 数据类型名
    数据类型元素名 As 类型名
    数据类型元素名 As 类型名
    …
End Type
```

（3）枚举类型

所谓"枚举"是指将变量的值一一列举出来，变量的值只限于列举出来的值的范围内。枚举类型放在窗体模块、标准模块或公用类模块中的声明部分，通过 Enum 语句来定义，格式如下：

```
[Public|Private]Enum 类型名称
    成员名[=常数表达式]
    成员名[=常数表达式]
    …
End Enum
```

3. 常量和变量

（1）常量

常量就是在程序运行中取值始终保持不变的数据，可以是具体的数值，也可以是专门说明的符号，各种常量的表示如表 1-13 所示。

表 1-13　VB 中的常量

类　型	示　例
数值常量	123、-9.876E-5（单精度）、3.141 592 65D8（双精度）、&H2AB8（十六进制）
字符常量	"Visual Basic"、"中国　北京 2008 奥运会"（注：字符常量一定要放在英文双引号内）
逻辑常量	True（真）、False（假）、非 0 值转换为 True、0 值转换为 False
日期常量	#12: 35: 48#、#7/12/2004#
回车与换行符	Chr(13)+Chr(10)或 vbcrlf

类　型		示　　例			
符号常量	自定义	语句格式：Const 常量名 [类型说明符] As 数据类型 = 表达式 Const Pi! = 3.1415926 Const OlymPic As Sting = "中国　北京　2008 奥运会"			
	颜色 常量	红色	vbRed	青色	vbCyan
		绿色	vbCreen	洋红色	vbMagenta
		蓝色	vbBlue	黑色	vbBlack
		黄色	vbYellow	白色	vbWhite

（2）变量

变量就是以符号形式出现在程序中，其值在程序执行期间可以发生变化的数据。变量的作用域不同，可将变量分为局部变量、窗体/模块级变量和全局变量。表 1-14 中给出了各种变量的声明方式和声明位置的比较。

表 1-14　VB 中的变量

	局部（过程级）变量	窗体/模块级变量	全　局　变　量
声明位置	过程中	通用声明	通用声明
声明方式	Dim Static（静态）	Dim Private	Public
作用域	仅在说明它的过程中使用	在定义该变量的模块或窗体的所有过程内均有效	在工程内的所有过程中都有效

（3）变量的命名规则

① 必须以字母或汉字开头，由字母、汉字、数字或下画线组成，长度≤255 个字符。

② 不能使用 VB 中的关键字，并尽量不与 VB 中标准函数名同名，如 Dim、Sin 。

③ VB 中不区分变量的大小写，一般变量首字母用大写，其余用小写；常量全部用大写字母表示。

④ 为了增加程序的可读性，可在变量名前加一个缩写的前缀来表明该变量的数据类型。

（4）变量的声明

① 用 Dim 语句进行显式声明。语句形式如下：

```
Dim 变量名 [As 类型]
```

例如：

```
Dim intX As integer
```

说明：

• 如果没有 As 类型，则默认为变体类型。

• 可在变量名后加类型符来代替 As 类型，例如：

```
Dim intX%
```

• 一条语句可以同时定义多个变量，但每个变量必须有自己的类型声明，类型声明不能共用。

• 字符串变量根据其存放的长度是否固定，定义方法不同。

定长字符串：

```
Dim strA As String*10
```

表示最多存放 10 个字符，如果赋值不足 10 个，则右补空；若多于 10 个，则多余部分截去。

变长字符串：

```
Dim strA As String        '最多可存放 2MB 字符
```

② 隐式声明。VB 中允许变量不经过声明就直接使用，这种称为隐式声明，所有隐式声明的变量都是变体型。隐式声明容易造成错误，为了调试程序方便，一般对使用的变量都进行声明，可以在通用声明段使用 Option Explicit 语句来强制显式声明所有变量。

可以用下面几种方式来规定一个变量的类型：

- 用类型说明符来标识。
- 在定义变量时指定其类型。
- 用类型说明符定义的变量，在使用时可以省略类型说明符。

（5）变量的初值

系统默认数值型变量为零、字符型变量为空字符串（""），对象变量为 Nothing。

─ 注　意 ─
　将两个变量中的值进行交换时，必须借助于第三个变量才能实现。

（6）变体类型变量

① Variant 变量的定义：Variant 变量可以用普通数据类型变量的格式定义，也可以默认定义。

② Variant 变量值的内部表示：Variant 变量所存放的值都有一个内部表示，在执行比较等操作时，Variant 变量根据其内部表示确定如何操作。向 Variant 变量赋值时，Visual Basic 以最紧凑（需最小存储空间）的表示方式存储该值，并可根据需要改变表示方式。

③ Variant 变量中的数值：在 Variant 变量中存放数值时，Visual Basic 以尽量紧凑的方式存储。

④ Variant 变量中的字符串：在对存放字符串的 Variant 变量进行操作时可能会产生歧义。当用 "+" 运算符对两个 Variant 变量进行运算时，如果两个变量都是数值，则执行数值相加运算；如果两个变量中存放的都是字符串，则执行字符串连接操作。如果一个变量中是数值而另一个变量中是字符串，则情况就复杂了。Visual Basic 先试着将字符串转换为数值，如果转换成功则进行相加运算，不成功则把另一个数值转换成字符串，然后对两个字符串进行连接，形成一个新的字符串。

⑤ Variant 变量中的空值（Empty）：Variant 变量在被赋值前为空值（内部表示为 Empty 或 0），它不同于数值 0，不同于空字符串（""），也不同于 Null。通过 IsEmpty 函数可以测试一个变量自建立以来是否被赋过值。

⑥ Variant 变量中的 Null 值：Variant 变量可以取一个特殊值——Null，该值通常在数据库应用程序中用来指出未完成或漏掉的数据。Null 值具有以下一些特性：

- 蔓延性，如果表达式中任一部分为 Null，则整个表达式的值即为 Null。
- 如果向函数传送 Null、值为 Null 的 Variant 变量或结果为 Null 的表达式，则会使大多数函数返回 Null 值。
- Null 值会在返回 Variant 变量的内部函数中蔓延。

4．常用内部函数

VB 中提供了丰富的函数，教程中按算术、字符串、日期和时间、转换、格式等分类列出了一些常用的函数，对函数完整的形式和使用举例参阅 VB 帮助。查阅的方法一般有两种：对已知函数名，选中函数名，按【F1】键；未知函数名，进入 VB 帮助后，通过"目录"选项卡，选择"Visual Basic 文档"目录，再选择"参考"下的"语言参考"中的"函数"。

（1）数学函数（见表 1-15）

表 1-15　VB 中常用的数学函数

函　数　名	功　　能	示　例	结　果
Sqr(x)	求算术平方根	Sqr(9)	3
Log(x)	求自然对数，x>0	Log(10)	2.3
Exp(x)	求以 e 为底的幂值，即求 e^x	Exp(3)	20.086
Abs(x)	求 x 的绝对值	Abs(−2.5)	2.5
Hex[$](x)	求 x 的十六进制数，返回的是字符型值	Hex[$](28)	"1C"
Oct[$](x)	求 x 的八进制数，返回的是字符型值	Oct[$](10)	"12"
Sgn(x)	求 x 的符号，当 x>0，返回 1；x=0，返回 0；x<0，返回−1	Sgn(15)	1
Rnd(x)	产生一个在[0,1]区间均匀分布的随机数，每次的值都不同；若 x=0，则给出的是上一次本函数产生的随机数	Rnd(x)	0～1 之间的数
Sin(x)	求 x 的正弦值，x 的单位是弧度	Sin(0)	0
Cos(x)	求 x 的余弦值，x 的单位是弧度	Cos(1)	0.54
Tan(x)	求 x 的正切值，x 的单位是弧度	Tan(1)	1.56
Atn(x)	求 x 的反正切值，x 的单位是弧度，函数返回的是弧度值	Atn(1)	0.79

（2）Randomize 语句——初始化随机数生成器

语法格式：

```
Randomize [number]
```

说明：

① 可选的 number 参数是 Variant 或任何有效的数值表达式。

② Randomize 用 number 将 Rnd 函数的随机数生成器初始化，该随机数生成器给 number 一个新的种子值。如果省略 number，则用系统计时器返回的值作为新的种子值。

③ 如果没有使用 Randomize，则（无参数的）Rnd 函数使用第一次调用 Rnd 函数的种子值。

—— 注意 ————

　　若想得到重复的随机数序列，在使用具有数值参数的 Randomize 之前直接调用具有负参数值的 Rnd。使用具有同样 number 值的 Randomize 不会得到重复的随机数序列。

（3）日期与时间函数（见表 1-16）

表 1-16　常用的日期与时间函数

函　数　名	含　义	示　例	结　果
Date()	返回系统日期	Date()	09-3-19
Time()	返回系统时间	Time()	3:30 :00 PM
Now	返回系统时间和日期	Now	09-3-19 3:30 :00
Month(C)	返回月份代号（1～12）	Month("09,03,19")	3
Year(C)	返回年代号（1752～2078）	Year("09-03-19")	2009
Day(C)	返回日期代号（1～31）	Day("09,03,19")	19

续表

函　数　名	含　　义	示　　例	结　果
MonthName(N)	返回月份名	MonthName(1)	一月
WeekDay()	返回星期代号（1～7），星期日为 1	WeekDay("09,03,17")	1
WeekDayName(N)	根据 N 返回星期名称，1 为星期日	WeekDayName(4)	星期三

增减日期函数：

DateAdd（要增减日期形式,增减量,要增减的日期变量）

例如，计算期末考试日期：

DateAdd("ww",15,#2009/3/19#)

求日期之差函数：

DateDiff（要间隔日期形式,日期一,日期二）

例如，计算距毕业天数：

DateDiff("d",Now,#2011/6/30#)

日期形式如表 1-17 所示。

表 1-17　日　期　形　式

日期形式	yyyy	q	m	y	d	w	ww	h	n	s
意义	年	季	月	一年的天数	日	一周的天数	星期	时	分	秒

（4）转换函数（见表 1-18）

表 1-18　常用的转换函数

函　数　名	功　　能	示　　例	结　果
Str (x)	将数值型数据 x 转换成字符串 注意有符号位的空格	Str (45.2) Str(-45.2)	" 45.2" "-45.2"
Val(x)	将字符串 x 中的数字转换成数值	Val("23ab")	23
Chr(x)	返回以 x 为 ASCII 码的字符	Chr(65)	"A"
Asc(x)	给出字符 x 的 ASCII 码值，十进制数	Asc("a")	97
Cint(x)	将数值型数据 x 的小数部分四舍五入取整	Cint(3.6) Cint(-3.6)	4 -4
Int(x)	取小于等于 x 的最大整数	Int(-3.5) Int(3.5)	-4 3
Fix(x)	将数值型数据 x 的小数部分舍去	Fix(-3.5) Fix(3.5)	-3 3
CBool(x)	将任何有效的数字字符串或数值转换成逻辑型	CBool(2) CBool("0")	True False
CByte(x)	将 0～255 之间的数值转换成字节型	CByte(6)	6
CDate(x)	将有效的日期字符串转换成日期	CDate(#1990,2,23#)	1990-2-23
CCur(x)	将数值型数据 x 转换成货币型	CCur(25.6)	25.6
Round(x,N)	在保留 N 位小数的情况下四舍五入取整	Round(2.86,1)	2.9
CStr(x)	将 x 转换成字符串型	CStr(12)	"12"
CVar(x)	将数值型数据 x 转换成变体型	CVar("23")+"A"	"23A"
CSng(x)	将数值型数据 x 转换成单精度型	CSng(23.5125468)	23.51255
CDbl(x)	将数值型数据 x 转换成双精度型	CDbl(23.5125468)	23.5125468

（5）字符处理与字符串函数

在 Windows 采用的 DBCS（double byte character set）编码方案中，一个汉字在计算机内存中占 2B，一个英文字符（ASCII 码）占 1B，但在 VB 中采用的是 Unicode（ISO 字符标准）来存储字符的，所有字符都占 2B。为方便使用，可以用 StrConv()函数来对 Unicode 与 DBCS 进行转换，可以用 Len()函数求字符串的字符数，用 LenB()函数求字符串的字节数。

常用的字符串函数如表 1-19 所示。

表 1-19　常用的字符串函数

函 数 名	功 能	示 例	结 果
Len(x)	求 x 字符串的字符长度（个数）	Len("ab 技术")	4
LenB(x)	求 x 字符串的字节个数	LenB("ab 技术")	8
Left(x,n)	从 x 字符串左边取 n 个字符	Left("ABsYt",2)	"AB"
Right(x,n)	从 x 字符串右边取 n 个字符	Right("ABsYt",2)	"Yt"
Mid(x,n1,n2)	从 x 字符串左边第 n1 个位置开始向右取 n2 个字符	Mid("ABsYt",2,3)	"BsY"
Ucase(x)	将 x 字符串中所有小写字母改为大写	Ucase("ABsYug")	"ABSYUG"
Lcase(x)	将 x 字符串中所有大写字母改为小写	Ucase("ABsYug")	"absyug"
LTrim(x)	去掉 x 左边的空格	LTrim(" ABC ")	"ABC "
RTrim(x)	去掉 x 右边的空格	Trim(" ABC ")	" ABC"
Trim(x)	去掉 x 两边的空格	Trim(" ABC ")	"ABC"
Instr(x,"字符", M)	在 x 中查找给定的字符，返回该字符在 x 中的位置，M=1 不区分大小写，省略则区分	Instr("WBAC","B")	2
String(n,"字符")	得到由 n 个字符组成的一个字符串	String(3,"abcd")	"aaa"
Space (n)	得到 n 个空格	Space(3)	"□□□"
Replace(C,C1,C2,N1,N2)	在 C 字符串中从 N1 开始将 C2 替代 N2 次 C1，如果没有 N1 表示从 1 开始；如果仅有 N1 没有 N2，表示从 N1 位开始其后所有出现的 C1 都被 C2 代替；如果 N1、N2 都没有，则表示所有出现的 C1 都被 C2 代替	Replace("ABCASAA","A","12",2,2)	"BC12S12A"
StrReverse (C)	将字符串反序	StrReverse ("abcd")	"dcba"

5. 运算符与表达式

（1）算术运算符（见表 1-20）

表 1-20　算术运算符一览表

运 算 符	含 义	优 先 级	示 例	结 果
^	乘方	1	iA^2	9
-	负号	2	-iA	-3
*	乘	3	iA* iA* iA	27
/	除	3	10/iA	3.33333333333333
\	整除	4	10\iA	3
Mod	取模	5	10 Mod iA	1
+	加	6	10+iA	13
-	减	7	iA-10	-7

注：设表中的变量 iA=3，为整型。

算术运算符两边的操作数应该是数值型,若是数字字符或逻辑型,则自动转换为数值类型后再运算。

（2）字符串运算符（见表 1-21）

表 1-21 字符运算符一览表

运 算 符	作 用	区 别	示 例	结 果
&	将两个字符串拼接起来	连接符两旁的操作数不管是字符型还是数值型,系统先将操作数转换成字符,然后再连接	"123"&55 "abc"&12	"12355" "abc12"
+		两旁的操作数均为字符型则做连接运算;若均为数值型则进行算术加法运算;若一个为数字字符型,一个数值型,则自动将数字字符转换为数值,然后进行算术加;若一个为非数字字符型,一个数值型,则出错	"123"+55 "abc"+12	178 出错

（3）关系运算符（见表 1-22）

表 1-22 关系运算符一览表

运 算 符	含 义	示 例	结 果
=	等于	"ABCDE"="ABR"	False
>	大于	"ABCDE">"ABR"	False
>=	大于等于	"bc">="大小"	False
<	小于	23<3	False
<=	小于等于	"23"<="3"	True
<>	不等于	"abc"<>"ABC"	True
Like	字符串匹配	"ABCDEFG" Like "*DE*"	True
Is	对象引用比较		

说明:

① 如果两个操作数都是数值型,则按其大小比较。

② 如果两个操作数都是字符型,则按字符的 ASCII 码值从左到右一一进行比较。

③ 汉字字符大于英文字符。

④ 关系运算符的优先级相同。

⑤ VB 中 Like 运算符与通配符的使用如下:

? ——表示任何单一字符。

* ——表示 0 个或多个字符。

——表示任何一个数字（0~9）。

[字符列表]——表示字符列表中的任何单一字符。

[! 字符列表]——表示不在字符列表中的任何单一字符。

（4）逻辑运算符（见表 1-23）

表 1-23 逻辑运算符一览表

运 算 符	含 义	优 先 级	说 明	示 例	结 果
Not	取反	1	当操作数为假时,结果为真	Not F Not T	T F
And	与	2	两个操作数均为真时,结果才为真	T And T F And F T And F F And T	T F F F

续表

运 算 符	含 义	优 先 级	说 明	示 例	结 果
Or	或	3	两个操作数中有一个为真时，结果为真	T Or T F Or F T Or F F Or T	T F T T
Xor	异或	3	两个操作数不相同，结果才为真，否则为假	T Xor F T Xor T	T F
Eqv	等价	4	两个操作数相同时，结果才为真	T Eqv F T Eqv T	F T
Imp	蕴含	5	第一个操作数为真，第二个操作数为假时，结果才为假，其余都为真	T Imp F T Imp T	F T

说明：

① 若有多个条件时，And 必须全部条件为真才为真；Or 只要有一个条件为真就为真。

② 如果逻辑运算符对数值进行运算，则以数字的二进制值逐位进行逻辑运算。And 运算常用于屏蔽某些位；Or 运算常用于把某些位置 1。

例如：12 And 7 表示对 1100 与 0111 进行 And 运算，得到二进制值 0100，结果为十进制 4。

③ 对一个数连续进行两次 Xor 操作，可恢复原值。

例如：

```
a=1
b=a Xor a Xor a
print b        '屏幕显示1
```

（5）运算符的优先级

① 算术运算符　　－ 、^ 、* 或 \ 、 /、 Mod 、+ 或 －　　由高到低

② 字符运算符　　+或&　　　　　　　　　　　　　　　　同级

③ 关系运算符　　=、>、>=、<、<=、<>、Is、Like　　同级

④ 逻辑运算符　　Not、And、Or、Xor、Eqv、Imp　　由高到低

同一表达式中，不同运算符的优先级是：

算术运算符 ＞ 字符运算符 ＞ 关系运算符 ＞ 逻辑运算符

（6）表达式的组成

表达式由常量、变量、运算符、函数和圆括号按一定的规则组成，通过运算后有一个结果，运算结果的类型由数据和运算符共同决定。

（7）表达式的书写规则

① 乘号不能省略。

② 括号必须成对出现，均使用圆括号，可以嵌套，但必须配对。

③ 对于存在多种运算符的表达式，可增加圆括号改变优先级或使表达式更清晰。

④ 表达式从左到右在同一基准上书写，无高低、大小之分。

例如：

```
Sqr((3*x+y)-z)/(x*y)^4
```

（8）不同数据类型的转换

操作数的数据类型应该符合要求，不同的数据应该转换成同一类型。在算术运算中，如果操作数的数据精度不同，VB 规定运算结果采用精度较高的数据类型。除法（/）较特殊，不论操作数的类型如何，结果都为双精度类型。

6. 赋值语句

赋值语句的作用就是在程序中改变对象的属性或变量的值，如果一个赋值语句左边变量的类型与右边表达式的类型不同，系统将视具体情况做出如下处理，如表 1-24 所示（表中出现的变量定义为 x As Integer、y As Double、st As String、Flag As Boolean）。

表 1-24 不同类型的数据处理

右边表达式类型	左边变量类型	系 统 处 理	示 例
数值型	数值型	先求出表达式的值，再将其转换为相应数值类型后赋值	y=2.56：x=y，结果：x=3
	字符型	先求出表达式的值，再将其转换为字符型后赋值	x=100：y=3.5：St=x+y，结果：103.5 x=100：y=3.5：St=x&y，结果：1003.5
	逻辑型	若为非 0 值，返回 True；若为 0 值，返回 False	x=100：Flag=x，结果：True
字符型	数值型	由数字构成的字符串可以转换为数值，否则将出现"类型不匹配"错误信息	x="12"+"34"，结果：x=1234 x=12+"34"，结果：x=46 St="12+34"：x=St，结果：出错信息
	逻辑型	"True"转换为 True，"False"转换为 False，数字串转换为数值型再转换为逻辑型，否则将出现"类型不匹配"错误信息	St="False"：Flag=st，结果：False St="1234"：Flag=st，结果：True St="12+34"：Flag=st，结果：出错信息
逻辑型	其他类型	False 转换为 0，True 转换为-1	St="123"：Flag=True x=Flag+st，结果：x=122

7. 数据的输入与输出

（1）Print 方法

Print 方法可以在窗体上显示文本字符串和表达式的值，并可在其他图形对象或打印机上输出信息。其一般格式如下：

［对象名称.］Print［表达式］［,|;］

与 Print 方法有关的函数：

① Tab 函数格式：

Tab(n)

② Spc 函数格式：

Spc(n)

③ 空格函数格式：

Space$(n)

（2）格式输出函数 Format

Format 函数用于制定字符串或数字的输出格式，如表 1-25～表 1-27 所示。

表 1-25 Format 函数

语 句	输 出
Format(2, "0.00")	2.00
Format(0.7,"0%")	70%
Format(1140,"$#,##0")	$1,140

语法格式：

```
x=Format(expression,fmt)
```

expression 是所输出的内容，fmt 是指输出的格式，这是一个字符串型的变量，这一项如果省略，那么 Format 函数将和 Str 函数的功能差不多。

表 1-26　fmt 字符的意义

字　　符	意　　义	字　　符	意　　义
0	显示一数字，若此位置没有数字则补 0	.	小数点
#	显示一数字，若此位置没有数字则不显示	,	千位的分隔符
%	数字乘以 100 并在右边加上"%"号	- + $ ( )	这些字出现在 fmt 里将原样输出

表 1-27　Format 函数对时间进行输出时的意义

fmt	输　　出	fmt	输　　出
m/d/yy	8/16/96	h:mm:ss a/p	10:41:29 p
d-mmmm-yy	16-August-96	h:mm	22:41
d-mmmm	16-August	h:mm:ss	22:41:29
mmmm-yy	august-96	m/d/yy h:mm	8/16/96 22:41
hh:mm AM/PM	10:41 PM	—	—

（3）InputBox 函数

语法格式：

```
x=InputBox(prompt,title,default,xpos,ypos,helpfile,context)
```

其中，prompt 是提示的字符串，这个参数是必须的。title 是对话框的标题，是可选的。default 是文本框里的默认值，也是可选的。xpos、ypos 决定输入框的位置。Helpfile、context 用于显示与该框相关的帮助屏幕。返回值 x 是用户在文本框里输入的数据，x 是一个字符串类型的值。如果用户单击 Cancel 按钮，则 x 将为空字符串。

例如：

```
x=InputBox("请输入你的年龄: ","输入框使用示例","20")
```

结果如图 1-4 所示。

图 1-4　InputBox 函数使用示例

（4）MsgBox 函数

语法格式：

```
Action=MsgBox(msg,type,title)
```

其中，msg 是提示的信息，title 是对话框的标题，参数 type 和返回值 Action 的取值范围如表 1-28 和表 1-29 所示。

表 1-28　MsgBox 函数中的 type 参数

数　　值	Type 的值	意　　义
0	vbOKOnly	只显示 Ok 按钮
1	vbOKCancel	显示 Ok、Cancel 按钮

续表

数　值	Type 的值	意　义
2	vbAbortRetryIgnore	显示 Abort、Retry、Ignore 按钮
3	vbYesNoCancel	显示 Yes、No、Cancel 按钮
4	vbYesNo	显示 Yes、No 按钮
5	vbRetryCancel	显示 Retry、Cancel 按钮
16	vbCritical	Stop Sign 对极其重要的问题提醒用户
32	vbQuestion	Question Mark 增亮没有危险的问题
48	vbExclamation	Exclamation Mark 强调警告用户必须知道的事情
64	vbInformation	Information Mark 可以使乏味的信息变得有趣
0	vbDefaultButton1	第一个按钮缺省
256	vbDefaultButton2	第二个按钮缺省
512	vbDefaultButton3	第三个按钮缺省

Type 参数由表 1-28 中三栏中的值进行组合得到，如 4+16，表示 vbYesNo+vbCritical。

表 1-29　Action 返回值的含义

返回值	含　义	返回值	含　义
1	选择 Ok 按钮	5	选择 Ignore 按钮
2	选择 Cancel 按钮	6	选择 Yes 按钮
3	选择 Abort 按钮	7	选择 No 按钮
4	选择 Retry 按钮	—	—

例如：

y=MsgBox("看清楚了吗? ",vbInformation+vbOKCancel,"对话框使用示例")

结果如图 1-5 所示。

（5）MsgBox 语句

MsgBox 函数也可以写成语句形式，即：

MsgBox Msg$[,type%][,title$][,helpfile,context]

各参数的含义及作用与 MsgBox 函数相同，由于 MsgBox 语句没有返回值，因而常用于显示较简单的信息。

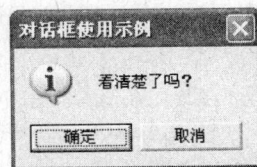

图 1-5　MsgBox 函数使用示例

（6）打印机输出

① 直接输出：把信息直接送往打印机，所使用的仍是 Print 方法，只是把 Print 方法的对象改为 Printer,, 其格式如下：

Printer.Print [表达式]

② 窗体输出：可以用 PrintForm 方法通过窗体来打印信息，其格式如下：

[窗体.]PrintForm

（7）字形

① 字体类型：通过 FontName 属性设置，一般格式如下：

[窗体.][控件.]|Printer.FontName[="字体类型"]

② 字体大小：通过 FontSize 属性设置，一般格式如下：

```
FontSize[=点数]
```

在默认情况下，系统使用最小的字体，"点数"为 9。如果省略"=点数"，则返回当前字体的大小。

③ 粗体字：由 FontBold 属性设置，一般格式如下：

```
FontBold[=Boolean]
```

④ 斜体字：通过 FontItalic 属性设置，其格式如下：

```
FontItalic[=Boolean]
```

⑤ 加删除线：格式如下：

```
FontStrikethru[=Boolean]
```

⑥ 加下画线：即底线，其格式如下：

```
FontUnderline[=Boolean]
```

⑦ 重叠显示：当以图形或文本作为背景显示新的信息时，使新显示的信息与背景重叠，格式如下：

```
FontTransparent[=Boolean]
```

如果该属性被设置为 True，则前景的图形或文本可以与背景重叠显示；如果被设置为 False，则背景将被前景的图形或文本覆盖。

（8）其他方法

① Cls 方法：该方法清除由 Print 方法显示的文本或在图片框中显示的图形，并把光标移到对象的左上角(0,0)。格式如下：

```
[对象.]Cls
```

② Move 方法：该方法用来移动窗体和控件，并可改变其大小。格式如下：

```
[对象.]Move 左边距离[,上边距离][,宽度[,高度]]]
```

如果对象是窗体，左边距离、上边距离以屏幕的左边界和上边界为准；如果是控件，则以窗体的左边界和上边界为准。

③ TextHeight 和 TextWidth 方法：这两个方法用来辅助设置坐标。方法 TextHeigh、TextWidth 分别返回一个文本字符串的高度值和宽度值，格式如下：

```
[对象.]TextHeight(字符串)
[对象.]TextWidth(字符串)
```

8．Shell 函数

执行一个可执行文件，返回一个 Variant(Double)的值，如果成功的话，返回这个程序的任务 ID，若不成功，则会返回 0。

语法格式：

```
Shell(pathname[,windowstyle])
```

说明：

pathname 是必要参数，Variant (String)型，表示要执行的程序名，以及任何必需的参数或命令行变量，可能还包括目录或文件夹，以及驱动器。Windowstyle 是可选参数，Variant (Integer)型，表示在程序运行时窗口的样式，如表 1–30 所示。如果 windowstyle 省略，则程序是以具有焦点的最小化窗口来执行的，将其设置为 VbNormalFocus 就是正常窗口。

表 1-30 windowstyle 命名参数取值一览表

常 量	值	描 述
vbHide	0	窗口被隐藏，且焦点会移到隐式窗口
vbNormalFocus	1	窗口具有焦点，且会还原到它原来的大小和位置
vbMinimizedFocus	2	窗口会以一个具有焦点的图标来显示
vbMaximizedFocus	3	窗口是一个具有焦点的最大化窗口
vbNormalNoFocus	4	窗口会被还原到最近使用的大小和位置，而当前活动的窗口仍然保持活动
vbMinimizedNoFocus	6	窗口会以一个图标来显示，而当前活动的的窗口仍然保持活动

1.2.3 常见错误与难点分析

1. 变量名写错

用 Dim 声明的变量名，在后面的使用中表示同一变量而写错了变量名，VB 编译时就认为是两个不同的变量。例如，下面的程序段求 1～100 的和，结果放在 Sum 变量中：

```
Dim sum As  Integer,i As Integer
Sum=0
For i=1 to 100
   Sum=Sun+i
Next i
Print Sum
```

显示的结果为 100。原因是累加和表达式 Sum=Sun+i 中右边的变量名 Sum 写成了 Sun。VB 对变量声明有两种方式，可以用变量声明语句显式声明，也可以用隐式声明，即不声明直接使用。上述变量名的写错，系统为两个不同的变量各自分配内存单元，造成计算结果不正确。因此，为防止此类错误产生，必须对变量声明采用限制其为显式声明方式，也就是在通用声明段加 Option Explicit 语句。

2. 语句书写位置错

在 VB 中，除了在"通用声明"段利用 Dim 等对变量声明的语句、用 Option 设置数组默认下界的语句外，其他任何语句都应在事件过程中，否则运行时会显示"无效外部过程"的信息。若要对模块级变量进行初始化工作，则一般放在 Form _Load()事件过程中。

1.3 VB 的控制结构

"结构化程序设计方法"规定算法有三种基本结构：顺序结构、选择（或分支）结构和循环结构。本节主要介绍 VB 的控制结构，包括 VB 支持的各种分支结构和各种循环结构语句。

1.3.1 考点提要

VB 程序控制结构相关的考点如表 1-31 所示。

表 1-31 VB 程序控制结构考点框架

第 一 层	第 二 层
选择结构	单分支 IF 条件语句
	双分支 IF 条件语句
	多分支 IF 条件语句
	嵌套的 IF 条件语句
	IIf 函数
	Select Case 情况语句

第　一　层	第　二　层
循环结构	For 循环控制结构
	当循环控制结构
	Do 循环控制结构
	多重循环

1.3.2　基本知识点详述

1. 选择结构

（1）单分支 IF 语句（见图 1-6）

① 多行格式：

```
If <条件> Then
    <语句块>
End If
```

② 单行格式：

```
If <条件> Then <语句>
```

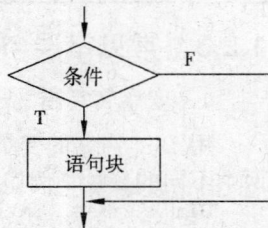

图 1-6　单分支结构示意

说明：

① 条件一般为关系表达式、逻辑表达式，也可为算术表达式。

② 按表达式的值非 0 为 True，0 为 False 来判断。

③ 多行的 If 必须与 End If 配对；单行格式没有 End If 关键字。

④ 单行格式的语句块只能是一条语句，若为多条语句，语句间须用冒号（:）分隔，而且必须在一行上书写。

（2）双分支 IF 语句（见图 1-7）

① 多行格式：

```
If <条件> Then
    <语句块 1>
Else
    <语句块 2>
End If
```

② 单行格式：

```
If <条件> Then <语句 1> Else <语句 2>
```

（3）多分支 IF 语句（见图 1-8）

```
If <条件 1> Then
    <语句块 1>
ElseIf <条件 2> Then
    <语句块 2>
[Else
    <语句块 n+1>]
End If
```

注　意

ElseIf 之间不能有空格。

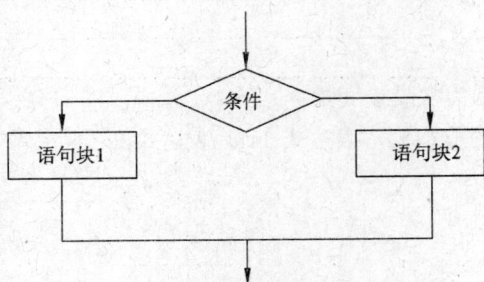

图 1-7　双分支结构示意

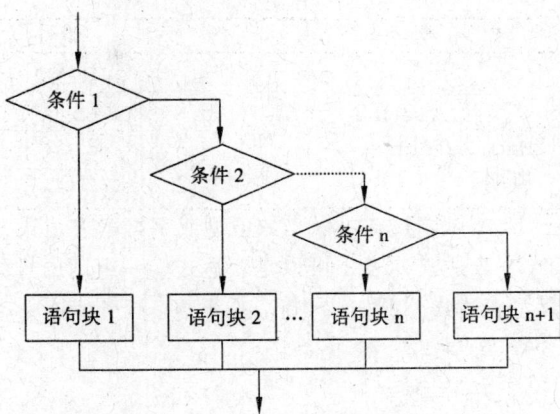

图 1-8　多分支结构示意

（4）嵌套的 IF 语句

```
If <条件 1> Then
    …
    If <条件 2> Then
        …
    End If
    …
End If
```

区分嵌套的层次方法：每个 End If 与它上面最接近的 If 配对。书写为锯齿形，便于区分和配对。

（5）条件测试函数

① IIf 函数：可用来执行简单的条件判断操作，它是 If…Then…Else 结构的简写版本，IIf 是 Immediate If 的缩略。IIf 函数的格式如下：

```
result=IIf(条件,True 部分,False 部分)
```

result 是函数的返回值，"条件"一般是一个关系表达式，结果为逻辑值。当"条件"为真时，IIf 函数返回"True 部分"，而当"条件"为假时返回"False 部分"。"True 部分"或"False 部分"可以是表达式、变量或其他函数。IIf 函数中的三个参数都不能省略，而且要求"True 部分"、"False 部分"及结果变量 result 的类型一致。

② Choose 函数：根据表达式的值进行多项选择。函数格式如下：

```
result=Choose(整数表达式,选项列表)
```

如果整数表达式的值是 1，则返回值为选项列表中的第 1 项，以此类推；如果小于 1 或大于列表项数时，则返回 NULL。

例如，根据 nub 为 1~4 的值，换算成不同的运算符：

```
OP=Choose(nub,"+","-","×","÷")
```

（6）Select Case 情况语句

在 VB 中多分支结构程序通过情况语句来实现，其功能是根据"测试表达式"的值，选择符合条件的一个语句块执行，如图 1-9 所示。一般格式如下：

```
Select Case 测试表达式
    Case 表达式列表 1
        语句块 1
    Case 表达式列表 2
```

```
        语句块 2
        …
    Case Else
        语句块 n
End Select
```
说明：

① 测试表达式可以是数值型或字符串表达式，通常为常量或变量。

② 表达式列表 1 可以是表达式、一组用逗号分隔的枚举值、表达式 1 to 表达式 2、Is 关系运算符表达式。例如：

```
case  1 to 10
case  "a","w","e","t"
case  Is=22
case  Is>a+b
case  2,4,6,8,is>10
```

③ 并不是所有的多分支结构都可以用情况语句代替。

2. 循环结构

（1）For…Next 循环语句（知道循环次数的计数型循环，如图 1-10 所示）

语句格式：

```
For  循环变量=初值 To 终值 [Step 步长]
    语句块
[Exit For]
    语句块
Next 循环变量
```

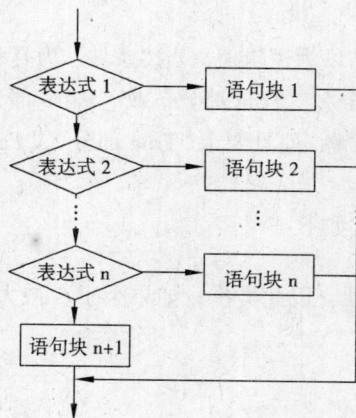

图 1-9 情况语句结构示意

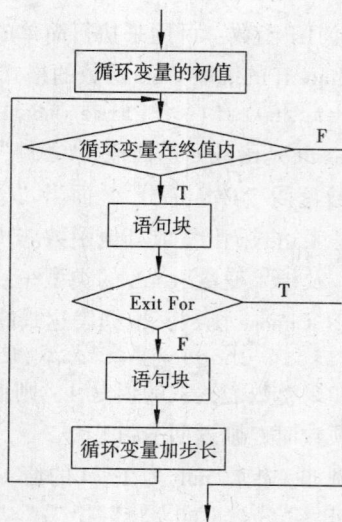

图 1-10 For…Next 循环结构示意

说明：

① 循环变量必须为数值型。

② 步长一般为正，初值小于终值；若为负，初值大于终值；默认步长为 1。

③ 语句块可以是一条或多条语句，称为循环体。

④ Exit For 表示当遇到该语句时，退出循环体，执行 Next 的下一句。

$$循环次数=int((终值-初值)/步长+1)$$

⑤ 退出循环后，循环变量的值保持退出时的值。

⑥ 在循环体内对循环变量可多次引用，但不要对其赋值，否则可能会影响循环次数。

（2）Do...Loop 循环（不知道循环次数的条件型循环）

是用于控制循环次数未知的循环结构，语法

形式有两种：

格式 1（见图 1-11（a））：

```
Do[While|Until 条件]
    语句块
Loop
```

格式 2（见图 1-11（b））：

```
Do
    语句块
Loop[While|Until 条件]
```

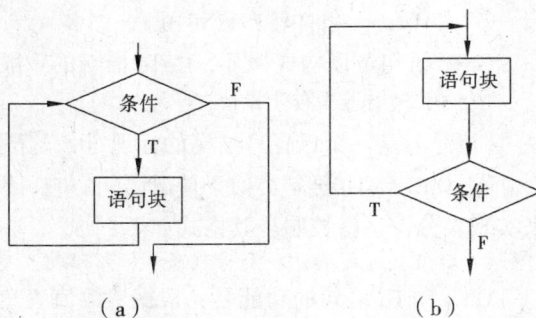

图 1-11　Do...Loop 条件循环结构示意

说明：

① 格式 1 为先判断后执行，有可能一次也不执行。

② 格式 2 为先执行后判断，至少执行一次。

③ 关键字 While 用于指明条件为真时就执行循环体中的语句，Until 刚好相反，条件为假时执行循环体。

④ 当省略了 While|Until 条件字句，即循环结构仅由 Do...Loop 关键字构成时，表示无条件循环，这时循环体内应该有 Exit Do 语句，否则为死循环。

⑤ 语句块中如果有 Exit Do 语句，则表示当遇到该语句时，退出循环，执行 Loop 的下一语句。

（3）当循环

格式：

```
While 条件
    [语句块]
Wend
```

表示当给定的"条件"为真时，执行循环体中的"语句块"。

说明：

① 对于循环次数有限但又不知道具体次数的操作，当循环十分有用。

② While 循环语句先对条件进行检测，条件为真时才执行，如果开始条件就为假，则一次都不执行循环体。

③ 如果"条件"总是成立，则不停执行循环体，成为死循环，因此循环体的执行过程中应该能使"条件"改变。当循环可以嵌套，每个 Wend 与最近的 While 配对。

（4）循环的嵌套及注意事项

循环体内又出现循环结构称为循环的嵌套或多重循环。计算多重循环的循环次数由每一重循环次数的乘积得到。外循体内要完整地包含内循环结构，不能交叉。循环嵌套对 For 循环和 Do... Loop 循环均适用。

（5）其他辅助语句

① Exit For：退出 For 循环。

② Exit Do：退出 Do 循环。

③ Exit Sub：退出子过程。

④ Exit Function：退出函数。

⑤ GoTo：无条件转向语句用。

GoTo 语句可以构成循环，GoTo 语句的一般格式如下：

```
GoTo {标号 | 行号}
```

"标号"是一个以冒号结尾的标识符；"行号"是一个整型数，它不以冒号结尾。

⑥ On…GoTo 语句类似于情况语句。它可以根据不同的条件从多种处理方案中选择一个，用来实现多分支选择控制。其格式如下：

```
On 数值表达式 GoTo 行号列表 | 标号列表
```

On…GoTo 语句的功能是：根据"数值表达式"的值，把控制转移到几个指定的语句行中的一个语句行。"行号列表"或"标号列表"可以是程序中存在的多个行号或标号，相互之间用逗号隔开。

⑦ End 语句。End 语句用于结束一个程序的执行，可以放在任何事件过程中，格式如下：

```
End
```

VB 的 End 语句还有多种形式，用于结束一个过程或块，例如：End If、End With、End Type、End Select、End Sub、End Function。

⑧ With 语句。With 的作用是可以对某个对象执行一系列的语句，而不用重复指出对象的名称。但不能用一个 With 语句设置多个不同的对象。属性前面需要带点号"."。

With 语句格式如下：

```
With  对象名
    语句块
End With
```

1.3.3 常见错误与难点分析

1. 循环结构

（1）不循环或死循环的问题

主要是循环条件、循环初值、循环终值、循环步长的设置有问题。

如以下循环语句不执行循环体：

```
For i=10 To 20 Step -1      '步长为负，初值必须大于等于终值，才能循环
For i=20 To 10              '步长为正，初值必须小于等于终值，才能循环
Do While False             '循环条件永远不满足，不循环
```

如以下循环语句造成死循环：

```
For i=10 To 20 Step 0       '步长为零，死循环
Do While 1                 '循环条件永远满足，死循环
```

（2）循环结构中缺少配对的结束语句

For…Next 语句没有配对的 Next 语句，Do 语句没有一个终结的 Loop 语句等，这种情况常出现在多种循环嵌套时。

（3）循环嵌套时，内外循环交叉

```
For I=1 to 4
   For j=1 to 5
   …
   Next i
Next j
```

上述循环的交叉运行时显示"无效的 Next 控制变量引用"信息。

（4）累加、连乘时，存放累加、连乘结果的变量赋初值问题

① 一重循环。在一重循环中，存放累加、连乘结果的变量初值设置应在循环语句前。

例如：求 1～100 的 3 的倍数的和，结果放入 Sum 变量中，如下程序段，输出结果如何？应如何改进？

```
Private SubForm_Click()
    For i=3 To 100 Step 3
      Sum=0
    Sum=Sum+i
    Next i
    Print Sum
End Sub
```

由于 Sum=0 语句放在了循环语句中，所以每次循环时都会执行这条语句，使运行结果不正确。

② 多重循环。在多重循环中，存放累加、连乘结果的变量赋初值语句放在外循环语句前，还是内循环语句前，这要视具体问题分别对待。

例如：期末时有 30 名学生参加三门课程的考试，求每名学生的三门课程的平均成绩，如下程序能否实现？

```
aver=0
For i=1 To 30
    For j=1 To 3
        m=InputBox("输入第"&j&"门课的成绩")
    aver=aver+m
    Next j
    aver=aver/3
    Print aver
Next I
```

以上程序中，保存各位学生平均成绩的变量 aver 的初始化位置显然不对，应该移到两个 For 循环语句之间。

2. 选择（分支）结构

（1）在选择结构中缺少配对的结束语句

对多行式的 If 语句块中，应有配对的 End If 语句结束。否则，在运行时系统会显示"块 If 没有 End If"的编译错误。同样对 Select Case 语句也应有与其相对应的 End Select 语句。

（2）多分支选择 ElseIf 关键字的书写和条件表达式的表示

多分支选择 ElseIf 子句的关键字 ElseIf 之间不能有空格，即不能写成 Else If。

在多个条件表达式的表示时，应从最小或最大的条件依次表示，以避免条件的过滤。例如，已知输入某课程的百分制成绩 mark，要求显示对应五级制的评定。有表 1-32 中几种表示方式，

语法上都没有错，但执行后结果有所不同，请分析哪些正确？哪些错误？

表 1-32　用多分支选择实现五级制评分

方　法　一	方　法　二	方　法　三

If mark>=90 Then
　Print "优"
ElseIf mark>=80 Then
　Print "良"
ElseIf mark>=70 Then
　Print "中"
ElseIf mark>=60 Then
　Print "及格"
Else
　Print "不及格"
End If
	If mark<60 Then
	　Print "不及格"
	ElseIf mark<70 Then Print "及格"
	ElseIf mark<80 Then Print"中"
	ElseIf mark<90 Then Print "良"
	Else
	　Print "优"
	End If
		If mark>=60 Then
		　Print "及格"
		ElseIf mark>=70 Then
		　Print "中"
		ElseIf mark>=80 Then
		　Print "良"
		ElseIf mark>=90 Then
		　Print "优"
		Else
		　Print"不及格"
		End If

方　法　四	方　法　五	

If mark>=90 Then
　Print "优"
ElseIf 80<=mark<90 Then
　Print "良"
ElseIf 70<=mark<80 Then
　Print "中"
ElseIf 60<=mark<70 Then
　Print "及格"
Else
　Print "不及格"
End If
	If mark>=90 Then
	　Print "优"
	ElseIf 80<=mark And mark<90 Then
	Print "良"
	ElseIf 70<=mark And mark<80 Then
	Print "中"
	ElseIf 60<=mark And mark<70 Then
	Print "及格"
	Else
	　Print "不及格"
	End If	

上面给出的答案中，方法一、二、五正确，其余错误，请分析各自的原因。

（3）Select Case 语句的使用

① "表达式列表 i" 中不能使用 "测试表达式" 中出现的变量。

例如，上述多分支选择的例子改为 Select Case 语句实现如表 1-33 所示，方法一 Case 子句中出现变量 mark，运行时不管 mark 的值多少，始终执行 Case Else 子句，运行结果不正确；方法二、方法三正确。

表 1-33　用情况语句实现五级制评分

方　法　一	方　法　二	方　法　三
Select Case mark 　Case mark>=90 　　Print "优" 　Case mark>=80 　　Print "良" 　Case mark>=70 　　Print "中" 　Case mark>=60 　　Print "及格" 　Case Else 　　Print "不及格" End Select	Select Case mark 　Case Is>=90 　　Print "优" 　Case Is>=80 　　Print "良" 　Case Is>=70 　　Print "中" 　Case Is>=60 　　Prim "及格" 　Case Else 　　Print "不及格" End Select	Select Case mark 　Case Is>=90 　　Print "优" 　Case 80 To 89 　　Print "良" 　Case 70 To 79 　　Print "中" 　Case 60 TO 69 　　Print "及格" 　Case Else 　　Print "不及格" End Select

② 在"测试表达式"中不能出现多个变量。

例如对三门课程奖学金的判断，只能用 If 语句的多边选择，而不能用 Select Case 语句实现。例如，用如下语句表示：

```
Select Case markl,mark2,mark3
    Case (markl+mark2+mark3)/3>=95
        Print"一等奖"
End Select
```

这样就会在 Select Case markl,mark2,mark3 语句行出现编辑错误，同时 Case (markl+mark2+mark3)/3>=95 书写也错误。

1.4　VB 的数组

数组是有序数据的集合，在程序设计中利用数组可以方便灵活地组织和使用各种数据，数组中的所有元素共用一个名字，以下标区分数组中的各个元素。特别值得注意的是，在其他语言中，数组中的所有元素都属于同一个数据类型，而在 VB 中，一个变体型数组中的元素可以是相同类型的数据，也可以是不同类型的数据。本节主要介绍 VB 中数组的定义和使用方法。

1.4.1　考点提要

VB 程序设计中与数组相关的考点如表 1-34 所示。

表 1-34　VB 的数组考点框架

第 一 层	第 二 层
数组的概念	数组的定义
	固定大小数组与动态数组
数组的基本操作	数组元素的输入、输出和复制
	For Each…Next 语句
	数组的初始化
控件数组	—

1.4.2　基本知识点详述

1. 数组的概念

① 数组：同类型变量的有序集合。一般情况下，数组中各元素类型必须相同，但若数组为 Variant 时，可包含不同类型的数据。

② 下标：下标表示顺序号，每个数组有一个唯一的顺序号，下标不能超过数组声明时的上、下界范围。下标可以是整型的常数、变量、表达式，甚至又是一个数组元素。数组声明时，下标的取值范围是：下界 To 上界，省略下界时，系统默认取 0。

③ 数组维数：由数组元素中下标的个数决定，一个下标表示一维数组，二个下标表示二维数组。VB 中有一维数组、二维数组、……最多 60 维数组。

④ 数组元素：数组中的某一个数据项。用下标表示数组中的各个元素，数组元素的使用同简单变量的使用。

⑤ 固定大小数组：在声明时用数值常数或符号常量作为下标定维的数组。

⑥ 动态数组：在声明时无需指明维界定义的数组。使用时需要用 ReDim 语句重新声明数组的规模。

⑦ 控件数组：由相同类型的控件组成的数组。

⑧ 控件数组元素：控件数组中的某一个控件。用控件数组的 Index 属性值表示数组中的各个控件。

⑨ 自定义类型数组：数组中的每个元素都是自定义类型。

2. 数组的声明

声明数组就是让系统在内存中分配一个连续的区域，用来存储数组元素。数组必须先声明后使用。在 VB 中声明数组内容包括**数组名、类型、维数、维界大小**。不同数组的声明方法和注意事项如表 1-35 所示。

表 1-35   数组的声明方法

数 组		说 明
固定大小数组	格式	Public|Private|Static|Dim <数组名>(<维界定义>)[As<数据类型>]
	注意事项	① 只能在标准模块中定义公用（全局）数组；Dim 和 Private 用在窗体模块或标准模块中，定义窗体或标准模块数组；Dim 也可用于过程中，定义局部数组；Static 用在过程中，定义静态局部数组；Public 用在标准模块中，定义全局数组 ② 数组的默认下界是 0，也可用 Option Base 1 语句重新设置下界的值为 1；维的上、下界说明必须是常数表达式，不可以是变量名；数组某一维的大小为：**上界-下界+1**，下标个数决定数组的维数，最多 60 维 ③ 如果省略数据类型，则为变体型
动态数组	格式	① 定义时不指明大小的数组，语法格式如下： Public|Private | Static|Dim <数组名>( )[As<数据类型>] ② 在确定了数组所需的大小后，使用 ReDim 语句来动态地定义数组的大小，分配存储空间，语法格式如下： ReDim[Preserve]数组名(维界定义)
	注意事项	ReDim 语句是一个可执行语句，只能出现在过程中。重新定义动态数组时，不能改变数组的数据类型，可以使用变量说明新的动态数组大小。若要保留原数组元素的内容，应在语句中使用关键字 Preserve。若使用了关键字 Preserve，则只能改变最后一维的维界
控件数组	方法	① 创建同名控件 ② 复制现存控件
	注意事项	同一控件数组内的控件类型是相同的，控件数组中所有的控件名称相同；控件数组中所有的控件所对应的事件过程是相同的；控件数组中每个控件的 Index 属性用于区别数组的其他控件；控件数组中每个控件可具有自己不同的属性设置

自定义数据类型及其数组的声明：

```
Type 自定义类型名
    元素名[(下标)] As 类型名
    …
    元素名[(下标)] As 类型名
End Type
Dim 变量 As 自定义类型名
```

注　意

① 自定义类型一般在标准模块（.bas）中定义；默认是 Public。

② 自定义类型中的元素可以是字符串，但应是定长字符串。

③ 不可把自定义类型名与该类型的变量名混淆。

④ 注意自定义类型变量与数组的差别：它们都由若干元素组成，前者的元素代表不同性质、不同类型的数据，以元素名表示不同的元素；后者存放的是同种性质、同种类型的数据，以下标表示不同元素。

⑤ 使用时利用循环进行各元素的赋值、查找、显示等操作。

3. 数组的操作

需要掌握数组元素的输入、输出和赋值，数组常用操作如表 1-36 所示。

表 1-36　数组的常用操作

操作名称	操作方式	说　明	示　　例

数组元素输入	利用循环结构		`Dim A(1 To 10) As Integer`
			　`For i=1 To 10`
			　　　`A(i)=0`
			　`Next i`

	利用 Array 函数：变量名=Array（常量列表）	变量名必须声明为 Variant 型，并作为数组使用；常量列表以逗号分隔，数组的上、下界通过 LBound、UBound 函数获得	`Dim a As Variant, b As Variant, i%`
			`a=Array(1,2,3,4,5)`
			`b=Array("abc","def","67")`
			`For i=Lbound(a) To Ubound (a)`
			　`Picture1.Print a(i);"";`
			`Next i`
			`For i=0 To Ubound (b)`
			　`Picture1.Print b(i);"";`
			`Next i`

	利用 InputBox 函数	该方法适合输入少量数据	`Dim B(3,4) As Single`
			　`For i=0 To 3`
			　　`For j=0 To 4`
			　　　`B(i,j)=Val(InputBox("输入" & i & j & "的值"))`
			　　`Next j`
			　`Next i`

	通过文本框控件输入	对大批量的数据输入，采用文本框和函数 split()\ join() 进行处理，效率更高	`Dim a As String`
			`a=Text1.Text`
			`Dim b() As String`
			`b()=Split(a,",")`
			`Debug.Print b(2)`

	数组的赋值：直接将一个数组的值赋值给另一个数组，赋值号两边的数据类型必须一致	如果赋值号左边的是一个动态数组，则赋值时系统自动将动态数组 ReDim 成右边相同大小的数组；如果赋值号左边的是一个固定大小的数组，则赋值出错	`Dim a(3) As integer,b() as Integer`
			　`A(0)=2 : A(1)=5 : A(2)=-2 : A(3)=2`
			　`b=a`

续表

操作名称	操作方式	说明	示例

数组的输出	可以用 For…Next 循环语句及 Print 方法来实现	数组元素的输出注意在数组名后面的括号中正确的指定下标	`Dim a As Variant, b As Variant,i%`
			`    a=Array(1,2,3,4,5)`
			`    For i=Lbound(a) To Ubound(a)`
			`        Picture1.Print a(i);"";`
			`    Next i`

求数组中最小（大）元素、各元素之和	求数组中最小（大）元素及下标，一般假设第一个元素及下标为最小（大），然后将该数与数组中的其他元素逐一比较，若有比其小（大）的就替换，同时替换下标
	求各元素之和很方便，只要利用循环将每个元素进行累加即可
			`Dim a,i%,min%,imin%,sum%,t%`
			`a=Array(23,45,67,12,62,78)`
			`min=a(0) : imin=0 : sum=a(0)`
			`For i=1 to UBound(a)`
			`    sum=sum+a(i)`
			`If a(i)<min Then min=a(i) : imin=i`
			`Next i`
			`Print "数组元素和=";sum,"最小元素值为: ";min`

与数组相关的函数和语句如表 1-37 所示。

表 1-37　与数组相关的函数和语句

函数或语句	功能与示例
`Option Base 0	1`	① Option Base 1 语句，表示数组维下界值为 1 ② 无 Option Base 语句，表示数组维下界值为 0

`Lbound(数组名 [,维数])`	返回数组可用的最小下标，例如：
	`Dim A(6) As Integer`
	`B(3,-1 to 4)As Single`
	则 Lbound(A)的值是 0，Lbound(B,2)的值是−1

`Ubound(数组名 [,维数])`	返回数组可用的最大下标，例如： `Dim A(6) As Integer,B ( 3,-1 to 4 ) As Single` 则 Ubound(A)的值是 6，Ubound(B,1)的值是 3,Ubound(B,2)的值是 4
`Erase 数组名 1 [ ,数组名 2,…]`	功能：重新初始化固定大小数组的元素，或者释放动态数组的存储空间

`For Each Element In <数组名>`
`    [语句组]`
`    [Exit For]`
`    [语句组]`
`Next [Element]`
	功能：该语句按照数组的结构，依次对数组中的每一个元素执行一次循环体。数组有多少个元素就执行多少次循环体。注意：这里用组名，没有括号和上下界。例如：
	`aa=Array(1,3,4,5)`
	`For Each b In aa`
	`    Print b`
	`Next b`

4．控件数组

（1）控件数组的特点

① 控件数组是由一组相同类型的控件组成的，它们共用一个控件名。

② 控件数组适用于若干个控件执行的操作相似的场合，共享同样的事件过程。

③ 控件数组通过索引号（属性中的 Index）来标识各控件，第一个下标是 0。

例如，Text1(0)、Text1(1)、Text1(2)、Text1(3)…

（2）控件数组的建立

在设计时建立的操作步骤如下：

① 在窗体上画出某控件，并进行属性设置。

② 选中该控件进行"复制"和"粘贴"操作，系统提示"是否建立控件数组"，选择是即可。多次粘贴就可以创建多个控件元素。

③ 进行事件过程的编程。

运行时添加控件数组的操作步骤如下：

① 在窗体上画出某控件，设置该控件的 Index 值为 0，表示该控件为数组。

② 在编程时通过 Load 方法添加其余若干个元素，也可以通过 Unload 删除某个添加的元素。

③ 每个添加的控件数组通过 Left 和 Top 属性，确定其在窗体上的位置，并将 Visible 设置为 True。

（3）控件数组的删除

控件数组建立后，只要改变一个控件的 Name 属性值，并把 Index 属性置为空（不是 0），就能把该控件从控件数组中删除。

（4）控件数组的操作

控件数组中的控件执行相同的事件过程，通过 Index 参数可以确定是哪个控件所触发的事件。

```
Private Sub 控件数组名_事件过程名(Index As Integer)
End Sub
```

1.4.3　常见错误与难点分析

1．Dim 数组声明

有时用户为了程序的通用性，声明数组的上界用变量来表示，如下程序段：

```
n=InputBox("输入数组的上界")
Dim a(1 To n) As Integer
```

程序运行时将在 Dim 语句处显示"要求常数表达式"的出错信息。即 Dim 语句中声明的数组，维界定义必须是常数表达式，不能是变量。

解决程序通用的问题，一是将数组声明的很大，这样浪费一些存储空间；二是利用动态数组，将上例改变如下：

```
Dim a( ) As Integer
n=InputBox("输入数组的上界")
ReDim a(1 To n)As Integer
```

2．数组下标越界

引用了不存在的数组元素，即下标比数组声明时的下标范围大或小即为越界。

例如，有如下程序，意图为打印出各个数组元素的值。

```
Option Base 1
Private Sub Command1_Click()
    Dim a(10) As Integer,i%
    For i=1 To 10
        a(i)=Int(100*Rnd)+1
    Next i
    Print a(i);
End Sub
```

但运行时出现"下标越界"错误，原因是 Print a(i);语句放在循环后，执行到该语句时，I=11，数组下标超出声明范围。

3．数组维数错

当数组声明时的维数与引用数组元素时的维数不一致时会出错。例如，下面程序段为形成和显示 3×5 的矩阵：

```
Dim a(3,5) As Long
For i=1 To 3
   For j=1 To 5
      a(i)=i*j
      Print a(i);"";
   Next j
   Print
Next i
```

程序运行到 a(i)=i*j 语句时出现"维数错误"的信息，因为在 Dim 声明时是二维数组，引用时是一个下标。

4．Aarry 函数使用问题

Aarry 函数可方便地对数组整体赋值，但此时只能声明 Variant 的变量或仅由括号括起的动态数组。赋值后的数组大小由赋值的个数决定。

例如，要将 1、2、3、4、5、6、7 这些值赋值给数组 a，表 1-38 中列出了三种错误及相应正确的赋值方法。

表 1-38　Aarry 函数表示方法

错误的 Aarry 函数赋值，	改正的 Aarry 函数赋值
Dim a(1 To 8) a=Array(1,2,3,4,5,6,7,8)	Dim a() a=Array(1,2,3,4,5,6,7)
Dim a As Integer a=Array(1,2,3,4,5,6,7)	Dim a a=Array(1,2,3,4,5,6,7)
Dim a a()=Array(1,2,3,4,5,6,7)	Dim a a=Array(1,2,3,4,5,6,7)

5．如何获得数组的上界、下界

Aarry 函数可方便地对数组整体赋值，但在程序中如何获得数组的上界、下界，以保证访问的数组元素在合法的范围内呢？可使用 UBound 和 LBound 函数来访问数组。

在上例中，若要打印 a 数组的各个值，可通过下面的程序段实现：

```
For i=Lbound(A) To Ubound(A)
   Print a(i)
Next i
```

6．给数组赋值

VB 提供了可对数组整体赋值的新功能，方便了数组对数组的赋值操作。但真正使用不那么方便，有不少限制。数组赋值形式如下：

```
数组名 2=数组名 1
```

这里的数组名 2，在前面的数组声明时，要求声明为 Variant 的变量，或相同数据类型的动态数组，赋值后的数组 2 的大小、维数、类型同数组名 1。

1.5　VB 的过程

程序设计时，对重复使用的程序段一般采用过程形式封装，供多次调用。使用过程的好处是使程序简练、高效，便于程序的调试和维护。

　　VB 的程序是由一个个过程构成的，除了系统提供的大量内部函数过程和事件过程外，VB 系统还允许用户根据各自需要自定义过程。本节主要介绍用户自定义的子过程和函数过程的定义、调用、参数传递、过程的递归调用和变量、过程的作用域等。

1.5.1　考点提要

　　VB 程序设计中与过程相关的考点如表 1-39 所示。

表 1-39　VB 的过程考点框架

第 一 层	第 二 层
Sub 过程	Sub 过程的建立
	调用 Sub 过程
	通用过程与事件过程
Function 过程	Function 过程的定义
	调用 Function 过程
参数传送	形参与实参
	引用（传址）
	传值
	数组参数的传送
可选参数与可变参数	—
对象参数	窗体参数
	控件参数

1.5.2　基本知识点详述

1. 过程的概念

　　在程序设计中，为各个相对独立的功能模块所编写的一段程序称为过程。程序的基本单位是过程，VB 中常用的过程分为子程序（Sub）过程和函数（Function）过程，Sub 过程没有返回值，而 Function 过程有返回值，其中 Sub 过程又可以分为事件过程、通用过程（用户自定义 Sub 过程）。

2. Sub 过程（见表 1-40）

表 1-40　Sub 过程的定义与调用方法

	窗体事件过程	控件事件过程

事件过程	`private Sub Form_事件名([参数列表])`
	　　`[局部变量和常量声明]`
	　　`语句块`
	`End Sub`
		`private Sub 控件名_事件名([参数列表])`
		　　`[局部变量和常量声明]`
		　　`语句块`
		`End Sub`

通用过程	`[pivate|Public][Static]Sub 过程名([参数列表])`
	　　`[局部变量和常量声明]`
	　　`语句块`
	　　`[Exit Sub]`
	`End Sub`	

调用方法	方法一：`Call 过程名(实参表)`	
	方法二：`过程名 [实参1[,实参2,…]]` 去掉了关键字 Call 和"实际参数"的括号	

3．Function 过程（见表 1–41）

表 1–41　Function 过程的定义与调用方法

定义形式	`[Private|Public][Static]Function 函数名([参数列表])[As 数据类型]`
	　`[局部变量和常量声明]`
	　`[语句块]`
	　`[Exit function]`
	　`[函数名 = 表达式]`
	`End Function`

调用方法	方法一：变量名=函数名 [(实参)] 方法二：`Call 函数名 [(实参)]` 方法三：函数名 [实参]

4．参数的传递

调用过程时，采用"形实结合"的方式传递参数，参数的传递有两种方式：按值传递和按地址传递。在传递参数时要求"形实对应"，即要求形参和实参按位置关系一一对应（不考虑可选参数）、形参和实参数据类型相互兼容。形参与实参的关系及参数传递两种方式的特点分别如表 1–42 和表 1–43 所示。

表 1–42　形参与实参的关系

	形　参	实　参
概念	定义 Sub 或 Function 时，出现在形参表中的变量名、数组名	在调用 Sub 或 Function 过程时，传送给相应过程的变量名、数组名、常数或表达式
格式	`[ByVal|ByRef]变量名[()][As 数据类型 ]`	常数或表达式、数组名、变量名、对象名
关系	形参如同公式中的符号	实参就是符号具体的值
	调用过程即实现形参与实参的结合，也就是把值代入公式进行计算。在过程调用传递参数时，形参与实参是按位置结合的，形参表和实参表中对应的参数名可以不必相同，但位置必须对应起来	

表 1–43　参数传递的特点

	按 值 传 递	按地址传递
特点	形参前加关键字 ByVal	形参前加关键字 ByRef，或省略关键字
	过程调用时，VB 给形参分配一个临时存储单元	形参和实参共用内存的同一地址
	按值传递参数传递的只是实参变量的副本	若实参是变量、数组元素或数组，则形参和实参类型必须一致，否则会出错
	过程中改变形参值，不影响实参值	过程中改变形参值，将同时改变形参和实参中的值
		若实参为一个常量或者表达式，VB 将按传值方式处理
		若实参是与形参类型不一致的常数或表达式，VB 会按要求进行数据转换，再将转换后的值传递给形参
		对于简单变量 M，加括号即(M)则变为表达式，VB 将按传值方式处理
数组参数	形参数组只能是按地址传递的参数（即数组前不能用 ByVal，且数组名后只能是一对空括号），对应实参也必须是数组，且数据类型必须一致	
	调用过程时把要传递的数组名放在实参列表中即可，数组名后可不跟括号	
	过程中不可以对形参数组再进行声明，但在使用动态数组作为实参时，可以用 ReDim 语句改变形参数组的维界，重新定义数组的大小	
对象参数	VB 中可以向过程传递对象，在形参表中，把形参变量的类型声明为 Control，可以向过程传递控件；若声明为 Form，则可向过程传递窗体。对象的传递只能按地址传递	

5. 变量、过程的作用域

过程及变量的作用域分别如表 1-44 和表 1-45 所示。

表 1-44　过程的作用域

作用范围	模块级		全局级	
	窗体	标准模块	窗体	标准模块
定义方式	过程名前加 Private。例如： `Private Sub my1(形参表)`		过程名前加 Public 或默认。例如： `[Public] Sub my2(形参表)`	
能否被本模块其他过程调用	能	能	能	能
能否被本应用程序其他模块调用	不能	不能	能，但必须在过程名前加窗体名。例如： `Call 窗体名．My1(实参表)`	能，但过程名必须唯一，否则需要加标准模块名。例如： `Call 标准模块名.My2(实参表)`

表 1-45　变量的作用域

作用范围	局部变量	窗体/模块级变量	全局变量	
			窗体	标准模块
声明方式	Dim、Static	Dim、Private	Public	
声明位置	在过程中	窗体/模块的"通用声明"段	窗体/模块的"通用声明"段	
能否被本模块其他过程存取	不能	能	能	
能否被其他模块存取	不能	不能	能，但在变量名前加窗体名	能

注意

- 静态变量：用 Static 声明的静态变量，在每次调用过程时保持原来的值，不重新初始化。而用 Dim 声明的变量，每次调用过程时，重新初始化。
- 同名变量：对不同范围内出现的同名变量，可以用模块名加以区别。一般情况下，当变量名相同而作用域不同时，优先访问局限性大的变量。

---

6. 过程的递归调用

VB 允许一个自定义子过程或函数过程在过程体的内部调用自己，这样的子过程或函数就叫递归子过程和递归函数。递归过程包含了递推和回归两个过程。构成递归的条件如下：

① 递归结束条件和结束时的值。

② 能用递归形式表示，并且递归向结束条件发展。

递归算法设计简单，但消耗的上机时间和占据的内存空间比非递归大。一般而言，递归函数过程对于计算阶乘、级数、指数运算有特殊效果。

7. 常用算法

对数值计算方面要求掌握：求最大值（最小值）及下标位置、求和、平均值、最大公约数、最小公倍数、素数、数制转换等。

对非数值计算方面要求掌握：常用字符串处理函数、排序（选择法、冒泡法、插入法、合并排序）、查找（顺序、二分法）。

1.5.3　常见错误与难点分析

1．程序设计算法问题

主要是算法的构思有困难，这也是程序设计中最难学习的阶段。经验告诉每一位程序设计的初学者，没有捷径可走，多看、多练、知难而进。上机前一定要先编写好程序，仔细分析、检查，才能提高上机调试的效率。

2．确定自定义的过程是子过程还是函数过程

实际上过程是一个具有某种功能的独立程序单位，供多次调用。子过程与函数过程的区别是，前者子过程名无返回值，后者函数过程名有返回值。若过程需一个返回值，则习惯使用函数过程；若过程无需返回值，则可使用子过程；若过程需返回多个值，光靠函数过程名就不够了，需要形参与实参的配合实现，使用子过程时，通过传地址形参带回结果，当然也可通过函数过程名带回一个值，其余结果通过传地址形参带回。

3．过程中形参的个数和传递方式的确定

过程中参数的作用是实现过程与调用者的数据通信。一方面，调用者为子过程或函数过程提供初值，这是通过实参传递给形参实现的；另一方面，子过程或函数过程将结果传递给调用者，这是通过地址传递方式实现的。因此，决定形参的个数就是由上述两方面决定的，在不考虑可选参数情况下，形参个数与实参个数要一致。对初学者，往往喜欢把过程体中用到的所有变量名作为形参，这样就增加了调用者的负担和出错概率，也有的初学者全部省略了形参，则无法实现数据的传递，既不能从调用者得到初值，也无法将计算结果传递给调用者。

VB 中形参与实参的结合有传值和传地址两种方式。区别如下：

① 在定义形式上，前者在形参前加 ByVal 关键字；而后者则在形参前加 ByRef 或省略此关键字。

② 在作用上，值传递只能从外界向过程传入初值，但不能将结果传出；而地址传递既可传入初值又可传出结果。

③ 如果实参是数组、自定义类型、对象变量等，形参只能是地址传递。

4．参数传递方式判断方法

判断参数传递方式，不能单纯的看过程定义中形参前的修饰限定词有无 ByVal。参数传递到底采用何种方式，不仅取决于过程定义，还取决于过程调用，即与对应实参的具体形式也有很大关系。因此，应该从以下三个方面综合考虑：

① 形参是否为数组或者控件。

② 形参前是否有 ByVal 修饰。

③ 对应实参是否为表达式或者常量，如 100、x+1、(k)等，当实参为以上形式时，即便对应形参是按地址传递，实际也只能按值传递的方式进行形实结合。

5．实参与形参数据类型对应问题

在地址传递方式时，调用过程实参与形参数据类型要一致。

例如，函数过程定义如下：

```
Public Function f(x As Single)As Single
    f=x+x
End Function
```

主调程序如下：

```
Private Sub Commandl_Click()
    Dim y%
    y=3
    Print f(y)
End Sub
```

上例形参 x 是单精度型、实参 y 是整型，程序运行时会显示"ByRef 参数类型不符"的编译出错信息。

在值传递时，若是数值型，则实参会转换为形参的类型后，再将值传递给形参。

例如，函数过程定义如下：

```
Public Function f(ByVal x%)As Single
    f=x+x
End Function
```

主调程序如下：

```
Private SubCommand1_Click()
    Dim y!
    y=3.4
    Print f(y)
End Sub
```

程序运行后显示的结果是 6。

6. 变量的作用域问题

变量的作用域是指变量的有效作用范围，即指变量被声明后，它在哪个范围内能被访问。变量的作用域分三个级别：局部变量、窗体/模块级变量、全局变量。局部变量，其作用域只限于定义该变量的过程内，在调用过程时，为其局部变量分配存储空间并初始化其值，当过程调用结束，回收分配的存储空间，也就是调用一次，分配并初始化一次，变量不保值；窗体/模块级变量，其作用域是整个窗体模块或标准模块，当窗体装入，分配该变量的存储空间，直到该窗体从内存卸掉，才回收该变量分配的存储空间；全局变量，其作用域是整个工程，全局变量可以在工程的所有模块中有效。

例如，要通过文本框输入若干个值，每输入一个数值按【Enter】键，直到输入的值为 9999，输入结束，求输入数据的平均值。

```
Private Sub Textl_KeyPress(KeyAscii As Integer)
    Dim sum!,n%
    If KeyAscii=13 Then
        If Val(Text1.Text)=9999 Then
            sum=sum/n
            Print sum
        Else
            sum=sum+Val(Text1.Text)
            n=n+1
            Text1=""
        End If
    End If
End Sub
```

该过程没有语法错，运行程序可输入若干个数，但当输入 9999 时，程序显示"溢出"的错误。原因是 sum 和 n 为局部变量，每按一次【Enter】键，局部变量初始化为 0，当执行 sum=sum/n

时，除数 n 为 0，所以会有上述错误产生。

改进方法：将要保值的局部变量声明为 Static 静态变量，也可将要保值的变量在通用声明段声明为窗体/模块级变量。

7. 递归调用出现"栈溢出"

例如，求阶乘的递归函数过程：

```
Public Function fac(n As Integer)As Integer
    If n=1 Then
        fac=1
    Else
        fac=n*fac(n-1)
    End If
End Function

Private Sub Commandl_Click()        '调用递归函数，显示出 fac(5)=120
    Print "fac(5)";fac(5)
End Sub
```

当主调程序调用 fac 函数过程时，参数传递后，形参 n 的值为 5，递归调用 fac 后显示 120 结果，如果调用语句改为 Print "fac(-5)"; fac(-5)，则显示"溢出堆栈空间"的出错信息。

实际上每递归调用一次，系统将当前状态信息（形参、局部变量、调用结束时的返回地址）压栈，直到到达递归结束条件。上例中当 n=5 时，每递归调用一次，参数为 n-1，直到 n=1 递归调用结束，然后不断从栈中弹出当前参数，直到栈空。而当 n= -5 时，参数 n-1 为-6、压栈，再递归调用、n-1 永远到不了 n=1 的终止条件，直到栈满，产生栈溢出的出错信息。

所以设计递归过程时，一定要考虑过程中有终止的条件和终止时的值或某种操作，而且每递归调用一次，其中的参数要向终止方向收敛，否则就会产生栈溢出。

对递归过程的调用历来是学习的难点，解此类题目时，可参照"递归调用图"，用画图的方法帮助分析，此图画法可参照本书第 2.5.2 节的填空题 1 的解析。

1.6　VB 的文件操作

程序设计时，对需要长期保存的数据应该以文件或数据库的形式保存在计算机中。学会处理数据文件是掌握程序设计技术的必备基础。本节主要介绍 VB 的文件处理功能及与文件系统有关的控件。

1.6.1　考点提要

VB 程序设计中与文件相关的考点如表 1-46 所示。

表 1-46　VB 的文件考点框架

第 一 层	第 二 层
文件的结构和分类	—
文件操作语句和函数	—
顺序文件的基本操作	顺序文件的打开方式
	顺序文件的写操作
	顺序文件的读操作

续表

第　一　层	第　二　层
随机文件的基本操作	随机文件的打开与读写操作
	随机文件中记录的增加与删除
	用控件显示和修改随机文件
文件系统控件	驱动器列表框和目录列表框
	文件列表框
文件基本操作	文件的删除、复制、移动、改名等

1.6.2　基本知识点详述

1．文件的有关概念

记录：计算机处理数据的基本单位，由若干个相互关联的数据项组成。相当于表格中的一行。

文件：记录的集合，相当于一张表。

文件类型：顺序文件、随机文件、二进制文件，其特点如表 1-47 所示。

表 1-47　文件的分类与特点

文　　件	顺　序　文　件	随　机　文　件	二　进　制　文　件
特点	以 ASCII 码方式存储	每个记录的长度相同	以字节为单位
	顺序读写、存取速度慢	按记录号访问	顺序成块地读取
	占内存小	占内存大	节省磁盘空间
	数据更新较复杂	数据更新容易	不能随意定位读取数据
	适合大量数据的成批处理	适合大量查找或修改文件中的数据	适合存储任意希望存储的数据

访问模式：计算机访问文件的方式，VB 中有顺序、随机、二进制三种访问模式。

顺序访问模式：规则最简单，指读出或写入时，从第一条记录"顺序"地读到最后一条记录，不可以跳跃式访问。该模式专门用于处理文本文件，每一行文本相当于一条记录，每条记录可长可短，记录与记录之间用"换行符"来分隔。

随机访问模式：只要给出记录号，可以直接访问某一特定记录。要求文件中的每条记录的长度都是相同的，记录与记录之间不需要特殊的分隔符号。

二进制访问模式：直接把二进制码存放在文件中，没有什么格式，以字节数来定位数据，允许程序按所需的任何方式组织和访问数据，也允许对文件中各字节数据进行存取和访问。

2．顺序文件的基本操作

顺序文件的打开、关闭和读/写操作的方法及格式如表 1-48 所示。

表 1-48　顺序文件的基本操作

操作	语　句　形　式	功　能　说　明
打开文件	`Open "文件名" For OutPut As [#] 文件号`	用于创建文件，向文件输出数据；若文件已经存在，则输出的内容将重写整个文件；用此方式打开文件后，即使不输出内容，文件原有内容也不存在了

操 作	语 句 形 式	功 能 说 明
	Open "文件名" For Append As [#] 文件号	用于向已经存在的文件中添加数据，新写入的数据添加在文件的尾部，文件中原来的内容不会丢失
	Open "文件名" For Input As [#] 文件号	用于打开一个已经存在的文件，从该文件中读取数据
写操作	Print #文件号,[输出列表]	将一个或多个数据以标准格式或紧凑格式写入文件
	Write #文件号,[输出列表]	将一个或多个数据以紧凑格式写入文件，写入的数据之间自动加逗号，并给字符串加上双引号
读操作	Input #文件号 [,变量列表]	从一个打开的顺序文件中读取数据，并将这些数据一次赋给变量表中的变量
	Line Input #文件号,字符串变量	从一个打开的顺序文件中读出一行数据赋给一个字符型变量或变体型变量
	Input$(读取的字符数,#文件号)	从一个打开的顺序文件中读出 n 个字符（包括空格、回车符、换行符等）作为函数的返回值
关闭	Close [#]文件号[,[#]文件号]…	关闭一个或多个用 Open 语句打开的文件
	Reset	关闭所有用 Open 语句打开的文件

── 说 明 ──

文件号是一个介于 1～511 之间的整数，打开一个文件时需要指定一个文件号，FreeFile() 函数可获得下一个可以利用的文件号。

3. 随机文件和二进制文件的基本操作

随机文件和二进制文件的打开、关闭和读/写操作的方法及格式如表 1-49 所示。

表 1-49 随机文件和二进制文件的基本操作

操 作	语 句 形 式	功 能 说 明
打开文件	Open "文件名" For Random As [#] 文件号 [Len=记录长度]	对打开的随机文件进行读写操作，可根据记录号访问文件中的任何一个记录
	Open "文件名" For Binary As [#] 文件号 [Len=记录长度]	对打开的二进制文件进行读写操作
读操作	Get [#]文件号,[记录号],变量名	将打开文件中的数据读入变量中，二进制文件不带记录号
写操作	Put [#]文件号,[记录号],变量名	将变量内容写到打开的文件中。对随机文件，记录号如果忽略不写，则表示在当前记录后插入一条记录。二进制文件不写记录号

增加记录	输入及写记录通用过程：
	Sub File_Write()
	  Do
	    Recordvar=InputBox$("待增加记录内容: ")
	    recordnumber=recordnumber+1
	    Put #1,recordnumber,recordvar
	    Aspect$=InputBox$("More(Y/N)?")
	  Loop Until UCase$(Aspect$)="N"
	End Sub
		在随机文件中增加记录，实际上是在文件的末尾附加记录。其方法是，先找到文件最后一个记录的记录号，然后把要增加的记录写到它的后面

续表

操作	语　句　形　式	功　能　说　明
删除记录	删除记录通用过程： Sub Deleterec(position AS Integer) 　repeat: 　　Get #1,position+1,recordvar 　　If Loc(1)>recordnumber Then Goto finish 　　Put #1,position+1,recordvar 　　position=position+1 　Goto repeat 　finish: 　recordnumber=recordnumber-1 End Sub	在随机文件中删除一个记录时，并不是真正删除记录，而是把下一个记录重写到要删除的记录的位置上，其后的所有记录依次前移
关闭	Close #文件号	关闭打开的随机文件

4．文件操作语句和函数（见表 1-50）

表 1-50　常用的文件操作语句和函数

语句/函数	格　式	功　能	说　明
FileCopy	FileCopy 源文件名 目标文件名	复制一个文件	不能复制一个已打开的文件
Kill	Kill 文件名	删除文件	文件名中可以使用通配符 *或?
Name	Name 旧文件名 新文件名	重新命名一个文件或目录	不能使用通配符；不能对已打开的文件进行重命名操作
ChDrive	ChDrive 驱动器号	改变当前驱动器	如果驱动器为空，则不变；如果驱动器号中有多个字符，则只会使用首字符
MkDir	MkDir 文件夹名	创建一个新的目录	
ChDir	ChDir 文件夹名	改变当前目录	改变默认目录，但不改变默认驱动器
RmDir	RmDir 文件夹名	删除一个存在的目录	不能删除一个含有文件的目录
CurDir()	CurDir [(驱动器)]	可以确定任何一个驱动器的当前目录	括号中的驱动器表示需要确定当前目录的驱动器，如果为空，返回当前驱动器的当前目录路径
Lock 和 Unlock	Lock[#]文件号[,记录│[开始] To 结束] Unlock [#] 文件号 [,记录│[开始] To 结束]	对文件"锁定"和"解锁"	在网络环境中，有时候几个进程可能需要对同一文件进行存取，用 Lock 和 Unlock 语句可以实现"锁定"和"解锁"，以进行访问控制
Seek()	Seek(文件号)		以长整数的形式返回某打开文件当前读/写操作的位置，即文件的当前指针位置
FreeFile()	FreeFile()		获得下一个可以利用的文件号
Loc()	Loc(文件号)		以长整数的形式返回某打开文件最近一次读/写操作的位置
LOF()	LOF(文件号)		返回某文件的字节数
EOF()	EOF(文件号)		检查指针是否到达文件尾
Filelen()	Filelen(文件名)		返回某个文件的长度（字节数）

5. 文件管理控件（见表 1-51 和表 1-52）

① 驱动器列表框（DriveListBox）：用来显示当前机器上的所有盘符。

② 目录列表框（DirListBox）：用来显示当前盘上的所有文件夹。

③ 文件列表框（FileListBox）：用来显示当前文件夹下的所有文件名。

表 1-51　文件管理控件重要属性

属　性	适用的控件	作　用	示　例
Drive	驱动器列表框	指定当前选定的驱动器名	`Driver1.Drive="C"`
Path	目录和文件列表框	指定当前路径	`Dir1.Path="C:\WINDOWS"`
FileName	文件列表框	指定选定的文件名	`MsgBox File1.FileName`
Pattern	文件列表框	决定显示的文件类型	`File1.Pattern="*.BMP"`

表 1-52　文件管理控件重要事件

事　件	适用的控件	事件发生的时机
Change	目录和驱动器列表框	驱动器列表框的 Change 事件是在选择一个新的驱动器或通过代码改变 Drive 属性的设置时发生 目录列表框的 Change 事件是在双击一个新的目录或通过代码改变 Path 属性的设置时发生
PathChange	文件列表框	当文件列表框的 Path 属性改变时发生
PattenChange	文件列表框	当文件列表框的 Pattern 属性改变时发生
Click	目录和文件列表框	单击时发生
DblClick	文件列表框	双击时发生

6. 文件的基本操作

文件的基本操作指的是文件的删除、复制、移动、改名等。常用的文件操作语句参见表 1-50。

1.6.3　常见错误与难点分析

① 文件系统的三个控件不能产生关联。也就是当驱动器改变时，目录列表框不能跟着相应改变；或者当目录列表框改变时，文件列表框不能跟着相应改变。要三个控件产生关联，使用下面两个事件过程：

```
Private Sub Drivel_Change()
    Dirl.Path=Drivel.Drive
End Sub
Private Sub Dirl_Change()
    Filel.Path=Dirl.Path
End Sub
```

② 如何在目录列表框中表示当前选定的目录。在程序运行时双击目录列表框的某目录项，则将该目录项改变为当前目录，其 Dirl.Path 的值做相应的改变。而当单击选定该目录项时，Dirl.Path 的值并没有改变。有时为了对选定的目录项进行有关的操作，与 ListBox 控件中某列表项的选定相对应，表示如下：

```
Dirl.List(Dirl.ListIndex)
```
③ 当使用文件系统控件对文件进行打开操作时，显示"文件未找到"出错信息。如下面的语句：
```
Open Filel.Path+Filel.FileName For Input As #1
```
当选定的目录是根目录，上述语句执行正确；而当选定的目录为子目录，上述语句执行时显示"文件未找到"出错信息。

其中，Filel.Path 表示当前选定的路径，Filel.FileName 表示当前选定的文件，合起来表示文件的标识符。

当选定的文件在根目录下（假定驱动器为 C），Filel.Path 的值为 C:\，假定选定的文件名为 t1.txt，则 Filel.Path+Filel.FileName 的值为 C:\t1.txt，为合法的文件标识符。

当选定的文件在子目录下（假定驱动器为 C，子目录为 my），Filel.Path 的值为 C:\my，Filel.Path+Filel.FileName 的值为 C:\my tl.txt，子目录与文件名之间少了一个"\"分隔符。

为了保证程序正常运行，Open Filel.Path+Filel.FileName For Input As #1 改为：
```
Dim F$
If Right(Filel.Path, 1)="\" Then'表示选定的是根目录
    F=Filel.Path+Filel.FileName
Else                              '表示选定的是子目录,子目录与文件名之间加"\"
    F=Filel.Path+"\"+Filel.FileName
End If
Open F For Input As # 1
```
④ Open 语句中要打开的文件名是常量也可以是字符串变量，但使用者概念不清，导致出现文件未找到出错信息。如文件名为 C:\my\t1.txt，正确的打开语句如下：
```
Open "C:\my\t1.txt" For Input As #1 '错误的书写文件名两边少双引号
```
或正确的变量书写如下：
```
Dim F$
F="C:\my\t1.txt"
Open F For Input As #1                 '错误的书写变量 F 两边多了双引号
```
⑤ 文件没有关闭又被打开，显示"文件已打开"的出错信息。如下语句：
```
Open "C:\my\t1.txt"  For Input As #1
Print F
Open "C:\my\t1.txt"  For Input As #2
Print "2";F
```
执行到第二句 Open 语句时显示"文件已打开"出错信息。

⑥ 如何读出随机文件中的所有记录，但又不知道记录号。不知道记录号而又要全部读出记录，则只要同顺序文件的读取相似，采用循环结构加无记录号的 Get 语句即可，程序段如下：
```
Do While Not EOF(1)
    Get #1,,j
    Print j;
Loop
```
随机文件读/写时可不写记录号，表示读时自动读下一条记录，写时插入到当前记录后。

1.7　上机考试综述

全国计算机等级考试二级 VB 程序设计考试包括笔试和上机两部分，只有两部分考试成绩都达到合格标准，二级考试才算通过，所以认真准备好上机考试同样重要。本节主要介绍 VB 上机考试相关问题，包括操作题考点与常用算法总结、题型分析与答题技巧、上机考试注意事项等。

1.7.1　上机考试环境

1．考生登录与身份验证

参加全国计算机等级考试二级 VB 程序设计上机考试的考生首先需要通过专用考试端登录，身份验证通过后方可进入考试系统，界面如图 1-12 和图 1-13 所示。

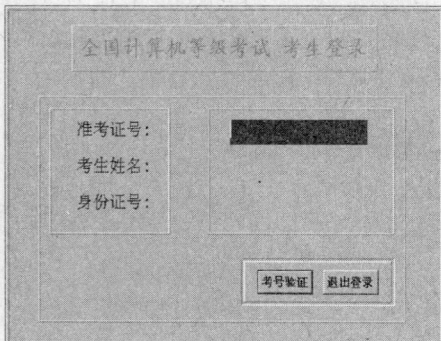

图 1-12　登录窗口界面　　　　　　　　图 1-13　考生须知和计时操作界面

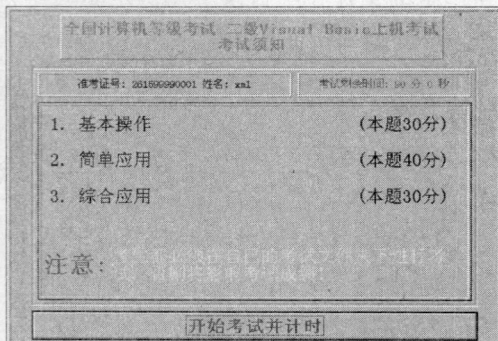

2．在线考试

进入考试状态后，考生可通过选题按钮查看各项试题；通过"考试项目"菜单可启动 VB 6.0 环境进行答题操作；可通过顶部的考试提示窗口隐藏选题窗口；答题完毕可单击"交卷"按钮结束考试。在线考试窗口如图 1-14 所示。

图 1-14　在线考试窗口

1.7.2　上机考点与常用算法

全国计算机等级考试大纲中对二级 VB 上机考试只列出三种题型要求，并没提具体的知识内容，根据近几年的上机试题分析归纳，总结出常考的知识重点和算法如表 1-53 和表 1-54 所示。

表 1-53　VB 的上机考点框架

第　一　层	第　二　层
对象及其操作	控件的画法、基本操作及控件值的设定
数据类型及其运算	数据类型、关系运算符、算术运算符、逻辑运算符、字符串运算符及常用内部函数等
数据输入、输出	窗体输出、Print 方法、InputBox 函数、MsgBox 函数与语句
常用标准控件	各类标准控件的属性、事件和方法
控制结构	选择结构、循环结构
数组	数组的定义、数组元素的访问
菜单和对话框	用菜单编辑器建立菜单，通用对话框的使用
键盘与鼠标事件过程	键盘的 KeyPress 事件、鼠标事件
文件	顺序文件、随机文件的读/写操作

表 1-54　VB 常用算法

算法名称	累加与连乘 累加形式：V=V+e　　连乘形式：V=V*e　　其中：V 是变量，e 是递增表达式
典型问题	题① 求 N!的结果 题② 求自然对数 e 的近似值，e=1+1/2!+1/3!+....1/n!。要求：误差小于 0.00001
解题思路	累加和连乘一般通过循环结构来实现 注意：需在执行循环体前对变量 V 赋初值。一般的，累加时置初值 0；连乘时置初值为 1

算法实现

题① 连乘示例（求 N!）：
```
Private Sub Command1_Click()
    Dim n%,i%,s&
    n=Val(InputBox("输入 n"))
    s=1
    For i=1 To n
      s=s*i
    Next i
    Print s
End Sub
```

题② 累加且连乘：
```
Private Sub Command1_Click()
    Dim i%,n&,t!,e!
    e=2:i=1:t=1
    Do While t>0.00001
      i=i+1
      t=t/i
      e=e+t
    Loop
    Print "计算了";i;"项目和是：";e
End Sub
```

累加示例：
```
Private Sub Command1_Click()
  Dim i As Integer,s1 As Integer,s2 As Integer
  s1=0
  s2=0
  For i=0 To Text1.Text Step 2
    s2=s2+i          '偶数和
  Next i
  For i=1 To Text1.Text Step 2
    s1=s1+I          '奇数和
  Next i
  Text2.Text=s1
  Text3.Text=s2
End Sub
```

续表

算法 名称	累加与连乘
	累加形式：V=V+e　　　连乘形式：V=V*e　　　其中：V 是变量，e 是递增表达式

用递归法求 N!

```
Public Function fac(n As Integer) As Long
   If n=1 Then fac=1            '递归终止条件
   Else
      fac=n*fac(n-1)
   End If
End Function
Private Sub Command1_Click()
   Text2.Text=fac(Text1.Text)
End Sub
```

解题 技巧	① 这类题目往往是根据精度来求值，不能预知具体循环次数，所以一般用 Do 循环，很少用 For 循环。设定循环变量和通项变量，注意各变量的初值 ② 分解通项表达式中各因子，并分别将各因子用循环变量表示 ③ 如果步骤 2 中有的因子比较复杂，难以直接用变量表示，此时可以考虑使用 Function 过程 ④ 根据步骤 1、2、3，写出通项表达式 ⑤ 根据精度（往往是通项小于 10 负多少次方这样一个关系表达式），写出一条满足精度要求后跳出循环的语句。通常是用：If 通项表达式>10^(-N) Then Exit Do，注意这条语句一般需放在累加或者连乘式之前
算法 名称	数值问题
典型 问题	① 随机产生 n 个 1～100（包括 1 和 100）的数，求它们的最大值、最小值和平均值 ② 求素数（又称质数：就是一个大于等于 2 的整数，并且只能被 1 和本身整除，而不能被其他整数整除的数）
解题 思路	① 在若干数中求最大值，一般先取第一个数为最大值的初值（即假设第一个数为最大值），然后，在循环体内将每一个数与最大值比较，若该数大于最大值，将该数替换为最大值，直到循环结束 ② 求最小值的方法类同 ③ 求若干数平均值，实质上就是先求和，再除以这些数的个数 ④ 判别某数 m 是否是素数的经典算法如下： 　　　对于 m，从 I=2，3，4，…，m−1 依次判断能否被 I 整除，只要有一个能整除，m 就不是素数，否则 m 是素数

算法
实现
	`Private Sub Command1_Click()`
	`Dim i As Integer,m As Integer`
	`Picture1.Cls`
	`For m=2 To Text1`
	`  For i=2 To m-1`
	`    If(m Mod i)=0 Then GoTo line1`
	`  Next i`
	`  Picture1.Print m`
	`  line1 : Next m`
	`End Sub`
		`Private Sub Command2_Click()`
		`  Picture2.Cls`
		`  Dim n%,num() As Integer`
		`  n=Text2`
		`  ReDim num(1 To n)`
		`  maxnum=Int(Rnd*101)`
		`  minnum=Int(Rnd*101)`
		`  For i=2 To n`
		`    num(i)=Int(Rnd*101)`
		`    Picture2.Print num(i)`
		`    If num(i)>maxnum Then maxnum=num(i)`
		`    If num(i)<minnum Then minnum=num(i)`
		`  Next i`
		`  Text3=maxnum:Text4=minnum`
		`End Sub`

解题 技巧	最大值、最小值、平均值类型题目往往和**数组**放在一起考，有的不仅求这些值，还要对具有最大值或者最小值的行或列或者某个元素进行处理，这时就要在记录最大、最小值时，同时记录该值所在的行号和列号	

算法名称	字符加密
典型问题	输入一段文字，先加密为密文，再解密为明文
解题思路	最简单的加密方法是：将每个字母加一序数，例如 5，这时："A"→"F","a"→"f","B"→"G","b"→"g"..."Y"→"D","y"→"d","Z"→"E","z"→"e" 解密是加密的逆操作

算法实现	

```
Private Sub Command1_Click()
  Dim strInput$,Code$,Recode$,c As String*1
  Dim i%,length%,iAsc%
  strInput=Text1.Text
  length=Len(RTrim(strInput))
  Code=""
  For i=1 To length
    c=mid(strInput,i,1)
    Select Case c
      Case "A" To "Z"
        iAsc=Asc(c)+5
        If iAsc>Asc("Z") Then iAsc=iAsc-26
        Code=Code+Chr(iAsc)
      Case "a" To "z"
        iAsc=Asc(c)+6
        If iAsc>Asc("z") Then iAsc=iAsc-26
        Code=Code+Chr(iAsc)
      Case Else
        Code=Code+c
    End Select
  Next i
  Text2.Text=Code
End Sub
```

```
Private Sub Command2_Click()
  Dim strInput$,Code$,Recode$,c As String*1
  Dim i%,length%,iAsc%
  strInput=Text2.Text
  length=Len(RTrim(strInput))
  For i=1 To length
    c=mid(strInput,i,1)
    Select Case c
      Case "A" To "Z"
        iAsc=Asc(c)-5
        If iAsc<Asc("A") Then iAsc=iAsc+26
        Code=Code+Chr(iAsc)
      Case "a" To "z"
        iAsc=Asc(c)-6
        If iAsc<Asc("a") Then iAsc=iAsc+26
        Code=Code+Chr(iAsc)
      Case Else
        Code=Code+c
    End Select
  Next i
  Text3.Text=Code
End Sub
```

算法名称	字符统计
典型问题	**统计字符或者数字出现的次数** 请统计一段文本中英文字母在文本中出现的次数（不区分大小写） 例如：I am a student. 得到：　A:2 d:1 e:1 I:1 m:1 n:1 s:1 t:2 u:1

续表

算法名称	字符统计
解题思路	由于不区分大小写，因此可定义一个大小为 26（下标：0～25）的数组，每个元素依次记录 A～Z 字母出现的次数 A(0)存放字母 a 出现的次数 、A(1)存放字母 b 出现的次数、A(2)存放字母 c 出现的次数、A(3)存放字母 d 出现的次数 ……
| 算法实现 | <br>```
Private Sub Command1_Click()
   Dim a(1 To 26) As Integer,c As String*1
   le=Len(Text1)
   For i=1 To le
     c=UCase(mid(Text1,i,1))
     If c>="A" And c<="Z" Then
        j=Asc(c)-65+1
        a(j)=a(j)+1
     End If
   Next i
   For j=1 To 26
     If a(j)>0 Then Picture1.Print "";Chr$(j+64);"=";a(j);
   Next j
End Sub
``` |
解题技巧	熟练运用字符处理函数，对于一些数论题，譬如逆序数等也可将数字通过 CStr 函数转换为字符后，利用字符处理函数来解题
算法名称	进制转换
典型问题	① 十进制正整数 m 转换为 R（二～十六）进制的字符串 ② R（二～十六）进制字符串转换为十进制正整数
解题思路	题①：将 m 不断除 r 取余数，直到商为 0，将余数反序即得到结果 题②：R 进制数每位数字乘以权值之和即为十进制数
| 算法实现 | <br>题②<br>```
Private Sub Command1_Click()
   Dim n As Integer,dec As Integer
   s=UCase(Trim(s))
   For i%=1 To Len(s)
     If Mid(s,i,1)>="A" Then
        n=Asc(Mid(s,i,1))-Asc("A")+10
     Else
        n=Val(Mid(s,i,1))
     End If
     dec=dec+n*r^(Len(s)-i)
   Next i
   Print dec
End Sub
``` |

算法名称	进制转换	

算法实现	① 十进制转化为其他进制
	
	``
	Private Sub Command1_Click()
	    Dim m0%,r0%,i%
	    m0=Val(Text1.Text):r0=Val(Text2.Text)
	    If r0<2 Or r0>16 Then
	        i=MsgBox("输入的进制数超出范围",vbRe _
	tryCancel)
	        If i=vbRetry Then
	            Text2.Text=""
	            Text2.SetFocus
	        Else
	            End
	        End If
	    End If
	    Label3.Caption="转换成" & r0 & " 进制数: "
	    Text3.Text=TranDec(m0,r0)
	End Sub
	``
		``
		Function TranDec$(ByVal m%,ByVal r%)
		    Dim imr(60) '存放不断除 r 后得到的余数
		    Dim strbase As String*16,strDtoR$,b%,i%
		    strbase="0123456789ABCDEF"
		    i=0
		    Do While m<>0
		        imr(i)=m Mod r
		        m=m\r
		        i=i+1
		    Loop
		    strDtoR=""
		    i=i-1
		    Do While i>=0
		        b=imr(i)
		        strDtoR=strDtoR+mid(strbase,b+1,1)
		        i=i-1
		    Loop
		    TranDec=strDtoR
		End Function
		``

解题技巧	进制转化的原理要清楚,同时编写代码时候要留意十六进制中的 A～F 字符的处理	
算法名称	约数因子	
典型问题	① 最大公约数　② 最小公倍数　③ 互质数	
解题思路	题① 最大公约数:用辗转相除法求两自然数 m、n 的最大公约数 　　a) 首先,对于已知两数 m、n,比较并使得 $m>n$ 　　b) m 除以 n 得余数 r 　　c) 若 $r=0$,则 n 为求得的最大公约数,算法结束;否则执行步骤 d) 　　d) $m=n$　$n=r$　再重复执行 b) 譬如:24 与 9 分析步骤:　　　　　　m=24 n=9 　　　　r=m mod n=6　　　　　　r≠0 m=9 n=6 　　　　r=m mod n=3　　　　　　r≠0 m=6 n=3 　　　　r=m mod n=0 所以 n(n=3)为最大公约数 题② 最小公倍数:$m×n$/最大公约数 题③ 互质数:最大公约数为 1 的两个正整数	
算法实现		

算法名称	约数因子	
算法实现	```Private Sub Command1_Click() m=Text1.Text n=Text2.Text line1:r=m Mod n 'line1 为标号 m=n n=r If r<>0 Then GoTo line1 Else Text3.Text=m Text4.Text=Text1.Text*Text2.Text/m End IfEnd Sub```	```Private Sub Command2_Click() m=Text1.Text n=Text2.Text Do r=m Mod n If r=0 Then Exit Do m=n n=r Loop Text3.Text=n Text4.Text=Text1.Text*Text2.Text/nEnd Sub```
解题技巧	该类算法需要熟记，这种类型题目的扩展是约数和因子题型	
算法名称	① 递推法：又称迭代法，其基本思想是把一个复杂的计算过程转化为简单过程的多次重复。每次重复都在旧值的基础上递推出新值，并由新值代替旧值 ② 穷举法：又称枚举法，即将所有可能情况一一测试，判断是否满足条件，一般用循环实现	
典型问题	题① 猴子吃桃子 　　小猴子有若干桃子，第一天吃掉一半多一个；第二天吃掉剩下的一半多一个……如此，到第七天早上要吃时，只剩下一个桃子。问小猴子一开始共有多少桃子？ 题② 百元买百鸡问题 　　假定小鸡每只 5 角；公鸡每只 2 元；母鸡每只 3 元。现在有 100 元，要求买 100 只鸡，编程列出所有可能的购鸡方案	
解题思路	题① 可以从最后一天桃子数推出倒数第二天的桃子数；再从倒数第二天推出倒数第三天桃子数…… 设第 n 天桃子数为 X_n，前一天桃子数是 X_{n-1}，则有关系 $X_n = (X_{n-1}/2)-1$ 题② 设母鸡、公鸡、小鸡分别 x、y、z 只，则有： 　　$x + y + z = 100$；$3x + 2y + 0.5z = 100$	
算法实现		

算法 名称	① **递推法**：又称迭代法，其基本思想是把一个复杂的计算过程转化为简单过程的多次重复。每次重复都在旧值的基础上递推出新值，并由新值代替旧值 ② **穷举法**：又称枚举法，即将所有可能情况——测试，判断是否满足条件，一般用循环实现

算法
实现
	<pre>Private Sub Command1_Click()
	    Dim x%,y%,z%,a!,b!,c!
	    t1=Time
	    a=Text1:b=Text2:c=Text3
	    Picture1.Cls
	    Picture1.Print "小鸡","公鸡","母鸡"
	    For x=0 To 100
	        For y=0 To 100
	            For z=0 To 100
	                If x+y+z=100 And a*x+b*y+c*z=100 _
	                Then Picture1.Print x,y,z
	                End If
	            Next z
	        Next y
	    Next x
	    t2=Time
	    Picture1.Print "计算花时间: "; DateDiff("s", _
	    t1,t2); "秒"
	End Sub</pre>
		<pre>Private Sub Command2_Click()
		    Picture2.Cls
		    Dim n%,i%
		    x=1
		    n=Text6
		    Picture2.Print "第";n;"天的桃子数为";x;"个"
		    For i=n-1 To 1 Step-1
		        x=(x+1)*2
		        Picture2.Print "第";i"天的桃子数为";x;"个"
		    Next i
		    Picture2.Print "共有桃子: ";x
		End Sub</pre>

算法 名称	**数组元素的插入和删除**
典型 问题	向一数组中插入一数据，插入的位置由键盘输入
解题 思路	① 一般是在已固定序列的数组中插入或删除一个元素，使得插入或删除操作后的数组还是有序的 ② 首先要找到插入位置或要删除的元素
算法 实现	

续表

算法名称	数组元素的插入和删除	
| 算法实现 | ```
Dim a() As String
   Private Sub Command1_Click()
   Picture1.Cls
   a=Split(Text1,",")
   For i=0 To UBound(a)
       For j=UBound(a) To i+1 Step-1
         If Val(a(j))<Val(a(j-1)) Then
             t=a(j)
             a(j)=a(j-1)
             a(j-1)=t
         End If
       Next j
   Next i
   For k=0 To UBound(a)
       If Val(Text2)<Val(a(k)) Then Exit Fo
   Next k
   ReDim Preserve a(0 To UBound(a)+1)
   For n=UBound(a)-1 To k Step -1
      a(n+1)=a(n)
   Next n
   a(k)=Text2
   For i=0 To UBound(a)
      Picture1.Print a(i)
   Next i
End Sub
``` | '插入元素<br><br>'首先将元素排序<br><br><br><br><br><br><br><br><br>'找到插入的位置下标为 k<br><br>'将数组长度加1<br>'从最后元素往后移，腾出位置<br><br><br>'把数插入 |
| | ```
Private Sub Command2_Click()
   … 同上
   For k=0 To UBound(a)
      If Val(Text2)=Val(a(k)) Then Exit For
   Next k
   For n= k+1 To UBound(a)
        a(n-1)=a(n)
   Next n
   ReDim Preserve a(0 To UBound(a)-1)
   For i=0 To UBound(a)
      Picture2.Print a(i)
   Next i
End Sub
``` | '删除元素<br>'首先将元素排序<br><br>'找到删除的位置下标为 k<br><br>'从最后元素往前移<br><br><br>'将数组长度减1 |
| 算法名称 | 判断一个数是否是回文数 | |
| 典型问题 | 所谓回文数是指这样的数，它的第一位=最后一位，第二位=倒数第二位，……例如，1221 即是一个回文数 | |
| 算法实现 | ```
Sub comp(n As Long, f As Boolean)
   Dim ch As String,s As Integer,i As Integer
   s=Len(LTrim(Str(n)))
   f=False
   ch=LTrim(Str(n))
   For i=1 To Int(s/2)
``` | '回文数的判断 |
```

续表

算法名称	判断一个数是否是回文数	

算法实现	`If Mid(ch,i,1)<>Mid(ch,s+1-i,1) Then Exit Sub`
	`    Next i`
	`    f=True                    '是回文数的标志`
	`End Sub`
	`Private Sub Form_Click()`
	`    Dim s As Long,d As Long,sum As Long`
	`    Dim flg As Boolean`
	`    S=InputBox("输入一个正整数")`
	`    Call comp(S,flg)          '调用过程判断`
	`    If flg then`
	`        Print s; "是回文数"`
	`    Else`
	`        Print s; "不是回文数"`
	`    End if`
	`End Sub`	

算法名称	将一个正整数逆序输出	

算法实现	方法一：使用数学方法
	`Private Sub Form_Click()`
	`    Dim x As Integer, a As Integer, st As String`
	`    x=text1.text`
	`    Do While x>0`
	`        a=x Mod 10`
	`        x=x\10`
	`        st=st & a`
	`    Loop`
	`    text2=st`
	`End Sub`
		方法二：使用字符串运算
		`Private Sub Form_Click()`
		`    Dim x As Integer,a As Integer,St As String`
		`    x=text1.text`
		`    For I=len(cstr(x)) To 1 Step -1`
		`        st=st & mid(cstr(x),I,1)`
		`    Next I`
		`    text2=st`
		`End Sub`

算法名称	几种不同的排序法	
典型问题		

算法名称	几种不同的排序法	
解题思路	（1）选择排序法 ① 从 n 个数中选出最小数的下标，出了循环，将最小数与第一个数交换位置 ② 除第一个数外，在剩下的 $n-1$ 个数中再按方法①选出次小的数，与第二个数交换位置 ③ 以此类推，最后构成递增序列 （2）冒泡排序法 选择排序法在每一轮排序时找最值元素的下标，出了内循环（一轮排序结束），再交换最小数的位置；而冒泡法在每一轮排序时将相邻的数比较，当次序不对就交换位置，出了内循环，最值数已经冒出	

算法实现	```vb
	Dim s(10) As Integer,n As Integer
	'随机生成排序数字序列
	Private Sub Command1_Click()
	    Picture1.Cls
	    Randomize
	    n=10
	    For i=1 To 10
	        s(i)=Int(100*Rnd)+1
	        Picture1.Print s(i);
	    Next i
	    Picture1.Print
	    Picture1.Print
	End Sub
	'选择排序法属于选择类排序
	Private Sub Command2_Click()
	    For i=1 To n-1 '外层循环N-1次
	        For j=i+1 To n '内层依赖外层
	            If s(j)>s(i) Then
	                t=s(i) '交换
	                s(i)=s(j)
	                s(j)=t
	            End If
	        Next j
	    Next i
	    For i=1 To n
	        Picture1.Print s(i);
	    Next i
	    Picture1.Print
	    Picture1.Print
	End Sub
	'直接排序法属于插入类排序
	Private Sub Command3_Click()
	    For i=1 To n-1
	        pointer=i
	        '初始化pointer,在每轮比较开始处
	        For j=i+1 To n
	        If s(j)>s(pointer) Then pointer=j
	        Next j
	        If i<>pointer Then
	            t=s(i)
	            s(i)=s(pointer)
	            s(pointer)=t
	``
		● 选择排序法的另外一种实现方式
		``vb
		Private Sub xzPaiXu(a() As Double,sheng As _
		Boolean)
		'a为需要排序的数组,sheng为True则为升序排列,为
		'False,则为降序排列
		    Dim i As Integer,j As Integer,temp As _
		Double,m As Integer
		    For i=LBound(a) To UBound(a)-1
		    '进行数组大小-1轮比较
		        m=i
		        '在第i轮比较时,假定第i个元素为最值元素
		        For j=i+1 To UBound(a)
		        '在剩下的元素中找出最值元素的下标并记录在m中
		            If sheng Then
		            '若为升序,则m记录最小元素下标,否则记录
		            '最大元素下标
		                If a(j)<a(m) Then m=j
		            Else
		                If a(j)>a(m) Then m=j
		            End If
		        Next j '将最值元素与第i个元素交换
		        temp=a(i) : a(i)=a(m) : a(m)=temp
		    Next i
		End Sub
		``

算法 名称	几种不同的排序法	
| 算法<br>实现 | ```vb
    End If
    Next i
    For i=1 To n
        Picture1.Print s(i);
    Next i
    Picture1.Print
    Picture1.Print
End Sub
'冒泡排序法属于交换类排序方法
Private Sub Command4_Click()
    For i=1 To n-1
        For j=1 To n-i    '比较次数逐次减少
            If s(j)<s(j+1) Then
                t=s(j)
                s(j)=s(j+1)
                s(j+1)=t    '立即互换
            End If
        Next j
    Next i
    For i=1 To n
        Picture1.Print s(i);
    Next i
    Picture1.Print
    Picture1.Print
End Sub
``` | ```vb
● 冒泡排序法的另外一种实现方式
Private Sub mpPaiXu(a() As Double,sheng AsBoolean)
    Dim i As Integer,j As Integer,temp As Double,m As _
Integer
    For i=LBound(a) To UBound(a)-1
    '进行 n-1 轮比较
        For j=UBound(a) To i+1 Step-1
        '从 n 到 i 个元素两两进行比较
            If sheng Then
            '若次序不对，马上进行交换
                If a(j)<a(j-1) Then
                    temp=a(j)
                    a(j)=a(j-1)
                    a(j-1)=temp
                End If
            Else
                If a(j)>a(j-1) Then
                    temp=a(j)
                    a(j)=a(j-1)
                    a(j-1)=temp
                End If
            End If
        Next j          '出了内循环，一轮排序结束
    Next i              '最值元素冒到最上边
End Sub
``` |

算法 名称	几种不同的查找方法	
解题 思路	① 顺序查找 逐个元素找，如果有，则记录位置，然后跳出循环；否则，查找失败 ② 二分法查找 顺序查找效率低下，当数组有序排列时，可以使用二分法查找提高效率	
| 算法<br>实现 | ```vb
Option Base 1
Dim s(10) As Integer, x As Integer, n As Integer
Private Sub Command1_Click()
    Dim i As Integer
    n=10
    For i=1 To n              '随机生成原始数据
        s(i)=Int(100*Rnd)+1
        Picture1.Print s(i);
    Next i
    Picture1.Print
    x=InputBox("输入待查找的数: ")
End Sub

Private Sub Command2_Click()    '顺序查找
    For i=1 To UBound(s)
        If s(i)=x Then Exit For
    Next i
    '退出的两种情况
    If i<=UBound(s) Then
``` | |
```

续表

算法名称	几种不同的查找方法	
| 算法实现 | ```
        Picture1.Print "找到" & x & "它的位置数 _
为: " & I
    Else
        Picture1.Print "对不起，没找到！"
    End If
End Sub

Private Sub Command3_Click()　'二分查找
    Dim result As Boolean
    Dim top As Integer,bottom As Integer, _
middle As Integer
    For i=LBound(s) To UBound(s)-1
    '先排序，后查找
        For j=i+1 To n
            If s(i)>s(j) Then
                temp=s(i)
                s(i)=s(j)
                s(j)=temp
            End If
        Next j
    Next i
    Picture1.Print "排序后的数组是: ";
    For i=LBound(s) To UBound(s)
        Picture1.Print s(i);
    Next i
    Picture1.Print
    result=False        '初始化逻辑变量
    top=LBound(s)        '初始化指针
    bottom=UBound(s)
    Do While (top<=bottom)
        middle=(bottom+top)/2
        If x=s(middle) Then
            result=True    '找到
            Exit Do
        ElseIf x>s(middle) Then
        '未找到,根据大小确定下一步比较范围
            top=middle+1
        Else
            bottom=middle-1
        End If
    Loop
    If result Then
        Picture1.Print "找到" & x & "它的位置数 _
为: " & CInt(middle)
    Else
        Picture1.Print "对不起，没找到！ "
    End If
End Sub
``` | ```
● 顺序查找的另外一种实现方法
Private Sub Search(a(),ByVal Key,Index As _
Integer)
    Dim i%
    For i=LBound(a) To UBound(a)
        If a(i)=Key Then
        '找到，将元素下标保存在 index 中并结束查找
            Index=i
            Exit Sub
        End If
    Next i
    Index=-1    '若没找到，则 index 值为-1
End Sub
● 二分法查找的另外一种实现方法
Private Sub birSearch(a(),ByVal low%,ByVal _
high%,ByVal Key,index%)
    Dim mid As Integer
    If low>high Then    '没有查找到
        index=-1 : Exit Sub
    End If
    mid=(low+high)\2
                '取查找区间的中点
    If Key=a(mid) Then
                '查找到，返回下标
        index=mid : Exit Sub
        ElseIf Key<a(mid) Then
            '查找区间在上半部分
            high=mid-1
        Else
            low=mid+1
            '查找区间在下半部分
    End If
    Call birSearch(a,low,high,Key,index)
        '递归调用查找函数
End Sub
``` |
| 解题技巧 | 由于二分查找是在有序数列中进行查找的一种方法，所以要先排序后再进行查找 | |

续表

算法名称	将一个数列中的重复数删除掉	

算法实现	<pre>Private Sub command2_click()
	    Dim ub As Integer,i As Integer,j As _
	Integer
	    Dim k As Integer,n As Integer
	    Text2=""
	    ub=UBound(A)
	    n=1
	    Do While n<ub
	        i=n+1
	        Do While i<=ub
	            If A(n)=A(i) Then
	                For j=i To ub-1
	                    A(j)=A(j+1)
	                Next j
	                ub=ub-1
	            '将数组的最后一个元素删除
	                ReDim Preserve A(ub)
	            Else
	                i=i+1
	            End If
	        Loop
	        n=n+1
	    Loop
	    For i=1 To ub
	        Text2=Text2 & Str(A(i))
	    Next i
	End Sub</pre>
		
		<pre>option explicit
		option base 1
		dim A() as integer
		Private Sub Command1_Click() '生成数列
		    Dim n As Integer,i As Integer
		    Text1=""
		    Text2=""
		    n=InputBox("输入 N")
		    ReDim A(n)
		    Randomize
		    For i=1 To n
		        A(i)=Int(10*Rnd)+1
		        Text1=Text1 & Str(A(i))
		    Next i
		End Sub</pre>

1.7.3　题型分析与解题技巧

1. 上机考试题型分析

二级 VB 上机考试题目类型目前有三种：

① 基本操作题（30 分）。测试考生对控件、控件属性及相关事件过程的使用能力。

② 简单应用题（40 分）。测试考生对简单的通用过程或事件过程的程序编写的使用能力。

③ 综合应用题（30 分）。测试考生对文件存取、简单算法、过程调用、多个窗体、菜单或对话框、键盘或鼠标事件过程等内容的程序编写的使用能力。

（1）基本操作题

基本操作题包括两道小题，其考核内容主要包括设计界面、使用菜单编辑器设计菜单和控件及其简单的事件处理，都是需要考生完全自己操作创建工程和窗体的题目。这两道小题每题 15

分，相对而言很容易得分，要争取能拿到 25 分以上。这里特别要强调的是，这两小题都必须按题目要求给工程和窗体文件命名，第一小题的窗体文件一般命名为 kt1.frm、工程文件为 kt1.vbp，第二小题的窗体文件一般命名为 kt2.frm、工程文件命名为 kt2.vbp，千万不能直接采用系统默认的窗体和工程文件保存，否则文件名或保存位置出错将不得任何分。

① 设计界面。基本操作题主要考查的是控件的画法和基本属性设置。画控件不仅要会设计控件的大小、位置和名称，还应该掌握控件的复制（控件数组）和对齐等基本功。解题时要注意以下几点：

- 确定所要用的控件，从工具箱中找到对应图标。
- 先画出各控件，再按要求设置标题（Caption）、大小（Height、Width）、名称（Name）等属性。
- 适当调整控件布局，以看上去没明显不合理为原则，不做过多美化工作。
- 按题目要求编写简单的事件代码。

② 使用菜单编辑器设计菜单。一般只考查使用菜单编辑器的技能，并不涉及编程，比较简单。建议平时要熟悉菜单设计编辑器窗口的各输入框和按钮的功能与效果。子菜单的缩进可通过该窗口中的【→】和【←】按钮来实现，按钮【↑】和【↓】用于调整菜单项的上下位置。

③ 控件及其简单的事件处理。一般既考查控件的画法，也考查编写简单事件处理的能力。这类题目操作完成后要运行，看看是否实现了题目要求的事件处理功能。

（2）简单应用题

简单应用题包括两道小题，其考核内容主要包括完善界面设计、填写部分空缺的事件处理代码，都是要求考生打开考试文件夹下现有的工程和窗体并在其基础上进行修改的。这两道小题每题 20 分，其中完善界面设计部分比较容易得分，程序完形填空略难得分，应该努力拿到 30 分以上。这部分要强调的是，这两小题都必须按题目要求用原来的工程和窗体文件名保存，其中第一小题的窗体文件一般名为 kt3.frm、工程文件为 kt3.vbp，其中第二小题的窗体文件一般名为 kt4.frm、工程文件命名为 kt4.vbp，千万不可混淆了窗体文件，如改错了文件，系统自动阅卷时后果将不堪设想。

（3）综合应用题

综合应用题只有一道题，30 分，其考核内容与前面的简单应用题类似。其中涉及界面设计的部分也比较容易得分，但程序填空一般会涉及一些算法或文件操作，较难得分，最好能拿到 15 分以上。这部分要强调的是，这些题也是要求用现有的工程和窗体文件名保存，窗体文件一般命名为 kt5.frm、工程文件命名为 kt5.vbp，另外，题目一般还要求将结果输出到指定文件中，输出结果文件名一定不能错，否则自动阅卷时不得分。

2. 上机考试技巧

掌握好上机考试的应试技巧，可以使考生的实际水平在考试时得到充分发挥，从而取得较为理想的成绩。历次考试均有考生因为忽略了这一点，加之较为紧张的考场气氛影响了水平的发挥，致使考试成绩大大低于实际水平。因此每个考生在考试前，都应有充分的准备。总结以下几点供考生在复习和考试时借鉴：

① 对于上机考试的复习，切不可"死记硬背"。

根据以往考试经验，有部分考生能够通过笔试，而上机考试却不能通过，主要原因是这部分考生已经习惯于传统考试的"死记硬背"，而对于真正的知识应用，却显得束手无策。为了克服这个弊病，考生一定要在熟记基本知识点的基础上，加强编程训练，加强上机训练，从历年试题中寻找解题技巧，理清解题思路，将各种程序结构反复练习。

② 在考前一定要重视等级考试模拟软件的使用。

在考试之前，应使用等级考试模拟软件进行实际的上机操作练习，尤其要做一些具有针对性的上机模拟题，以便熟悉考试题型，体验真实的上机环境，减轻考试时的紧张程度。在考前练习模拟软件，并进行模拟评分，还可以检测自己的掌握程度，然后针对不足部分重点进行复习。

③ 学会并习惯使用帮助系统。

每个编程软件都有较全面的帮助系统，熟练掌握帮助系统，可以使考生减少记忆量，解决解题中的疑难问题。

④ 熟悉考试场地及环境，尤其是要熟悉考场的硬件情况和所使用的相关软件的情况。

考点在正式考试前，会给考生提供一次模拟上机的机会。模拟考试时，考生重点不应放在把题做出来，而是放在熟悉考试环境、相应软件的使用方法、考试系统的使用等方面。

1.7.4　上机考试注意事项

VB 上机考试过关率低是历年计算机等级考试中一个比较突出的问题，不少考生在笔试中都取得了较理想的成绩，但在机试中成绩却并不理想，导致拿不到合格证书，影响了自己的毕业和就业。究其原因，大致如下：

① 平时学习死记硬背，不注重知识的融会贯通与灵活应用。

② 认识不到 VB 学习上机实践的重要性，平时上机学习敷衍了事，只是"依葫芦画瓢"，照着书本把代码输入运行，不注重锻炼自己的独立思考和动手实践能力。

③ 考前没有针对性的上机练习，不注重上机操作的效率，或上机练习过少，不注重上机操作的要点和步骤。

鉴于以上情况，希望考生在平时的上机操作过程中，认真对待上机实践，要深刻认识到上机实践不仅仅是上机考试的必要条件，同时还有助于加深理解理论知识点，更好的备战笔试。

考生只要认识到上机实践的重要性，平时肯下功夫，理解和吃透相关知识点，做到熟能生巧，并能在考前进行针对性的练习，有步骤、有重点合理安排学习，就一定能通过上机考试。

要取得满意的上机考试成绩，不但要注重平时的上机实践，还要确保临场能正常发挥出自己的水平。在上机考试过程中，需要注意以下三点：

1. 稳定情绪

做上机题时要不急不躁，认真审题，沉着应战，不能急躁冒进。心情过于紧张时，建议深呼吸放松一下精神。

2. 合理安排答题时间

上机操作一共 90 分钟，需要合理分配时间，不能在某个操作点上纠缠过多时间。一般应该首先把第一道题各小题根据要求做出来，遇到没操作过的控件属性设置，可以根据控件英文名字大意从属性窗口里找找看，不要轻易放弃，当然也不可没完没了地找，以免浪费过多时间。做完应先按文件名要求保存，再试着运行看看系统报什么错误。千万不要在文件未保存之前急于运行，以免死循环造成前功尽弃（死循环后需要重新启动 VB，这样先前还没有保存的文件就丢失了），最后根据报错或试运行结果来判断出错原因，进行修改，都符合要求后接着做其他题。

其他题的完成步骤也类似。遇到完全不会操作的题目可先跳过去，遇到不太熟悉的操作可以多试几次，记住：某个位置所填代码实在想不出来就算了，接着去做其他题，等做完其他题再回过来看看能否做出来。

上机题是按操作点给分的，每项操作结果完全正确才能得分，注意不要输入无效字符或做与题目要求无关的额外操作。

3．随时、正确地保存文件

上机考试时一个最重要的操作就是正确地保存文件，因为机器自动阅卷时是根据预定的文件名进行判断的，想取得成绩的首要前提就是保证文件名完全正确。要特别注意以下三点：

（1）文件名一定要符合要求

① 第一大题的项目文件和窗体文件要分别按要求取名保存，两道题目的文件名不同，不可随意取名，千万不能在保存第二题时因文件重名把第一题给覆盖掉。

② 第二大题和第三大题都是在现有工程文件和窗体文件上进行修改的，保存时直接覆盖，注意不要另外取名字。

（2）保存位置一定要正确

直接保存在考试盘的根目录下，不要试图往其他盘的其他文件夹下放。

（3）及时保存文件

为防止考试过程中因死机造成文件丢失，白白浪费时间，要随时注意保存文件。

从历年的考试情况看，VB 的上机部分虽然只考三题，试题类型和知识点也基本固定，但并不容易拿分，很多同学只能得基本分。建议多做针对性训练，熟练掌握以往上机考试题中涉及的控件画法、属性设置、事件过程的代码编写，熟记各类常用算法的核心代码，第一大题争取能拿满分，第二大题争取拿 30 分以上，第三大题争取拿 15 分以上。

4．机器异常情况处理

上机考试容易发生因考生误操作而死机的情况，尤其是编写的程序中可能出现死循环时，为把损失降到最低，运行前都应该先保存文件。不幸遇到死机时要沉着应付：按【Ctrl+Alt+Del】组合键一次，结束当前任务（有时机器反应慢，应该耐心等片刻，不要不停地按这三个键，那样会造成机器重新启动，又多耽误几分钟），关闭 VB，如果此时考试界面还正常的话，可以重新打开 VB 再接着做题。如果考试界面也无效，则要再登录考试系统接着做题。若遇到机器故障自己无法排除时，应及时报告监考老师协助解决或更换机器接着考试。

1.8　VB 程序设计知识要点总览

VB 程序设计包括大量的知识点，为便于大家复习，特将 VB 程序设计所涉及的主要知识点进行了归纳总结，如表 1-55 所示。

表 1-55　VB 程序设计知识要点总览

知识模块	知识点	知识点扼要说明
VB 可视化化界面设计	VB 概述	VB 的概念（是基于对象的结构化程序设计语言） 功能（多媒体、数据库、网络、图形） 发展（VB 4.0、VB 5.0、VB 6.0） VB 6.0 版本（学习版、专业版和企业版） 常用术语（工程、窗体、对象、控件、属性、方法、事件） 系统特性（常用文件扩展名：.frm、.frx、.vbp、.vbw、.exe；变量名不超过 255 个字符；窗体名不超过 40 个字符）
	VB6.0 集成开发环境	需要熟练掌握菜单、工具栏、窗体设计器、属性窗口、控件箱、工程管理器、代码编辑器的使用
	面向对象的程序设计的基本概念	对象（具有特殊属性和行为方式的实体）与类（定义了对象行为和外观的模板） 属性（描述对象的特征）、方法（控制对象动作行为的方式） 事件（发生在对象上的动作） 事件驱动（不按预定的路径执行，由用户操作触发或程序中的消息触发）
	开发 VB 应用程序一般步骤	创建用户界面、设置界面上各个对象的属性、编写对象响应事件的程序代码、保存文件、测试、执行
	创建窗体	① 常用的窗体属性：Name、Caption、BorderStyle、Enabled、Font、BackColor、ForeColor、Icon、Left、Height、Top、Width、Visible ② 常用的窗体方法：Move、Show、Hide、Print、PrintForm、Refresh、Cls ③ 常用的窗体事件：Activate、Deactivate、Click、DblClick、Load、Unload、Resize ④ 窗体的显示与隐藏、装载与卸载
	控件	公共属性：Name、Caption、Enabled、Fant、Height、Width、Index、Left、Top、TabStop、Visible 公共方法：Move、Refresh、Setfocus 公共事件：Click、DblClick、LostFocus
	常用控件及其属性、事件、方法	文本框（TextBox）：Text、PasswordChar、Alignment、MaxLength、MultiLine 属性、Chang、LostFocus 事件 标签（Label）：Alignment、AutoSize 属性 命令按钮（CommandButton）：Cancel、Default 属性 列表框（ListBox）：List、ListIndex、Text、Columns、Sorted 属性；AddItem、RemoveItem、Clear 方法 组合框（ComboBox）：Style、Text 属性；AddItem、RemoveItem 方法 单选按钮（OptionButton）、复选框（CheckBox）及框架（Frame）：Alignment、Value 属性 图片框（PictureBox）与图像（Image）控件：AutoSize、Stretch、Picture 属性 定时器（Timer）：Interval 属性
	菜单与对话框	熟练掌握菜单编辑器的使用，会创建下拉菜单和弹出式菜单，注意：菜单标题必须直观明了，会设置热键（在 Caption 里加入 "&"）、快捷键、分隔线（Caption 属性为 "-"），并能编制与标题相对应的代码 对话框的分类（预定义的对话框、通用对话框、用户自定义对话框） 通用对话框（打开、另存为、颜色、字体、打印、帮助）
	多重窗体	VB 工程结构（标准模块、窗体模块、Sub Main 过程） 多窗体程序设计的语句和方法（Load、Unload、Show、Hide） 多窗体程序的建立与执行（设计封面窗体、所有窗体保存为工程、指定启动窗体）

续表

知识 模块	知 识 点	知 识 点 扼 要 说 明
VB 可视化 化界面设计	键盘和鼠标	键盘事件：KeyPress、KeyUp、KeyDown 鼠标常用事件：Click、DblClick、MouseDown、MouseUp 和 MouseMove 拖放：普通拖放、自动拖放、OLE 拖放
VB 程序设 计基础	VB 编码规则	VB 语言元素：关键字、函数、表达式、语句 VB 代码书规则：不区分大小写、系统自动完善代码 VB 语句书写规则：多行写一句用续行符，即空格加下画线（ _ ）；一行写多句用冒号（ : ）分隔；一行最多写 255 个字符 程序的注释：整行注释用 Rem 或撇号；在语句后面撇号（'）；多行注释用注释块 标号：以字母开头以冒号结束的字符串
VB 程序设 计基础	VB 的语言 基础	VB 的标准数据类型：字节型 Byte、整型 Integer %、长整型 Long &、单精度型 Single !、双精度型 Double #、货币型 Currency @、字符型 String $、逻辑型 Boolean、日期型 Date、变体型 Variant 变量与常量：命名规则是必须字母或汉字开头，其中可以包括数字和下画线、不能用系统关键字。声明方法：用 Dim 来显式声明名称和类型，或隐式声明为变体型；用 Option Explicit 语句强制显式声明所有变量。 运算符：算术运算符：^、*、\、/、Mod、+、- 　　　　字符串运算符：&、+ 　　　　关系运算符：=、>=、>、<、<=、<>、Like、Is 　　　　逻辑运算符：非（Not）、与（And）、或（Or）、异或（Xor）、等价（Eqr） 表达式（组成、书写规则、不同类型数据需转换、优先级）
VB 程序设 计基础	VB 的公共 函数	算术函数：Abs、Sin、Cos、Atn、Exp、Hex、Log、Rnd、Sgn、Sqr、Tan 字符串函数：Asc、Chr、Lcase、Ucase、Left、Len、Trim、Mid、Right、Space、String、InStr 日期及时间函数：Time、Date、Now、DateValue、Day、Month、Year、WeekDay 转换函数：Str、Val、Asc、Cint、Fix、Int、CBool、CByte、CDate、Cdbl、CStr 用户交互函数：InputBox、MsgBox 数组函数：Array、Ubound、Lbound、Split Shell 函数：Shell(pathname[,windowstyle])
VB 的控制 结构	算法概论	算法的概念、分类、特征、评价、描述 基本的算法结构：顺序结构、选择结构和循环结构
VB 的控制 结构	顺序结构	赋值语句：变量名=表达式
VB 的控制 结构	选择结构（或 称分支结构）	IF 条件语句：If...Then 语句 （单分支结构） 　　　　　　　If...Then...Else 语句（双分支结构） 　　　　　　　If...Then...ElseIf 语句（多分支结构） If 语句的嵌套（不可以交叉） Select Case 语句（情况语句，也是多分支语句，根据某一个变量的值产生分支） 条件函数（Iif 函数——两种取值、Choose 函数——多种取值）
VB 的控制 结构	循环结构	For 循环语句（知道循环次数的计数型循环，循环次数=int((终值−初值)/步长+1)） Do...Loop 循环（不知道循环次数的条件型循环，分为 Do While...Loop 和 Do...Loop While 两种形式） 循环的嵌套（内外循环变量不能同名、内外循环不能交叉）
VB 的控制 结构	其他辅助 控制语句	Go To 语句、Exit 语句、End 语句、With 语句

续表

知识 模块	知 识 点	知 识 点 摘 要 说 明
	数组的概念	数组中的概念（数组名、数组元素、数组维数、数组下标、上界、下界，系统默认下界为 0，可以用 Option Base 语句来定义下界） 数组的声明（数组名、类型、维数、数组大小；动态数组与静态数组；ReDim 语句）
	静态数组及 声明	一维数组：Dim 数组名(下标)[As 类型] 一维数组的大小=上界−下界+1 多维数组：Dim 数组名(下标 1[,下标 2…])[As 类型] 多维数组最多 60 维 多维数组的大小=每一维大小的乘积 下标下界最小为−32768，最大上界为 32767；在数组声明时的下标只能是常数，而在其他地方出现的数组元素的下标可以是变量
VB 的数组	动态数组及 声明	利用 Dim、Private、Public 语句声明括号内为空的数组，然后在过程中用 ReDim 语句指明该数组的大小： ReDim 数组名(下标 1[,下标 2…]) [As 类型] 在动态数组 ReDim 语句中的下标可以是常量，也可以是有了确定值的变量 在过程中可以多次使用 ReDim 来改变数组的大小，也可改变数组的维数 每次使用 ReDim 语句都会使原来数组中的值丢失，可以在 ReDim 语句后加 Preserve 参数来保留数组中的数据，但使用 Preserve 只能改变最后一维的大小，前面几维大小不能改变
	数组的基本 操作	给数组元素赋初值：利用循环结构或 Array 函数 数组的输入：通过 InputBox 函数输入或通过文本框控件输入并用 split 函数进行处理 数组的赋值：可以直接将一个数组的值赋值给另一个数组 数组的输出：用 For…Next 循环语句输出 求数组中的最大元素、交换数组中各元素
	控件数组	概念：由一组相同类型的控件组成的，控件数组通过索引号（属性中的 Index）来标识各控件 控件数组的建立：设计时画一个，再复制、粘贴；或先画一个，在运行时通过 Load 方法添加
	自定义数据 类型	概念：由若干标准数据类型组成的一种复合类型，也称为记录类型 定义方式：Type 自定义类型名…End Type；一般在标准模块.bas 中定义，默认是 Public 声明和使用：Dim 变量名 As 自定义类型名；自定义类型中元素的表示方法是：变量名.元素名 自定义类型数组：数组中的每个元素都是自定义类型
VB 的过程 设计	过程的概念	过程：在程序设计中为各个相对独立的功能模块所编写的一段程序 分类：Sub 子程序过程、Function 函数过程、Property 属性过程
	Sub 子程序 过程	事件过程：窗体事件过程、控件事件过程 通用过程：是一个必须从另一个过程显示调用的程序段，分为公有(Public)过程和私有(Private)过程两种 定义方法： [Private|Public][Static]Sub 过程名([参数列表])… End Sub Sub 子过程的调用：用 Call 语句调用 Call 过程名(实参表) 或把过程名作为一个语句来调用 过程名[实参 1[,实参 2…]])

知识 模块	知 识 点	知 识 点 摘 要 说 明

VB 的过程
设计
	Function 函数
	过程
		定义方法：在代码窗口中，利用"工具"菜单下的"添加过程"命令或把插入点放在所有现有
		过程之外，直接输入函数来定义
		`[Private|Public] [Static] Function 函数名([参数列表])[As 数据类型]`
		…
		`End Function`
		函数过程必须由函数名返回一个值；函数过程内部不得再定义 Sub 过程或 Function 过程

	过程的调用	Function 过程的调用：
		过程名([实参列表])
		调用窗体中的过程：
		`Call Form1.Examsub([实参表])`
		调用标准模块中的过程：若过程名是唯一的，则调用时不必加模块名，否则必须加模块名
		调用类模块中的过程：
		`Dim Democlass AS New Class1`
		`Call Democlass.clasub`

	参数的传递	形参：在定义过程时参数列表中的参数 实参：在调用过程时参数列表中的参数 按值传递：ByVal 是将实参变量的值复制一个到临时存储单元中，如果在调用过程中改变了形参 的值，不会影响实参变量本身 按地址传递：ByRef 把实参变量的地址传送给被调用过程，形参和实参共用内存的同一地址。在 被调用过程中，形参的值一旦改变，相应实参的值也跟着改变 形参与实参是按位置结合的，形参与实参必须位置、类型、个数一致 数组参数：数组作为形参时，数组名后跟圆括号，形参数组只能按地址传递参数，对应的实参也必须是 数组，且数据类型相同；调用过程时，把要传递的数组名放在实参表中，数组名后面不跟圆括号 对象参数：可以传递控件和窗体，对象的传递只能按地址传递
	变量与过程 的作用域	过程的作用域：模块级——过程名前加 Private；全局级——过程名前加 Public 或默认 变量的作用域：局部变量——用 Dim、Static 声明；窗体/模块级变量——用 Dim、Private 声明全 局变量——在窗体或标准模块中用 Public 声明 静态变量：用 Static 声明的静态变量，在每次调用过程时保持原来的值，不重新初始化。而用 Dim 声明的变量，每次调用过程时，重新初始化
	递归过程	递归的概念：用自身的结构来描述自身 构成递归的条件：递归结束条件和结束时的值；能用递归形式表示，并且递归向结束条件发展
VB 的文件 操作	文件 的 有 关 概念	文件类型：顺序文件、随机文件、二进制文件 访问模式：VB 中有顺序、随机、二进制三种访问模式

	顺序文件	顺序访问模式：读出或写入时，从第一条记录"顺序"地读到最后一条记录，不可以跳跃式访
		问。专门用于处理文本文件，每一行文本相当于一条记录，每条记录可长可短，记录与记录之
		间用"换行符"来分隔
		打开：
		`Open "文件名" For 模式 As [#] 文件号 [Len=记录长度]`
		模式有 OutPut、Input 、Append；文件号是一个介于 1～511 之间的整数
		关闭：
		`Close [#]文件号[,[#]文件号]…`
		写操作有两种形式：
		`Print #文件号,[输出列表]` 或 `Write #文件号,[输出列表]`

知识模块	知 识 点	知 识 点 摈 要 说 明
VB 的文件操作	顺序文件	Write # 以紧凑格式存放，在数据间插入逗号，并给字符串加上双引号 读操作有三种形式： Input #文件号,变量列表　　　　　'与 Write #配套才可以准确地读出 Line Input #文件号,字符串变量　'读出的数据中不包含回车符和换行符，可与 Print #配套用 Input$（读取的字符数,#文件号）　'该函数可以读取指定数目的字符
	随机文件	随机访问模式：要求文件中的每条记录的长度都是相同的，记录与记录之间不需要特殊的分隔符号。只要给出记录号，可以直接访问某一特定记录，其优点是存取速度快，更新容易 打开： Open "文件名" For Random As [#] 文件号 [Len=记录长度] 关闭： Close #文件号 读操作： Get [#]文件号,[记录号],变量名 写操作： Put [#]文件号,[记录号],变量名
	二进制文件	二进制访问模式：直接把二进制码存放在文件中，没有什么格式，以字节数来定位数据，允许程序按所需的任何方式组织和访问数据，也允许对文件中各字节数据进行存取和访问） 打开： Open "文件名" For Binary As [#] 文件号 [Len=记录长度] 关闭： Close #文件号 读/写：与随机模式类似，其读/写语句也是 Get 和 Put
	文件操作语句和函数	语句：FileCopy、Kill、Name、ChDrive、MkDir、ChDir、RmDir、Seek、Lock 和 Unlock 函数：FreeFile()、Loc()、LOF()、EOF()、FileAttr()、CurDir()
	文件系统控件	控件：DriveListBox、DirListBox、FileListBox 重要属性：Drive、Path、FileName、Pattern 重要事件：Change、PathChange、PattenChange、Click、DblClick

第2章 | VB 基础知识典型例题精解

为帮助读者更好地理解第 1 章所介绍的 VB 程序设计基础知识，并能正确、灵活地用于解答各类题目，本章将知识点和考点科学结合，分六个模块，选取与 VB 基础知识相关的典型例题，通过对题目所涉及知识点的全面分析、归纳、总结，指导学生掌握举一反三、融会贯通的解题思路，促进学生高效率地掌握二级 VB 考试的相关知识和应试技巧。

2.1 VB 可视化界面设计

在二级 VB 笔试中，与可视化界面设计相关的考题占有较大分量。本节选取全面覆盖 VB 可视化界面设计相关知识的典型例题 57 道，分单选题和填空题两种题型进行解答。

一、单选题

（1）与传统的程序设计语言相比，Visual Basic 最突出的特点是_____。

A）结构化程序设计　　　　　　　　B）程序开发环境

C）事件驱动编程机制　　　　　　　D）程序调试技术

【答案】　C

【解析】　Visual Basic 是从 BASIC 语言的基础上发展而来的，BASIC 等大多数程序设计语言也具有结构化的特点，因此结构化不是 Visual Basic 区别于其他程序设计语言的最突出特点；同时其他程序设计语言都具有其开发环境和调试技术，因此程序开发环境和调试技术也并不是 Visual Basic 所特有的；事件驱动编程机制是 Visual Basic 所特有的，因此选 C。

（2）一只白色的足球被踢进球门，则白色、足球、踢、进球门分别是_____。

A）属性、对象、方法、事件　　　　B）属性、对象、事件、方法

C）对象、属性、方法、事件　　　　D）对象、属性、事件、方法

【答案】　B

【解析】　"足球"是一个实体，即对象；"白色"是用来描述足球特征的，因此是属性；"踢"是外界施加给对象的动作，是事件；"进球门"是对象自身完成的动作，是方法。

（3）有程序代码 Text1.Text="Visual Basic"，其中的 Text1、Text 和"Visual Basic"分别人代表_____。

A）对象、值、属性　　　　　　　　B）对象、方法、属性

C）对象、属性、值　　　　　　　　D）属性、对象、值

【答案】　C

【解析】　代码中是一条赋值语句，用于将赋值号右侧的表达式值赋值给左侧目标，"Visual Basic"表示字符串，Text1 表示文本框控件名，Text 是其文本属性。

（4）以下关于方法的叙述中，错误的是_____。

A）方法是构成对象实体的一个部分

B）方法是一种特殊的过程或函数

C）调用方法的一般格式是：对象名.方法名[参数]

D）调用方法时，对象名是不可缺少的

【答案】　D

【解析】　方法是附属于对象的行为,是一种特殊的过程和函数，因为方法是面向对象的，所以在调用时一般要指明对象名，其调用格式为：[对象名.]方法 [参数表]，若省略了对象名，表示为当前对象，一般指当前窗体。

（5）以下叙述中，错误的是_____。

A）为了装入一个 Visual Basic 应用程序，只需装入窗体文件

B）一个 Visual Basic 工程可以含有多个窗体文件

C）一个 Visual Basic 应用程序可以含有多个标准模块文件

D）标准模块文件的扩展名是.bas

【答案】　A

【解析】　一个应用程序可以包括 4 类文件，即窗体文件、标准模块文件、类模块文件和工程文件，这四类文件都有自己的文件名。但只要装入工程文件，就可以自动把与该工程有关的其他三类文件装入内存，所以 A 是错误的。

（6）每个窗体对应一个窗体文件，窗体文件的扩展名是_____。

A）.bas　　　　　　B）.cls　　　　　　C）.frm　　　　　　D）.vbp

【答案】　C

【解析】　标准模块文件的扩展名为.bas，类模块文件的扩展名为.cls，窗本文件扩展名为.frm，工程文件扩展名为.vbp。

（7）Visual Basic 6.0 集成环境的主窗口中不包括_____。

A）标题栏　　　　　B）菜单栏　　　C）状态栏　　　　　D）工具栏

【答案】　C

【解析】　主窗口也称为设计窗口，该窗口由标题栏、菜单栏和工具栏组成。

（8）用标准工具栏中的按钮不能执行的操作是_____。

A）添加工程　　　　B）打印源程序　　C）运行程序　　　　D）打开工程

【答案】　B

【解析】　Visual Basic 6.0 的标准工具栏中不提供打印功能，如要打印需运行"文件"菜单中的打印命令。

（9）在设计窗体时双击窗体的任何地方，可以打开的窗口是_____。

A）代码窗口　　　　　　　　　B）属性窗口

C）工程资源管理器窗口　　　　D）工具箱窗口

【答案】　A

【解析】 用 Visual Basic 进行程序设计时，通常先设计界面，然后再编写程序。设计完界面后，双击界面（窗体）上的任何地方，就可以切换到代码窗口，这与单击"查看代码"按钮的功能相同。

（10）Visual Basic 窗体设计器的主要功能是_____。

A）建立用户界面　　　　　　　B）编写源程序代码
C）画图　　　　　　　　　　　D）显示文字

【答案】 A

【解析】 窗体设计器用于进行用户界面设计，用户可以利用它绘制应用程序界面。

（11）下列可以激活属性窗口的操作是_____。

A）用鼠标双击窗体的任何部位　B）选择"工程"菜单中的"属性窗口"命令
C）按【Ctrl+F4】组合键　　　D）按【F4】键

【答案】 D

【解析】 若要通过菜单打开属性窗口，需打开"视图"菜单；打开或激活属性窗口的快捷键是F4。

（12）下面有关对象属性的叙述中，不正确的是_____。

A）一个对象的属性可分位为外观、行为等若干类
B）相同属性可能具有不同的数据类型
C）一个对象的所有属性都可在属性窗口的列表中进行设置
D）属性窗口中的属性列表可以按字母序也可按类别排列

【答案】 C

【解析】 如右图所示，首先属性窗口有两个标签，即属性可以按"按字母序"和"按分类序"列表显示；其次在"按分类序"的列表中可以看到属性按外观、行为、位置等分为 7 类。

有些对象的属性名虽然相同，但属性值的类型不一定相同。如 OptionButton 和 CheckBox 控件均具有 Value 属性，但前者的 Value 属性是布尔型的，有值 True（选中）和 False（未选中）；而后者的 Value 属性为整型，有值 0（未选中）、1（选中）、2（灰色）。

（13）下列不能打开工具箱窗口的操作是_____。

A）选择"视图"菜单中的"工具箱"命令
B）按【Alt+F8】组合键
C）单击工具栏上的"工具箱"按钮
D）按【Alt+V】组合键，再按【X】键

【答案】 B

【解析】 工具箱窗口主要用于应用程序的界面设计，它由工具图标组成，工具箱中的工具分为两类：一类称为内部控件，一类称为 ActiveX 控件。应用程序运行时，工具箱窗口自动隐藏。

（14）以下叙述中错误的是_____。

A）打开一个工程文件时，系统自动装入与该工程有关的窗体文件
B）保存 Visual Basic 程序时，应分别保存窗体文件及工程文件
C）Visual Basic 应用程序只能以解释方式执行
D）窗体文件包含该窗体及其控件的属性

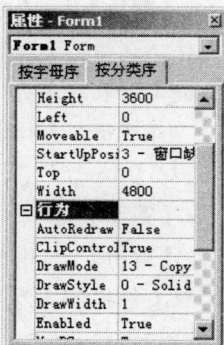

【答案】　C

【解析】　在 Visual Basic 环境中，程序可以解释方式运行，也可以生成可执行文件.exe，以编译方式运行。

（15）假定在窗体上已经画了多个控件，并有一个控件是活动的，为了在属性窗口中设置窗体的属性,预先应执行的操作是_____。

A）单击窗体上没有控件的地方　　　　　　B）单击任一个控件

C）不执行任何操作　　　　　　　　　　　D）双击窗体的标题栏

【答案】　A

【解析】　为窗体设置属性，应先选中该窗体，单击窗体上没有控件的地方，可以选中窗体。

（16）为了删除窗体上的一个控件，下列正确的操作是_____。

A）按【Enter】键

B）按【Esc】键

C）选择（单击）要删除的控件，然后按【Del】键

D）选择（单击）要删除的控件，然后按【Enter】键

【答案】　C

【解析】　为了删除一个控件，必须先把该控件变为活动控件（选中控件），按 Del 键，删除控件后，其他某个控件（如果存在）将自动变为活动控件。

（17）在窗体上已画好了多个控件，以下_____不是同时选中多个控件的方法。

A）选择（单击）控件的同时，按住【Ctrl】键，可同时选中多个控件

B）选择（单击）控件的同时，按住【Shift】键，可同时选中多个控件

C）按住鼠标左键在多个控件周围拖出一个矩形范围，可同时选中多个控件

D）顺序选择（单击）多个控件，可同时选中多个控件

【答案】　D

【解析】　前三个选项均为同时选中多个控件的常用方法，应熟练掌握。当同时选中了多个控件后，在属性窗口中只列出它们的共同属性，如果修改其属性值，则被同时选中的所有控件的属性都将作相应的改变。

（18）在程序运行时要进入中断模式可采用除_____之外的任一种方法。

A）单击"中断"按钮　　　　　　　　　　B）按【Ctrl+Break】组合键

C）选择"运行"菜单中的"中断"命令　　　D）打开"调试"菜单

【答案】　D

【解析】　VB 应用程序的工作模式有三种：设计模式、运行模式和中断模式，其中中断模式多用于程序调试。当程序运行时出现类似于"死机"的情况时，可以进行如上所述的中断操作，即可进入中断模式状态。

（19）以下叙述中正确的是_____。

A）窗体的 Name 属性指定窗体的名称，用来标识一个窗体

B）窗体的 Name 属性值是显示在窗体标题栏中的文本

C）可以在运行期间改变窗体的 Name 属性的值

D）窗体的 Name 属性值可以为空

【答案】　A

【解析】　窗体的 Name 属性值作为对一个窗体的标识，其值不能为空，而且不能在程序运行期间改变其值，在初始情况下，窗体 Name 属性值与 Caption 属性值相同，显示在窗体标题栏上，但 Caption 属性值改变后窗体标题栏上的显示内容随之发生变化，即窗体标题栏显示的内容由 Caption 属性值决定，与窗体 Name 属性值并无直接关系。

（20）以下所列项目不属于窗体事件的是_____。

A）Initialize　　　　　　B）SetFocus　　　　　　C）GotFocus　　　　　　D）LostFocus

【答案】　B

【解析】　object.SetFocus 是方法，即将焦点移到指定对象上，object_GotFocus()是事件，当指定的对象得到焦点时，执行该事件中的代码（如果有代码的话），object_initialize 和 Lostfocus 都为事件，分别表示初始化和失去焦点。

（21）第一次显示某窗体时，将引发一系列事件，正确的事件顺序是_____。

A）Load→Initialize→Activate　　　　　　B）Initialize→Load→Activate

C）Load→Activate→Initialize　　　　　　D）Initialize→Activate→Load

【答案】　B

【解析】　Initilize 事件在应用程序创建某对象时发生，可应用该事件初始化窗体所用的数据，它在 load 事件前发生，Activate 事件用于激活窗体，使某窗体成为当前窗体。

（22）窗体 Form1 的名称属性值为 frm，则它的 Load 事件过程名是_____。

A）Form_Load　　　　B）Form1_Load　　　　C）frm_Load　　　　D）Me_Load

【答案】　A

【解析】　一个窗体设计器对应一个代码设计器，在代码设计器中编辑的窗体事件均是其对应的窗体，不会是其他窗体。因此在代码设计器的事件名中使用的窗体名称均为 Form，只有在程序代码中引用窗体时才使用窗体的 name 属性。

（23）设 x=4、y=6，则以下不能在窗体上显示出 A=10 的语句是_____。

A）Print A=x+y　　　　　　　　　　B）Print "A=";x+y

C）Print "A="+Str(x+y)　　　　　　　D）Print "A=" & x+y

【答案】　A

【解析】　Print 是窗体的常用方法，用于在窗体（或图片框、立即窗口）上显示文本内容，选项 A 中系统会将 A=x+y 当成是一个关系表达式，即判断 A 是否与 x+y 相等，在窗体上输出的是一个逻辑值;其他三个选项都会显示"A=10"字样内容。

（24）设 a=10,b=5,c=1，执行语句 Print a>b>c 后，窗体上显示的是_____。

A）True　　　　　　　　B）False　　　　　　　　C）1　　　　　　　　D）出错信息

【答案】　B

【解析】　执行语句 Print a>b>c 时，系统把 a>b>c 当做是一个关系表达式，由于分不出两个运算符的优先级高低，因此从左到右依次进行运算，先判断 a>b，得到 True，再判断 True>c，系统先将 True 转换为数值型–1，原表达式等价于–1>1，结果为 False，所以选 B。

（25）设窗体上有一个列表框控件 List1，且其中含有若干列表项。则以下能表示当前被选中的列表项内容的是_____。

A）List1.List　　　　B）List1.ListIndex　　　　C）List1.Index　　　　D）List1.Text

【答案】　D

【解析】　列表框控件的 List 属性用于存储所有列表项，可能用 List1.List(序号)表示某一列表项，列表项序号从 0 开始，第一项的序号为 0，第二项为 1，以此类推；ListIndex 属性值表示列表框中被选定项的序号，若未选中则该值为-1；Index 属性表示控件数组元素的下标；Text 属性用于存储被选中列表项的内容，如没有选中项，则该属性值为空。

（26）在窗体上画一个名称为 List1 的列表框，一个名称为 Label1 的标签，列表框中显示若干城市的名称。当单击列表框中的某个城市名时，该城市名从列表框中消失，并在标签中显示出来。下列能正确实现上述操作的程序是_____。

A）Private Sub List1_Click()　　　　B）Private Sub List1_Click()
　　Label1.Caption=List1.ListIndex　　　　Label1.Name=List1.ListIndex
　　List1.RemoveItem List1.Text　　　　List1.RemoveItem List1.Text
End Sub　　　　End Sub
C）Private Sub List1_Click()　　　　D）Private Sub List1_Click()
　　Label1. Caption=List1.Text　　　　Label1. Name=List1. Text
　　List1. RemovItem List1.ListIndex　　　　List1. RemovItem List1.ListIndex
End Sub　　　　End Sub

【答案】　C

【解析】　列表框控件常用方法有 Additem、RemoveItem、Clear 等，其中 RemoveItem 方法用于移除列表项，使用格式为：对象名.RemoveItem 列表项序号，而本题中的 List1.ListIndex 用于表示选中项序号。

（27）能够存放组合框的所有项目内容的属性是_____。

A）Caption　　　　B）Text　　　　C）List　　　　D）Selected

【答案】　C

【解析】　组合框的属性、事件和方法与列表框类似，用 List 属性存储所有项目，Selected 属性表示某项的选中状态，选中为 True，否则为 False，可以用以下语句对指定项的选中状态进行设置：对象名.Selected(序号)=True|False。

（28）文本框没有_____属性。

A）Enable　　　　B）Visible　　　　C）BackColor　　　　D）Caption

【答案】　D

【解析】　文本框控件没有 Caption 属性，文本框中显示内容由 Text 属性表示。

（29）若设置了文本框的属性 PasswordChar="$"，则运行程序时向文本框中输入 8 个任意字符后,文本框中显示的是_____。

A）8 个"$"　　　　B）1 个"$"　　　　C）8 个"*"　　　　D）无任何内容

【答案】　A

【解析】　文本框的 PasswordChar 属性用于设置显示替代符，即当在文本框中输入字符时，并不直接显示字符而是用替代符号显示，显示时，替代符个数与实际输入的字符个数一致。本题中替代符是 "$"，因此当向文本框中输入 8 个任意字符后，文本框中显示的是$$$$$$$$。注意：当

MultiLine 属性为 True 时，PasswordChar 属性设置失效。

（30）要使某控件在运行时不可显示，应对_____属性进行设置。

A）Enabled   B）Visible   C）Borderstyle   D）Caption

【答案】 B

【解析】 Enabled 属性决定控件是否可用，其值为 True 时，表示允许用户进行操作，并对操作做出响应；其值为 False 时，对象外观呈灰色，禁止用户进行操作。Visible 属性决定控件是否可见，其值为 True，表示程序运行时，该控件可见；其值为 False，表示程序运行时控件不可见。

（31）设窗体上有一个水平滚动条,要求单击滚动条右端的 ▶ 按钮一次，滚动条移动一定的刻度值，决定此刻度的属性是_____。

A）Max   B）Min   C）SmallChange   D）LargeChang

【答案】 C

【解析】 Max 和 Min 属性是滑块处于最大（小）位置时所代表的值（–32 768~32 767），SmallChange 是用户单击滚动条两端的箭头时 Value 属性所增加或减少的值，LargeChange 属性值是用户单击滚动条的空白处时 Value 属性所增加或减少的值。因此选 C。

（32）在窗体上添加一个名称为 Text1 的文本框，然后添加一个名称为 HScroll1 的滚动条，其 Min 和 Max 属性分别为 0 和 100。程序运行后，如果移动滚动框，则在文本框中显示滚动条的当前值，以下能实现上述操作的程序段是_____。

```
A）Private Sub Hscroll1_Change()          B）Private Sub Hscroll1_Click()
      Text1.Text=HScroll1.Value               Text1.Text=HScroll1.Value
   End Sub                                  End Sub
C）Private Sub Hscroll1_Change()          D）Private Sub Hscroll1_Scroll()
      Text1.Text=Hscroll1.Caption              Text1.Text=Hscroll1.Caption
   End Sub                                  End Sub
```

【答案】 A

【解析】 滚动条控件不能响应 Click 事件，它的常用事件有 Scroll 和 Change，当拖动滑块时会触发 Scroll 事件，当改变滚动条的 Value 属性时会触发 Change 事件，而不论以何种方式改变了 Value 属性值。滚动条控件无 Caption 属性。综合考虑后选 A。

（33）假定在图片框 Picture1 中装入一个图形，为了清除该图形（不删除图片框），应采用的正确方法是_____。

A）选择图片框，然后按【Del】键

B）执行语句 Picture1.Picture=LoadPicture("")

C）执行语句 Picture1.Picture=""

D）选择图片框，在属性窗口中选择 Picture 属性条，然后按【Enter】键

【答案】 B

【解析】 选项 A 可用于删除图片框控件，LoadPicture 函数用于在程序运行期间把图形文件装入图片框中，其使用格式为：[对象.]Picture=LoadPicture("文件名")，如果使用 LoadPicture("")，表示以一个"空"图形覆盖原来的图形，即清除原有图形。

（34）为了在按下【Esc】键时执行某个命令按钮的 Click 事件过程，需要把该命令按钮的一个属性设置为 True，这个属性是_____。

A）Value　　　　　B）Default　　　　　C）Cancel　　　　　D）Enabled

【答案】 C

【解析】 Cancel 属性可设置某命令按钮是否为窗体的"取消"按钮，即当一个命令按钮的 Cancel 属性被设置为 True 时，按【Esc】键与单击该按钮的作用相同。Default 属性可设置某命令按钮是否为窗体的默认按钮，即当一个命令按钮的 Default 属性被设置为 True 时，按【Enter】键和单击该按钮的效果相同。注意：在一个窗体中，只允许有一个命令按钮的 Cancel 属性被设置为 True，也只允许有一个命令按钮的 Default 属性被设置为 True。

（35）在窗体上画两个单选按钮，名称分别为 Option1、Option2，标题分别为"宋体"和"黑体"；一个复选框，名称为 Check1，标题为"粗体"；一个文本框，名称为 Text1，Text 属性为"改变文字字体"。要求程序运行时，"宋体"单选按钮和"粗体"复选框被选中（见右图），则能够实现上述要求的语句序列是_____。

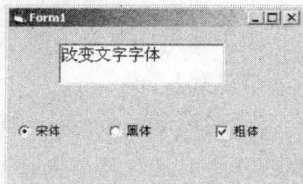

A）Option1.Value=True　　　　　B）Option1.Value=True
　　Check1.Value=False　　　　　　　Check1.Value=True

C）Option2.Value=False　　　　　D）Option1.Value=True
　　Check1.Value=True　　　　　　　Check1.Value=1

【答案】 D

【解析】 本题考查点是不同控件的同名属性问题，不同控件虽然有同名属性，但是它们的取值类型不一定相同。比如单选按钮的 Value 属性是逻辑型（True、False），而复选框的 Value 属性则是数值型（0、1、2），Check1.Value=True 语句运行时会产生"无效属性值"错误，原因是由于复选框的 Value 属性是数值型，系统会先将 True 转为数值-1 再赋值给 Check1.Value，而-1 并不在其取值范围内，所以是无效值。逐一排除所以选 D。

（36）在窗体上有一个文本框控件，名称为 TxtTime；一个计时器控件，名称为 Timer1，要求每一秒在文本框中显示一次当前的时间。程序如下：

```
Private Sub Timer1_ _____()
    TxtTime.text=Time
End Sub
```

在下画线上应填入的内容是_____。

A）Enabled　　　　　B）Visible　　　　　C）Interval　　　　　D）Timer

【答案】 D

【解析】 计时器控件的事件只有一个，即 Timer 事件，计时器以一定的时间间隔产生 Timer 事件从而执行相应的事件过程。选项 A、C 都是属性名，Enabled 属性设置计时器是否启用或禁用，取值为 True，表示启用，取值为 False，表示禁用。Interval 属性决定两个 Timer 事件之间的时间间隔，其值以毫秒（ms）为单位，如果 Interval 属性设为 0，则不产生 Timer 事件。计时器没有 Visible 属性，计时器运行时不可见。

（37）以下所列的 7 个控件中，具有 Caption 属性的有_____个。

PictureBox（图片框）、Frame（框架）、OptionButton（单选按钮）、ListBox（列表框）、TextBox

（文本框）、Form（窗体）、DriveListBox（驱动器列表框）

    A）3个   B）4个   C）2个   D）5个

【答案】 A

【解析】 具有 Caption 属性的控件有 Frame（框架）、OptionButton（单选按钮）、Checkbox、Form（窗体）、label、commandbutton 等，与题中对应的控件有三个。

（38）下面关于菜单的叙述中错误的是_____。

    A）各级菜单中的所有菜单项的名称必须唯一

    B）同一子菜单中的菜单项名称必须唯一，但不同子菜单中的菜单项名称可以相同

    C）弹出式菜单用 PopupMenu 方法弹出

    D）弹出式菜单也用菜单编辑器编辑

【答案】 B

【解析】 每一个菜单项都是一个控件对象，它有两个重要属性：标题（Caption）、名称（Name），在程序中引用某菜单项时直接使用其名称进行引用，因此要求各级菜单的所有菜单项的名称必须唯一，设计弹出式菜单也使用菜单编辑器，只要将菜单名的 Visible 属性设置为 False 即可，显示弹出菜单所使用的方法是 PopupMenu，其格式为：[对象.]PopupMenu 菜单名,参数,X,Y。

（39）设已经在"菜单编辑器"中设计了窗体的弹出式菜单，其顶级菜单为 Bs，取消其"可见"属性，运行时，在以下事件过程中，可以使弹出式菜单响应鼠标右键的是_____。

    A）Private Sub Form_MouseDown(Button As Integer, Shift As Integer, X As Single, Y As Single)
        If Button=2 Then PopupMenu Bs,2
    End Sub

    B）Private Sub Form_MouseDown(Button As Integer, Shift As Integer, X As Single, Y As Single)
        PopupMenu Bs
    End Sub

    C）Private Sub Form_MouseDown(Button As Integer, Shift As Integer, X As Single, Y As Single)
        PopupMenu Bs,0
    End Sub

    D）Private Sub Form_MouseDown(Button As Integer, Shift As Integer, X As Single, Y As Single)
        If(Button=vbLeftButton) Or (Button=vbRightButton) Then PopupMenu Bs
    End Sub

【答案】 A

【解析】 弹出式菜单用 PopupMenu 方法调用，其调用格式如上题所述，在鼠标事件中 Button 参数检测哪个鼠标键有动作，规定如下：Button=1 表示按下鼠标左键，Button=2 表示按下鼠标右键，Button=4 表示按下鼠标中间键，因此选 A。选项 D 中的 vbLeftButton、vbRightButton 是鼠标键的常量表示。

（40）以下关于焦点的叙述中，错误的是_____。

    A）如果文本框的 TabStop 属性为 False，则不能接收从键盘上输入的数据

    B）当文本框失去焦点时，触发 LostFocus 事件

    C）当文本框的 Enabled 属性为 False 时，其 Tab 顺序不起作用

    D）可以用 TabIndex 属性改变 Tab 顺序

【答案】　A

【解析】　焦点是接收用户鼠标或键盘输入的能力，并不是所有对象都可以接收焦点，而文本框可以接收焦点，当对象接收焦点时会产生 GotFocus 事件，当对象失去焦点时，将产生 LostFocus 事件。Tab 顺序指按【Tab】键时焦点在控件间移动的顺序，即每按一次【Tab】键，可以使焦点从一个控件移到另一个控件。TabStop 属性可以控制焦点的移动，该属性为 False 时，用【Tab】键移动焦点时会跳过该控件，但仍具有获得焦点的能力，因此选 A。TabIndex 属性值是数值，表示对象在 Tab 顺序中的位置，通过设置可以改变对象的 Tab 顺序。

（41）窗体的 MouseDown 事件过程：

```
Form_MouseDown(Button As Integer,Shift As Integer,X As Single,Y As Single)
```

有四个参数，关于这些参数，正确的描述是＿＿＿＿＿。

A）通过 Button 参数可获知当前按下的是哪一个鼠标键

B）Shift 参数只能用来确定是否按下【Shift】键

C）Shift 参数只能用来确定是否按下【Alt】和【Ctrl】键

D）参数 x、y 用来设置鼠标当前位置的坐标

【答案】　A

【解析】　MouseDown 是鼠标事件，当在某对象上按下任意一个鼠标按钮时被触发，它的四个参数中，Button 参数得到相应鼠标按键的值，每个值代表一个鼠标键，如 Button=1 表示了鼠标左键，Button=2 表示鼠标右键，Button=4 表示鼠标中间键，Shift 参数可表示【Shift】、【Alt】和【Ctrl】三个键的是否被按下的状态，共有 8 个值（0～7），参数 x、y 返回当前鼠标的位置坐标，选项 D 中"设置鼠标当前位置的坐标"有误。

（42）在窗体上画一个名称为 Text1 的文本框，并编写如下程序：

```
Private Sub Form_Load()
    Show
    Text1.Text=""
    Text1.SetFocus
End Sub
Private Sub Form_MouseUp(Button As Integer,Shift As Integer,X As Single, _ Y
As Single)
    Print "程序设计"
End Sub
Private Sub Text1_KeyDown(KeyCode As Integer,Shift As Integer)
    Print "Visual Basic"
End Sub
```

程序运行后，先按【A】键，然后单击窗体，则在窗体上显示的内容是＿＿＿＿＿。

A）Visual Basic　　B）程序设计 Visual Basic　　C）A 程序设计　　D）Visual Basic 程序设计

【答案】　D

【解析】　窗体加载后，利用 SetFocus 方法使文本框 Text1 获得焦点，按 A 键，首先执行的是 Text1_KeyDown 事件，则在窗体上显示"Visual Basic"，后单击窗体，由窗体响应 MouseUp 事件，执行 Form_MouseUp 事件过程，在窗体的下一行显示"程序设计"，因此选 D。

（43）在窗体上画一个文本框，其名称为 Text1，然后编写如下过程：

```
Private Sub Text1_KeyDown(KeyCode As Integer,Shift As Integer)
    Print Chr(KeyCode)
End Sub
Private Sub Text1_KeyUp(KeyCode As Integer,Shift As Integer)
    Print Chr(KeyCode+2)
End Sub
```

程序运行后，把焦点移到文本框中，此时如果按【A】键，则输出结果为＿＿＿＿＿＿。

A）A A　　　　　　　B）A B　　　　　　　C）A C　　　　　　　D）A D

【答案】 C

【解析】 按【A】键，首先执行 Text1_KeyDown 事件过程，其 KeyCode 参数获得用户所操作的物理键扫描码，此处是 65，由 Print 方法在窗体上显示"A"（Chr(65)），随后执行 Text1_KeyUp 事件过程，其 KeyCode 参数依然获得 65，由 Print 方法在窗体上显示"C"（Chr(67)）。

（44）在窗体上画一个名称为 Text1 的文本框，要求文本框只能接收大写字母的输入。以下能实现该操作的事件过程是＿＿＿＿＿＿。

A）
```
Private Sub Text1_KeyPress(KeyAscii As Integer)
    If KeyAscii<65 Or KeyAscii>90 Then
      MsgBox"请输入大写字母"
      KeyAscii=0
    End If
  End Sub
```

B）
```
Private Sub Text1_KeyDown(KeyCode As Integer,Shift As Integer)
    If KeyCode<65 Or KeyCode>90 Then
      MsgBox"请输入大写字母"
      KeyCode=0
    End If
  End Sub
```

C）
```
Private Sub Text1_MouseDown(Button As Integer,Shift As Integer,X As Single,Y As Single)
    If Asc(Text1.Text)<65 Or Asc(Text1.Text)>90 Then
      MsgBox"请输入大写字母"
    End If
  End Sub
```

D）
```
Private Sub Text1_Change()
    If Asc(Text1.Text)> 64 And Asc(Text1.Text)< 91 Then
      MsgBox"请输入大写字母"
    End If
  End Sub
```

【答案】 A

【解析】 本题要求文本框能区分字母大小写，即可排除选项 B 和 C，因为 KeyDown 事件只能由参数 KeyCode 返回用户所按的键，而不能获知键入字母的大小写，而选项 C 中的 MouseDown

是鼠标事件，与键盘输入无关。选项 D 中的 Asc(Text1.Text)只能求得第一个字符的 ASCII 码，无法求出后面字符的 ASCII 码，因此也达不到题目要求。选项 A 中的 KeyPress 事件，可由 KeyAscii 参数获得输入字母的 ASCII 码，再对此 ASCII 码进行判断即可。

（45）在窗体上有一个名为 Cd1 的通用对话框，为了在运行程序时打开"保存文件"对话框，则在程序中应使用的语句是＿＿＿＿。

A）Cd1.Action=2　　　　　　　　　　B）Cd1.Action=1

C）Cd1.ShowSave=True　　　　　　　　D）Cd1.ShowSave=0

【答案】　A

【解析】　通用对话框的 Action 和 Show 方法都可用于设置对话框的类型，Action=2 或 ShowSave 方法可设置"保存文件"对话框。选项 C 和 D 的错误在于 ShowSave 是方法名，不能被赋值。

（46）窗体上有一个名称为 CD1 的通用对话框，一个名称为 Command1 的命令按钮。命令按钮的单击事件过程如下：

```
Private Sub Command1_Click()
    CD1.FileName=""
    CD1.Filter="All Files|*.*|(*.Doc)|*.doc|(*.Txt)|*.txt"
    CD1.FilterIndex=2
    CD1.Action=1
End Sub
```

关于以上代码，错误的叙述是＿＿＿＿。

A）执行以上事件过程，通用对话框被设置为文件"打开"对话框

B）通用对话框的初始路径为当前路径

C）通用对话框的默认文件类型为*.txt

D）以上代码不对文件执行读写操作

【答案】　C

【解析】本题考查通用对话框的几个常用属性，FileName 属性设置用户所要打开的文件名（包含路径），此处为空；Filter 属性用于确定文件类型列表框中所显示的文件类型，此处为三种类型，分别是*.*、*.doc 和*.txt；FilterIndex 属性用于设置对话框中文件类型列表框的默认类型，CD1.FilterIndex=2，表示第二组类型为默认类型，即为*.doc，CD1.Action=1 表示打开"打开文件"对话框。选项 D 是正确的，因为"打开文件"对话框并不能真正打开一个文件，它仅仅提供打开文件的用户界面，供用户选择所要打开的文件，打开文件的具体工作还要通过编程来实现。

（47）工程中有两个窗体，名称分别为 Form1.Form2，Form1 为启动窗体，该窗体上有命令按钮 Command1，要求程序运行后单击该命令按钮时显示 Form2，则按钮的 Click 事件过程应该是＿＿＿＿。

A）
```
Private Sub Command1_Click()
    Form2.Show
End Sub
```
B）
```
Private Sub Command1_Click()
    Form2.Visible
End Sub
```
C）
```
Private Sub Command1_Click()
    Load Form2
End Sub
```
D）
```
Private Sub Command1_Click()
    Form2.Load
End Sub
```

【答案】　A

【解析】　Show 方法用来显示窗体，它兼有装载和显示窗体两种功能；Visible 是属性名，用于设置窗体的可见性，其取值为 True 或 False；选项 C 的语句 Load Form2，表示将 Form2 窗体装载到内存中，但并不显示出来。选项 D 的语句 Form2.Load 有错误，Load 既不是窗体的方法也不是窗体的属性。因此选 A。

（48）以下关于多重窗体程序的叙述中，错误的是_____。

A）用 Hide 方法不但可以隐藏窗体，而且能清除内存中的窗体

B）在多重窗体程序中，各窗体的菜单是彼此独立的

C）在多重窗体程序中，可以根据需要指定启动窗体

D）对于多重窗体程序，需要单独保存每个窗体

【答案】　A

【解析】　Hide 是隐藏方法，并不会从内存中删除窗体。在多窗体程序设计中，可通过"工程"菜单中的"属性"命令设置启动窗体。

（49）假定一个工程有一个窗体文件 Form1 和两个标准模块文件 Model1 及 Model2 组成。

Model1 代码如下：

```
Public x As Integer
Public y As Integer
Sub S1()
    x=1
    S2
End Sub
Sub S2()
    y=10
    Form1.Show
End Sub
```

Model2 代码如下：

```
Sub Main()
    S1
End Sub
```

其中 Sub Main 被设置为启动过程。程序运行后，各模块的执行顺序是_____。

A）Form1→Model1→Model2　　　　B）Model1→Model2→Form1

C）Model2→Model1→Form1　　　　D）Model2→Form1→Model1

【答案】　C

【解析】　Sub Main 过程是启动过程，然后调用 S1，S1 是 Model1 中定义的过程，开始执行 Model1，在 S1 中调用 S2，运行 S2 过程中又显示 Form1 窗体。因此选 C。

二、填空题

（1）Visual Basic 6.0 分为三种版本，这三种版本是_____、_____和_____。

【答案】　学习版　专业版　企业版

【解析】　学习版是 Visual Basic 6.0 的基础版本，专业版除了包括学习版的全部功能，同时还

包括 ActiveX 控件、Internet 控件、Crystal Report Writer 和报表控件，企业版包括专业版的全部功能，同时还提供自动化管理器、部件管理器、数据库管理工具、Microsoft Visual SourceSafe 面向工程版的控制系统等。

（2）Visual Basic 中的工具栏有两种形式，分别为＿＿＿＿＿＿形式和＿＿＿＿＿形式。

【答案】　固定　浮动

【解析】　Visual Basic 的工具栏都有固定和浮动动两种形式，双击固定工具栏左端的两条浅色竖线，即可变为浮动工具栏；双击浮动工具栏的标题条，即可变为固定工具栏。

（3）退出 Visual Basic 的快捷键是＿＿＿＿＿＿。

【答案】　Alt+Q

【解析】　菜单被打开后，在某些菜单项的右侧显示相应的快捷键。

（4）VB 中对象的属性可以分为＿＿＿＿＿＿属性和＿＿＿＿＿＿属性，其中前者只能在属性窗口中修改，不能通过程序代码修改，后者通常不出现在属性窗口中，只能通过程序代码设置。

【答案】　设计　执行（运行）

【解析】　例如，对象的 name 属性就是一个设计属性，在程序代码中不能设置对象的 name 属性；例如，文本框控件的 SelStart、SelText 及 SelLength 都是执行属性，无法在属性窗口进行设置。

（5）要使窗体在运行时不可改变窗体的大小和没有最大化和最小化按钮，只要对＿＿＿＿＿＿属性设置就有效。

【答案】　BorderStyle

【解析】　将 BorderStyle 属性值设为 1（Fixed Single），窗体在运行时不能改变大小，同时"最大化"和"最小化"按钮消失。

（6）在代码窗口对窗体的 BorderStyle、MaxButton 属性进行了设置，但运行后没有效果，原因是这些属性是＿＿＿＿＿＿。

【答案】　设计属性

【解析】　属性分为设计属性和执行（运行时）属性，设计属性只能在设计时进行设置，如 BorderStyle、MaxButton 和 MinButton，而有些属性只能在运行时设置，如 SelStart、SelLength 等，只能在运行时设置的属性在属性窗口是不可见的。

（7）为了使文本框同时具有垂直和水平滚动条，应先把 MultiLine 属性设置为＿＿＿＿＿＿，然后再把 ScrollBars 属性设置为 3（Both）。

【答案】　True

【解析】　ScrollBars 属性设置文本框是否有水平或垂直滚动条，其值为逻辑型，但若要文本框显示滚动条要求 MultiLine 属性值设为 True，MultiLine 属性设置文本框是否可以显示多行文本内容。

（8）在窗体上画一个名称为 Command1 的命令按钮，编写如下事件过程：

```
Private Sub Command1_Click()
    Dim a As String
    a="123456789"
    For i=1 To 5
```

```
      Print _____;Mid$(a,6-i,2*i-1)
   Next i
End Sub
```

程序运行后，单击命令按钮，要求窗体上显示的结果如下图所示，请填空。

【答案】 Space(5-i)或 Tab(6-i)或 String(5 - i, " ")

【解析】本题考核函数 Space、Tab、String 和 Mid 的用法。函数 Space(n)返回指定数目的空格，函数 Tab(n)将输出光标定位到指定列上，String(n,st)函数将产生由 n 个给定字符 St 组成的一个字符串，函数 Mid(St,n1,n2)用于从字符串 St，左边第 n1 个位置开始向右起取 n2 个字符。

2.2   VB 程序设计基础

VB 笔试中，VB 程序设计基础的考核主要以变量定义和表达式赋值的形式出现，本节选取代表性较强的 23 道典型例题进行详解。

一、单选题

（1）如果一个变量未经定义就直接使用，则该变量的类型为_____。

A）Integer   B）Byte   C）Boolean   D）Variant

【答案】 D

【解析】 VB 6.0 提供了多种数据类型，如整型（Integer）、逻辑型（Boolean）、字节型（Byte）、字符串型（String）等。另外还提供了一种可变的数据类型——变体型（Variant），此种数据类型可以存储数据值型、日期型、字符型、对象型等多种类型的数据，未定义变量的默认数据类型即为变体型。

（2）在程序中分别将变量 Inta、Bl、st 和 D 定义为整型、布尔型、字符串型和日期型，下列赋值语句在执行时会出错的是_____。

A）Inta=4.6   B）Bl=#True#

C）st=5 & 1235   D）D=#10/05/01#

【答案】 B

【解析】 本题考查各种不同数据类型的常量书写格式，逻辑型常量为 True 和 False，不需#，日期型常量应写成#...#形式。选项 C 中的 & 符号是字符串的连接运算符，将 5 和 1235 当成是字符串进行连接，结果将"51235"赋值给 st。

（3）设有如下的用户定义类型：

```
Type Student
    number As String
    name As String
    age As Integer
End Type
```

则以下能正确引用该类型成员的代码是_____。

A）Student.name="李明"　　　　　　B）Dim s As Student

　　　　　　　　　　　　　　　　　　s.name="李明"

C）Dim s As Type Student　　　　　D）Dim s As Type

　　s.name="李明"　　　　　　　　　　s.name="李明"

【答案】　B

【解析】　可以用 Type…End Type 语句定义用户自己的数据类型，使用时像标准数据类型一样进行变量声明，所以选 B。

（4）为把圆周率的近似值 3.141 59 存放在变量 pi 中，应该把变量 pi 定义为_____。

A）Dim pi as Integer　　　　　　　B）Dim pi(7) as Integer

C）Dim pi as Single　　　　　　　　D）Dim pi as Long

【答案】　C

【解析】　应把 pi 变量声明为能存储实数的数据类型，即 Single 或 Double。

（5）下列可作为 VB 变量名的是_____。

A）a#a　　　　　　B）4a　　　　　　C）?xy　　　　　　D）consta

【答案】　D

【解析】　变量命名时应遵循以下规则：

① 名字必须是英文字母或汉字（中文系统中可用）打头，由字母、数字、汉字和下画线组成。

② 名字的有效字符≤255 个。

③ 不能用 Visual Basic 的保留字作为变量名。

（6）针对声明 Dim st As String * 8 错误的是_____。

A）声明一个字符串类型变量 st

B）以 8 个字位，即一个字节为单位存储相应变量

C）若 st 中存储的字符个数不足 8 个，则以空格填充

D）st 中可以填充汉字

【答案】　B

【解析】　语句 Dim st As String * 8 声明了一个定长字符串型 st 变量，长度为 8 个字符，若 st 中存储的字符个数不足 8 个，则以空格填充，若 st 中存储的字符个数超过 8 个，则自动截取前 8 个字符。

─ 注 意 ─────────────────────────────────────

　一个汉字和一个英文字符都算做一个字符。

（7）下列符号常量的声明中，不合法的是_____。

A）Const a As Single=1.1　　　　　B）Const a="OK"

C）Const a As Double=sin(1)　　　　D）Const a As Integer="12"

【答案】　C

【解析】 符号常量声明语句格式为：Const 符号常量名 [As 类型]=表达式，表达式可以由数值常量、字符串常量以及运算符组成，但不能包括函数。

（8）下列表达式中，值为 True 的是＿＿＿＿。

A）Ucase("ABCD")>="abcd"　　　　　　　　B）14/2\3 < 10 mod 4

C）mid("ABCD",2,2)>left("ABCD",2)　　　　D）not(sqr(4)−3>=−2)

【答案】 C

【解析】 本题综合考查函数、算术运算、关系运算、逻辑运算及运算符优先级等知识点。表达式可能含有多种运算，VB 按一定的顺序对表达式求值。一般顺序如下：

① 首先进行函数运算。

② 接着进行算术运算，其次序为：幂（^）→取负*（−）→乘、浮点除（*、/）→整除（\）→取模（Mod）→加、减（+、−）→连接（&）

③ 然后进行关系运算：=、>、<、<>、<=、>=

④ 最后进行逻辑运算，顺序为：Not→And→Or→Xor

（9）设 a=4、b=3、c=2、d=1，下列表达式的值是＿＿＿＿。

a>b+1 Or c<d And b Mod c

A）True　　　　　B）1　　　　　　　　C）−1　　　　　　　D）0

【答案】 D

【解析】 本题考查多种运算符的优先级和逻辑运算。由于运算符的优先级不同，上式可写成：False Or False And 1，先进行逻辑与（And）运算，False And 1，由于操作数中有一个是数值型（整型），则 VB 将另一操作数也转换为数值型（整型），并进行二进制的逻辑运算，即：

```
          00000000 00000000
And       00000000 00000001
          00000000 00000000
```

因此，False And 1 的结果为 0。再对表达式 False Or 0 进行运算，同理得到结果为 0。

注 意
　　如果操作数是负数，则把它变成相应的补码形式，再进行二进制的逻辑运算。如−1 And 1 的结果为 1。

（10）在窗体上画一个名称为 Command1 的命令按钮，然后编写如下事件过程：

```
Private Sub Command1_Click()
    a$="VisualBasic"
    Print String(3,a$)
End Sub
```

程序运行后，单击命令按钮，在窗体上显示的内容是＿＿＿＿。

A）VVV　　　　　B）Vis　　　　　　　C）sic　　　　　　D）11

【答案】 A

【解析】 String(N,C)返回由字符串 C 中首字符组成的 N 个相同字符的字符串。

（11）执行语句 s=Len(Mid("VisualBasic",1,6))后，s 的值是＿＿＿＿。

A）Visual　　　　B）Basic　　　　　　C）6　　　　　　　D）11

【答案】　C

【解析】　Len()函数返回字符串长度，Mid("VisualBasic",1,6)则返回从第一个字符开始的 6 个字符组成的字符串，即"Visual"，所以选 C。

（12）从键盘上输入两个字符串，分别保存在变量 str1、str2 中。确定第二个字符串在第一个字符串中起始位置的函数是＿＿＿＿＿。

A）Left　　　　　　B）Mid　　　　　　C）String　　　　　　D）Instr

【答案】　D

【解析】　Instr(c1,c2)用于在 C1 中查找 C2 是否存在，若找到返回 C2 在 C1 中的位置，若找不到，结果为 0。

（13）下列表达式中不能判断 x 是否为偶数的是＿＿＿＿＿。

A）x/2=int(x/2)　　　　　　B）x mod 2=0

C）Fix(x/2)=x/2　　　　　　D）x\2=0

【答案】　D

【解析】　int()和 Fix()均为取整函数，因此都在判断 x/2 是否为整数，x mod 2=0 判断 2 除以 x 后是否有余数，即判断 x 是否为偶数，选项 D 中"\"为整除运算符，无法判断 x 是否能被 2 整除。

（14）以下 VB 表达式中结果为真的是＿＿＿＿＿。

A）"ABC">"abc"　　　　　　B）"ABC">"ABB"

C）"ABC"="abc"　　　　　　D）"ABC"="ABB"

【答案】　B

【解析】　本题考查字符串比较，字符串在比较时是按相对应位置上字符的 ASCII 码值进行比较的。如果是汉字，则以汉字机内码进行比较。

（15）执行如下语句：

```
a=InputBox("Today","Tomorrow","yesterday",,,"Day before yesterday",5)
```

将显示一个输入对话框，在对话框的输入区中显示的信息是＿＿＿＿＿。

A）Today　　　　　　B）Tomorrow

C）yesterday　　　　　　D）Day before yesterday

【答案】　C

【解析】　Inputbox 函数可以产生一个对话框，等待用户输入数据。其格式如下：

```
InputBox(prompt[,title][,default][,xpos,ypos][,helpfile,context])
```

其中，prompt 是对话框内的提示信息，为必选参数；title 是对话框的标题栏显示内容，可省略；default 是输入区的默认值，本参数即是考点所在，yesterday 是对话框输入区内容；xpos 和 ypos 是整数，表示对话框左上角顶点在屏幕上的坐标位置，两坐标同时出现或同时省略，若省略该坐标值，系统将会在默认位置显示对话框；helpfile 和 context 表示帮助文件名（字符串）和帮助主题目录号（数值），这两个参数同时出现或同时省略，如果不省略该参数则对话框上显示"帮助"按钮。

（16）假定有如下的命令按钮（名称为 Command1）事件过程：

```
Private Sub Command1_Click()
    x=InputBox("输入: ","输入整数")
```

```
    MsgBox "输入的数据是: ",,"输入数据: "+x
End Sub
```
程序运行后，单击命令按钮，如果从键盘上输入整数 10，则以下叙述中错误的是_____。

A）x 的值是数值 10

B）输入对话框的标题是"输入整数"

C）信息框的标题是"输入数据：10"

D）信息框中显示的是"输入的数据是:"

【答案】　A

【解析】　MsgBox 语句用于在屏幕上显示一个对话框，向用户报告信息，并可接收用户的响应。其格式如下：

```
MsgBox(prompt[,type][,title][,helpfile,context])
```

其中，prompt 是对话框内的提示信息，为必选参数；type 用来控制对话框内显示的按钮、图标的种类及数量，用一个数值或符号常量表示；title 是对话框的标题栏显示内容；helpfile 和 context 同上题描述。

本题的另一个考查点是 InputBox 函数的返回值类型，InputBox 函数的默认返回值类型是字符型，因此本题中变体型变量 x 获得的是字符串"10"而非数值 10。

（17）在窗体上画一个名称为 File1 的文件列表框，并编写如下程序：

```
Private Sub File1_DblClick()
    x=Shell(File1.FileName,1)
End Sub
```

以下关于该程序的叙述中，错误的是_____。

A）x 没有实际作用，因此可以将该语句写为：Call Shell(file1.FileName,1)

B）双击文件列表框中的文件，将触发该事件过程

C）要执行的文件名字通过 File.FileName 指定

D）File1 中显示的是当前驱动器、当前目录下的文件

【答案】　B

【解析】　Shell 函数可以调用 Windows 环境下的各种应用程序，其格式如下：

```
Shell(命令字符串[,窗口类型])
```

其中"命令字符串"是要执行的应用程序文件名（包括路径），它必须是可执行文件，如.com、.exe、.bat 等，其他文件不能用 Shell 函数调用，窗口类型是执行应用程序时对窗口大小及状态的控制。选项 B 错误在于，未指明是双击可执行文件将触发该事件过程，如果双击的是非可执行文件，则系统报错。

二、填空题

（1）正确表示命题"A 是一个带小数的正数，且 B 是一个带小数的负数"的逻辑表达式是_____。

【答案】　A>0 And A<>Int(A) And B<0 And B<>Int(B) 或 sgn(A)=1 and A<>fix(A) and sgn(B)=-1 and B<>fix(B)

【解析】　本题考点为逻辑表达式的表示。用 A<>Int(A)来表示 A 是带小数的数，答案不唯一。

（2）用关系运算符比较 Cint(3.8)、Fix(3.8)、Int(3.8)、3.8 的大小关系_____。

【答案】　Fix(3.8)=Int(3.8)＜3.8＜Cint(3.8)

【解析】　本题考点为对多个取整函数的理解。此处 Fix(3.8)=Int(3.8)，对页数并不成立，Fix(3.8)=-3，Int(3.8)=-4，Cint(3.8)=-4。

（3）代数表达式 $\dfrac{e^{x+y}+\sqrt{|x+y|}}{2\pi+1}$，对应的 VB 表达式是_____。

【答案】　(Exp(x+y)+Sqr(Abs(x+y)))/(2*3.14159+1)

【解析】　考查 VB 函数与表达式的书写，需特别注意括号的使用。

（4）在文本框 Text1 中输入数字 12，Text2 中输入数字 30，执行以下语句 Text3.Text=val(Text1.Text)+val(Text2.Text)，在文本框 Text3 中显示_____。

【答案】　42

【解析】　考点为"+"和"&"的区别与联系。"+"既可用于算术运算（求和）也可用于字符运算（字符串连接）。当"+"左右两边都是字符型数据时，进行字符串连接运算，当"+"左右两边出现数值型数据时，进行求和运算，所以上题结果为12+30=42。

（5）设 a=5、b=10，则执行 c=Int((b－a+1)*Rnd+a)后，c 值的范围为_____。

【答案】　5~10

【解析】　Rnd 函数产生[0,1]之间的随机小数，产生一定范围内的随机整数则如上式所示。

（6）执行如下语句，窗体上的显示结果为_____。

```
a=9.8596
Print Format(a,"$00,00.00")
```

【答案】　$0,009.86

【解析】　本题考查 Format()格式化函数的用法，Format()函数用于为数值或日期型数据指定输出格式，在格式字符串"$00,00.00"中，$为美元符号，表示在相应位置上显示一个"$"，0 为数字占位符，表示在相应的位置上如果有数字则显示数字，如果没有数字则显示 0，","为千位分隔符，起到每三位用逗号分隔开的作用。注意，","可以放在小数点左边的任何位置（只要不放在小数点左边的第一位或最后一位即可）。因此本题显示结果为$0,009.86。

2.3　VB 的控制结构

本节选讲的是 VB 控制结构方面的典型例题，重点讲解与选择结构和循环结构相关的解题技巧。

一、单选题

（1）设 a="a"、b="b"、c="c"、d="d"，执行语句 x=IIf((a<b) Or (c>d),"A","B")后，x 的值为_____。

A）"a"　　　　B）"b"　　　　C）"B"　　　　D）"A"

【答案】　D

【解析】　IIf 函数是 If...then...else 结构语句的简写版本,它的格式为: IIf(条件,A1, A2)。执行该函数时，先进行"条件"判断，当条件值为 True，函数返回 A1；当条件值为 False，函数返回 A2。所以选 D。

（2）以下 Case 语句中错误的是＿＿＿＿＿。

A）Case 0 To 10 　　　　　　　　B）Case Is>10

C）Case Is>10 And Is<50 　　　　D）Case 3,5,Is>10

【答案】　C

【解析】　Case 语句中，当用关键字 Is 定义条件时，只能是简单条件，不能用逻辑运算符将多个简单条件组合在一起。

（3）在窗体上画一个命令按钮（名称为 Command1）和 1 个文本框（名称为 Text1），然后编写如下事件过程：

```
Private Sub Command1_Click()
    x=Val(Text1.Text)
    Select Case x
      Case 1,3
        y=x*x
      Case Is>=10,Is<=-10
        y=x
      Case -10 To 10
        y=-x
    End Select
End Sub
```

程序运行后，在文本框中输入 3，然后单击命令按钮，则以下叙述中正确的是＿＿＿＿＿。

A）执行 y=x*x 　　　　　　　　　B）执行 y=-x

C）先执行 y=x*x，再执行 y=-x 　　D）程序出错

【答案】　A

【解析】　Select 语句是分支（选择）语句，x 变量中的值满足第一条 Case 1,3，即 x=1 或 x=3，执行这一分支语句后，不会再判断其他 case 语句，所以选 A。在 Select Case 语句中要掌握"测试表达式"和"测试项"的写法，它与 If 语句中条件的书写格式有很大不同。

（4）在窗体上画一个名称为 Text1 的文本框和一个名称为 Command1 的命令按钮，然后编写如下事件过程：

```
Private sub Command1_Click()
    Dim i As Integer,n As Integer
    For  i=0 To 50
      i=i+3
      n=n+1
      If i>10 Then Exit For
    Next
    Text1.Text=Str(n)
End Sub
```

程序运行后，单击命令按钮，在文本框中显示的值是＿＿＿＿＿。

A）5 　　　　　　B）4 　　　　　　C）3 　　　　　　D）2

【答案】　C

【解析】　本题的考查点是 For...Next 循环语句，当循环变量的值在循环体中改变时，将直接影响循环次数，同时 Exit For 语句也会影响循环次数，此处由于循环体中的语句 i=i+3 和 If i>10 Then Exit For，使循环体执行次数变为三次，Exit For 语句用于退出循环结构，转去执行 Next 语句的下一条语句。

（5）在窗体上有一个名称为 Cmd1 的命令按钮，程序运行后，单击命令按钮，在窗体上显示的值是＿＿＿＿。

```
Private Sub Cmd1_Click()
    Dim p As Integer,i As Integer,n As Integer
    p=2 : n=20
    For i=1 To n Step p
        p=p+2
        n=n-3
        i=i+1
        If p>=10 Then Exit For
    Next i
    Print i,p,n
End Sub
```

【答案】　11　　　10　　　8

【解析】　本题考查 For...Next 语句。For i=1 To n Step p 语句中循环变量的终值和步长是变量而不是常见的常量形式，虽然在循环体中有两条语句 p=p+2 和 n=n-3 分别改变了 n 和 p 的值，但并不影响循环变量的终值和步长。循环变量的终值和步长仍然是最初进入 For...Next 语句时的值。而循环控制变量在循环体内被再次赋值：i=i+1，则使循环体执行次数减少了。总之，在 For i=e1 To e2 Step e3 语句中，三个循环参数 e1、e2 和 e3 中包含的变量如果在循环体内被改变，不会影响循环的执行次数；但循环控制变量若在循环体内被重新赋值，则循环次数有可能发生变化。

（6）以下循环语句中在任何情况下都至少执行一次循环体的是＿＿＿＿。

A）Do While <条件>　　　　　B）While <条件>
　　　循环体　　　　　　　　　　　循环体
　Loop　　　　　　　　　　　　Wend
C）Do　　　　　　　　　　　D）Do Until <条件>
　　　循环体　　　　　　　　　　　循环体
　Loop Until <条件>　　　　　Loop

【答案】　C

【解析】　选项 C 中<条件>判断放在 Loop 语句处，而 Do 语句处无<条件>判断，所以无条件就执行循环体，满足题意要求。

（7）在窗体上画一个命令按钮，其名称为 Command1，然后编写如下事件过程：

```
Private Sub Command1_Click()
    Dim i As Integer,x As Integer
    For i=1 To 6
        If i=1 Then x=i
```

```
        If i<=4 Then
        x=x+1
        Else
        x=x+2
        End If
    Next i
    Print x
End Sub
```

程序运行后，单击命令按钮，其输出结果为＿＿＿＿＿＿。

A）9   B）6   C）12   D）15

【答案】 A

【解析】 本题考查点为 For...Next 语句和 If 语句，是常规题目，进行常规分析即可。

（8）在窗体上画一个名称为 Command1 的命令按钮和一个名称为 Text1 的文本框，然后编写如下事件过程：

```
Private Sub Command1_Click()
    n=Val(Text1.Text)
    For i=2 To n
        For j=2 To Sqr(i)
            If i Mod j=0 Then Exit For
        Next j
        If j>Sqr(i) Then Print i
    Next i
End Sub
```

该事件过程的功能是＿＿＿＿＿＿。

A）输出 n 以内的奇数   B）输出 n 以内的偶数

C）输出 n 以内的素数   D）输出 n 以内能被 j 整除的数

【答案】 C

【解析】本题是素数判断的常用算法，外层循环 For i=2 to n 确定了数据范围。内层循环 For j=2 To Sqr(i)确定除数变化范围，用 j 去除 i，看能否整除，如果能整除，则中途退出循环，表示 i 不是素数，否则继续用 j 去除 i，直到 j 变化到 Sqr(i)。只有当没有任何一个 j 能整除 i 才能确定此时的 i 是素数，打印出来。学生应注重平时对常用算法的理解和归纳。

（9）下面＿＿＿＿＿＿程序段能够正确实现如下功能：如果 A<B，则 A=1，否则 A=-1。

```
A) If A<B Then A=1
       A=-1
   Print A
```

```
B) If A<B Then A=1 : Print A
           A=-1 : Print A
```

```
C) If A<B Then
       A=1 : Print A
   Else
       A=-1 : Print A
   End If
```

```
D) If A<B Then A=-1
           A=1
       Print A
```

【答案】 C

【解析】 本题考查 If 语句的多种形式，选项 A 表达的意思是：不论 A 与 B 的关系如何，都有 A=-1。选项 B 表达的意思与选项 A 的意思是一样的。选项 D 表达的意思是：不论 A 与 B 的关系如何，都有 A=1。选项 A、B 和 D 都是单分支 If 语句的同一种格式，以选项 A 为例，其流程图如左图所示，选项 C 则是一个对称双分支结构，其流程图如右图所示。

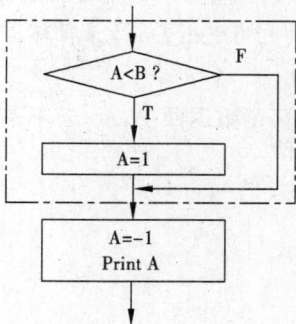

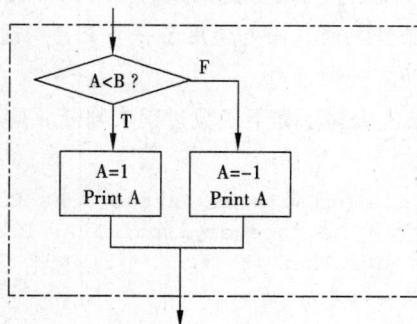

二、填空题

（1）阅读程序，写出执行结果＿＿＿＿。

```
Private Sub Form_Click()
    Dim a As Integer,b As Integer
    a=1 : b=0
    Do While a<0
        b=b+a*a
        a=a+1
    Loop
    Print a,b
End Sub
```

【答案】 1　　0

【解析】 考查 Do…Loop 循环结构语句。While 条件为当型循环，条件结果为真时执行循环体，而此处条件结果为 false，不能进入循环体执行。运行结果如答案所示。如果将 While 条件改为 Until a<0，则为直到型循环，条件为真时结束循环，条件为假时执行循环体，会出现由于死循环而导致的溢出错误。

（2）计算圆周率，计算精确到 $|a_n-1|<10^{-5}$ 为止。

$$\pi = 2 \times \frac{2}{\sqrt{2}} \times \frac{2}{\sqrt{2+\sqrt{2}}} \times \frac{2}{\sqrt{2+\sqrt{2+\sqrt{2}}}} \times \cdots$$

```
Option Explicit
Private Sub Form_Click()
    Dim y As Single,t As Single,a As Single
    y=2 : t=0
    Do
        _____
        a=2/t
        If _____Then Exit Do
        y=y*a
```

```
    Loop
  Print "pi=";y
  End Sub
```

【答案】 t=Sqr(2+t)　Abs(a − 1) < 10^(−5)

【解析】 本题首先考查考生对级数类题目的掌握程度，在这类题目中一般都要使用循环语句。由于题目的循环执行次数是未知的，所以常使用 Do…Loop 语句。在此处既未采用 While 也未用 Until 进行条件判断，而是使用了一个 If 语句进行循环的控制，利用 Exit Do 结束循环，转去执行 Loop 语句的下一条语句。

（3）某人编写了如下函数过程来判断 a 是否是素数，若是，函数返回 True，若不是，函数返回 False。

```
Function prime(a As Integer) As Boolean
    Dim k As Integer,isprime As Boolean
    If a<2 Then
        isprime=False
    Else
        isprime=True
        k=2
        Do While k<a/2 And isprime
            If a Mod k=0 Then
                isprime=False
            Else
                k=k+1
            End If
        Loop
    End If
    prime=isprime
End Function
```

在测试时发现有一个非素数也被判断为素数，这个错判的数是_____。

【答案】 4

【解析】 本题考点是素数判断算法，问题在于 Do While 语句的条件设置不够严密，改为 Do While k<=a / 2 And isprime，则运行结果正确。

2.4　VB 的数组

数组在笔试中考得较多，常以小段代码形式出现。本节选讲的是 VB 数组方面的典型例题，涉及数组的声明、数组元素的访问、动态数组和控件数组的使用方法等内容。

一、单选题

（1）以下有关数组定义的语句序列中，错误的是_____。

A）Static arr(3)
```
    arr(1)=100
    arr(2)="Hello"
    arr(3)=123.45
```

```
B）Dim arr2() As Integer
   Dim size As Integer
   Private Sub Command2_Click()
       size=InputBox("输入: ")
       ReDim arr2(size)
       …
   End Sub
C）Option Base 1
    Private Sub Command3_Click()
       Dim arr3() As Integer
       …
    End Sub
D）Dim n As Integer
   Private Sub Command4_Click()
       Dim arr4(n) As Integer
       …
   End Sub
```

【答案】　D

【解析】　选项 A 定义了一个变体型静态数组，因为是变体型数组，数组元素可以存储各种不同类型的数据；选项 B 定义了一个动态数组，可以用 ReDim 语句重新定义动态数组；选项 C 也是定义一个动态数组 arr3；选项 D 中定义的数组是一个固定规模数组 arr4，但在声明语句中用变量 n 作为下标，是错误的。

（2）设有命令按钮 Command1 的单击事件过程，代码如下：

```
Option Base 1
Private Sub Command1_Click()
    Dim a(30)As Integer
    For i=1 To 30
        a(i)=Int(Rnd*100)
    Next
    For Each arrItem In a
        If arrItem Mod 7=0 Then Print arrItem;
        If arrItem>90 Then Exit For
    Next
End Sub
```

对于该事件过程，以下叙述中错误的是　　　　　。

A）a 数组中的数据是 30 个 100 以内的整数

B）语句 For Each arrItem In a 有语法错误

C）If arrItem Mod 7=0…语句的功能是输出数组中能够被 7 整除的数

D）If arrItem>90…语句的作用是当数组元素的值大于 90 时退出 For 循环

【答案】　B

【解析】 For Each…Next 语句是专门用于数组的循环语句，选项 B 中 arrItem 类似于 For…Next 循环中的循环控制变量，但不需要为其提供初值和终值，而是根据数组元素的个数确定执行循环体的次数。注意：循环控制变量必须是一个变体型变量。

（3）若在某窗体模块中有如下事件过程：

```
Private Sub Command1_Click(Index As Integer)
    …
End Sub
```

则以下叙述中正确的是＿＿＿＿＿。

A）此事件过程与不带参数的事件过程没有区别

B）有一个名称为 Command1 的窗体，单击此窗体则执行此事件过程

C）有一个名称为 Command1 的控件数组，数组中有多个不同类型控件

D）有一个名称为 Command1 的控件数组，数组中有多个相同类型控件

【答案】 D

【解析】 本题的考点是控件数组，控件数组是指多个同种类型的控件的集合，这些控件都具有一个名称，共享同一个事件过程，控件数组的事件过程比一般控件事件过程多一个参数 Index，该参数表示数组中控件元素的下标。

（4）假定建立了一个名为 Command1 的命令按钮数组，则以下说法中错误的是＿＿＿＿＿。

A）数组中每个命令按钮的名称（名称属性）均为 Command1

B）数组中每个命令按钮的标题（Caption 属性）都一样

C）数组中所有命令按钮可以使用同一个事件过程

D）用名称 Command1（下标）可以访问数组中的每个命令按钮

【答案】 B

【解析】 控件数组中各个元素可以具有不同的属性值。

（5）阅读程序：

```
Option Base 1
Dim arr() As Integer
Private Sub Form_Click()
    Dim i As Integer,j As Integer
    ReDim arr(3,2)
    For i=1 To 3
      For j=1 To 2
         arr(i,j)=i*2+j
      Next j
    Next i
    ReDim Preserve arr(3,4)
    For j=3 To 4
       arr(3,j)=j+9
    Next j
    Print arr(3,2)+arr(3,4)
End Sub
```

程序运行后，单击窗体，输出结果为＿＿＿＿＿。

A）21　　　　　　B）13　　　　　　C）8　　　　　　D）25

【答案】　A

【解析】　本题考点是动态数组，ReDim arr(3,2)语句把 arr 数组声明为 3 行 2 列的二维数组，并初始化各元素（值为 0）；ReDim Preserve arr(3,4)语句又把 arr 数组声明为 3 行 4 列的二维数组，并保留原有元素值，而数组中的第 3 列和第 4 列为初始值 0，后续为这两列元素赋值，如下图所示。

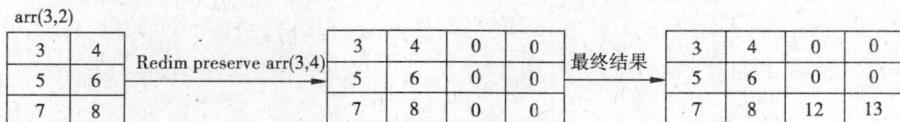

arr(3,2)

3	4
5	6
7	8

Redim preserve arr(3,4)

3	4	0	0
5	6	0	0
7	8	0	0

最终结果

3	4	0	0
5	6	0	0
7	8	12	13

─ 注　意 ─

在 Redim 语句中使用 Preserve 参数，作用是在重新声明动态数组时保留原有元素值，但必须是有条件的，即重新声明的数组维界与声明前维界变化只能是数组的最后一维，即本题中原数组 arr(3,2)到重新声明后的 arr(3,4)，维界的变化只能是第二维的，重新声明后的数组 arr(3,4)前两列元素的值可以保持，后两列元素的值都是初始值 0，如上图所示。如果违反这个前提条件，例如，原数组是 arr(3,2)，而重新声明时写成了 Redim Preserve arr(4,4)，则运行程序时，系统会提示错误。

（6）在窗体上画一个名称为 Command1 的命令按钮，然后编写如下事件过程：

```
Option Base 1
Private Sub Command1_Click()
    Dim a
    a=Array(1,2,3,4,5)
    For i=1 To UBound(a)
        a(i)=a(i)+i-1
    Next
    Print a(3)
End Sub
```

程序运行后，单击命令按钮，则在窗体上显示的内容是＿＿＿＿。

A）4　　　　　　B）5　　　　　　C）6　　　　　　D）7

【答案】　B

【解析】　本题考点是 Array( )和 Ubound( )函数，Array( )函数给一个变体型变量赋值，则该变量自动变为一维数组，各元素自动获得赋值；UBound( )函数可返回数组某维下标的上界值，其格式为：UBound(数组名,维数)，对一维数组，函数中的"维数"省略。与 UBound( )函数相类似的还有一个 LBound( )函数，该函数可返回数组某维下标的下界值。

二、填空题

（1）下面的程序可从一个由字母与数字相混的字符串中选出数字串，并把数字串构成的数写入一个名为 List1 的列表框中。请填空。

```
Option Explicit
Private Sub Command1_Click()
    Dim s As String,k As Integer,c() As String
    Dim p As String,i As Integer
```

```
    s=Text1.Text
    k=1
    For i=1 To Len(s)
        If Mid(s,i,1)>="0" And Mid(s,i,1)<="9" Then
            p=p & Mid(s,i,1)
            ElseIf Mid(s,i+1,1)>="0" And Mid(s,i+1,1)<="9" And i<>1 Then
            If p<>"" Then
                _____
                c(k)=p
                k=k+1
                p=""
            End If
        End If
    Next i
    ReDim Preserve c(k)
    c(k)=p
    For i=1 To k
        List1.AddItem c(i)
    Next i
End Sub
```

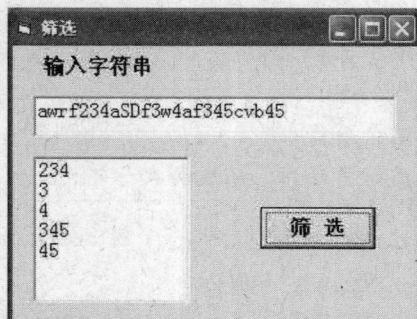

【答案】 Redim preserve c(k)

【解析】 解此类算法题对算法的理解是最重要的。首先根据题目描述读懂程序，通过阅读可以得知 P 是用来存储筛选出的数字字符串，由程序的最后一个 For 循环语句可知 C 数组用于存储每个被筛选出的数字字符串，由于 C 是一个动态数组，其元素个数不断增加，每增加一个元素，用来存储一个新筛选出的数字字符串，即 C(k)=p。为使数组元素个数增加，应使用 Redim 语句来重新声明数组，同时用 Preserve 参数以保证在重新声明数组的同时保留已有元素的值。

（2）以下程序的功能是：将一维数组 A 中的 100 个元素分别赋给二维数组 B 的每个元素，并打印出来，要求把 A(1)到 A(10)依次赋给 B(1,1)到 B(1,10)，把 A(11)到 A(20)依次赋给 B(2,1)到 B(2,10)，……，把 A(91)到 A(100)依次赋给 B(10,1)到 B(10,10)。请填空。

```
Option Base 1
Private Sub Form_Click()
    Dim i As Integer,j As Integer
    Dim A(1 To 100) As Integer
    Dim B(1 To 10,1 To 10) As Integer
    For i=1 To 100
        A(i)=Int(Rnd*100)
    Next i
    For i=1 To _____
        For j=1 To _____
            B(i,j)=_____
```

```
        Print B(i,j);
      Next j
      Print
    Next i
End Sub
```

【答案】 10 10 A((i-1)*10+j)

【解析】 本题主要考查学生对算法的理解，需首先明确题目功能，依据题意找出循环变量的变化规律，并进一步确定数组元素下标。

（3）有如下过程：

```
Option Base 1
Sub swap(b() As Integer)
    n=_____
    For i=1 To n/2
        t=b(i)
        b(i)=b(n)
        b(n)=t
        _____
    Next
End Sub
```

上述程序的功能是，调换数组中数值的存放位置，即第一个与最后一个元素的值互换，第二个与倒数第二个元素的值互换，以次类推。请填空。

【答案】 UBound(b) n=n-1

【解析】 本题考查数组处理函数 UBound( )和调换一维数组相对应位置元素算法。

（4）设有命令按钮 Command1 的单击事件过程，代码如下：

```
Private Sub Command1_Click()
    Dim a(3,3) As Integer
    For i=1 To 3
        For j=1 To 3
            a(i,j)=i*j+i
        Next j
    Next i
    Sum=0
    For i=1 To 3
        Sum=Sum+a(i,4-i)
    Next i
    Print Sum
End Sub
```

运行程序，单击命令按钮，输出结果是_____。

【答案】 16

【解析】 本题是考查二维数组的处理，对二维数组进行处理常常用到 For 循环语句嵌套，程序中前面的两重循环语句即是给二维数组赋初值的作用，经赋值后数组 a 的元素为(2,3,4,4,6,8,6,9,12)，而最后的 For 循环语句代码：

```
For i=1 To 3
    Sum=Sum+a(i,4-i)
Next i
```

用于对数组中的部分元素进行求和运算，求次对角线上三个元素的和，即 Sum=a(1,3)+a(2,2)+a(3,1)=4+6+6=16。

（5）有如下程序，运行程序单击按钮后，窗体上的显示内容为_____。

```
Option Base 1
Private Sub Command1_Click()
    Dim a(10) As Integer,b(10) As Integer
    For i=1 To 10
        b(i)=i
        a(i)=i^2
        Print a(i);
    Next
    Print
    Print a(b(3))
End Sub
```

【答案】 9

【解析】 本题考查以数组元素值作为另一个数组的元素下标，即考查对数组的理解。a 数组和 b 数组的存储情况如下表所示。

b 数组：

b(1)	b(2)	b(3)	b(4)	b(5)	b(6)	b(7)	b(8)	b(9)	b(10)
1	2	3	4	5	6	7	8	9	10

a 数组：

a(1)	a(2)	a(3)	a(4)	a(5)	a(6)	a(7)	a(8)	a(9)	a(10)
1	4	9	16	25	36	49	64	81	100

a(b(3)) 指 a 数组中以 b(3) 的值作为下标的数组元素，由于 b(3)=3，则输出 a(3) 元素的值，即 9。

2.5 VB 的过程

在 VB 笔试中，不少考题和过程相关，特别是以过程参数传递为考点的题都有一定难度，解题时容易出错。本节选讲的是 VB 过程方面的典型例题，重点讲解 Sub 过程和 function 过程的定义方法、参数传递和调用技巧。

一、单选题

（1）已知有下面过程

```
Private Sub proc1(a As Integer,b As String,optional x As Boolean)
    …
End Sub
```

正确调用此过程的语句是_____。

A）Call proc1(5) B）Call proc1 5,"abc",Fasle

C）proc1(12,"abc",True) D）proc1 5,"abc"

【答案】 D

【解析】 本题的考查点是通用过程的调用，其中选项 B 和 C 调用语句格式错误，可直接排除。选项 A 的错误在于调用语句中所列的实参个数少于形参个数。从程序看出，必选形参两个，可选形参一个，这说明实参至少要有两个。

（2）以下关于函数过程的叙述中，正确的是_____。

A）函数过程形参的类型与函数返回值的类型没有关系

B）在函数过程中，过程名的返回值可以有多个

C）当数组作为函数过程的参数时，既能以传值方式传递，也能以传址方式传递

D）如果不指明函数过程参数的类型，则该参数没有数据类型

【答案】 A

【解析】 选项 B 错误在于函数过程名只能存储一个值，所以由过程名返回的值只能有一个；选项 C 错误在于数组作为参数只能以传址方式进行，而不论其出现在通用（Sub）过程中，还是函数过程中；选项 D 错误在于未声明函数过程参数类型，表示其类型为变体型，而不是没有数据类型。

（3）下列定义 Sub 过程的语句中，正确的语句是_____。

① Private Sub Test(St As String * 8)

② Private Sub Test(Sarray( ) As String * 5)

③ Private Sub Test(Sarray( ) As String)

④ Private Sub Test(St As String)

A）① ② B）① ④

C）② ③ ④ D）① ② ③ ④

【答案】 C

【解析】 VB 中规定定长字符串变量不能作为形参，①中形参定义为 St As String * 8，所以①是错误的。

（4）在调用过程时，下述说明中正确的是_____。

A）只能使用 Call 语句调用 Sub 过程

B）调用 Sub 过程时，实在参数必须用括号括起来

C）在表达式中调用 Function 过程时，可以不用括号把实在参数括起来

D）Function 过程也可以使用 Call 语句调用

【答案】 D

【解析】 考查过程的几种不同的调用格式，如下表所示。

	Sub 过程	Function 过程
方法一	Call 过程名 [(实参)]	变量名=函数名[(实参)]　　在表达式中用
方法二	过程名 [实参]	Call 函数名 [(实参)]
方法三	—	函数名 [实参]

上表中，方括号（[]）表示可以省略，即调用过程时（Sub 过程、函数过程），如果没有实参，

则圆括号可以省略。要特别注意的是，函数过程的第一种调用语句（方法一），此调用格式只用在表达式中，例如，X=abc(k) 或 Print abc(k)都用的是此种调用格式。

（5）由以下语句定义了一个 Sub 过程：

```
Private Sub Convert(Y As Integer)
```

调用该过程的语句如下，其中不是按值传递的是_____。

A）Call Convert((X))　　　　　　　B）Call Convert(X*1)

C）Convert(X)　　　　　　　　　　D）Convert　X

【答案】 D

【解析】 本题过程定义语句中的形参是按地址传递的，但是否在调用时按传址方式进行参数传递，还要看实参的情况。选项 B 很明显是以表达式作为实参，只能按值传递。选项 A 和 C 是同一种调用形式的两种格式，实参（X）表示将 X 强制转换为表达式，因此选项 A 和 C 也是进行按值传递。

（6）在应用程序中用 Private Function Fun(X As Integer,Y As Single)语句定义了函数 Fun。在调用过程中，变量 I、J 均定义为 Integer 型，能正确调用函数 Fun 的是_____。

① Fun(I,J)　　　　　　　　　　　② Call Fun(I,3.65)

③ Fun(3.14,234)　　　　　　　　　④ Fun("245","231.5")

A）① ③　　　　　　　　　　　　B）② ③ ④

C）① ② ③　　　　　　　　　　　D）① ② ③ ④

【答案】 B

【解析】 当形参为传址方式时，对应的实参变量的数据类型必须与形参完全相同，而实参如果是常量或表达式则无此严格限制，只要形参、实参的数据类型相容即可。选项 A 中错误在于实参 J 和对应形参 Y 的类型不一致。同时要注意，当以常量作为实参时，即便形参是按地址传递的，也只能以按值传递的方式进行参数传递，例如第②项中，I 为普通变量形式的实参，可与形参 X 进行按地址的参数传递，3.65 为常量形式的实参，它与形参 Y 的传递方式只能为按值传递。

（7）设有如下通用过程：

```
Public Sub Fun(a(),ByVal x As Integer)
    For i=1 To 5
        x=x+a(i)
    Next
End Sub
```

在窗体上画一个名称为 Text1 的文本框和一个名称为 Command1 的命令按钮，然后编写如下的事件过程：

```
Option Base 1
Private Sub Command1_Click()
    Dim arr(5) As Variant
    For i=1 To 5
        arr(i)=i
    Next
```

```
    n=10
    Call Fun(arr(),n)
    Text1.Text=n
End Sub
```

程序运行后，单击命令按钮，则在文本框中显示的内容是_____。

A）10　　　　　　　　B）15　　　　　　　　C）25　　　　　　　　D）24

【答案】　A

【解析】　本题的考查点在于：数组参数和按值的参数传递。实参数组 arr( ) 与形参数组 a( ) 按地址进行参数传递，实参 n 与形参 x 按值进行参数传递。不论 x 的值如何变化，实参 n 的值都不受影响，如下图所示。

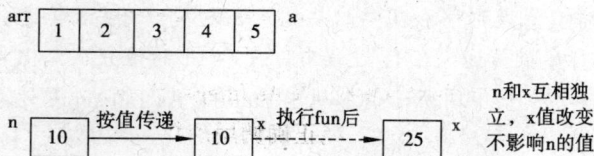

（8）窗体上有名称分别为 Text1、Text2 的两个文本框，要求文本框 Text1 中输入的数据小于 500，文本框 Text2 中输入的数据小于 1 000，否则重新输入。为了实现上述功能，在以下程序中画线处应填入的内容是_____。

```
Private Sub Text1_LostFocus()
    Call CheckInput(Text1,500)
End Sub
Private Sub Text2_LostFocus()
    Call CheckInput(Text2,1000)
End Sub
Sub CheckInput(t As_____,x As Integer)
    If Val(t.Text)>x Then
        MsgBox"请重新输入!"
    End If
End Sub
```

A）Text　　　　　　　B）SelText　　　　　　C）Control　　　　　　D）Form

【答案】　C

【解析】　本题的考查点是对象参数。在形参列表中，把形参变量的类型声明为 Control，就可以向过程传递控件；把类型声明为 Form，则可向过程传递窗体。注意：对象参数只能按地址传递。本题要传达的信息是，对象也可以作为参数向过程传递。

（9）在窗体上画一个名称为 Command1 的命令按钮，并编写如下程序：

```
Private Sub Command1_Click()
    Dim x As Integer
    Static y As Integer
    x=10
```

```
    y=5
    Call f1(x,y)
    Print x,y
End Sub
Private Sub f1(x1 As Integer,y1 As Integer)
    x1=x1+2
    y1=y1+2
End Sub
```

程序运行后，单击命令按钮，在窗体上显示内容是_____。

A）10　5　　　　　　B）12　5　　　　　　C）10　7　　　　　　D）12　7

【答案】　D

【解析】　本题的考查点是形参和实参的参数传递方式——按址传递。实参 x 、y 与形参 x1、y1 进行按地址方式进行参数传递。在 f1 过程中，x1 和 y1 的值分别变化为 12 和 7，因此实参 x 和 y 的值也相应变为 12 和 7，如下图所示。本题中 Static y As Integer 起迷惑作用，并未显示出静态变量的特点。

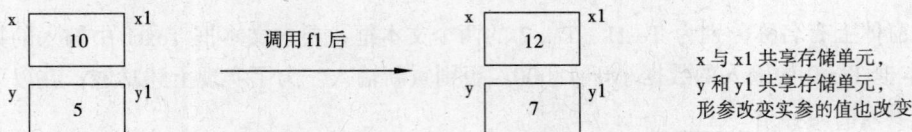

x 与 x1 共享存储单元，
y 和 y1 共享存储单元，
形参改变实参的值也改变

（10）在窗体上画一个名称为 Command1 命令按钮和三个名称分别为 Label1、Label2、Label3 的标签，然后编写如下代码：

```
Private x As Integer
Private Sub Command1_Click()
    Static y As Integer
    Dim z As Integer
    n=10
    z=n+z
    y=y+z
    x=x+z
    Label1.Caption=x
    Label2.Caption=y
    Label3.Caption=z
End Sub
```

运行程序，连续三次单击命令按钮后，则三个标签中显示的内容分别是_____。

A）10 10 10　　　　　　　　　　　　　B）30 30 30

C）30 30 10　　　　　　　　　　　　　D）10 30 30

【答案】　C

【解析】　本题考查点是静态变量、局部变量和模块变量的用法。其中 x 是窗体模块变量，其作用域为整个模块，当整个模块结束运行时，x 变量才被删除；y 是静态变量，其作用域虽是局部的（只限于 Command1_Click() 过程），但其值一直被系统保留直到应用程序结束；z 是普通的局部变量，每次执行 Command1_Click() 过程，z 变量都将被重新声明并初始化，所以 Command1_Click() 过程执行三次，z 变量中的值都是 10，而其他两个变量的值有积累效应，结果为 30。

（11）根据变量的作用域，可以将变量分为三类，分别为＿＿＿＿＿＿。

A）局部变量、模块变量和全局变量

B）局部变量、模块变量和标准变量

C）局部变量、模块变量和窗体变量

D）局部变量、标准变量和全局变量

【答案】　A

【解析】　变量的作用域分为三级，局部变量、模块变量和全局变量，其中模块变量又分为窗体模块变量和标准模块变量。

（12）下列叙述中正确的是＿＿＿＿＿＿。

A）在窗体的 Form_Load 事件过程中定义的变量是全局变量

B）局部变量的作用域可以超出所定义的过程

C）在某个 Sub 过程中定义的局部变量可以与其他事件过程中定义的局部变量同名，但其作用域只限于该过程

D）在调用过程时，所有局部变量（包括静态变量）被系统初始化为 0 或空字符串

【答案】　C

【解析】　因为局部变量的作用域较小，只限于定义变量的过程，因此在不同事件过程中局部变量可以同名。局部变量中有一类静态变量，其作用域只限于定义变量的过程，但它在程序运行过程中可保留其值，系统不会每次调用过程时重新初始化变量的值。

二、填空题

（1）运行下面的程序，当单击窗体时，窗体上显示内容的第一行是＿＿＿＿＿＿，第二行是＿＿＿＿＿＿。

```
Private Sub Test(x As Integer)
    x=x*2+1
    If x<6 Then
        Call Test(x)
    End If
    x=x*2+1
    Form1.Print x
End Sub
Private Sub Form_Click()
    Test 2
End Sub
```

【答案】　23　47

【解析】　本题考点是递归过程。程序共发生两次过程调用：第一次是 Form_Click 调用 Test；第二次是 Test 对自身的递归调用，所以应该有两次的逐层返回。注意，在递归调用过程中还要考

虑参数的按地址传递方式。递归调用如下图所示。

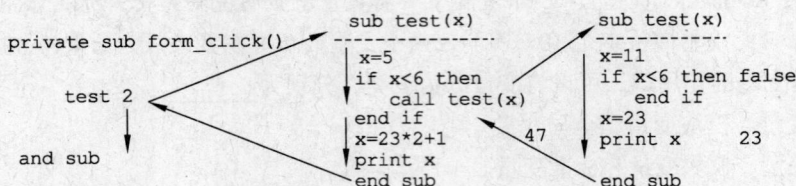

（2）运行下面的程序，当单击窗体后在窗体上显示的内容的第二行结果是_____，第四行结果是_____。

```
Dim y As Integer              'y是模块级变量
Private Sub Form_click()
    Dim x As Integer          'x是过程级变量
    x=1:y=1
    Print "x1=";x,"y1=";y
    test
    Print "x4=";x,"y4=";y
End Sub
Private Sub test()
    Dim x As Integer          'x是过程级变量
    Print "x2=";x,"y2=";y
    x=2:y=3
    Print "x3=";x,"y3=";y
End Sub
```

【答案】　x2=0　y2=1　　x4=1　y4=3

【解析】　本题考点是变量的作用域。变量 y 是模块级变量，在 Form_click 和 test 两个过程中都可以访问 y 变量，而 Form_click 的过程级变量 x 和 test 的过程级变量 x 只在自己的过程中有效，在别的过程中无法访问。程序运行结果为：

```
x1=1  y1=1
x2=0  y2=1
x3=2  y3=3
x4=1  y4=3
```

（3）执行下面程序，第一行输出结果是_____，第三行输出结果是_____。

```
Private Sub Form_click()
    Dim A As Integer
    Dim I As Integer
    A=2
    For I=1 To 9
      Call Sub1(I,A)
      Print I,A
    Next I
End Sub
```

```
Private Sub Sub1(x As Integer,y As Integer)
    Static N As Integer        '静态变量N
    Dim I As Integer
    For I=3 To 1 Step -1
        N=N+x
        x=x+1
    Next I
    y=y+N
End Sub
```

【答案】　4　8　　12　86

【解析】　本题考点是静态变量的应用和参数的按址传递。所谓静态变量是指一类特殊的过程级（局部）变量，当程序离开静态变量所在的过程时，虽然不能再使用该变量，但是该变量的值继续保留（不会消失），当程序重新回到该过程时，该静态变量仍保留原有值参加运算。

当第一次调用 Sub1 时，I 和 A 的值分别为 1 和 2，经 Sub1 的执行，N=6,x=4,y=8，调用结束后，回到 Form_Click()，当离开 Sub1 过程时，N 所存放的值并没有释放；当 Sub1 被第二次调用时，N 仍然以最近一次存放的值 6 参与运算，即 N 参与运算的值是连续的。由于参数的按地址传递方式，故只调用三次 Sub1 过程，产生三行输出结果。

（4）窗体上命令按钮 Command1 的事件过程如下：

```
Private Sub Command1_Click()
    Dim total As Integer
    total=s(1)+s(2)
    Print total
End Sub

Private Function s(m As Integer) As Integer
    Static x As Integer
    For i=1 To m
        x=x+1
    Next i
    s=x
End Function
```

运行程序，第三次单击命令按钮 Command1 时，输出结果为＿＿＿＿。

【答案】　16

【解析】　本题考查点为函数过程调用和静态变量。调用语句 total=s(1)+s(2)中分别以 1 和 2 作实参两次调用函数过程 s，而 x 是函数过程中的静态变量，离开 s 过程时 x 中的值依然保留，在下次调用 s 过程时 x 中的值继续参与运算。注意：函数过程的调用格式，total=s(1)+s(2)，在表达式中实现对函数过程 s 的调用，并对两次调用后函数名的返回值进行求和。

2.6　VB 的文件操作

在 VB 笔试中，与文件相关的题量不算多，但一般有一定的解答难度。本节选讲的是 VB 文件操作方面的典型例题。

一、单选题

（1）以下能判断是否到达文件尾的函数是＿＿＿＿＿＿。

A）BOF()　　　　　　　　　　　B）LOG()

C）LOF()　　　　　　　　　　　D）EOF()

【答案】　D

【解析】　BOF()函数返回文件指针是否到达文件头部的标志，当文件指针到达文件头部时返回 True，否则返回 False，LOF()函数返回用 Open 语句打开的文件长度（字节数），EOF()返回文件指针是否到达文件结尾的标志，当文件指针到达文件尾部时返回 True，否则返回 False。

（2）假定在窗体（名称为 Form1）的代码窗口中定义如下记录类型：

```
Private Type animal
    animalName As String*20
    aColor As String*10
End Type
```

在窗体上画一个名称为 Command1 的命令按钮，然后编写如下事件过程：

```
Private Sub Command1_Click()
    Dim rec As animal
    Open "c:\vbTest.dat" For Random As #1 Len=len(rec)
    rec.animalName="Cat"
    rec.aColor="White"
    Put #1,,rec
    Close #1
End Sub
```

则以下叙述中正确的是＿＿＿＿＿＿。

A）记录类型 animal 不能在 Form1 中定义，必须在标准模块中定义

B）如果文件 c:\vbTest.dat 不存在，则 Open 命令执行失败

C）由于 Put 命令中没有指明记录号，因此每次都把记录写到文件的末尾

D）语句 Put #1,,rec 将 animal 类型的两个数据元素写到文件中

【答案】　D

【解析】　选项 A 的错误在于，私有的（Private）自定义数据类型 animal 可以在窗体模块中定义，但是全局的（public）的自定义数据类型不能在窗体模块中定义；选项 B 的错误在于，以随机方式打开某文件时，如果文件不存在，系统会建立并打开该文件，不会报错，如果文件已存在，系统直接打开它；选项 C 的错误在于，在 put 语句中不指明记录号，则指文件的当前记录（指针指向的记录），在一次读文件过程中（从打开文件到关闭文件），文件指针会随着读操作的进行逐步向后移动，但当重新打开文件时，文件指针默认指向开头位置，此处即第一条记录上，再一次用 Put #1,,rec 语句写入记录，会将原记录的内容覆盖，因此虽多次单击按钮却始终只有一条记录存在于文件中，并不像选项 C 所说的"每次都把记录写到文件的末尾"。因此选 D。

（3）设有语句 Open "d:\ Text.txt" For Output As #1，以下叙述中错误的是＿＿＿＿＿＿。

A）若 D 盘根目录下无 Text.txt 文件，则该语句创建此文件

B）用该语句建立文件的文件号为 1

C）该语句打开 D 盘根目录下一个已存在的文件 Text.txt，之后就可以从文件中读取信息

D）执行该语句后，就可以通过 Print# 语句向文件 Text.txt 中写入信息

【答案】　C

【解析】　当以 Output 方式打开文件时，如果指定文件不存在，系统会建立并打开该文件，不会报错，此时该文件只能执行写操作，不能执行读操作。

（4）以下叙述中错误的是_____。

A）顺序文件中的数据只能按顺序读/写

B）对同一个文件，可以用不同的方式和不同的文件号打开

C）执行 Close 语句，可将文件缓冲区中的数据写到文件中

D）随机文件中各记录的长度是随机的

【答案】　D

【解析】　随机文件的特点是各记录等长，因此选项 D 是错误的。选项 B 是正确的，因为选项 B 并未说是同时以不同的方式打开，例如一个文件先用 Input 方式打开，关闭后，再以 Random 方式打开是可以的。

（5）以下关于文件的叙述中错误的是_____。

A）使用 Append 方式打开文件时，文件指针被定位于文件尾

B）当以输入方式打开文件时，如果文件不存在，则建立一个新文件

C）顺序文件各记录的长度可以不同

D）随机文件打开后，既可以进行读操作，也可以进行写操作

【答案】　B

【解析】　当以 Input 方式打开文件时，如果文件不存在，系统将报错"文件找不到"；当以 Output 或 Append 方式打开文件时，如果文件不存在，则会创建文件。

（6）下面能够正确打开文件的一组语句是_____。

A）Open "data1" For Output As #5 , Open "data1" For Input As #5

B）Open "data1" For Output As #5 , Open "data1" For Input As #6

C）Open "data1" For Input As #5 , Open "data1" For Input As #6

D）Open "data1" For Input As #5 , Open "data1" For Random As #6

【答案】　C

【解析】　考点为文件打开方式及文件号的使用。当打开一个文件并为它指定一个文件号后，该文件号就代表该文件，直到文件被关闭后，此文件号才可以再被其他文件使用，所以 A 是错误的。以 Output 打开的文件在关闭之前不能重复地打开它，所以 B 是错误的。Input 是顺序文件的打开方式，而 Random 和 Binary 则是随机文件和二进制文件的打开方式，同一个文件不可能以不同的打开方式同时打开，故 D 也可排除。

（7）在窗体上画一个名称为 Command1 的命令按钮和一个名称为 Text1 的文本框，在文本框中输入以下字符串：

```
Microsoft Visual Basic Programming
```

然后编写如下事件过程：

```
Private Sub Command1_Click()
```

```
    Open "d:\temp\outf.txt" For Output As #1
    For i=1 To Len(Text1.Text)
        c=Mid(Text1.text,i,1)
        If c>="A" And c<="Z" Then
            Print #1,LCase(c)
        End If
    Next i
    Close
End Sub
```

程序运行后，单击命令按钮，文件 outf.txt 中的内容是_____。

A）MVBP　　　　　　　　　　　　　　B）mvbp

C）M　　　　　　　　　　　　　　　　D）m

V　　　　　　　　　　　　　　　　　　v

B　　　　　　　　　　　　　　　　　　b

P　　　　　　　　　　　　　　　　　　p

【答案】 D

【解析】 本程序的功能是将文本框中的内容经处理后写入到 outf.txt 文本文件中。处理方法是对文本框中的所有字符进行逐一判断，如果是大写字母则将转换为小写字母后写入到 outf.txt 文件中，根据语句 Print #1,LCase(c)特点，写入一个字母后，光标跳转到下一行，循环执行此语句，所以结果如选项 D 中所示。

（8）在窗体上放置了 DriveListBox、 DirListBox 和 FileListBox 等三个控件，下面_____语句一定不会改变相应控件的 Path 或 Drive 属性。

A）Drive1.ListIndex=2　　　　　　　　B）Dir1.ListIndex=-2

C）File1.FileName="a:*.*"　　　　　　D）File1.Path=Drive1.Drive

【答案】 B

【解析】 执行 A 语句后，在驱动器顶端突出显示驱动器列表框中的第三个项目（列表项的索引号从 0 开始），并触发 Chang 事件改变了控件的 Drive 属性；执行 B 语句后，在目录列表框中突出显示当前目录的上一层目录，但并不改变 Dir1.Path 的属性；执行 C 语句后，FilePath 的属性值发生改变；执行 D 语句后，File1.Path 发生改变,触发 PathChang 事件。

二、填空题

（1）下面程序的功能是把文件 file1.txt 中的重复字符去掉后（即若有多个字符相同，则只保留一个）写入文件 file2.txt。请填空。

```
Private Sub Command1_Click()
    Dim Inchar As String,temp As String,Outchar As String
    Outchar=""
    Open "file1.txt" For Input As #1
    Open "file2.txt" For Output As _____
    n=LOF(_____)
    Inchar=Input(n,1)
    For k=1 to n
        temp=mid(Inchar,k,1)
        If instr(Outchar,temp)=_____  Then
```

```
        Outchar=Outchar & temp
      End if
   Next k
   Print #2,_____
   Close #2
   Close #1
End Sub
```

【答案】　#2　1　0　Outchar

【解析】　本题的意图是分别打开两个文件，其中 file1.txt 是原文件，file2.txt 是目标文件，将原文件中的内容全部读到 Inchar 变量中；利用 For 循环语句对 Inchar 变量中的每一个字符进行判断，看某一字符是否出现在 Outchar 变量存储的字符串中；如果从未出现，则将该字符连接到 Outchar 变量的字符串后，否则就不连接；最后将 Outchar 变量的字符串写入到 file2.txt 文件中，则 file2.txt 文件中就是过滤掉重复字符后的内容。

程序中 LOF()函数用于获取已打开文件的长度（字节数），使用格式为 LOF(文件号)，文件号填源文件对应的文件号。Instr()函数用于确定子串的位置，使用格式为 Instr(C1,C2)，在 C1 中查找 C2 是否存在，若存在，则返回 C2 首次出现的位置，若不存在，则返回 0 值。

（2）在窗体上画一个命令按钮和一个文本框，其名称分别为 Command1 和 Text1 ，然后编写如下事件过程：

```
Private Sub Command1_Click()
   Dim inData As String
   Text1.Text=""
   Open "d:\myfile.txt" For _____As #1
   Do While _____
      Input #1,inData
      Text1.Text=Text1.Text+inData
   Loop
   Close #1
End Sub
```

程序的功能是，打开 D 盘根目录下的文本文件 myfile.txt，读取它的全部内容并显示在文本框中。请填空。

【答案】　Input　Not EOF(1)

【解析】　本题的意图明确，首先用 Open 语句打开 myfile.txt 文件，由于要对该文件进行读操作，所以 Open 语句中应以 For Input 方式打开该文件，表示将读出 myfile.txt 文件内容。Do while 语句中的条件应就文件指针是否指向结尾做出判断，如果文件指针指向结尾，则表示文件内容已读完，结束循环，否则表示文件内容还未读完，应继续循环读出，因此填与 EOF( )有关的表达式。此处 EOF( )函数在 Do…Loop 语句中的惯用法应重点理解和掌握，这也是文件部分常见的考点。

（3）将 D 盘根目录下的一个旧的文本文件 myfile.txt 复制到新文件 myfilenew.txt 中，并利用文件操作语句将 myfile.txt 文件从磁盘上删除。

```
Private Sub Command1_Click()
   Dim st$
   Open "d:\myfile.txt" For Input As #1
   Open "d:\myfilenew.txt" For Output As #2
```

```
        Do While Not EOF(1)
            Input #1,st
            Print #2,st
        Loop
        Close #1,#2
        _____ "d:\myfile.txt"
    End Sub
```

【答案】 Kill

【解析】 依据题意，以 Input 方式打开原文件（myfile.txt），以 Output 方式打开（创建）目标文件（new.txt），从原文件中一次读取一行内容（Line Input），写入到目标文件中，复制结束后，并闭文件，用 Kill 语句删除原文件即可。

2.7 自 测 习 题

本节参照二级 VB 考试的题型，按 VB 知识点分类精编了相应练习题，供读者自测，以便进一步巩固对各模块知识点的掌握。

一、单选题

（1）以下说法中_____是 Windows 应用程序设计方法。

A）面向对象，事件驱动   B）面向过程，事件驱动

C）面向过程，顺序驱动   D）面向对象，顺序驱动

（2）以下叙述中错误的是_____。

A）Visual Basic 是事件驱动型可视化编程工具

B）Visual Basic 应用程序不具有明显的开始和结束语句

C）Visual Basic 工具箱中的所有控件都具有宽度（Width）和高度（Height）属性

D）Visual Basic 中控件的某些属性只能在运行时设置

（3）以下叙述中错误的是_____。

A）在工程资源管理器窗口中只能包含一个工程文件及属于该工程的其他文件

B）以.bas 为扩展名的文件是标准模块文件

C）窗体文件包含该窗体及其控件的属性

D）一个工程中可以含有多个标准模块文件

（4）以下叙述中错误的是_____。

A）双击鼠标可以触发 DblClick 事件

B）窗体或控件的事件名称可以由编程人员确定

C）移动鼠标时，会触发 MouseMove 事件

D）控件的名称可以由编程人员设定

（5）以下不属于 Visual Basic 系统的文件类型是_____。

A）.frm   B）.bat   C）.vbg   D）.vbp

（6）以下叙述中错误的是_____。

A）打开一个工程文件时，系统自动装入与该工程有关的窗体、标准模块等文件

B）保存 Visual Basic 程序时，应分别保存窗体文件及工程文件

C）程序运行后，在内存中能驻留多个窗体，但只有一个窗体能够显示在屏幕上

D）事件可以由用户引发，也可以由系统引发

（7）以下叙述中错误的是_____。

A）一个工程可以包括多种类型的文件

B）程序运行后，在内存中只能驻留一个窗体

C）Visual Basic 应用程序既能以编译方式执行，也能以解释方式执行

D）对于事件驱动型应用程序，每次运行时的执行顺序可以不一样

（8）下列关于工具箱的说法正确的是_____。

A）工具箱中所包含的控件数目是固定不变的

B）工具箱中包含了 VB 的所有控件

C）VB 的内部控件不能从工具箱中移除

D）ActiveX 控件不能添加到工具箱中

（9）VB 应用程序的工作模式有三种，当需要进行程序调试时，应处于_____。

A）中断模式　　　　　B）运行模式　　　　　C）设计模式　　　　　D）三者均可

（10）能被对象所识别的动作与对象可执行的活动分别称为_____。

A）方法、事件　　　　B）事件、方法　　　　C）事件、属性　　　　D）过程、方法

（11）窗体的默认刻度单位为_____。

A）厘米　　　　　　　B）毫米　　　　　　　C）特维（Twip）　　　D）英寸

（12）运行程序产生死循环时，按_____键可以中断程序运行。

A）【Ctrl+C】　　　　　　　　　　　　　　　B）【Ctrl+Z】

C）【Ctrl+Break】　　　　　　　　　　　　　D）单击"停止运行"按钮

（13）下列关于事件的说法中不正确的是_____。

A）事件是系统预先为对象定义的能被对象识别的动作

B）事件可分为系统事件与用户事件两类

C）VB 为每个对象设置好各种事件，并定义事件过程名，但过程代码必须由用户自行编写

D）VB 中所有控件对象的默认事件都是 Click

（14）如果要改变窗体的标题，则需要设置的属性是_____。

A）Caption　　　　　　B）Name　　　　　　C）BackColor　　　　D）BorderStyle

（15）程序运行后，在窗体上单击，此时窗体不会接收到的事件是_____。

A）MouseDown　　　　B）MouseUp　　　　　C）Load　　　　　　D）Click

（16）标签控件能够显示文本信息，文本内容只能用_____属性来设置。

A）Alignment　　　　　B）Caption　　　　　C）Visible　　　　　D）BorderStyle

（17）一个工程必须包含的文件的类型是_____。

A）*.vbp, *.frm, *.frx　　　　　　　　　　　B）*.vbp, *.cls, *.bas

C）*.bas, *.ocx, *.res　　　　　　　　　　　D）*.frm, *.cls, *.bas

（18）在 Visual Basic 中，要使标签的标题栏居中显示，则将其 Alignment 属性设置为_____。

A）0　　　　　　　　　B）2　　　　　　　　　C）1　　　　　　　　D）3

（19）在 Visual Basic 中，组合框是文本框和_____的特性的组合。

A）复选框　　　　　　B）标签　　　　　　C）列表框　　　　　　D）目录列表框

（20）当滚动条位于最左端或最上端时，Value 属性被设置为_____。

A）Min

B）Max

C）Max 和 Min 之间

D）Max 和 Min 之外

（21）在窗体（名称为 Form1）上画一个名称为 Text1 的文本框和一个名称为 Command1 的命令按钮，然后编写一个事件过程。程序运行后，如果在文本框中输入一个字符，则把命令按钮的标题设置为"计算机等级考试"。以下能实现上述操作的事件过程是_____。

```
A）Private Sub Text1_Change()
       Command1.Caption="计算机等级考试"
   End Sub
```
```
B）Private Sub Command1_Click()
       Caption="计算机等级考试"
   End Sub
```
```
C）Private Sub Form_Click()
       Text1.Caption="计算机等级考试"
   End Sub
```
```
D）Private Sub Command1_Click()
       Text1.Text="计算机等级考试"
   End Sub
```

（22）为了使命令按钮（名称为 Command1）右移 200，应使用的语句是_____。

A）Command1.Move −200

B）Command1.Move 200

C）Command1.Left=Command1.Left+200

D）Command1.Left=Command1.Left − 200

（23）在窗体上画一个文本框和一个计时器控件，名称分别为 Text1 和 Timer1，在属性窗口中把计时器的 Interval 属性设置为 1000，Enabled 属性设置为 False。程序运行后，如果单击命令按钮，则每隔一秒中在文本框中显示一次当前的时间。以下是实现上述操作的程序：

```
Private Sub Command1_Click()
    Timer1._____
End Sub
Private Sub Timer1_Timer()
    Text1.Text=Time
End Sub
```

在画线处应填入的内容是_____。

A）Enabled=True

B）Enabled=False

C）Visible=True

D）Visible=False

（24）框架控件是一个容器控件，用于将屏幕上的对象分组。其可见文字内容用_____属性来设置。

A）Enabled　　　　B）Caption　　　　C）Visible　　　　D）BorderStyle

（25）在 Visual Basic 中，要清除列表框的全部内容，应使用的方法名为_____。

A）Cls　　　　B）Clear　　　　C）ReMoveItem　　　　D）DelItem

（26）在窗体上画一个名称为 List1 的列表框，一个名称为 Label1 的标签，列表框中显示若干个项目，当单击列表框中某个项目时，在标签中显示被选中项目的名称。下列能正确实现上述操作的程序是_____。

A）
```
Private Sub List1_Click()
    Label1.Caption=List1.ListIndex
End Sub
```

B）
```
Private Sub List1_Click()
    Label1.Name=List1.ListIndex
End Sub
```

C）
```
Private Sub List1_Click()
    Label1.Name=List1.Text
End Sub
```

D）
```
Private Sub List1_Click()
    Label1.Caption=List1.Text
End Sub
```

（27）设窗体上有一个列表框控件 List1，且其中含有若干列表项。则以下能表示列表项数目的是_____。

A）List1.List

B）List1.ListIndex

C）List1.ListCount

D）List1. Text

（28）设组合框 Combo1 中有三个项目，则以下能删除最后一项的语句是_____。

A）Combo1.RemoveItem Text

B）Combo1.RemoveItem 2

C）Combo1.RemoveItem 3

D）Combo1.RemoveItem Combo1.Listcount

（29）设菜单中只有一个菜单项为 Open。若要为该菜单命令设置访问键，即按【Alt+O】组合键时，能够执行 Open 命令，则在菜单编辑器中设置 Open 命令的方式是_____。

A）把 Caption 属性设置为 &Open

B）把 Caption 属性设置为 O&pen

C）把 Name 属性设置为 &Open

D）把 Name 属性设置为 O&pen

（30）如果要在菜单中添加一个分隔线，则应将其 Caption 属性设置为_____。

A）=

B）*

C）&

D）-

（31）在菜单编辑器中建立一个名称为 Menu0 的菜单项，将其"可见"属性设置为 False，并建立其若干子菜单，然后编写如下过程：

```
Private Sub Form_MouseDown(Button As Integer,Shift As Integer,X As Single, Y _
                    As Single)
    If Button=1 Then
        PopupMenu Menu0
    End If
End Sub
```

则以下叙述中错误的是_____。

A）该过程的作用是弹出一个菜单

B）右击时弹出菜单

C）Menu0 是在菜单编辑器中定义的弹出菜单的名称

D）参数 X、Y 指明鼠标指针当前位置的坐标

（32）把窗体的 KeyPreview 属性设置程为 True，然后编写如下事件过程：

```
Private Sub Form_KeyPress(KeyAscii As Integer)
    Dim ch As String
    ch=Chr(KeyAscii)
    KeyAscii=Asc(UCase(ch))
    Print Chr(KeyAscii+2)
End Sub
```

程序运行后，按键盘上的 A 键，则在窗体上显示的内容是_____。

A）A   B）B   C）C   D）D

（33）下列说法正确的是_____。

A）任何时候都可以使用标准工具栏中的"菜单编辑器"按钮打开菜单编辑器

B）只有当代码窗口为当前活动窗口时，才能打开菜单编辑器

C）只有当某个窗体为当前活动窗体时，才能打开菜单编辑器

D）任何时候都可以使用"工具"菜单下的"菜单编辑器"命令，打开菜单编辑器

（34）下列各选项说法错误的一项是_____。

A）文件对话框可分为两种，即打开（Open）文件对话框和保存（Save As）文件对话框

B）通用对话框的 Name 属性的默认值为 CommonDialogX，此外，每种对话框都有自己的默认标题

C）打开文件对话框可以让用户指定一个文件，由程序使用；而用保存文件对话框可以指定一个文件，并以这个文件名保存当前文件

D）DefaultEXT 属性和 DialogTitle 属性都是打开对话框的属性，但非保存对话框的属性

（35）在 Visual Basic 工程中，可以作为"启动对象"的程序是_____。

A）任何窗体或标准模块   B）任何窗体或过程

C）Sub Main 过程或其他任何模块   D）Sub Main 过程或任何窗体

（36）以下叙述中错误的是_____。

A）语句 Dim a, b As Integer 声明了两个整型变量

B）不能在标准模块中定义 Static 型变量

C）窗体层变量必须先声明，后使用

D）在事件过程或通用过程内定义的变量是局部变量

（37）下列叙述中正确的是_____。

A）在窗体的 Form_Load 事件过程中定义的变量是全局变量

B）局部变量的作用域可以超出所定义的过程

C）在某个 Sub 过程中定义的局部变量可以与其他事件过程中定义的局部变量同名，但其作用域只限于该过程

D）在调用过程时，所有局部变量（包括静态变量）被系统初始化为 0 或空字符串

（38）执行语句 Dim X,Y As Integer 后，_____。

A）X 和 Y 均被定义为整型变量

B）X 和 Y 均被定义为变体类型变量

C）X 被定义为整型变量，Y 被定义为变体类型变量

D）X 被定义为变体类型变量，Y 被定义为整型变量

（39）以下能正确定义数据类型 TelBook 的代码是_____。

A）
```
Type TelBook
    Name As String*10
    TelNum As Integer
End Type
```

B）
```
Type TelBook
    Name As String*10
    TelNum As Integer
End TelBook
```

```
C）Type TelBook               D）Typedef TelBook
    Name String*10                Name String*10
    TelNum Integer                TelNum Integer
  End Type TelBook              End Type
```

（40）以下声明语句中错误的是_____。

A）Const var1=123

B）Dim var2$

C）DefInt a~z

D）Static var3 As Integer

（41）"X 是小于 105 的非负数"，用 VB 表达式表示正确的是_____。

A）0<=x<105

B）x>0 x<105

C）0<=x and x<105

D）0<=x or x<105

（42）以下 VB 表达式为假的是_____。

A）10>=2*4

B）13<>12 or not 15>19−2

C）3>5 and 4<9

D）0 or 1<>1

（43）在文本框 Text1 中输入数字 12，Text2 中输入数字 34，执行以下语句，只有_____可使文本框 Text3 中显示 46。

A）Text3.Text=Text1.Text & Text2.Text

B）Text3.Text=val(Text1.Text) +val(Text2.Text)

C）Text3.Text=Text1.Text+Text2.Text

D）Text3.Text=val(Text1.Text) & val(Text2.Text)

（44）设 a=5、b=4、c=3、d=2，下列表达式的值是_____。

3>2*b Or a=c And b<>c Or c>d

A）1　　　　　　　　B）True　　　　　C）False　　　　　D）2

（45）设 a="MicrosoftVisualBasic"，则以下使变量的 b 值为"VisualBasic"的语句是_____。

A）b=Left(a,10)

B）b=Mid(a,10)

C）b=Right(a,10)

D）b=Mid(a,11,10)

（46）假定有如下的窗体事件过程：

```
Private Sub Form_Click()
    a$="Microsoft VisualBasic"
    b$=Right(a$,5)
    c$=Mid(a$,1,9)
    MsgBox a$,34,b$,c$,5
End Sub
```

程序运行后，单击窗体，则在弹出的信息框的标题栏中显示的信息是_____。

A）Microsoft Visual　　B）Microsoft　　　C）Basic　　　　D）5

（47）用 InputBox 函数设计的对话框，其功能是_____。

A）只能接收用户输入的数据，但不会返回任何信息

B）能接收用户输入的数据，并能返回用户输入的信息

C）既能用于接收用户输入的信息，又能用于输出信息

D）专门用于输出信息

（48）设 a="a"、b="b"、c="c"、d="d"，执行语句 x=IIf((a < b) Or (c > d), "A", "B")后，x 的值为_____。

A）"a"　　　　　　　　B）"b"　　　　　　　　C）"B"　　　　　　　　D）"A"

（49）在窗体上画一个名称为 Command1 的命令按钮，然后编写如下事件过程：

```
Private Sub Command1_Click()
    c="ABCD"
    For n=1 To 4
        Print _____
    Next
End Sub
```

程序运行后，单击命令按钮，要求在窗体上显示如下内容：

```
D
CD
BCD
ABCD
```

则应填入的内容为_____。

A）Left(c,n)　　　　B）Right(c,n)　　　　C）Mid(c,n,1)　　　　D）Mid(c,n,n)

（50）执行以下程序段：

```
Dim x As Integer,i As Integer
x=0
For i=20 To 1 Step -2
    x=x+i\5
Next i
```

后，x 的值为_____。

A）16　　　　　　　　B）17　　　　　　　　C）18　　　　　　　　D）19

（51）在窗体上画一个命令按钮和一个文本框，名称分别为 Command1 和 Text1，然后编写如下程序：

```
Private Sub Command1_Click()
    a=InputBox("请输入日期（1~31）")
    t="旅游景点： " & IIf(a>0 And a<=10,"长城","") _
    & IIf(a>10 And a<=20,"故宫","") _
    & IIf(a>20 And a<=31,"颐和园","")
    Text1.Text=t
End Sub
```

程序运行后，如果从键盘上输入 16，则在文本框中显示的内容是_____。

A）旅游景点：长城故宫　　　　　　　　　B）旅游景点：长城颐和园
C）旅游景点：颐和园　　　　　　　　　　D）旅游景点：故宫

（52）设有如下程序：

```
Private Sub Command1_Click()
    Dim c As Integer,d As Integer
    c=4
    d=InputBox("请输入一个整数")
```

```
    Do While d>0
        If d>c Then
            c=c+1
        End If
        d=InputBox("请输入一个整数")
    Loop
    Print c+d
End Sub
```

程序运行后，单击命令按钮，如果在输入对话框中依次输入 1、2、3、4、5、6、7、8、9、0，则输出结果是＿＿＿＿。

A）12　　　　　　　　B）11　　　　　　C）10　　　　　　　D）9

（53）执行以下程序段后，变量 c$ 的值为＿＿＿＿。

```
a$="Visual Basic Programming"
b$="Quick"
c$=b$ & UCase(Mid$(a$,7,6))&Right$(a$,12)
```

A）Visual BASIC Programming　　　　　B）Quick Basic programming

C）QUICK Basic Programming　　　　　D）Quick BASIC Programming

（54）窗体上有一个文本框控件 Text1，假设已存在三整型变量 a、b 和 c，且变量 a 值为 5，变量 b 的值为 7，变量 c 的值为 12，则以下的＿＿＿＿语句可以使文本框内显示的内容为 5+7=12。

A）Text1.Text=a+b=c

B）Text1.Text="a+b=c"

C）Text1=a & "+" & b & "=" & c

D）Text1="a" & "+" & "b" & "=" & "c"

（55）表达式 4+5 \ 6 * 7 / 8 Mod 9 的值是＿＿＿＿。

A）4　　　　　　　　B）5　　　　　　　C）6　　　　　　　D）7

（56）表达式 5 Mod 3+3\5*2 的值是＿＿＿＿。

A）0　　　　　　　　B）2　　　　　　　C）4　　　　　　　D）6

（57）在窗体上画一个文本框，然后编写如下事件过程：

```
Private Sub Form_Click()
    x=InputBox("请输入一个整数")
    Print x+Text1.Text
End Sub
```

程序运行时，在文本框中输入 456，然后单击窗体，在输入对话框中输入 123，单击"确定"按钮后，在窗体上显示的内容为＿＿＿＿。

A）123　　　　　　　B）456　　　　　　C）579　　　　　　D）123456

（58）下列程序段中，能正常结束循环的是＿＿＿＿。

A）I=1　　　　　　　　　　　　　　B）I=5
```
   Do                                Do
     I=I+2                             I=I+1
   Loop Until I=10                   Loop Until I<0
```

```
C）I=10                                    D）I=6
     Do                                        Do
        I=I+1                                      I=I-2
     Loop Until I>0                            Loop Until I=1
```

（59）在窗体上画一个名称为 Command1 的命令按钮和两个名称分别为 Text1、Text2 的文本框，然后编写如下事件过程：

```
Private Sub Command1_Click()
    n=Text1.Text
    Select Case n
        Case 1 To 20
            x=10
        Case 2,4,6
            x=20
        Case Is<10
            x=30
        Case 10
            x=40
    End Select
    Text2.Text=x
End Sub
```

程序运行后，如果在文本框 Text1 中输入 10，然后单击命令按钮，则在 Text2 中显示的内容是_____。

A）10   B）20   C）30   D）40

（60）设有以下循环结构：

```
Do
    循环体
Loop While <条件>
```

则以下叙述中错误的是_____。

A）若<条件>是一个为 0 的常数，则一次也不执行循环体

B）<条件>可以是关系表达式、逻辑表达式或常数

C）循环体中可以使用 Exit Do 语句

D）如果<条件>总是为 True，则不停地执行循环体

（61）在窗体上画一个名称为 Command1 的命令按钮，然后编写如下事件过程：

```
Private Sub Command1_Click()
    Dim num As Integer
    num=1
    Do Until num>6
        Print num;
        num=num+2.4
    Loop
End Sub
```

程序运行后，单击命令按钮，则窗体上显示的内容是＿＿＿＿＿＿。

A）1　3.4　5.8

B）1　3　5

C）1　4　7

D）无数据输出

（62）在窗体上画一个名称为 Command1 的命令按钮，然后编写如下事件过程：

```
Private Sub Command1_Click()
    Dim a As Integer,s As Integer
    a=8
    s=1
    Do
        s=s+a
        a=a-1
    Loop While a<=0
    Print s;a
End Sub
```

程序运行后，单击命令按钮，则窗体上显示的内容是＿＿＿＿＿＿。

A）7　9

B）34　0

C）9　7

D）死循环

（63）程序中增加语句 option base 1 后，数组声明语句 Dim a(3,-1 To 1, 6)，则数组 a 中包含多少个元素＿＿＿＿＿＿。

A）36　　　　　B）54　　　　　C）11　　　　　D）18

（64）用下面语句定义的数组的元素个数是＿＿＿＿＿＿。

```
Dim A(-3 To 5)As Integer
```

A）6　　　　　B）7　　　　　C）8　　　　　D）9

（65）在窗体上画一个命令按钮（Name 属性为 Command1），然后编写以下程序：

```
Private Sub Command1_Click()
    Dim a(10),p(3),i,k
    k=5
    For i=1 To 10
        a(i)=i
    Next i
    For i=1 To 3
        p(i)=a(i*i)
    Next i
    For i=1 To 3
        k=k+p(i)*2
    Next i
    Print k
End Sub
```

运行上面程序，单击命令按钮，其输出结果为＿＿＿＿＿＿。

A）33

B）28

C）35

D）37

（66）某人编写了一个能够返回数组 a 中 10 个数中最大数的函数过程，代码如下：

```
Function MaxValue(a() As Integer) As Integer
    Dim max%
    max=1
    For k=2 To 10
        If a(k)>a(max) Then
            max=k
        End If
    Next k
    MaxValue=max
End Function
```

程序运行时，发现函数过程的返回值是错的，需要修改，下面的修改方案中正确的是_____。

A）语句 max=1 应改为 max=a(1)

B）语句 For k=To 10 应改为 For k=To 10

C）If 语句中的条件 a(k)>a(max)应改为 a(k)>max

D）语句 MaxValue=max 应改为 MaxValue=a(max)

（67）有如下程序：

```
Option Base 1
Private Sub Form_Click()
    Dim arr,Sum
    Sum=0
    arr=Array(1,3,5,7,9,11,13,15,17,19)
    For i=1 To 10
        If arr(i)/3=arr(i)\3 Then
            Sum=Sum+arr(i)
        End If
    Next i
    Print Sum
End Sub
```

程序运行后，单击窗体，输出结果为_____。

A）25   B）26   C）27   D）28

（68）在窗体上画一个名称为 Label1 的标签，然后编写如下事件过程：

```
Private Sub Form_Click()
    Dim arr(10,10) As Integer
    Dim i As Integer,j As Integer
    For i=2 To 4
        For j=2 To 4
            arr(i,j)=i*j
        Next j
    Next i
```

```
    Label1.Caption=Str(arr(2,2)+arr(3,3))
End Sub
```

程序运行后，单击窗体，在标签中显示的内容是_____。

A）12　　　　　　　　B）13　　　　　　　　C）14　　　　　　　　D）15

（69）在窗体上画一个名称为 Command1 的命令按钮，然后编写如下程序：

```
Option Base 1
Private Sub Command1_Click()
    Dim c As Integer,d As Integer
    d=0
    c=6
    x=Array(2,4,6,8,10,12)
    For i=1 To 6
        If x(i)>c Then
            d=d+x(i)
        Else
            d=d-c
        End If
    Next i
    Print d
End Sub
```

程序运行后，如果单击命令按钮，则在窗体上输出的内容为_____。

A）10　　　　　　　　B）16　　　　　　　　C）12　　　　　　　　D）20

（70）设有命令按钮 Command1 的单击事件过程，代码如下：

```
Private Sub Command1_Click()
    Dim a(3,3)As Integer
    For i=1 To 3
        For j=1 To 3
            a(i,j)=i*j+i
        Next j
    Next i
    Sum=0
    For i=1 To 3
        Sum=Sum+a(i,4-i)
    Next i
    Print Sum
End Sub
```

运行程序，单击命令按钮，输出结果是_____。

A）20　　　　　　　　B）7　　　　　　　　C）16　　　　　　　　D）17

（71）窗体 F1 中使用语句 Dim a As Integer，不属于该窗体中任意函数或过程。若工程中存在 F2 窗体需使用 F1 中的变量 a，以下说法正常的是_____。

A）可在 F2 代码中使用 F1.a 调用相应变量

B）直接在 F2 代码中使用 a，即可调用相应变量

C）可在 F2 代码中通过工程名调用相应变量

D）无法实现

（72）以下叙述错误的是_____。

A）窗体层变量必须先声明，后使用

B）在一个窗体文件中用 Public 定义的变量不能在其他窗体中中使用

C）在事件过程或通用过程内定义的变量是局部变量

D）用 Dim 定义的窗体层变量只能在该窗体中使用

（73）在窗体上画一个名称为 Command1 的命令按钮，再画两个名称分别为 label1、Label2 的标签，然后编写如下程序代码：

```
Private X As Integer
Private Sub Command1_Click()
    X=5:Y=3
    Call proc(X,Y)
    Label1.Caption=X
    Label2.Caption=Y
End Sub
Private Sub proc(ByVal a As Integer, ByVal b As Integer)
    X=a*a
    Y=b+b
End Sub
```

程序运行后，单击命令按钮，则两个标签中显示的内容分别是_____。

A）5 和 3 　　　　　　　　　　　　B）25 和 3

C）25 和 6 　　　　　　　　　　　　D）5 和 6

（74）在窗体上画一个名称为 Command1 的命令按钮，然后编写如下通用过程和命令按钮的事件过程：

```
Private Function fun(ByVal m As Integer)
    If m Mod 2=0 Then
        fun=2
    Else
        fun=1
    End If
End Function
Private Sub Command1_Click()
    Dim i As Integer,s As Integer
    s=0
    For i=1 To 5
        s=s+fun(i)
    Next i
```

```
    Print s
End Sub
```

程序运行后，单击命令按钮，在窗体上显示的是＿＿＿＿。

A）6　　　　　　　　B）7　　　　　　　　C）8　　　　　　　　　　D）9

（75）在窗体上画一个名称为 Command1 的命令按钮，然后编写如下程序：

```
Dim SW As Boolean
Function func(X As Integer)As Integer
    If X<20 Then
        Y=X
    Else
        Y=20+X
    End If
    func=Y
End Function
Private Sub Form_MouseDown(Button As Integer, _
    Shift As Integer,X As Single,Y As Single)
    SW=False
End Sub
Private Sub Form_MouseUp(Button As Integer, _
    Shift As Integer,X As Single,Y As Single)
    SW=True
End Sub
Private Sub Command1_Click()
    Dim intNum As Integer
    intNum=InputBox("")
    If SW Then
        Print func(intNum)
    End If
End Sub
```

程序运行后，单击命令按钮，将显示一个输入对话框，如果在对话框中输入 25，则程序的执行结果为＿＿＿＿。

A）输出 0　　　　　　　　　　B）输出 25

C）输出 45　　　　　　　　　　D）无任何输出

（76）设有如下通用过程：

```
Public Sub Fun(a() As Integer,x As Integer)
    For i=1 To 5
        x=x+a(i)
    Next
End Sub
```

窗体上画一个名称为 Text1 的文本框和一个名称为 Command1 的命令按钮。然后编写如下的事件过程：

```
Private Sub Command1_Click()
    Dim arr(5) As Integer,n As Integer
    For i=1 To 5
        arr(i)=i+i
    Next
    Fun arr,n
    Text1.Text=Str(n)
End Sub
```

程序运行后，单击命令按钮，则在文本框中显示的内容是_____。

A）30　　　　　　　　B）25　　　　　　　　C）20　　　　　　　　D）15

（77）设有如下通用过程：

```
Public Function f(x As Integer)
    Dim y As Integer
    x=20
    y=2
    f=x*y
End Function
```

在窗体上画一个名称为 Command1 的命令按钮，然后编写如下事件过程：

```
Private Sub Command1_Click()
    Static x As Integer
    x=10
    y=5
    y=f(x)
    Print x;y
End Sub
```

程序运行后，如果单击命令按钮，则在窗体上显示的内容是_____。

A）10 5　　　　　　　B）20 5　　　　　　　C）20 40　　　　　　　D）10 40

（78）设有如下通用过程：

```
Public Sub Fun(a(),ByVal x As Integer)
    For i=1 To 5
        x=x+a(i)
    Next
End Sub
```

在窗体上画一个名称为 Text1 的文本框和一个名称为 Command1 的命令按钮，然后编写如下的事件过程：

```
Private Sub Command1_Click()
    Dim arr(5) As Variant
    For i=1 To 5
        arr(i)=i
    Next
```

```
    n=10
    Call Fun(arr(),n)
    Text1.Text=n
End Sub
```

程序运行后，单击命令按钮，则在文本框中显示的内容是_____。

A）10　　　　　　　　B）15　　　　　　　　C）25　　　　　　　　D）24

（79）执行语句 Open "Tel.dat" For Random As #1 Len=50 后，对文件 Tel.dat 中的数据能够执行的操作是_____。

A）只能写，不能读　　　　　　　　B）只能读，不能写

C）既可以读，也可以写　　　　　　D）不能读，不能写

（80）要获得当前驱动器应使用驱动器列表框的属性是_____。

A）Path　　　　　　　B）Drive　　　　　　　C）Dir　　　　　　　D）Pattern

二、填空题

（1）如果将文本框的 MaxLength 属性设置为 0，则文本框中的字符不能超过_____。

（2）设在窗体上有个文本框，然后编写如下的事件过程：

```
Private Sub Text1_KeyDown(KeyCode As Integer,Shift As Integer)
    Const Alt=4
    Const Key_F2=&H71
    altdown%=(Shift And Alt)>0
    f2down%=(KeyCode=Key_F2)
    If altdown% And f2down% Then
        Text1.Text="BBBBB"
    End If
End Sub
```

上述程序运行后，如果按【Shift+F2】组合键，则在文本框中显示的是_____。

（3）把窗体的 KeyPreview 属性设置为 True，然后编写如下两个事件过程：

```
Private Sub Form_KeyDown(KeyCode As Integer, Shift As Integer)
    Print Chr(KeyCode)
End Sub
Private Sub Form_KeyPress(KeyAscii As Integer)
    Print Chr(KeyAscii)
End Sub
```

程序运行后，如果直接按键盘上的 A 键（即不按住【Shift】键），则在窗体上输出的字符分别是_____和_____（按先后顺序写）。

（4）在窗体上画一个标签（名称为 Label1）和一个计时器（名称为 Timer1），然后编写如下几个事件过程：

```
Private Sub Form_Load()
    Timer1.Enabled=False
    Timer1.Interval=_____
```

```
End Sub
Private Sub Form_Click()
    Timer1.Enabled=_____
End Sub
Private Sub Timer1_Timer()
    Label1.Caption=_____
End Sub
```

程序运行后，单击窗体，将在标签中显示当前时间，每隔 1 秒钟变换一次。请填空。

（5）在窗体上画一个文本框、一个标签和一个命令按钮，其名称分别为 Text1、Label1 和 Command1，然后编写如下两个事件过程：

```
Private Sub Command1_Click()
    S$=InputBox("请输入一个字符串")
    Text1.Text=S$
End Sub
Private Sub Text1_Change()
    Label1.Caption=UCase(Mid(Text1.Text,7))
End Sub
```

程序运行后，单击命令按钮，将显示一个输入对话框，如果在该对话框中输入字符串 "VisualBasic"，则在标签中显示的内容是_____。

（6）在窗体上画一个列表框、一个命令按钮和一个标签，其名称分别为 List1、Command1 和 Label1。通过属性窗口把列表框中的项目设置为"第一个项目"、"第二个项目"、"第三个项目"、"第四个项目"。程序运行后，在列表框中选择一个项目，然后单击命令按钮，即可将所选择的项目删除，并在标签中显示列表框当前的项目数，运行情况如下图所示（选择"第三个项目"的情况）。下面是实现上述功能的程序。请填空。

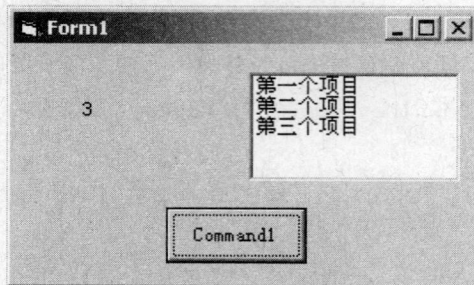

```
Private Sub Command1_Click()
    If List1.ListIndex>=_____Then
        List1.RemoveItem _____
        Label1.Caption=_____
    Else
        MsgBox "请选择要删除的项目"
    End If
End Sub
```

（7）在窗体上加上一个文本控件 PCSTextBox，画一个命令按钮，当单击命令按钮的时候将显示"打开文件"对话框，设置该对话框只用于打开文本文件，然后在文本控件中显示打开的文件名。请填空。

```
Private Sub Command1_Click()
    CommonDialog1.Filter=_____
    CommonDialog1.ShowOpen
    PCSTextBox.Text=_____
End Sub
```

（8）PictureBox 控件的_____属性设置为 True 时，会自动扩展该控件以显示整个图片，Image 控件的_____属性设置为 True 时，图片尺寸将调整以适应控件大小。

（9）VB 里面用于续行的符号是_____。

（10）在 Visual Basic 的立即窗口中输入以下语句：

```
X = 65<CR>
?Chr$(X) <CR>
```

在窗口中显示的结果是_____。

（11）函数 Str$(256.36) 的值是_____。

（12）关系式 x≤-5 或 x≥5 所对应的布尔表达式是_____。

（13）执行下面的程序段后，i 的值为_____，s 的值为_____。

```
s=2
For i=3.2 To 4.9 Step 0.8
    s=s+1
Next i
```

（14）下列程序段的执行结果为_____。

```
X=2
Y=5
If X*Y<1 Then Y=Y-1 Else Y=-1
Print Y-X>0
```

（15）下列程序是判断一个整数（>=3）是否为素数。请补充完整。

```
Private Sub Command1_Click()
    Dim n As Integer
    n=InputBox("请输入一个整数(>=3) ")
    k=Int(Sqr(n))
    I=2
    swit=0
    While I<=k And swit=0
        If n Mod I=0 Then
            _____
        Else
            _____
        End If
```

```
    Wend
    If swit=0 Then
        Print n;"是一个素数。"
    ElseIf swit=1 Then
        Print n;"不是一个素数。"
    End If
End Sub
```

（16）下列程序段的执行结果为_____。

```
a=3
b=1
For I=1 To 3
    f=a+b
    a=b
    b=f
    Print f;
Next I
```

（17）下列程序段的执行结果为_____。

```
I=4
x=5
Do
    I=I+1
    x=x+2
Loop Until I>=7
Print "I=";I
Print "x=";x
```

（18）以下过程的作用是将 26 个小写字母逆序打印出来。请补充完整。

```
Sub Inverse()
    For i=122 To_____
        Print_____;
    Next i
End Sub
```

（19）以下程序的功能是：从键盘上输入若干个数字，当输入负数时结束输入，计算出若干数值的平均值，输出结果。请填空。

```
Private Sub Form_click()
    Dim x As Single,y As Single
    Dim z As Integer
    x=InputBox("Enter a score")
    Do While_____
        y=y+x
        z=z+1
        x=InputBox("Enter a score")
```

```
    Loop
    y=_____
    Print y
End Sub
```

（20）以下程序的功能是在数据集合中查找是否存在某个数，并给出查找结果。请填空。

```
Option Base 1
Dim s(10) As Integer,x As Integer,n As Integer
Private Sub Command1_Click()
    Dim i As Integer
    n=10
    For i=1 To n
        s(i)=Int(100*Rnd)+1
        Picture1.Print s(i);
    Next i
    Picture1.Print
    x=InputBox("输入待查找的数: ")
End Sub

Private Sub Command2_Click()          '顺序查找
    For i=1 To UBound(s)
        If s(i)=x Then _____
    Next i
    '退出的两种情况
    If i<=_____Then
        Picture1.Print "找到" & x & "它的位置数为: " & i
    Else
        Picture1.Print "对不起，没找到!"
    End If
End Sub
```

（21）下面程序的功能是产生 10 个小于 100 的随机正整数，并统计其中 5 的倍数所占比例。程序不完整，请补充完整。

```
Sub PR()
    Randomize
    Dim a(10)
    For j=1 To 10
        a(j)=Int(_____ )
        If _____ Then k=k+1
        Print a(j);
    Next j
    Print
    Print k/10
End Sub
```

（22）设有如下程序：

```
Option Base 1
Private Sub Command1_Click()
    Dim arr1,Max as Integer
    arr1=Array(12,435,76,24,78,54,866,43)
    _____=arr1(1)
    For i=1 To 8
        If arr1(i)>Max Then _____
    Next i
    Print "最大值是:";Max
End Sub
```

以上程序的功能是：用 Array 函数建立一个含有 8 个元素的数组，然后查找并输出该数组中元素的最大值。请填空。

（23）请填写下列空白，以实现运行后形成一个主对角线上元素值为 1，其他元素为 0 的 6×6 阶矩阵。

```
Private Sub Command1_Click()
    Dim s(6, 6)
    For i=1 To 6
      For j=1 To 6
          If i=j Then
              _____
          Else
              _____
          End If
          Print _____
      Next j
      Print
    Next i
End Sub
```

（24）以下程序的功能是对文本框 Text1 中的内容统计大写字母出现的次数。根据题意填空。

```
Private sub command1_click()
    Dim st as string,idx as integer
    Dim a(0 to 25) as integer          '用于存放26个字母,只考虑大写字母
    Dim I as integer,ch as string*1
    Dim L as integer
    St=_____
    L=len(st)
    For I=1 to L
        Ch=_____                      '取字符
        If Ch>="A" and Ch<="Z" then
            Idx=asc(ch)-asc("A")       '求字母相对位移,即字母在字母表中的序号
            A(idx)=_____              '出现次数加1
        End if
    Next I
    For I=0 to 25
```

```
        Print chr(I+asc("A")) & ":";a(i)
    Next I
End sub
```

（25）以下程序的功能是实现数据的降序（从大到小）排序。根据题意填空。

```
Option Base 1
Private Sub Command2_Click()
    For i=1 To n-1                    '外层循环 N-1 次
        For j=i+1 To n                '内层依赖外层
            If _____Then
                t=s(i)                '交换
                s(i)=s(j)
                _____
            End If
        Next j
    Next i
    For i=1 To n
        Picture1.Print s(i);
    Next i
End Sub
```

（26）在窗体上画一个名称为 Command1 的命令按钮，并编写如下程序：

```
Private Sub Command1_Click()
    Dim x As Integer,y As Integer
    x=10
    y=5
    Call f1(x,y)
    Print x,y
End Sub
Private Sub f1(x1 As Integer,Byval y1 As Integer)
    x1=x1+2
    y1=y1+2
End Sub
```

程序运行后，单击命令按钮，在窗体上的显示内容是_____。

（27）编写如下程序：

```
Private Sub form_Click()
    Dim x As Integer,y As Integer
    x=10
    Call f1(x)
    Print x
    call f1(x)
    print x
End Sub
Private Sub f1(Byval x As Integer)
    static y as Integer
    x=x+2
```

```
    y=y+2
    print y
End Sub
```

程序运行后，单击窗体，则第一行的显示内容是_____，第三行的显示内容为_____，第四行的显示内容为_____。

（28）在窗体上有一个命令按钮，然后编写如下程序：

```
Function Trans(ByVal num As Long) As Long
    Dim k As Long
    k=1
    Do While num
        k=k*(num Mod 10)
        num=num\10
    Loop
    Trans=k
    Print Trans
End Function
Private Sub Command1_Click()
    Dim m As Long
    Dim s As Long
    m=InputBox("请输入一个数")
    s=Trans(m)
End Sub
```

程序运行时，单击命令按钮，在输入对话框中输入 789，输出结果为_____，在输入对话框中输入 987 输出_____。

（29）单击命令按钮时，以下程序运行后的输出结果是_____。

```
Private Sub Command1_Click()
    Dim x As Integer,y As Integer,z As Integer
    x=1 : y=2 : z=3
    Call God(x,x,z)
    Print x;x;z
    Call God(x,y,y)
    Print x;y;y
End Sub
Private Sub God(x As Integer,y As Integer,z As Integer)
    x=3*z+1
    y=2*z
    z=x+y
End Sub
```

（30）以下是一个计算矩形面积的程序，调用过程计算矩形面积。请将程序补充完整。

```
Sub RecArea(L,W)
    Dim S As Double
    S=L*W
    MsgBox "Total Area is" & Str(S)
```

```
End Sub
Private Sub Command1_Click()
    Dim M, N
    M=InputBox("What is the L?")
    M=Val(M)
    _____
    N=Val(N)
    _____
End Sub
```

（31）运行下面的程序，当单击窗体时，窗体上显示的内容的第一行是_____，第二行是_____。

```
Private Sub Test(Byval x As Integer)
    x=x-3
    If x>2 Then
        Call Test(x)
    End If
    x=x*2
    Form1.Print x
End Sub
Private Sub Form_Click()
    call Test( 8)
End Sub
```

（32）对随机文件数据存取是以_____为单位进行操作的。

（33）以下程序的功能是：把当前目录下的顺序文件 smtext1.txt 的内容读入内存，并在文本框 Text1 中显示出来。请填空。

```
Private Sub Command1_Click()
    Dim inData As String
    Text1.Text=""
    Open ".\smtext1.txt" For Input As #1
    Do While _____
        Input _____,inData
        Text1.Text=Text1.Text & inData
    Loop
    Close #1
End Sub
```

（34）下列程序的功能是：将数据 1，2，…，8 写入顺序文件 Num.txt。请补充完整。

```
Private Sub Form_Click()
    Dim i As Integer
    Open"Num.txt"For Output As #1
    For i=1 To 8
        _____
    Next i
    Close #1
End Sub
```

（35）有一个事件过程，其功能是：从已存在于磁盘上的顺序文件 NM1.txt 中读取数据，计算读出数据的平方值，将该数据及其平方值存入新的顺序文件 NM2.txt 中。请填空。

```
Private Sub Form_Click()
    Dim x As Single, y As Single
    Open "NM1.txt" For Input As #1
    Open "NM2.txt" For _____ As #2
    Do While Not EOF(1)
        _____
        Print x
        y=x^2
        _____
        Print y
    Loop
    Close #1,#2
End Sub
```

2.8　自测题答案

本节给出所有自测题的参考答案。

一、单选题

1	2	3	4	5	6	7	8	9	10
A	C	A	B	B	C	B	C	A	B
11	12	13	14	15	16	17	18	19	20
C	C	D	A	C	B	A	B	C	A
21	22	23	24	25	26	27	28	29	30
A	C	A	B	B	D	C	B	A	D
31	32	33	34	35	36	37	38	39	40
B	C	C	D	D	A	C	D	A	C
41	42	43	44	45	46	47	48	49	50
C	C	B	B	B	C	B	D	B	C
51	52	53	54	55	56	57	58	59	60
D	D	D	C	B	B	D	C	A	A
61	62	63	64	65	66	67	68	69	70
B	C	B	D	A	D	C	B	C	C
71	72	73	74	75	76	77	78	79	80
D	B	B	B	D	A	C	A	C	B

二、填空题

（1）32KB　　　　　　　　（2）文本框内容无变化　　　　　（3）A　a

（4）1000　True　Time　　　（5）BASIC　　　（6）0　List1.ListIndex　List1.ListCount

（7）"Text Files(*.txt) | *.txt"　CommonDialog1.FileName　　　（8）Autosize　Stretch

（9）空格+下画线　　　　　（10）A　　　　　　（11）"256.36"（最前面有一空格）

（12）x<=-5 Or x>=5　　　　（13）5.6　5　　　　　（14）False

（15）swit=1　i=i+1　　　　（16）4 5 9　　　　　（17）I=7　x=11

（18）97 Step -1　Chr$(i)　　（19）x>=0　y/z　　　（20）Exit For　UBound(s)

（21）rnd*99+1　a(j) mod 5=0　（22）max　max=arr1(i)　（23）s(i, j)=1　s(i, j)=0　s(i, j)

（24）Text1.text　mid(st,I,1)　A(idx)+1　　　　　（25）s(j) > s(i)　s(j)=t

（26）12　5　　　　　　　　（27）2　4　10　　　　（28）504　504

（29）6　6　12

　　　7　11　11

（30）N=InputBox("What is the W?")　　RecArea(M,N)或 RecArea(N,M)

（31）4　10　　　　　　　　（32）记录　　　　　　（33）Not eof(1)　#1

（34）Print #1,I　Write #1,I　（35）Output　Input #1,x　write #2,y 或 print #2,y

第 3 章　VB 上机操作典型例题精解

全国计算机等级考试二级 VB 上机考试，包括基本操作题、简单应用题、综合应用题三种题型，共包含五小题，其中基本操作题包含 2 小题，简单应用题包含 2 小题，综合应用题 1 题。

本章将结合上机考试的三大题型，将相关控件知识和考点穿插于考题中进行一一讲解。

3.1　基本操作题

基本操作题是三类题型中最简单的一类题，该题共分为两小题，考查点相对比较简单，考察的知识点也一般多为 VB 中相关控件的常用属性和简单应用，所涉及的编程较少。但该部分考题所涉及的知识点既散又多，因此考生在平时的学习中需要熟练掌握 VB 中常用控件的常用属性及其使用，做到心中有数，力求该部分题型不失分。做上机题目时注意随时保存所做的操作。

结合考试大纲及历年考题，该类题型考察的知识点大致如下：

第 1 小题考点很集中，只涉及：① 设计控件或设计菜单；② 为控件设置属性。

第 2 小题除了以上考点外增加了编写简单事件过程的考核，一般涉及 Click 事件中的代码。

所涉及的常用控件有：文本框、按钮、标签、图片框、框架、组合框、列表框、滚动条、单选按钮、复选框、计时器、通用对话框等，且一般考查点多为两个或两个以上控件组合，其中出现次数最多的、也是最重要的就是文本框控件和按钮控件，考生一定要熟记其相关属性和正确的使用方法。

特别提醒：保存窗体文件和工程文件时，其命名一定要与题目要求的名称保持一致，否则做零分处理。二级上机考试中出现的"考生文件夹"是放置题目提供的源文件及考生存放答题结果的唯一位置。考生做完题目后，必须将结果存放在"考生文件夹"下，考试时，"考生文件夹"为"K:\机器号\准考证号前四位+后四位"，如 K:\K71\26002019\。

> **小技巧**
>
> 如考试时忘记控件的相关属性，可通过查看 Visual Basic 6.0 界面右边的属性窗口来获知，如图 3–1 所示。

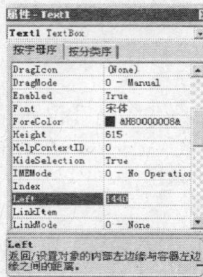

图 3–1　VB6.0 属性窗口

本节按二级考试中常考的控件种类分别选出 15 道例题进行重点讲解。

3.1.1　按钮

【例 1】在名称为 Form1 的窗体上建立两个名称为 Cmd1 和 Cmd2、标题分别为"确定一"和"确定二"的两个命令按钮，要求程序运行后，"确定一"按钮可用，"确定二"按钮不可用，即为灰色。窗体默认显示结果如图 3-2 所示。请编写简单程序，实现：如果单击"确定一"按钮，则"确定二"按钮变为可用，"确定一"不可用，即为灰色，效果如图 3-3 所示。

在程序中不得使用任何变量，文件保时必须存放在考生文件夹下，窗体文件名为 sjt1.frm，工程文件名为 sjt1.vbp。

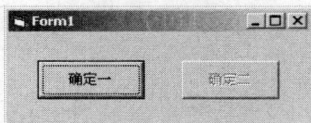

图 3-2　"确定一"按钮可用，　　　　　图 3-3　"确定一"按钮不可用，
　　　　"确定二"按钮不可用　　　　　　　　　　　"确定二"按钮可用

【解析】本题考查单一控件——按钮的基本属性及其操作。所考查的属性有 Name、Caption 和 Enabled 属性，事件操作主要为 Click 事件。

考生在读到题目时，一定要读懂题目所考查的知识点（也就是命题者的"意图"）和题目的"题眼"，做到心中有数。如本题中叙述建立两个"名称"……，考生脑海中要反映出应修改按钮的 Name 属性；题目中叙述"标题"为……，考生要能反映出要修改按钮的 Caption 属性；题目中要求按钮"可用"或"不可用"，考生要能反映出应修改按钮的 Enabled 属性。读懂了题目暗含的考查点，该题也就迎刃而解了。

本题要求单击"确定一"按钮，则实现图 3-3 所示效果，因此，需要在事件过程中对按钮的 Enabled 属性进行设置，语句格式：对象名.属性名=属性值。Enabled 属性取值是逻辑型，True 表示可用，False 表示不可用。

【解题步骤】应先建立控件，修改属性，然后编写相应事件过程。

① 在窗体上采用拖动的方式，建立两个按钮控件。（注意，本题中最好不要用双击的方式，否则两个按钮将重叠在一起，还需要重新移开。）

② 建立界面所用到的控件及属性设置如表 3-1 所示。

表 3-1　本题中用到的相关控件及其属性

控　件	属　性	设　置　值
按钮	Name	Cmd1
	Caption	确定一
按钮	Name	Cmd2
	Caption	确定二
	Enabled	False

③ 按钮"确定一"的 Click 事件。

```
Private Sub Cmd1_Click()
    Cmd2.Enabled=True
    Cmd1.Enabled=False
End Sub
```

④ 调试运行程序，并正确保存窗体文件和工程文件。注意：保存时窗体名和工程名不要写错，否则即使全部做对了，最后文件名保存错误依然不能得分，每年因最后不能正确保存文件名而不能得分的考生不在少数。

> **提　示**
>
> 　此题考查按钮控件的相关属性，考生要熟记按钮的常见属性包括 Name、Caption、Enabled、Visible、Cancel、Default 等。需特别指出的是：考生要能区分 Name 属性和 Caption 属性，以及 Enabled 属性和 Visible 属性。

- Name：所有对象都有的属性，是所创建对象的名称。
- Capiton：其值为控件上显示的内容。
- Enabled：决定控件是否可用。
  - ➤ True：默认取值，即可用，能响应用户操作。
  - ➤ False：不可用（即为灰色显示），不响应用户操作。
- Visible：决定控件是否可见。
  - ➤ True：程序运行后控件可见。
  - ➤ False：程序运行后控件隐藏，用户看不到，但控件本身是存在的。
- Cancel：取消属性，为 True 时，按【Esc】键即等于单击此按钮。
- Default：默认属性，为 True 时，按【Enter】键即等于单击此按钮。

3.1.2　标签

【例 2】在名称为 Form1 的窗体上画两个标签，分别命名为 Label1 和 Label2，标题分别为"标签一"和"标签二"。请编写适当的事件过程，使得程序运行时，如果单击窗体，则使得"标签一"不透明且无边界，而"标签二"则变得透明且有边界，程序运行时的窗体界面如图 3-4 所示。

图 3-4　带标签的窗体

程序中不得使用任何变量，保存时必须存放在考生文件夹下，窗体文件名为 sjt1.frm，工程文件名为 sjt1.vbp。

【解析】本题考查的是标签（Label）的两个常用属性：

① BackStyle 属性：背景样式。
- 0（Transparent）——透明显示。
- 1（Opaque）——不透明，此时可为控件设置背景颜色，默认取值。

② BorderStyle 属性：边框样式。
- 0（None）——控件周围没有边框，默认取值。
- 1（Fixed Single）——控件周围有单边框。

本题要求"如果单击窗体，则使得……"，因此，需编写 Form_Click()（窗体单击事件过程）；由于 BackStyle 属性默认取值为 1（不透明），BorderStyle 属性默认取值为 0（无边框），所以只要在程序中修改"标签二"的两个属性即可，而"标签一"的属性值不需要修改。

【解题步骤】应先建立控件，修改属性，然后编写相应事件过程。

① 在窗体上采用拖动的方式，建立两个标签控件（注意，本题中最好不要用双击的方式，

否则两个标签将重叠在一起，还需要重新移动开）。

② 建立界面所用到的控件及属性设置如表 3-2 所示。

表 3-2　本题中用到的相关控件及属性

控　件	属　性	设　置　值
标签	Name	Label1
	Caption	标签一
	BackStyle	1
	BorderStyle	0
标签	Name	Label2
	Caption	标签二
	BackStyle	1
	BorderStyle	0

③ 编写事件过程，代码如下：

```
Private Sub Form_Click()
    Label2.BorderStyle = 1
    Label2.BackStyle = 0
End Sub
```

④ 调试运行程序，并正确保存窗体文件和工程文件。

提　示

对标签控件还需掌握 Alignment 和 AutoSize 两个属性的用法。

3.1.3　菜单

【例 3】在窗体上建立"文件"和"帮助"菜单（名称分别为 vbfile 和 vbhelp），其中"文件"菜单包括"打开"和"退出"两个菜单项（名称分别为 vbopen 和 vbexit），如图 3-5 所示。只建立菜单，不必定义事件过程。文件必须存放在考生文件夹下，窗体文件名为 sjt1.frm，工程文件名为 sjt1.vbp。

图 3-5　含菜单的窗体

【解析】本题考查 VB 中菜单的制作。

建立菜单时需使用"工具"→"菜单编辑器"命令，注意先要使"窗体设计器"窗口为当前窗口，此命令才有效，否则此命令为灰色（不可用）。

在设计菜单时，"打开"和"退出"菜单项为"文件"菜单的低一级项目，因此可以在菜单编辑器中使用 ← | → 按钮进行"升级"和"降级"操作。

【解题步骤】

① 选择 VB 编程环境中"工具"主菜单中的"菜单编辑器"命令，或单击工具栏中的"菜单编辑器"按钮。

② 按要求设计第一个主菜单"文件"，设置其标题为"文件"、名称为 vbfile。

③ 单击"下一个"按钮，设计第二个主菜单"帮助"，设置其标题为"帮助"、名称为 vbhelp，如图 3-6 所示。

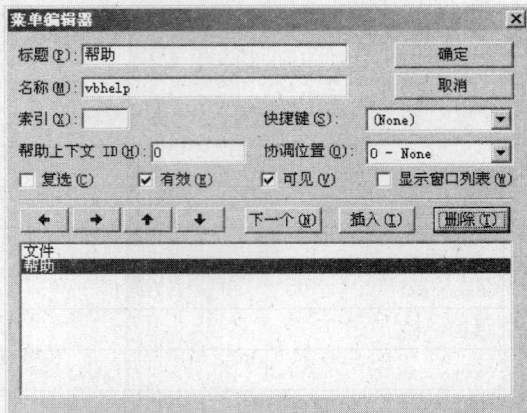

图 3-6　设计"帮助"菜单

④ 设计"文件"子菜单项，在菜单编辑器中单击 插入⑴ 按钮，在"帮助"菜单之前插入一项，设置其标题为"打开"、名称为 vbopen，并使用 → 按钮使该项降一级；同理设计"退出"子菜单项，最终效果如图 3-7 所示。

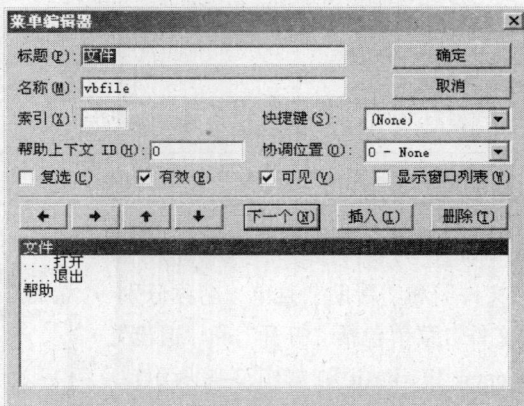

图 3-7　菜单设计器

⑤ 调试运行程序，并正确保存窗体文件和工程文件。

提　示

① 菜单编辑器中的 ↑ 、 ↓ 按钮用于调整菜单项的上下位置， ← 、 → 按钮用于实现菜单项级别调整。

② 考生还须掌握弹出式菜单的建立方法。各菜单及菜单项的建立方法同上，只是最高级菜单的"可见"属性设置为 False，同时编写适当的事件过程，用于调用 PopupMenu 方法显示弹出式菜单。

③ 还须掌握菜单中分隔线的设置方法。分隔线也是一个菜单项，建立方法同上，其标题为-（减号），名称不能为空，必须给一个具体值。

3.1.4　图片框

【例4】在名称为 Form1 的窗体上建立一个名为 P1 的图片框和两个按钮，按钮名称分别为 Cmd1

和 Cmd2，标题分别为"确定"和"取消"，如图 3-8 所示。要求程序运行后，如单击"确定"按钮，在图片框内显示"学习 VB"，如单击"取消"按钮，则图片框中的内容消失。程序中不得使用任何变量。保存时窗体文件名为 sjt1.frm，工程文件名为 sjt1.vbp。

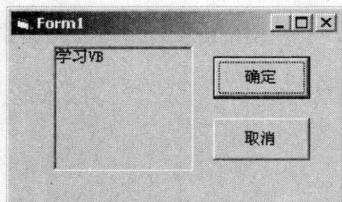

图 3-8　带图片框的窗体

【解析】本题中涉及图片框显示内容和清除内容的考查，也就是 Print 方法和 Cls 方法的考查。

在 VB 中，有两个对象可以使用 Print 方法，分别为 Form 和 PictureBox，调用该方法的格式为[对象名.]Print [输出内容]，其中对象名为当前窗体时，可以省略窗体名，但图片框对象名不能省略。

Cls 方法用来清除由 Print 方法在窗体（或图片框）中显示的文本或使用图形方法在窗体（或图片框）上绘制的图形。

【解题步骤】

① 建立界面并设置控件属性，程序中用到的控件及其属性如表 3-3 所示。

表 3-3　本题中用到的相关控件及其属性

控　件	属　性	设　置　值
命令按钮	Name	Cmd1
	Caption	确定
命令按钮	Name	Cmd2
	Caption	取消
图片框	Name	P1

② 分别编写按钮的 Click 事件。

```
Private Sub Cmd1_Click()
    P1.Print "学习 VB"
End Sub
Private Sub Cmd2_Click()
    P1.Cls
End Sub
```

③ 调试运行程序，并正确保存窗体文件和工程文件。

3.1.5　文本框

【例 5】在名称为 Form1 的窗体中建立一个名为 T1 的文本框，要求程序运行后，在文本框 T1 中输入的字符皆以"*"显示，且最多只能输入四个字符，界面如图 3-9 所示。程序中不必定义事件过程。

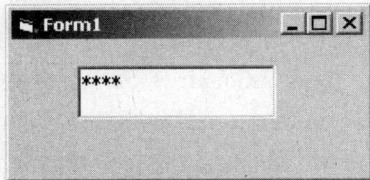

图 3-9　带文本框的窗体

【解析】本题中主要考查文本框的重要属性，如 Text、Passwordchar、Maxlength 等属性。

- Text：文本框中显示的内容。
- Passwordchar：默认取值为空，如取值为"*"，则输入的字符全部以"*"显示，常用做密码框。

- Maxlength：决定文本框输入内容的最大长度（字符个数）。
- MultiLine：取值为 True 或 False，如果为 True，则文本框可接受多行文本。
- ScrollBars：指出文本框是否有垂直或水平滚动条，取值为 1 表示垂直滚动条，2 表示水平滚动条，3 表示同时具有垂直和水平滚动条。需注意的是，当 MultiLine 属性为 True 时，ScrollBars 属性才有效。

【解题步骤】

建立界面并设置文本框属性，程序中用到的控件及其属性如表 3-4 所示。

表 3-4　本题中用到的相关控件及其属性

控　件	属　性	设　置　值
文本框	Name	T1
	Passwordchar	*
	Maxlength	4

3.1.6　列表框

【例 6】在一个名为 Form1 的窗体上放置一个名为 List1 的列表框和两个名为 Cmd1 和 Cmd2 的按钮，标题分别为"删除选定内容"和"清除"，如图 3-10 所示。要求程序运行后实现的功能如下：

① 在 Form_Load 事件中通过 AddItem 方法在列表框中自动生成 AAAA、BBBB 两行字符。

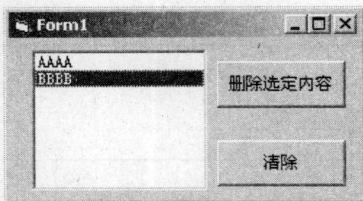

图 3-10　带列表框的窗体

② 单击"删除选定内容"按钮，删除列表框中选定的内容。

③ 单击"清除"按钮，清除列表框中所有的内容。

保存时必须存放在考生文件夹下，窗体文件名为 sjt1.frm，工程文件名为 sjt1.vbp（程序中不得使用任何变量）。

【解析】本题主要考查列表框的重要方法，如添加内容的 AddItem 方法，删除选定内容的 RemoveItem 方法，清除所有内容的 Clear 方法。其次考查按钮的 Click 事件。列表框是 VB 的一个重要控件，也是二级等级考试重点考查的一个控件，其常用属性和方法如下：

- ListIndex：程序运行时被选定项目的序号，若未选中任何项，则该值为-1，第一项的序号为 0，第二项的序号为 1，其他项依此类推。
- List：用于保存列表内容。
- ListCount：列表项目中的总数。
- Text：被选定项目的文本内容。
- Sorted：程序运行期间列表框中的项目是否进行排序。
- Selected：列表框中某项选中状态，选中为 True，否则为 False。
- MultiSelect：确定列表框是否允许多重选定。

0——不能多选，为默认值。

1——表示可用鼠标单击或按【Space】键实现简单多选。

2——表示【Shift】、【Ctrl】键合用能实现多个连续项的选择。

┌─ 注 意 ──────────────────────────────────────┐
│   以上属性中 ListIndex、ListCount、Text、Selected 不出现在属性窗口中，因此它们是运行时 │
│ 属性，只能在代码中进行设置。 │
└──┘

- **AddItem 方法**：把一个项目加到列表框中。

  使用形式：列表框名.`AddItem` 待插入内容[,序号]
- **RemoveItem 方法**：从列表框内删除由序号指定的列表项。

  使用形式：列表框名.`Removeitem` 序号
- **Clear 方法**：清除列表框内所有项目的内容。

  使用形式：列表框名.`Clear`

【解题步骤】

① 建立界面并设置列表框和文本框属性，程序中用到的控件及其属性如表 3-5 所示。

表 3-5　本题中用到的相关控件及其属性

控　件	属　性	设　置　值
列表框	Name	List1
按钮	Name	Cmd1
	Caption	删除选定内容
按钮	Name	Cmd2
	Caption	清除

② 编写相关的事件过程。

```
Private Sub Form_Load()
    List1.AddItem "AAAA"
    List1.AddItem "BBBB"
End Sub
Private Sub Cmd1_Click()
    List1.RemoveItem List1.ListIndex
End Sub
Private Sub Cmd2_Click()
    List1.Clear
End Sub
```

③ 调试运行程序，并正确保存窗体文件和工程文件。

3.1.7　单选按钮

【例 7】 在名为 Form1 的窗体上，建立一个名为 P1 的图片框和两个单选按钮，单选按钮名称分别为 Opt1、Opt2，标题为"男"、"女"，初始时单选按钮都未选中。要求编写适当的事件过程，使得程序运行后，若选择"男"单选按钮，图片框中显示"性别为男"；若选择"女"单选按钮，图片框中显示"性别为女"。程序中不得使用任何变量。程序运行时窗体如图 3-11 所示。

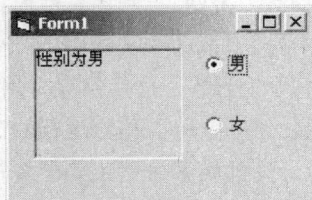

图 3-11　带单选按钮的窗体

【解析】 本题主要考查单选按钮的 Name、Caption、Value 等相关属性和 Click 事件过程，最后结果在图片框中显示。单选按钮通常以组的形式出现，只允许用户选中一项。其主要属性如下：

Name: 名称属性，默认情况下，其值为 Option1、Option2、…。

Caption: 为单选按钮上显示的文本。

Value: 表示单选按钮的状态，其值为逻辑型，为 True 表示选定，为 False 表示未选定。

【解题步骤】

① 建立界面并设置图片框和单选按钮属性，程序中用到的控件及其属性如表 3-6 所示。

表 3-6　本题中用到的相关控件及其属性

控　件	属　性	设　置　值
图片框	Name	P1
单选按钮	Name	Op1
	Capiton	男
	Value	False
单选按钮	Name	Op2
	Caption	女
	Value	False

② 编写单选按钮的 Click 过程代码：

```
Private Sub Op1_Click()
    P1.Print "性别为男"
End Sub
Private Sub Op2_Click()
    P1.Print "性别为女"
End Sub
```

③ 调试运行程序，并正确保存窗体文件和工程文件。

提示

考生在做单选按钮和复选框时候，往往把单选按钮和复选框控件长度拖放得很短，以致于看不到其标题显示内容，然后自己再放上一个离单选按钮或复选框很近的标签，充当单选按钮或复选框的标题，尽管程序运行后，显示效果和修改单选按钮和复选框的 Caption 属性差不多，但这明显是不对的。

3.1.8　复选框

【例 8】 在名为 Form1 的窗体上，建立三个复选框，复选框名称分别为 Chk1、Chk2、Chk3，标题分别为"听音乐"、"运动"、"上网"。利用属性窗口设置适当的属性，使得"听音乐"未选，"运动"被选中，"上网"为灰色。同时，窗体的标题为"我的兴趣"，最后保存文件，窗体文件名为 Sjt1.frm，工程文件名为 Sjt1.vbp。程序运行时窗体界面如图 3-12 所示。

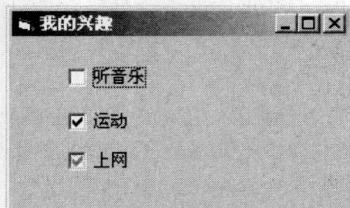

图 3-12　带复选框的窗体

【解析】 本题主要考查了复选框的 Name、Caption、Value 等相关属性，只要通过属性窗口设置即可。

复选框的左边有一个方框，当被选中后，方框内将出现一个"√"标志，表示被选中。其主要属性同单选按钮：

Name：名称属性，默认情况下，其值为 Check1、Check2、…。

Caption：标题属性，为复选框上显示的文本。

Value：表示复选框的状态，其取值为整型，0-Unchecked 表示未选中，默认值；1-Checked 表示被选中；2-Grayed，表示灰色（变暗），并显示一个选中标记，不可访问。

【解题步骤】

① 建立界面并设置控件属性，本题中用到的相关对象及其属性如表 3-7 所示。

表 3-7　本题中用到的相关控件及其属性

对　象	属　性	设　置　值
窗体	Name	Form1
	Caption	我的兴趣
复选框	Name	Chk1
	Caption	听音乐
	Value	0-Unchecked
复选框	Name	Chk2
	Caption	运动
	Value	1-Checked
复选框	Name	Chk3
	Caption	上网
	Value	2-Grayed

② 调试运行程序，并正确保存窗体文件和工程文件。

─ 提示 ─
　单选按钮、复选框通常和框架联合在一起进行考查。考生要特别注意单选按钮和复选框都有 Value 属性，但其取值不同，单选按钮的 Value 属性值为逻辑型，而复选框的 Value 属性值为整型。

3.1.9　框架

【例 9】在名称为 Form1 的窗体上，建立两个框架，其名称分别为 Fr1、Fr2，标题分别为"性别"和"兴趣"。在标题为"性别"的框架中建立一个单选按钮数组 Option1(i)，该数组包含两个单选按钮，标题分别为"男"和"女"，再在标题为"兴趣"的框架中建立一个复选框数组 Check1(i)，该数组包括三个复选框，标题分别为"听音乐"、"运动"和"上网"。利用属性窗口设置适当的属性，使得标题为"性别"的框架中默认选中"女"，标题为"兴趣"的框架中默认为"听音乐"未选，"运动"被选中，"上网"为灰色。程序运行时窗体界面如图 3-13 所示，保存窗体文件名为 Sjt1.frm，工程文件名为 Sjt1.vbp。

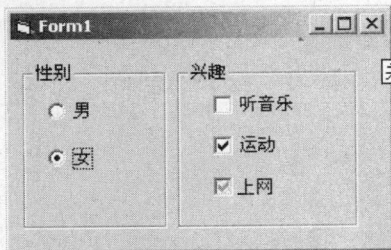

图 3-13　带框架的窗体

【解析】本题主要考查了框架、单选按钮、复选框以及控件数组的使用。单选按钮和复选框控件的 Value 属性设置同【例 8】，此处主要体现在控件数组的建立上。

建立控件数组有两种方法：

- 依次画出多个同类控件，修改其 Name 属性，使它们具有相同的名称，系统会自动显示对话框，询问是否要建立控件数组。
- 先画一个控件（如复选框），然后用复制、粘贴的方式建立其他控件，系统会自动显示对话框，询问是否要建立控件数组。

控件数组建成后，可在属性窗口的下拉列表框中看到相应项目，注意形成控件数组的控件名后都跟（？），如图 3-14 所示。

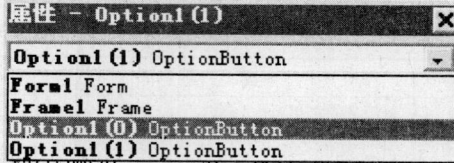

图 3-14　属性窗口中的控件数组表示

本题中共出现两个控件数组，分别是 Option1 和 Check1，数组中的控件元素以其 Index 属性值进行区分。

─ 注 意 ─

在进行本题操作时，先画框架，然后再画其中的单选按钮和复选框控件；不要使用双击建立控件的方式，应使用鼠标拖放的操作绘制框架中的其他控件，只有在框架中画的控件，才能与框架一起移动，与其成为一个整体。

【解题步骤】

① 建立界面并设置控件属性，本题中用到的相关控件及其属性如表 3-8 所示。

表 3-8　本题中用到的相关控件及其属性

控　件	属　性	设　置　值
框架	Name	Fr1
	Caption	性别
框架	Name	Fr2
	Caption	兴趣
单选按钮	Name	Option1
	Caption	男
	Value	False
	Index	0
单选按钮	Name	Option1
	Caption	女
	Value	True
	Index	1
复选框	Name	Check1
	Caption	听音乐
	Value	0-Unchecked
	Index	0

续表

控　件	属　性	设　置　值
复选框	Name	Check1
	Caption	运动
	Value	1-Checked
	Index	1
复选框	Name	Check1
	Caption	上网
	Value	2-Grayed
	Index	2

② 调试运行程序，并正确保存窗体文件和工程文件。

3.1.10　时钟控件

【例 10】在一个名为 Form1 的窗体上建立一个名为 T1 文本框和一个计时器控件 Timer1，请编写相应的事件过程，要求程序运行后在文本框内显示当前机器的动态时间，精确到秒，如图 3-15 所示。

【解析】计时器控件以一定时间间隔产生 Timer 事件从而执行相应的事件过程，在程序运行期间，计时器不可见。计时器的主要属性如下：

图 3-15　带计时器的窗体

- Enabled 属性：其取值为逻辑型，当取值为 False 时，定时器不产生 Timer 事件，默认值为 True，即响应 Timer 事件，在程序设计时，可以利用该属性灵活的启用或停用 Timer 事件。
- Interval 属性：该属性决定了两个 Timer 事件之间的间隔，其单位为 ms（毫秒），最大时间间隔为 1 min，默认值为 0。如果希望每隔 1 s 发生一个"计时到"事件，即执行 Timer 事件，则 Interval 取值应该为 1000；如果 Interval 取值为 0，则不触发 Timer 事件。

计时器的事件只有 Timer 事件，触发的前提条件是 Enabled 属性取值为 True，Interval 属性取值非 0。

【解题步骤】

① 建立界面并设置控件属性，本题中用到的相关控件及其属性如表 3-9 所示。

表 3-9　本题中用到的相关控件及其属性

控　件	属　性	设　置　值
文本框	Name	T1
	Text	空
计时器	Enabled	True
	Interval	1000

② 计时器的 Timer 事件如下：

```
Private Sub Timer1_Timer()
    T1.Text=Time
End Sub
```

③ 调试运行程序，并正确保存窗体文件和工程文件。

3.1.11　滚动条控件

【例 11】 在名为 Form1 的窗体上建立一个名为 HS1 的水平滚动条，最大值为 100，最小值为 0，要求编写适当的事件过程，使得程序运行后，每次移动滚动条时，将在窗体上显示滚动条滑块当前位置所代表的值，默认值为 0。保存窗体文件名为 Sjt1.frm，工程文件名为 Sjt1.vbp。程序中不得使用任何变量。程序界面如图 3-16 所示。

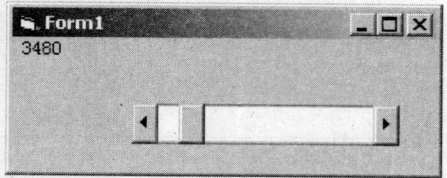

图 3-16　带滚动条的窗体

【解析】滚动条主要有水平滚动条（HScrollBar）和垂直滚动条（VScrollBar）两种。

① 主要属性：

- Value: 滑块当前位置所代表的值，默认值为 0。
- Min: 滑块处于最小位置所代表的值（-32 768～32 767）。
- Max: 滑块处于最大位置所代表的值（-32 768～32 767）。
- Smallchange: 是用户单击滚动条两端的箭头时 Value 属性所增加或减少的值。
- Largechange: 是用户单击滚动条的空白处（滑块与两端箭头之间的区域）时，Value 值所增加或减少的值。

② 事件：

- Scroll 事件: 当拖动滑块时会触发 Scroll 事件。
- Change 事件: 当改变 Value 属性时会触发 Change 事件。

【解题步骤】

① 题目中用到的相关控件及其属性如表 3-10 所示。

表 3-10　本题中用到的相关控件及其属性

控　件	属　性	设　置　值
滚动条	Name	HS1
	Max	100
	Min	0

② 滚动条的事件过程如下：

```
Private Sub HS1_Change()
    Print HS1.Value
End Sub
```

③ 调试运行程序，并正确保存窗体文件和工程文件。

3.1.12　组合框

【例 12】 在名称为 Form1、标题为"应用组合框"的窗体上画一个名为 Combo1、初始内容为空的下拉式组合框，下拉列表中有"中国"、"美国"、"俄罗斯"等三项。运行后的窗体如图 3-17 所示。本题不使用任何事件过程。窗体文件名为 Sjt1.frm，工程文件名为 Sjt1.vbp。

【解析】组合框是一种兼有文本框和列表框两者功能特性而形成的控件。其属性、方法、事件与列表框基本相同。可参考本章 3.1.6 的解析。

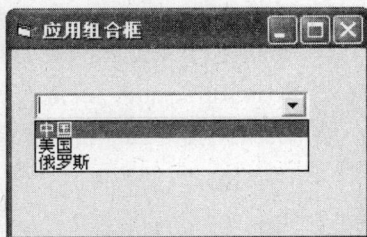

图 3-17　带组合框的窗体

针对组合框的考点中还有一项有别于列表框，就是 Style 属性，其取值决定了组合框控件的外观风格，该属性取值为：

0——系统创建一个带下拉式列表框的组合框。

1——系统创建一个由文本框和列表框直接组合在一起的简单组合框，可以从列表框中选择，也可以直接在文本框中输入。

2——系统创建一个没有文本框的下拉式列表框，单击列表框上的按钮才显示文本框，用户不能在文本框中输入，只能在下拉列表中选择。

依题意和示例窗体，Style 属性应设为 0。

【解题步骤】

① 题目中用到的相关控件及其属性如下表 3-11 所示。

表 3-11　本题中用到的相关控件及属性

控　件	属　　性	设　置　值
窗体	Name	Form1
	Caption	应用组合框
组合框	Name	Combo1
	Text	空
	List	中国 美国 俄罗斯
	style	0

② 调试运行程序，并正确保存窗体文件和工程文件。

3.1.13　Shape 控件

【例 13】在名称为 F1、标题为"椭圆练习"的窗体上，画一个名称为 Shape1 的椭圆，其高度为 800，宽度为 2 600，左边距为 1 000，椭圆的边框是宽度为 5 的蓝色实线（&H00C00000&），椭圆填充色为黄色（&H0000FFFF&），如图 3-18 所示。窗体文件名为 Sjt1.frm，工程文件名为 Sjt1.vbp。

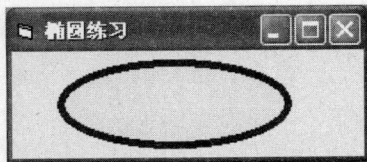

图 3-18　带 Shape 控件的窗体

【解析】本题主要考查 Shape 控件相关属性的正确使用方法。Shape 控件用于在窗体或图片框内绘制图形，其主要属性如下：

● Shape 属性：用于设置图形种类，其取值有：

0-Rectangle：矩形（默认值）；

1-Square：正方形；

2-Oval：椭圆。

3-Circle: 圆；

4-Rounded Rectangle: 圆角矩形；

5-Rounded Square: 圆角正方形。

- BackStyle 属性：指出背景样式是透明还是不透明，其取值有：

0-Transparet: 透明的；

1-Opaque: 不透明的；

- BorderWidth: 边框的宽度。

- BackColor: 背景色（Shape 控件中该属性在 BackStyle 属性取值为 1-Opaque 时有效）。

【解题步骤】

① 建立界面并设置控件属性，本题中用到的相关控件及其属性如表 3-12 所示。

表 3-12　本题中用到的相关控件及属性

控　件	属　性	设　置　值
窗体	Name	F1
	Caption	椭圆练习
Shape	Name	Shape1
	Height	800
	Width	2 600
	Left	1 000
	BorderWidth	5
	BackStyle	1-Opaque
	BackColor	&H0000FFFF&
	BorderColor	&H00C00000&

② 调试运行程序，并正确保存窗体文件和工程文件。

3.1.14　通用对话框控件

【例 14】 在名称为 Form1 的窗体上，画一个名称为 CmdOpen、标题为"打开"的命令按钮，然后画一个名称为 cdlOpen 的通用对话框（见图 3-19）。编写适当的事件过程，使得程序运行时单击"打开"命令按钮，则弹出打开对话框。在属性窗口中设置通用对话框的适当属性，使得对话框中显示的文件类型第一项为"所有文件"，第二项为"*.DOC"，默认的过滤器为.DOC 文件。

要求： 程序中不得使用变量，事件过程中只能写一条语句。存盘时必须存放在考生文件夹下，工程文件名为 sjt1.vbp，窗体文件名为 sjt1.frm。

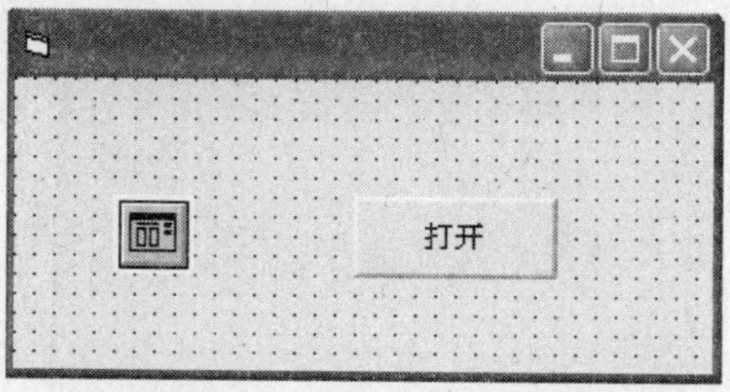

图 3-19　通用对话框初始界面

【解析】通用对话框（CommonDialog）提供打开文件、保存文件、设置打印选项、选择颜色和字体、显示帮助等操作的一系列标准对话框。该控件运行时不可见。Action 属性用于设置被打开对话框的类型；当通用对话框显示为"打开"或"另存为"类型时，其 FileName 属性用于返回或设置所选的文件的路径和文件名，Filter（过滤器）属性在对话框显示时提供一个可供选择过滤器列表，从而指定在对话框的文件列表中显示文件的类型，例如，过滤器为*.txt，表示显示所有的文本文件。其语法为：对象名.Filter ="描述|文件扩展名"。使用管道符（|）将描述与过滤器隔开，也可将多个过滤器相互分隔。FilterIndex 属性返回或设置"打开"或"另存为"对话框中一个默认的过滤器，其中第一个过滤器的索引号是 1。

在 VB6.0 中使用新方法来打开不同对话框，同时也保留了对 Action 属性的支持。表 3-13 列出了不同 Action 属性值代表的对话框类型及其在 VB6.0 中的对应方法。在单击按钮时弹出"打开文件"对话框，只需在"打开"按钮的 Click 事件过程中调用通用对话框的 ShowOpen 方法即可。

表 3-13　通用对话框控件的类型与方法

属　性　值	对话框类型	对　应　方　法	说　　明
0	无操作		
1	打开	ShowOpen	
2	另存为	ShowSave	
3	颜色	ShowColor	
4	字体	ShowFont	使用该方法前必须先设置 Flags 属性为 cdlCFBoth、cdlCFPrinter Fonts、cdlCFScreenFonts 这 3 个值中的一个
5	打印	ShowPrinter	
6	帮助	ShowHelp	使用该方法前必须先设置控件的属性 HelpFile 和 HelpCommand 的值

【解题步骤】

① 新建一个"标准 EXE"工程，在窗体 Form1 中加入一个命令按钮，其相关属性设置如表 3-14 所示。

表 3-14　本题中用到的相关控件及属性

对　　象	属　　性	设　置　值
命令按钮	Name	CmdOpen
	Caption	打开
通用对话框	Name	cdlOpen
	DialogTitle	打开文件
	Filter	所有文件|*.*|*.DOC|*.doc
	FilterIndex	2

② 选择"工程"→"部件"命令，将弹出"部件"对话框，如图 3-20 所示，从列表框中选中 Microsoft Common Dialog Control 6.0 项目，单击"确定"按钮。

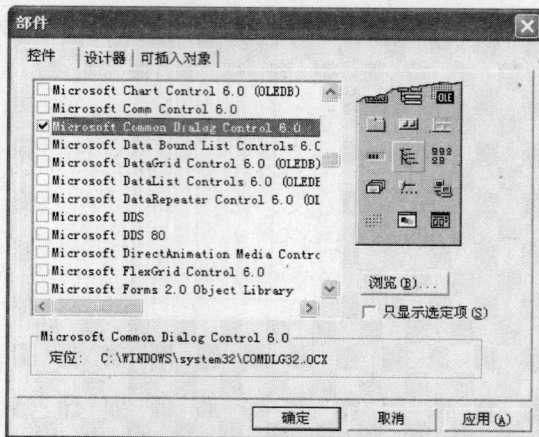

图 3-20　"部件"对话框

③ 双击工具箱中新添加的通用对话框（CommonDialog）控件图标，在窗体中加入一个通用对话框控件，其相关属性设置如表 3-14 所示。也可右击窗体中的通用对话框控件，在弹出的快捷菜单中选择"属性"命令，在打开的"属性页"对话框中设置其相关属性，如图 3-21 所示。

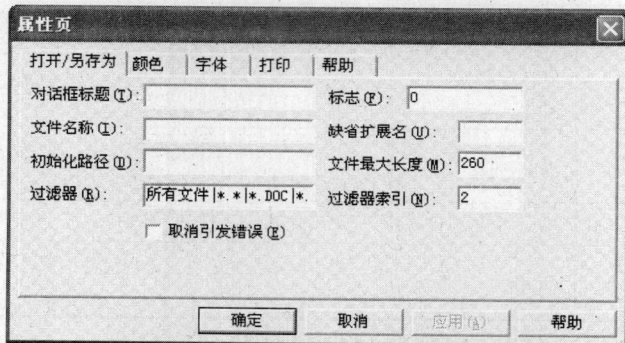

图3-21　通用对话框属性页

④ 双击窗体 Form1 中的"打开"按钮，在打开的代码编辑窗口中，输入如下代码：

```
Private Sub CmdOpen_Click()
    cdlOpen.ShowOpen
End Sub
```

⑤ 按要求将文件保存至考生文件夹中。

3.1.15　图像框控件

【例15】在名称为 Form1 的窗体上画一个名称为 Img1 的图像框，其高、宽分别为 1 500、2 800，且随图片的大小而变化；再画两个命令按钮，标题分别为"显示"和"隐藏"，名称分别为 CmdShow 和 CmdHide，如图 3-22 所示。编写两个命令按钮的 Click 事件过程，使得当单击"显示"按钮时，将当前文件夹下的图片文件 pic1.jpg

图3-22　单击显示按钮后的运行结果图

显示在图片框中；而如果单击"隐藏"按钮，则清除图像框中的图片。

要求：要求程序中不得使用变量，事件过程中只能写一条语句。存盘时必须存放在考生文件夹下，工程文件名为 sjt1.vbp，窗体文件名为 sjt1.frm。

【解析】为图像框控件指定图片有两种方法：一是在设计阶段通过 Picture 属性设置；二是在程序运行时通过 LoadPicture()图片加载函数加载，其语法为：图片框.Picture=LoadPicture("图像文件路径")，App.Path 可返回当前工程文件所在的文件夹路径，是使用相对路径的一种用法。用不带参数的 LoadPicture()函数为对象的 Picture 属性赋值将清除窗体、图片框及图像控件中的图形。图像框的 Strech（自动伸缩）属性用来设置图像框是否需要自动调整大小，以适应载入图像框中的图片的大小，值为 True 时表示自动调整。

本题需分别在两个命令按钮的 Click 事件过程中，用 LoadPicture()函数为图像框加载或清除图片。

【解题步骤】

① 新建一个"标准 EXE"工程，按表 3-15 在窗体中画出控件并设置其相关属性。

表 3-15　本题中用到的相关控件及属性

对　象	属　性	值
图像框	Name	Img1
	Stretch	True
	Height	1 500
	Width	2 800
命令按钮 1	Name	CmdShow
	Caption	显示
命令按钮 2	Name	CmdHide
	Caption	隐藏

② 打开代码编辑窗口，编写两个命令按钮的单击事件过程。

参考代码：

```
Private Sub CmdHide_Click()
    Img1.Picture = LoadPicture()
End Sub

Private Sub CmdShow_Click()
    Img1.Picture = LoadPicture(App.Path & "\pic1.jpg")
End Sub
```

③ 按要求将文件保存至考生文件夹中。

注意

一定要将 pic1.jpg 和工程文件、窗体文件保存在同一个文件夹中才能运行。

3.2　简单应用题

该题型分为两小题，要求考生能读懂并设计比较简单的程序。做该类题前一定要仔细看题目后面的注意事项，包括使用原文件名保存，程序至少执行一次显示结果，必须用窗体右上角的"关闭"按钮结束程序等。总之，注意事项很关键，否则可能会造成无成绩。本类题型的考核形式主要有两种：

第一种也是最常考的一种形式就是程序填空，一段完整的程序隐藏了几条语句，要求考生根据控件的属性、程序的结构以及程序实现的功能进行判断，从而将程序补充完整。需要填写程序的部分以"?"号的方式给出，要求考生在"?"号的位置补上正确的程序，同时删除"?"号和"'"号。切记：一定要删除问号"?"和单引号"'"，否则没有分数，因为不删掉单引号"'"，VB 编译环境将带单引号的此句作注释用，不编译。

第二种题型是要求为控件设置属性，并编写事件过程完成一个特定的功能。部分试题已开始涉及常用算法的考查，包括具体算法及其编程实现。

应对该部分试题的方法是：

① 熟练掌握课本的重要知识点（如常用的算术函数、字符函数、转换函数等；If 语句、For 循环、Do 循环、常用算法等），否则"腹中空空"，无从下手。

② 拿到题目后，先通读题目，了解题意，然后通读或略读一遍程序，知道大概的意思以及程序中用到了哪些函数和循环语句，考到了哪些知识点，做到心中有数。

③ 带着步骤②中的准备工作详读程序，寻找主干的"题眼"（或者说是"破绽"）填写语句。尽量多读几遍程序的主干部分，遇到重点部分，多问几个为什么。

④ 利用平时所学知识点，试着填写，或者说有的放矢地填写，最后调试运行程序，验证所填内容是否正确。

总之，多做习题，多上机练习，注意总结规律。特别要学会调试程序，这一点尤其重要。现举例说明。

【例 16】考生文件夹下有一个工程文件 sjt2.vbp 和一个窗体文件 sjt2.frm。其功能是产生 20 个 1～1 000 的随机整数，并放入一个数组中，然后输出其中是 3 的倍数的整数之和。程序运行后，单击命令按钮（名称为 Cmd1，标题为"输出"）将结果显示于窗体上，如图 3-23 所示。

图 3-23　3 的倍数的整数和

该程序不完整，请将其补充完整，并能正确运行。

要求：删除其中的注释符（即"'"），把程序中的"?"改为正确的内容，使其能实现上述功能，但不能修改原程序中的其他部分，最后把修改后的文件按原文件名保存。

题目提供的代码如下：

```
Option Base 1
Private Sub Command1_Click()
    Dim a(20) As Integer
    Dim i,sum As Integer
    Randomize
    For i=1 To 20
'       a(i)=?
    Next i
    sum=0
    For i=1 To 20
'       If ?  Then
'           sum=sum+?
        End If
    Next i
```

```
    Print sum
End Sub
```

【解析】本题考查的知识点有：随机正整数生成公式，整除、累加和运算的实现。

① 产生随机正整数：需要用到 Rnd() 和 Int() 两个函数。

- Int(N) 函数：取小于或等于 N 的最大整数，如 Int(3.5) 的值为 3。
- Rnd() 函数：返回一个小于 1 但大于或等于 0 的双精度随机数。产生一定范围随机整数的通用表达式为 Int(Rnd*(Upperbound-Lowerboud+1)+Lowerbound)，其中，Upperbound 是上界，Lowerbound 是下界。注意：Rnd() 函数可以写成 Rnd。

② mod 运算：M mod N=0 则 M 是 N 的倍数，或者说 M 能被 N 整除。Mod 运算符应用时要求左右两边都要有空格。

③ 求累加和：一般采用循环的方式，循环体为 sum=sum+变量。

本程序要填写的 3 行参考代码依次如下：

```
a(i)=int(Rnd*(1000-1+1)+1)
If a(i) mod 3=0 Then
    sum=sum+a(i)
```

【例 17】考生文件夹下有一个名为 sjt4.vbp 的工程文件，其窗体上有一个名为 Command1 的命令按钮，名称为"开始查找"，有两个名为 Text1、Text2 的文本框，初始内容皆为空。在文本框 Text1 内输入仅含字母和空格（空格用于分隔不同的单词）的字符串后，单击"开始查找"按钮则可以将输入字符串中长度最长的单词显示在文本框 Text2 内，如图 3-24 所示。请将按钮 Click 事件中的"'"去掉，将"?"改为正确的内容以实现上述功能。考生不得更改窗体中已存在的控件和程序，最后按原文件名存盘。

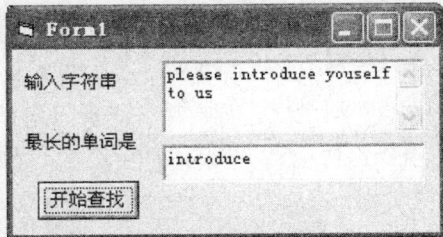

图 3-24　输出最长单词

题目提供的代码如下：

```
Private Sub Command1_Click()
    Dim m As Integer, n As Integer      'n存放最长单词的长度
    Dim s As String, word_s As String
    Dim word_max As String              'word_max存放最长单词
    s = Trim(Text1.Text)
    Do While Len(s) > 0
      m = InStr(s, Space(1))
      If m = 0 Then
          ' word_s = ?
          s = ""
      Else
          word_s = Left(s, m - 1)      '分离出一个单词
          's = Mid(s, ? )              '剩余内容放入s
      End If
      'If n < ?  Then
          n = Len(word_s)
          word_max = word_s
      End If
    Loop
    'Text2.Text = ?
End Sub
```

【解析】本题主要考查学生阅读和理解程序的能力，所涉及的知识点有：Mid()函数、Instr()函数、Left()函数、Space()函数、do 循环等，考生做此类题目要熟练掌握相关的知识点，否则难以下手。

① 通过阅读题目，不难看出 Text2 中最终存放的是最长单词，而通过原程序的注释，可以看出 word_max 存放最长单词，因此很容易填写最后一句 Text2.text=word_max。

② 程序的主干部分为 do while 循环。首先看循环体的第一句，m = InStr(s, Space(1))是查找空格在字符串中的位置，要读懂循环体的第二句 If m=0 Then，读到这里要问一下自己，m 的值为 0 意味着什么，意味着 s 这个字符串中已没有空格，而 s 是由 Text1 赋值的，也就说 Text1 中输入的 s 仅是一个不包含空格的纯单词。

③ 循环体的第三句 word_s=?，谁赋给 word_s，通过通读程序，在程序有一条语句 n = Len(word_s)，且注释中注明 n 存放最长单词的长度，可知 word_s 就是最大单词的长度。那么结合②的分析可知，word_s=?该填写为 word_s=s。

④ 程序中的 Else 就是 m 不等于 0，即 s 中含有空格，表示 s 中含有一个带空格的单词或多个单词。这时候要借助 VB 编译环境的调试功能（按【F8】键），来调试运行程序，要分离去掉空格以后的内容，很容易填写出 s = Mid(s, m+1, Len(s) - m)这一句。

⑤ 如何填写 If n < ?　Then 这一句，此句要联系下文，也就是说满足什么条件（也即 n 小于什么），才会执行 n = Len(word_s)，word_max = word_s。通过 word_s = Left(s, m - 1)这一句可知，word_s 是分离出的单词，而程序中 Len(word_s)偏要赋给 n，n 是存放最长单词的长度，那也就是说 word_s 变量是最长单词，结合 word_s = Left(s, m - 1)分离出一个单词，可填写出 If n<Len(word_s) Then n = Len(word_s)。

⑥ 调试验证程序，通过，正确保存窗体文件名和工程文件名。

本程序要填写的 4 行参考代码如下：

```
word_s = s
s = Mid(s, m + 1, Len(s) - m)        '剩余内容放入 s
If n < Len(word_s) Then
Text2.Text = word_max
```

【例 18】考生文件夹中有工程文件 sjt5.vbp 及其窗体文件 sjt5.frm，该程序是不完整的，请在有"?"号的地方填入正确内容，然后删除"?"及所有注释符（即"'"号），但不能修改其他部分。本题描述如下：

名称为 Form1 的窗体上有两个单选按钮，名称分别为 Opt1 和 Opt2，标题分别为"100-200 之间素数"和"200-400 之间素数"；一个文本框，名称为 Text1；两个命令按钮，其名称分别为 Cmd1 和 Cmd2，标题分别为"计算"和"存盘"。程序运行后，如果选中一个单选按钮并单击"计算"按钮，则计算出该单选按钮标题所指明的所有素数之和，并在文本框中显示出来。如果单击"存盘"按钮，则把计算结果存入 out.txt 文件中，该文件必须放在考生文件夹中（考生文件夹中有标准模块 mode.bas，其中的 putdata 过程可以把结果存入指定的文件，而 isprime()函数可以判断整数 x 是否为素数，如果是素数，则函数返回 True，否则返回 False，考生可以将该模块文件添加到自己的工程中）如图 3-25 所示。

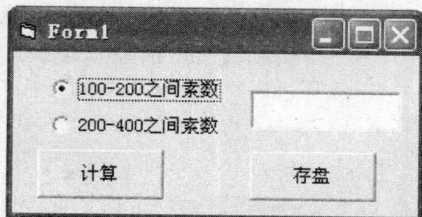

图 3-25　求素数和

注　意

　　必须把素数之和存入考生文件夹下的 out.txt 文件中，否则没有成绩。保存程序时必须存放在考生文件夹下，窗体文件名为 sjt5.frm，工程文件名为 sjt5.vbp。

本题原程序代码如下：

```
Private Sub Cmd1_Click()
    Dim i As Integer
    Dim temp As Long
    If Opt2.Value Then
        For i = 200 To 400
            ' If isprime(?) Then
                temp = temp + i
            End If
        Next
    Else
        For i = 100 To 200
            If isprime(i) Then
                temp = temp + i
            End If
        Next
    End If
    ' ?= temp
End Sub

Private Sub Cmd2_Click()
    putdata "\out.txt", Text1.Text
End Sub

Sub putdata(t_FileName As String, T_Str As Variant)
    Dim sFile As String
    sFile = "\" & t_FileName
    Open App.Path & sFile For Output As #1
    Print #1, T_Str
    Close #1
End Sub

Function isprime(t_I As Integer) As Boolean
    Dim J As Integer
    isprime = False
    For J = 2 To t_I / 2
        If t_I Mod J = 0 Then Exit For
    Next J
    'If J > t_I / 2 Then isprime = ?
End Function
```

【解析】本题主要考查的知识点有文本框及单选按钮的使用，程序代码设计中用到了循环结构的设计思想。素数的判断准则为：看该数除了 1 和其本身之外，还有无其他约数，若有，表示该数不是素数，否则该数为素数。

文本框用 Text 属性来显示计算结果；命令按钮的标题通过 Caption 属性来设置，单击命令按钮触发 Click 事件；为了检测单选按钮是否被选中，可以通过检测 Value 属性来实现，当 Value 的属性为 True 时，表示单选按钮被选中，否则未被选中。

① 通读题目和整篇程序，可容易地填写出第一个要填的语句 If isprime(?) Then，因为求 200～400 内的素数和与 100～200 以内的素数和方法是一样的。下面题目中非常明确地写着 If isprime(i) Then，因此第一个要填写的语句也是 If isprime(i) Then。

② 根据题目意思，temp 即为求出的和，最后的和肯定首先要显示在 Text1 内，然后才输出到文件中，所以 ?=temp 此句应该是 temp 赋给 Text1.Text。

③ 在模块中的 isprime() 函数过程是一个判断是否为素数的过程。既然过程开始就把 isprime 赋值为 false，所以结合求素数的算法，此句 If J > t_I / 2 Then isprime = ? isprime 的赋值应为 True。

④ 调试验证程序，通过，正确保存窗体文件名和工程文件名。

本程序要填写的参考代码如下：

```
If isprime(i) Then
Text1.text=temp
If J > t_I / 2 Then isprime =True
```

【例 19】考生文件夹下有一个工程文件 kt4.vbp，要求程序运行后，如果多次单击列表框中的项，则可同时选择这些项，而如果单击"显示"按钮，则在窗体上输出选中的所有列表项。

─ 注 意 ─────────────

修改列表框的适当属性，使得运行时可以多选，并删除程序中的注释符（即"'"），把程序中的"?"改为正确的内容，使其实现上述功能，但不得修改程序中的其他部分。最后把修改后的程序按原文件名保存。

本题程序运行界面如图 3-26 所示。

题目中"显示"按钮的代码如下：

```
Private Sub C1_Click()
    ' For i = 0 To ?
        'If ? = True Then
         ' ?
        End If
    Next
End Sub
```

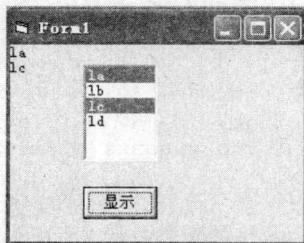

图 3-26 列表框运行界面

【解析】本题主要考查的知识点是列表框相关属性的使用，如果熟悉属性，那么很容易得分，如果不熟悉则有难度。

首先要实现列表框中的列表项可以多选的问题，"选择"的英文单词是 select，那么考虑和 select 有关的属性，在属性窗口中可以找到 MultiSelect，该属性有 3 个取值：0——不能多选，1——可以实现简单多选，2——结合【Shift】或【Ctrl】键实现多选。根据题目描述"多次单击列表框实现多选"，则设置 MultiSelect 为 1。

读程序 "? =True"，返回题目中进行分析，只有"窗体上输出所有选中的列表项"中包含有可以出现真假的逻辑式，即选中则输出，没有选中则不输出，所以是否被选中可以得到逻辑结果，回忆列表框的属性中用选中有关的属性 Selected，要表示被选中的是哪一项，需要有索引号，结合起来正确书写即为 l1.Selected(i) 。继续刚才的分析，被选中的列表项要输出到哪里，用什么语句输出？输出的各项如何表示？题目要求输出到窗体，显然要用 Print 语句输出，被选中列表项的索引号就是当前被选中的 l1.Selected(i)=True 的 i，所以输出索引号为 i 的那项即可，表示为 l1.List(i)，合在一起即是 Print l1.List(i)。

最后一个空表示索引号 i 的变化范围，题目没有明确添加的列表项有多少项，因此填写数字不合理，而列表项是从 0 开始编号的，最后一个的编号一定是总数减 1，总数可以用 listcount 属性得到，从而可以得出程序为 l1.ListCount − 1。

调试验证程序，通过，正确保存窗体文件名和工程文件名。

本程序完整代码的参考代码如下：

```
For i = 0 To l1.ListCount - 1
        If l1.Selected(i) = True Then
            Print l1.List(i)
        End If
Next
```

【例 20】考生目录下有一个工程文件 vbsj3.vbp，窗体上有一个圆和一条直线（直线名称为 linClock）构成一个钟表图案；有两个命令按钮，分别为 CmdStart、CmdStop，标题分别为"开始"和"停止"；还有一个名为 tmrclock 的计时器。程序运行时，钟表指针不动，单击"开始"按钮，指针（即 linClock）开始顺时针旋转（每秒转 6°，1 min 转一圈）；单击"停止"按钮则停止转动。运行时的窗体如图 3-27 所示。请设置计时器的适当属性，使得每秒激活计时器的 Timer 事件一次，并编写两个按钮的 Click 事件过程。文件中已经给出所有控件和部分程序，不得修改已有程序和其他控件的属性，编写的事件过程中不得使用变量，且只能写一条语句。最后把修改后的文件按原文件名存盘。

图 3-27　钟表运行界面

程序源码如下：

```
Dim lenth As Integer, q As Integer
Const PI = 3.14159
Private Sub Form_Load()
    lenth = linClock.Y2 - linClock.Y1
    q = 90
End Sub
Private Sub tmrClock_Timer()
    q = q - 6
    linClock.Y1 = linClock.Y2 - lenth * Sin(q * PI / 180)
    linClock.X1 = linClock.X2 + lenth * Cos(q * PI / 180)
End Sub
```

【解析】计时器控件用于实现在规则的时间间隔触发其 Timer 事件，执行有关事件过程代码来完成对应功能。Interval 属性用于设置触发计时器的 Timer 事件的时间间隔，单位为毫秒，值为 0 时计时器不启用。Enabled 属性控制计时器是否开始启用，值为 True 时表示启用，值为 False 时表示不启用。

本题通过计时器的 Timer 事件来控制直线控件的位置，从而实现钟表上的指针旋转的功能。为使计时器的 Timer 事件每秒激活一次，需将计时器的 Interval 属性值设置为 1 000；为使程序刚运行时钟表指针不动，需将 Enabled 属性值设置为 False。在"开始"按钮的单击事件过程中，通过设置计时器的 Enabled 属性值为 True 来启动计时器。在"停止"按钮的单击事件过程中，通过设置计时器的 Enabled 属性值为 False 来停止计时器。

【操作步骤】

① 打开考生文件夹中的本题工程文件 vbsj3.vbp，在属性窗口中设置计时器的 Interval 属性值

为 1 000，Enabled 属性值为 False。

② 在代码编辑窗口中编写"开始"和"停止"按钮的单击事件过程。

参考代码：

```
Private Sub CmdStart_Click()
    tmrClock.Enabled = True
End Sub
Private Sub CmdStop_Click()
    tmrClock.Enabled = False
End Sub
```

③ 按要求将文件保存至考生文件夹中。

【例 21】考生目录下有一个工程文件 vbsj4.vbp，文件 in4.txt 中有 5 组数据，每组 10 个，依次代表语文、英语、数学、物理、化学这 5 门课程 10 个人的成绩。程序运行时，单击"读数"按钮，可从文件 in4.txt 中读入数据放到数组 a 中。单击"计算"按钮，则计算 5 门课程的平均分（取整），并依次放入 txtAvg 文本框数组中。单击"显示图形"按钮，则显示平均分的直方图，如图 3-28 所示。窗体文件中已有全部控件，但程序不完整，要求去掉程序中的注释符，把程序中的"?"改为正确的内容。

注 意

不能修改程序的其他部分和控件属性。最后把修改后的文件按原文件名存盘。

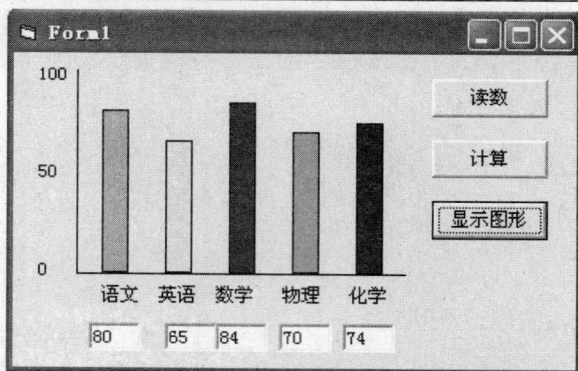

图 3-28　计算平均分的直方图

文件 in4.txt 中的数据如下：

75 88 65 98 58 76 80 89 76 100

56 76 81 66 59 58 71 74 60 48

98 95 88 79 74 68 92 89 76 85

56 71 74 81 78 90 56 73 55 64

80 68 76 94 53 67 85 79 68 70

程序源码如下：

```
Dim a(5, 10) As Integer
Dim s(5)
Private Sub CmdRead_Click()
'   Open App.Path & "\in4.txt" For ? As #1
    For i = 1 To 5
```

```
        For j = 1 To 10
            Input #1, a(i, j)
        Next j
    Next i
    Close #1
End Sub

Private Sub CmdCal_Click()
    For i = 1 To 5
        s(i) = 0
        For j = 1 To 10
'            s(i) = ?
        Next j
'          ? = CInt(s(i) / 10)
        txtAvg(i - 1) = s(i)
    Next i
End Sub

Private Sub CmdShow_Click()
    For k = 1 To 5
        Shape1(k - 1).Height = s(k) * 20
        m = Line2.Y1
'        Shape1(k - 1).Top = ? - Shape1(k - 1).Height
'        Shape1(k - 1).? = True
    Next k
End Sub
```

【解析】"读数"按钮的单击事件过程中，Open 语句用于打开数据文件以读入数据，故"?"应改为 Input。"计算"按钮的单击事件过程中，源程序用嵌套 For 循环来计算 5 门课程的平均分，其中内循环体中变量 s(i)用于统计某课程的总分，表达式为：s(i) = s(i) + a(i, j)，外循环体中变量 s(i)的最终值应为某课程的平均分。"显示图形"按钮单击事件过程的 For 循环中，根据每门课程的平均分，先计算出对应直方图的高度，然后计算该直方图的 Top 属性值（应为水平直线的 Y1（或 Y2）属性值减去直方图的高度），最后显示该直方图（通过设置其 Visible 属性实现）。

【操作步骤】

① 打开考生文件下的本题工程文件 vbsj4.vbp，在代码编辑窗口中去掉程序中的注释符"'"，将问号"?"改为正确的内容。

参考代码：
```
Open App.Path & "\in4.txt" For Input As #1
s(i) = s(i) + a(i, j)
s(i) = CInt(s(i) / 10)
Shape1(k - 1).Top = m - Shape1(k -1).Height
Shape1(k - 1).Visible = True
```

② 按要求将文件保存至考生文件夹中。

【例 22】考生目录下有一个工程文件 vbsj4.vbp，窗体如图 3-29 所示。程序的功能是：通过键盘向文本框输入数字，如果输入的是非数字字符，则提示输入错误，且文本框中不显示输入的字符。单击名称为 CmdAdd、标题为"添加"的

图 3-29　窗体设计图

命令按钮，则将文本框中的数字添加到名称为 Cbo1 的组合框中。在给出的窗体中已经添加了全部控件，但程序不完整。要求去掉程序中的注释符，把程序中的"?"改为正确的内容。

> **注　意**
>
> 　不能修改程序的其他部分和控件属性。最后把修改后的文件按原文件名存盘。

程序源代码如下：

```
Private Sub CmdAdd_Click()
    'Cbo1.?
    Txt1.Text = ""
End Sub

Private Sub Txt1_KeyPress(KeyAscii As Integer)
    'If KeyAscii > 57 Or KeyAscii < ? Then
        MsgBox "请输入数字！"
    '    KeyAscii = ?
    End If
End Sub
```

【解析】KeyPress(KeyAscii As Integer) 事件是在对象具有焦点时，按下键盘上的键时触发的事件，KeyAscii 参数是所按键的 ASCII 码，将每个字符的大、小写形式作为不同的键代码解释。Asc()函数可返回字符的 ASCII 码值，该值可以进行数学运算。数字 0~9 的 ASCII 码范围为 48~57，大写字母 A~Z 的 ASCII 码范围为 65~90，小写字母 a~z 的 ASCII 码范围为 97~122，空（NUL）的 ASCII 码为 0。

　组合框的列表项既可以在设计阶段通过其 List 属性设置加入（注意：每输入完一项后按【Ctrl+Enter】组合键换行再输入下一项），也可在程序运行时通过 AddItem 方法加入，其语法为：组合框名.AddItem 项目字符串[,索引值]。其中，"索引值"可以指定插入项在列表框中的位置，表中的项目从 0 开始计数。如果省略"索引值"，则文本被放在列表框的尾部。

　本题源程序要在文本框中防止非数字字符的输入，应在其 KeyPress 事件过程中，将输入字符的 KeyAscii 值大于 57 或小于 48 的重新赋值为 0。向组合框中输入项目，应使用其 AddItem 方法。

【操作步骤】

① 打开考生文件夹下的本题工程文件 vbsj3.vbp。在代码编辑窗口中去掉程序中的注释符"'"，将问号"?"改为正确的内容。

参考代码：

```
Cbo1.AddItem Txt1.Text
If KeyAscii > 57 Or KeyAscii < 48 Then
KeyAscii = 0
```

② 按要求将文件保存至考生文件夹中。

3.3　综合应用题

　综合应用题实际上是简单应用题的升级，该部分考题主要考查考生阅读程序、编写程序的能力，考查的知识点大多为常用的算法，同时还常伴有文件操作，题目难度比前面的简单应用题大。尤其是这类题大多数要求从文件中读出源数据或者要将结果保存到文件中，从而难度加大。涉及的考核形式主要有：

第一种也是填空题，不过这里提高了难度，程序不是隐藏了一两条语句，而是隐藏了多条连续的语句。

第二种要求考生独立编制一段程序完成一个功能。

大多数综合应用题的题目描述比较长，代码也比较长，考生容易失去信心没有耐心去看题。实际上对于这类题目，只要一边读题一边分析代码，标示出程序执行的模块，然后分模块专攻需要填空或者需要编写代码的部分。多数题目的填空位置并不是很难，关键要通过练习和分析总结出规律。

该部分试题涉及常用算法的考查，考生可参考本书 1.7.2 节上机考点与常用算法。

【例 23】考生文件夹下有工程文件 sjt5.vbp 及其窗体文件 sjt5.frm，该程序是不完整的，请在 "?" 号的位置填入正确内容，然后删除 "?" 及其所有注释符（即 "'" 号），但不能修改其他部分。名称为 Form1 的窗体上有一个文本框，名称为 Text1，Multiline 属性为 True，ScorllBars 属性为 2；两个命令按钮，名称分别为 Cmd1 和 Cmd2，标题分别为 "读入数据" 和 "计算保存"，如图 3-30 所示。要求程序运行后，如果单击 "读入数据"

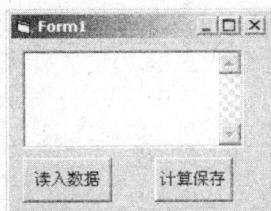

图 3-30　计算数组中前 30 个数的平均值

按钮，则读入 in.txt 文件中的 100 个整数，放入一个数组中（数组下界为 1），同时在文本框中显示出来；如果单击 "计算保存" 按钮，则计算数组中前 30 个数的平均值（结果四舍五入），并把结果在文本框 Text1 中显示出来，同时把结果存入考生文件夹下的文件 out.txt 中（考生文件夹中有标准模块 mode.bas，其中 putdata 过程可以把结果存入指定的文件）。

注　意
　　文件必须存放在考生文件夹下，窗体文件名为 sjt5.frm，工程文件名为 sjt5.vbp，计算结果存入 out.txt 文件中，否则没有成绩。

【解析】本题主要考查文本框、命令按钮和数组的使用，通过设置 Text 属性来决定文本框显示的内容，Multiline 属性决定文本框是否可以多行显示，按钮的标题通过 Caption 属性设置，单击命令按钮触发 Click 事件。题中涉及文件的操作，以顺序访问的方式打开文件，用 Input# 语句读取数据。文件操作结束后，一定要关闭文件。

【解题步骤】

① 建立控件并设置控件属性。程序中用到的控件及其属性如表 3-16 所示。

表 3-16　本题中用到的相关控件及其属性

控　件	属　性	设　置　值
文本框	Name	Text1
	ScrollBars	2
	Multiline	True
命令按钮	Name	Cmd1
	Caption	读入数据
命令按钮	Name	Cmd2
	Caption	计算保存

② 编写程序代码。

程序源代码：

```
Option Explicit
Dim a(1 To 100) As Integer
Private Sub Cmd1_Click()
    Dim j as integer
    Open "in.txt" For Input As #1
    For j=1 To 100
      Input #1,a(j)
      Text1.Text=Text1.Text & a(j)&Space(5)
    Next j
'   ? #1
End Sub
Private Sub cmd2_click()
    Dim temp As Long
    Dim j As Integer
    For j=1 To 30
      'temp=temp+?
    Next j
    temp=temp/30
    'Text1=?
    putdata"out.txt",temp
End Sub
```

标准模块 mode.bas 代码：

```
Option Explicit
Private Sub putdata(t_filename As String,t_str As Variant)
    Dim sfile As String
    sfile="\" & t_filename
    Open App.Path&sfile For Output As #1
    Print #1,t_str
    Close #1
End Sub
```

需要填写部分参考程序代码（正确答案）：

```
    Close #1
    temp=temp+a(j)
    Text1=temp
```

③ 调试并运行程序，按题目要求存盘。

【例 24】在名为 Form1 的窗体上放一个名为 Text1 的文本框和名为 Command1 的按钮，按钮标题为"大小写转换"，如图 3-31 所示。程序运行后，单击"大小写转换"按钮，可以将文本框中的大写字母变成小写，小写字母变成大写。

图 3-31 大小写转换

要求：窗体文件中已经给出了按钮的 Click 事件，但不完整，请去掉程序中的注释"'"，把程序中的"?"号改为正确的内容；不能增删程序，也不能修改程序的其他部分。

程序源代码：

```
Private Sub Command1_Click()
   Dim a$, n%, b$, k%
   a = ""
    'n = Asc("a") - Asc(?)
   For k = 1 To Len(Text1.Text)
      b= Mid(Text1.Text, k%, 1)
      If b >= "a" And b <= "z" Then
          b = String(1, Asc(b) - n)
       Else
          If b >= "A" And b <= "Z" Then
                'b = String(1, Asc(b) +?)
          End If
      End If
      a = a + b
   Next k
   'Text1.Text =?
End Sub
```

【解析】本题主要考查 String() 函数、Asc() 函数、For 循环、If 语句的正确理解及使用。String(个数,字符) 函数用于返回指定个数字符的字符串，其中字符可以是字符码或字符；Asc(字符) 函数返回字符对应的 ASCII 码。

【解题步骤】

① 计算同一个字母大小写的 ASCII 码值的差异，因为小写字母的 ASCII 码值大于大写字母的 ASCII 值，故第一处要填写的表达式的值应为 n = Asc("a") – Asc("A")。

② 程序中利用 For 循环逐一取出文本框内的字符赋给变量 b，并判断是否为小写字母（a~z），若是则将其 ASCII 码值减去 n 后利用 String() 函数转换成对应大写字母，否则将其 ASCII 码值加上 n 后利用 String() 函数转换成对应的小写字母。

③ 因为最后转换后的字母要放在文本框内，因此按题目意思应把 a 变量赋给 text1。

④ 调试并运行程序，按题目要求存盘。

本题参考代码为：

```
n = Asc("a") - Asc("A")
b = String(1, Asc(b) + n)
Text1.Text = a
```

【例 25】考生文件夹下有工程文件 sjt5.vbp，工程中已经给出了部分控件和部分程序。程序运行时请在窗体上分别画三个标签和三个文本框控件，界面如图 3-32 所示，控件属性设置如表 3-17 所示。程序运行后，如果单击"显示第三个记录"按钮，则读取考生文件夹下的 in5.txt 文件中的第三条记录，并将该记录的三个字段分别显示到三个文本框中（该文件是一个以随机存取方式建立的文件，共有五条记录）。单击"保存"的按钮，则将该记录的三个字段保存到考生文件夹下的 out5.txt 文件中。请编写"显示第三个记录"按钮的 Click 事件过程，以实现上述功能。

注 意

　　不能修改已经存在的程序，必须用"保存"按钮存储并结束，否则无成绩。最后，按原文件名存盘。

（提醒：这句"注意"非常重要，尤其是单击"保存"按钮实际是将结果保存到 out5.txt 中，所以如果最后 out5.txt 中没有内容或者内容错误，则不得分。）

表 3-17   本题中用到的相关控件及属性

对　象	属　性	值	对　象	属　性	值
标签 1	Name	lblName	文本框 1	Name	txtName
	Caption	姓名		Text	
标签 2	Name	lblTel	文本框 2	Name	txtTel
	Caption	电话号码		Text	
标签 3	Name	lblPost	文本框 3	Name	txtPost
	Caption	邮政编码		Text	

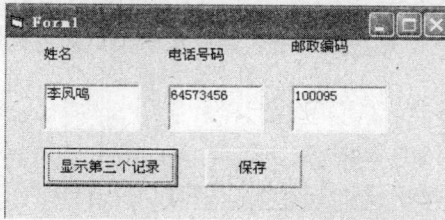

图 3-32   单击"显示第三个记录"按钮的运行结果

程序源代码如下：

```
Private Type PalType
    Name As String * 8
    Tel As String * 10
    Post As Long
End Type
'考生编写如下事件过程的程序（cmdDisplay_Click）
Private Sub CmdDisplay_Click()
??
End Sub
Private Sub CmdSave_Click()
    Open "out5.txt" For Output As #1
    Print #1, txtName.Text, txtTel.Text, txtPost.Text
    Close 1
End Sub
```

【解析】Type 语句用于在模块级别中定义一个用户自己的数据类型，其本质上是一个数据类型集合，它含有一个或一个以上的成员，每个成员可以被定义为不同的数据类型。声明自定义类型变量后，可通过"变量名.成员名"来访问自定义变量中的元素。

用 Open 语句打开随机文件，其语法格式为 Open FileName for Random as #FileNumber Len=记录长度。记录长度是一条记录实际所占字节数，可用 Len(记录变量名)函数获取；Get#语句用于从文件中读出某记录号的记录，格式为 Get # FileNumber,[RecordNuber],Var；Put#语句用于把记录按指定记录号写入文件，格式为 Put # FileNumber,[RecordNuber],Var。

LOF()函数可返回一个用 Open 语句打开的文件的大小，该大小以字节为单位，返回值为 Long 数据类型。

本题需在"显示第三个记录"按钮的单击事件过程中，先声明一个自定义数据类型 PalType 的变量，然后用 Open 语句打开文件 in5.txt，接着用 Get#语句读出记录号为 3 的记录并赋值给自定义类型变量，最后将该变量各元素的值显示在对应文本框中。

【操作步骤】

① 打开考生文件夹中的本题工程文件 vbsj5.vbp，按表 3-17 在窗体中画出控件并设置其相关属性。注意，这里标签的 Name 属性采用了默认前缀 lbl，小写"l"一定不能写成数字"1"。

② 在代码编辑窗口中，编写 CmdDisplay_Click 事件过程。

参考代码：

```
Private Sub CmdDisplay_Click()
    Dim pers As PalType
    Open App.Path & "\in5.txt" For Random As #1 Len = Len(pers)
    Get #1, 3, pers
    txtName.Text = pers.Name
    txtTel.Text = pers.Tel
    txtPost.Text = pers.Post
    Close #1
End Sub
```

说明

先保存文件，然后在考生文件夹中找到文件 in.txt，看该文件是否与 vbsj5.vbp 在同一个文件夹中，然后使用 App.path 来调用当前工程文件的路径。

③ 按要求将文件保存至考生文件夹中。

④ 按【F5】键运行程序，先单击"显示第三个记录"按钮，再单击"保存"按钮。

【例 26】考生文件夹下有工程文件 sjt5.vbp，有一个名为 in5.txt 文本文件，其内容如下：

32 43 76 58 28 12 98 57 31 42 53 64 75 86 97 13 24 35 46 57 68 79 80 59 37

程序运行后，单击窗体，将把 in5.txt 中的数据输入到二维数组 arr 中，在窗体上按 5 行 5 列的矩阵形式显示出来，然后计算矩阵第三行各项的和，并在窗体上显示出来，如图 3-33 所示。已经给出了部分程序，但程序不完整，请将它补充完整并能正确运行。

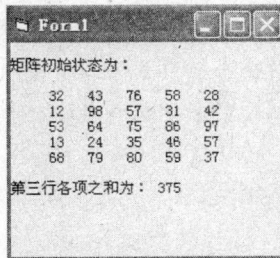

图 3-33　程序运行结果

要求：去掉程序中的注释符，把程序中的"?"改为正确的内容，使其实现上述功能，但不能修改程序中的其他部分。最后把修改后的文件按原文件名存盘。

程序源代码如下：

```
Private Sub Form_Click()
    Const N = 5
    Const M = 5
'   Dim ?
    Dim Sum, i, j
'   Open App.Path & "\" & "in5.txt" ? As #1
    For i = 1 To N
```

```
        For j = 1 To M
'            ?
        Next j
    Next i
    Close #1
    Print
    Print "矩阵初始状态为: "
    Print
    For i = 1 To N
        For j = 1 To M
            Print Tab(5 * j); arr(i, j);
        Next j
        Print
    Next i
'   Sum = ?
    For j = 1 To M
'           ?
    Next j
    Print
    Print "第三行各项之和为: ";
    Print Sum
End Sub
```

【主要考点】静态数组、数据文件读操作、多重循环。

【解析】本题源程序的大致设计思路是：程序运行后单击窗体，则打开数据文件 in5.txt 并从中读取数据，依次存入二维数组 arr(下界为 1,上界为 5)的各元素中，故第 1 个"?"处是定义数组，应改为 arr(N, M)As Integer；第 2 个"?"处是指明打开文件的方式，应改为 For Input；第 3 个"?"处是将数据文件中的数据读入并赋值给数组元素，应改为 Input #1, arr(i, j)。然后用一个嵌套的 For 循环将数组 arr 中的数据在窗体上按 5 行 5 列的矩阵形式在窗体上显示出来，再用一个 For 循环将数组 arr 中第 1 维下标为 3 的数组元素 arr(3,j)的值累加到变量 Sum，故第 4 个"?"处是应改为 0，第 5 个"?"处是应改为 Sum = Sum + arr(3,j)。最后将 Sum 的值在窗体上显示出来。

【操作步骤】

① 打开本题对应工程文件 vbsj5.vbp。

② 打开代码编辑窗口，去掉程序中的注释符"'"，将问号"?"改为正确的内容。

参考代码：

```
Dim arr(N, M) As Integer
Open App.Path & "\" & "in5.txt" For Input As #1
Input #1, arr(i, j)
Sum = 0
Sum = Sum + arr(3, j)
```

③ 按要求将文件保存在考生文件夹中。

注意

程序完成后所有的注释符及问号都要去掉，而且要运行出题目要求的结果。

3.4　自　测　习　题

（1）在名称为 Form1 的窗体上画一个文本框，名称为 Text1；再画一个命令按钮，名称为 C1，标题为"移动"，如图 3-34 所示。请编写适当的事件过程，使得在运行时，单击"移动"按钮，则文本框水平移动到窗体的最左端。

要求：① 程序中不得使用任何变量。

② 文件必须存放在考生文件夹下，工程文件名为 sjt1.vbp，窗体文件名为 sjt1.frm。

（2）在名称为 Form1 的窗体上画一个框架，名称为 Frm1，标题为"框架"，高度为 2 500，宽度为 4 000，框架内建立一文本框 Text1，距框架的左边框 600，距框架的上边框 1 200，文本框中的初始内容设置为"文本框"，如图 3-35 所示。

图 3-34　可移动文本框　　　　图 3-35　文本框框架

要求：文件必须存放在考生文件夹下，工程文件名为 sjt2.vbp，窗体文件名为 stj2.frm。

（3）窗体上建立一个二级菜单，该菜单含有"文件"和"帮助"（名称分别为 vbFile 和 vbHelp）两个主菜单，其中"文件"菜单包括"打开"、"关闭"和"退出"三个命令（名称分别为 vbOpen、vbClose 和 vbExit），如图 3-36 所示。只建立菜单，不必定义其事件过程。

要求：文件必须放在考生文件夹下，窗体文件名为 sjt3.frm，工程文件名为 sjt3.vbp。

（4）在名称为 Form1 的窗体中建立一个标签，名称为 L1，在标签上显示"选课"，其字号为四号；再建立三个复选框，名称分别为 Chk1、Chk2 和 Chk3，标题分别为"操作系统"、"数据库原理"和"概率论"，字号均为 14，其中"概率论"被禁用，如图 3-37 所示。

要求：文件必须存放在考生文件夹下，窗体文件名为 sjt4.frm，工程文件名为 sjt4.vbp。

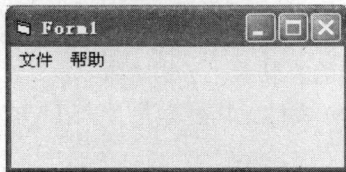

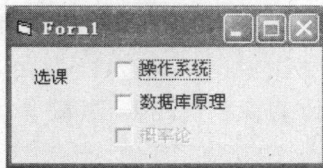

图 3-36　二级菜单　　　　图 3-37　标签和复选框

（5）在名称为 Form1 的窗体上画两个标签（名称分别为 Label1 和 Label2，标题分别为"书名:"和"作者:"）、两个文本框（名称分别为 Text1 和 Text2，Text 属性均为空白）和一个命令按钮（名称为 Command1，标题为"显示"），如图 3-38 所示。然后编写命令按钮的 Click 事件过程。程序运行后，在两个文本框中分别输入书名和作者，然后单击命令按钮，则在窗体的标题栏中先后显示两个文本框中的内容，中间用逗分分隔，如图 3-39 所示。

要求：① 程序中不得使用任何变量。

② 文件必须放在考生文件夹下，工程文件名为 sjt5.vbp，窗体文件名 sjt5.frm。

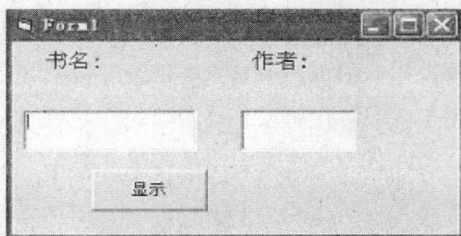

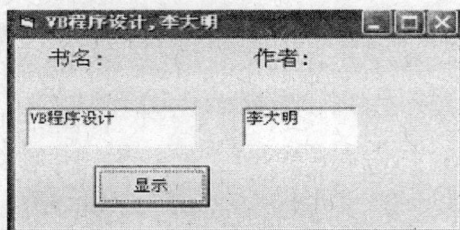

图 3-38　创建文本框　　　　　图 3-39　窗体标题栏显示程序运行结果

（6）在名称为 Form1 的窗体上画两个文本框，名称分别为 T1 和 T2，初始情况下都没有内容。请编写适当的事件过程，使得运行时，在 T1 中输入的任何字符，立即显示在 T2 中，如图 3-40 所示。

图 3-40　同步文本框

要求：① 程序中不得使用任何变量。

② 文件必须存放在考生文件夹下，工程文件名为 sjt6.vbp，窗体文件名为 sjt6.frm。

（7）练习并熟练掌握循环。

① 请用 For 循环求 1+2+3+4+…+10。

② 请分别用 A．Do While　　　B．Do Until　　　C．Do

　　　　　　　　　…　　　　　　　　…　　　　　　　…

　　　　　　　Loop　　　　　　Loop　　　　　Loop While

求出上述结果。

（8）随机生成 10 个在 3~76 之内的整数显示在窗体内，求出其中的偶数和并显示在文本框中。

（9）利用 Inputbox()函数，从键盘输入一个整数，判断其是否为素数，如果是素数，用 MsgBox()函数显示"是素数"，如果不是素数，则用 MsgBox()函数显示"不是素数"。

（10）编写程序在 D 盘根目录下生成一个名为 a.txt 文件，其内容为"学习 VB"，并读取该文件的内容，将其显示在文本框 Text1 中。

（11）考生文件夹中有工程文件 sjt11.vbp 及其窗体文件 sjt11.frm，该程序是不完整的，请在有"?"号的地方填入正确内容，然后删除"?"及所有注释符（即"'"号），但不能修改其他部分。保存时不得改变文件名和文件夹。

本题描述如下：

窗体上有一个列表框，名称为 List1；一个文本框，名称为 Text1；一个命令按钮，名称为 C1，标题为"复制"。要求程序运行后，在列表框中自动建立四个列表项，分别为 Item1、Item2、Item3

和 Item4。如果选择列表框中的一项，单击"复制"按钮，就可以把该项复制到文本框中，如图 3-41 所示。

源文件如下：

```
Option Explicit
Private Sub C1_Click()
    Dim i As Integer
'   For i=?  To List1.ListCount-1
    If List1.Selected(i)=True Then
'       ?=List1.List(i)
    End If
    Next i
End Sub
Private Sub Form_Load()
    List1.AddItem "Item1"
    List1.AddItem "Item2"
    List1.AddItem "Item3"
    List1.AddItem "Item4"
End Sub
```

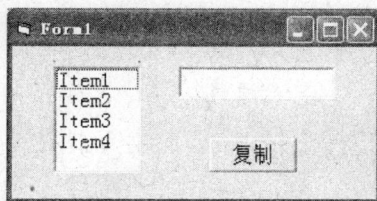

图 3-41　复制列表框选项

（12）考生文件夹中有工程文件名为 sjt12.vbp 及其窗体文件名为 sjt12.frm，该程序是不完整的，请在有"?"号的地方填入正确内容，然后删除"?"及所有注释符（即"'"号），但不能修改其他部分。保存时不得改变文件名和文件夹。

本题描述如下：

名称为 Form1 的窗体上有一个文本框，名称为 Text1，MultiLine 属性为 True，ScrollBars 属性为 2；两个命令按钮，名称分别为 Cmd1 和 Cmd2，标题分别为"读入数据"和"排序显示保存"。程序运行后，如果单击"读入数据"按钮，则读入 in.txt 文件中的 100 个整数，放入一个数组中（数组下界为 1）；如果单击"排序显示保存"按钮，则对这 100 个整数从大到小进行排序，并把排序后的全部数据在文本框 Text1 中显示出来，然后存入考生文件夹的 out.txt 文件中（考生文件夹下的标准模块 model1.bas 中的 putdata 过程可以把指定个数的数组元素存入 out.txt 文件），如图 3-42 所示。

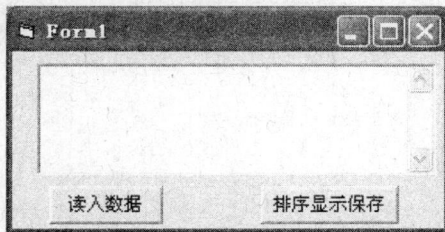

图 3-42　读入数据并排序

注 意
待排序的记录序列可以用顺序表表示，也可以用链表表示。这里讨论的排序算法一律以顺序表为操作对象，在程序设计语言中用一维数组实现。

源程序如下：

```
Option Explicit
Dim i(1 To 100) As Integer
Sub putdata(a() As Integer,n As Integer)
    Dim j As Integer
    Dim sFile As String
    sFile="\result.txt"
    Open App.Path & sFile For Output As #1
    For j=1 To n
```

```
        Print #1,a(j);
    Next
    Close #1
End Sub
Private Sub Cmd1_Click()
    Dim j As Integer
    Open App.Path & "\in.txt" For Input As #1
'   For j=? To 100
        Input #1,i(j)
        Text1.Text=Text1.Text & i(j) & Space(5)
    Next
    Close #1
End Sub
Private Sub Cmd2_Click()
    Dim j As Integer
    Dim k As Integer
    Dim temp As Integer
    Dim flag As Boolean
    For j=1 To 100
'       flag=?
        For k=1 To 100-j
            If i(k)<i(k+1) Then
                temp=i(k)
                i(k)=i(k+1)
                i(k+1)=temp
                flag=True
            End If
'       ?
        If Not flag Then
            Exit For
        End If
    Next j
    Text1.Text=""
    For j=1 To 100
        Text1.Text=Text1.Text & i(j) & Space(5)
    Next
    putdata i,100
End Sub
```

（13）随机生成 10 个在 3～76 之间的整数显示在窗体内，求出其中的素数并显示在文本框中。

（14）编程实现三位数中能被 17 整除的第 17 个奇数值并将该奇数显示在窗体上。

（15）请根据题目要求设计 Visual Basic 应用程序（包括界面和代码）。在名称为 Form1 的窗体上画一个文本框，名称为 Text1，字体设为"黑体"，文本框中的初始内容为"程序设计"；再画一个命令按钮，名称为 C1，标题为"改变字体"。窗体不显示最大化和最小化按钮。请编写适当的事件过程，使得在运行后，单击命令按钮，则把文本框中文字的字体改为"宋体"。程序中不得使用任何变量。

─ 注 意 ─
    保存时必须存放在考生文件夹下，工程文件名为 kt1.vbp，窗体文件名为 kt1.frm。

3.5　自测题答案

（1）本题主要考查文本框、命令按钮的使用，按钮的标题通过 Caption 属性设置，单击命令按钮触发 Click 事件。

【解题步骤】

① 建立控件并设置控件属性。程序中用到的控件及其属性如表 3-18 所示。

表 3-18　控制及其属性

对　　象	属　　性	设　置　值
文本框	Name	Text1
按钮	Name	C1
	Caption	移动

② 调试运行程序，以题目要求的工程名和窗体名正确存盘。

（2）本题主要考查文本框、框架的使用，按钮和框架的标题通过 Caption 属性设置，注意该题中的 Left、Top 是相对谁的。

单击按钮，即触发按钮的 Click 事件：

```
Private Sub C1_Click()
    Text1.Left=0
End Sub
```

注　意

Left 属性经常考查，Left 值是指距离容器（有可能是窗体，有可能是框架等）左边缘的距离。

【解题步骤】

① 建立控件并设置控件属性。程序中用到的控件及其属性如表 3-19 所示。

表 3-19　本题中用到的相关控件及其属性

对　　象	属　　性	设　置　值
框架	Name	Frm1
	Caption	框架
	Height	2 500
	Width	4 000
文本框	Name	Text1
	Left	600
	Top	1 200
	Text	文本框

② 调试运行程序，以题目要求的工程名和窗体名正确存盘。

（3）本题涉及菜单的考察，解题分析及解题步骤参见本章【例 2】。

（4）本题主要考查标签、复选框的使用，标签和复选框的标题通过 Caption 属性设置，考生要熟练掌握单选按钮、复选框的设置。

【解题步骤】

① 建立控件并设置控件属性。程序中用到的控件及其属性如表 3-20 所示。

表 3-20　本题中用到的相关控件及其属性

对　象	属　性	设　置　值
标签	Name	L1
	Caption	选课
复选框	Name	Chk1
	Caption	操作系统
	Enabled	True
复选框	Name	Chk2
	Caption	数据库原理
	Enabled	True
复选框	Name	Chk3
	Caption	概率论
	Enabled	False

② 调试运行程序，以题目要求的工程名和窗体名正确存盘。

（5）本题主要考查标签、文本框、按钮及窗体标题的使用。单击按钮显示，即触发按钮的 Click 事件过程，要在窗体上显示内容，即改变窗体的 Caption 值；因为要使两个文本框的内容都出现在窗体标题上，显然要将两个文本框内容（都为字符型）连接起来赋值给窗体标题。

【解题步骤】

① 建立控件并设置控件属性。程序中用到的控件及其属性如表 3-21 所示。

表 3-21　本题中用到的相关控件及其属性

对　象	属　性	设　置　值
标签	Name	Label1
	Caption	书名：
标签	Name	Label1
	Caption	作者：
文本框	Name	Text1
	Text	空（什么内容都不要填写）
文本框	Name	Chk3
	Text	空（什么内容都不要填写）
按钮	Name	Command1
	Caption	显示

② 编写相应按钮的 Click 事件过程。

```
Private Sub Command1_Click()
    Form1.Caption=Text1.Text & "," & Text2.Text
End Sub
```

③ 调试运行程序，以题目要求的工程名和窗体名正确存盘。

（6）本题主要考查文本框及其事件的使用。文本框的名称可以通过更改 Name 来设置，通过读取题目意思，当在第一个文本框中输入第一个字符便立即显示第二个文本框内，结合平日所学，可快速反应出这是调用按钮的 Change 事件，也就是说一旦按钮内容改变，根据题目要求触发的动作为将第一个文本框的内容显示在第二个文本框内。

编写事件过程代码如下：

```
Private Sub Text1_Change()
    Text2.Text=Text1.Text
End Sub
```

本题要搞清谁赋值给谁的关系。

（7）本题需要学生熟练掌握循环结构语句的多种形式。

采用 For 循环：

```
Private Sub Command1_Click()
    Dim i%,sum%
    sum=0
    For i=1 To 10
        sum=sum+i
    Next i
    Print sum
End Sub
```

采用 Do While…Loop 循环：

```
Private Sub Command1_Click()
    Dim i%,sum%
    sum=0
    i=1
    Do While i<=10
        sum=sum+i
        i=i+1
    Loop
    Print sum
End Sub
```

采用 Do Until…Loop 循环：

```
Private Sub Command1_Click()
    Dim i%,sum%
    sum=0
    i=1
    Do Until i>10
        sum=sum+i
        i=i+1
    Loop
    Print sum
End Sub
```

采用 Do…Loop While 循环：

```
Private Sub Command1_Click()
    Dim i%,sum%
    sum=0
    i=1
    Do
        sum=sum+i
        i=i+1
    Loop while i<=10
    Print sum
End Sub
```

（8）通过该练习题考生要熟练掌握如何产成随机整数，偶数的判断原则——除以 2 余数为 0，奇数的判断原则——除以 2 余数不为 0。

```
Option Base 1
Private Sub Command1_Click()
    Dim i%,sum%,a(10)
    Randomize
    For i=1 To 10
        a(i)=Int(Rnd*(78-3+1)+3)
        Print a(i);
        If a(i) Mod 2=0 Then
            Text1=Text1 & Str(a(i))
        End If
    Next i
End Sub
```

（9）判断一个数 n 是否为素数，可以先用 2 去除，除不尽再用 3 去除，除不尽再用 4 去除，一直递增到 $n-1$。在这个过程中如果都除不尽，则 n 是素数；如果在过程中有任何一个数能够除尽，则立即确定 n 不是素数。

方法一：

```
Option Base 1
Private Sub Command1_Click()
    Dim n%,i%
    n=InputBox("input one integer:")
    For i=2 To n-1
        If n Mod i=0 Then Exit For
    Next i
    If i=n Then
        MsgBox "是素数"
    Else
        MsgBox "不是素数"
    End If
End Sub
```

方法二：

```
Option Base 1
Private Sub Command1_Click()
    Dim n%, i%
    n=InputBox("input one integer:")
    For i=2 To sqr(n)
        If n Mod i=0 Then Exit For
    Next i
    If i>sqr(n) Then
        MsgBox "是素数"
    Else
        MsgBox "不是素数"
    End If
End Sub
```

（10）本题主要考查文件的"写"和"读"操作，注意文件的不同打开方式及"读/写"语句。

```
Private Sub Command1_Click()
    Dim s$
    Open "d:\a.text" For Output As #1
    Print #1,"学习 VB"
    Close #1
    Open "d:\a.text" For Input As #1
    Line Input #1,s
    Close #1
    Text1.Text=s
End Sub
```

（11）本题主要考查列表框控件的相关属性和方法：ListCount、Text、Selected，方法 AddItem、RemoveItem 等。相关属性设置不再列表设置，请学生自己设置。

学生打开源文件后，首先要读懂题目要求，根据程序意思，要使列表框中选中的项目显示在文本框中，一定有涉及文本框的 Text 属性的赋值语句。

正确程序如下：

```
Private Sub C1_Click()
    Dim i As Integer
    For i=0 To List1.ListCount-1
        If List1.Selected(i)=True Then
            Text1=List1.List(i)
        End If
    Next i
End Sub
Private Sub Form_Load()
    List1.AddItem "Item1"
    List1.AddItem "Item2"
    List1.AddItem "Item3"
    List1.AddItem "Item4"
End Sub
```

（12）本题考查的知识点较多，除了文本框属性的基本设置外，本题还涉及文件的读取操作（考生对于文件的操作，一定要重视，每年全国二级考试几乎都有所涉及）和数据的排序。

正确程序如下：

```
Option Explicit
Dim i(1 To 100) As Integer
Sub putdata(a() As Integer,n As Integer)
    Dim j As Integer
    Dim sFile As String
    sFile="\result.txt"
    Open App.Path & sFile For Output As #1
    For j=1 To n
        Print #1,a(j);
    Next
    Close #1
End Sub
Private Sub Cmd1_Click()
    Dim j As Integer
    Open App.Path & "\in.txt" For Input As #1
    For j=1 To 100                '因为要产生 100 个，所以此处 i 初值赋为 1
        Input #1,i(j)
        Text1.Text=Text1.Text & i(j) & Space(5)
    Next
    Close #1
End Sub
Private Sub Cmd2_Click()
    Dim j As Integer
    Dim k As Integer
    Dim temp As Integer
    Dim flag As Boolean
    For j=1 To 100
      flag=flase                  'flag 赋初值为 false
      For k=1 To 100-j
        If i(k)<i(k+1) Then
            temp=i(k)
            i(k)=i(k+1)
            i(k+1)=temp
```

```
          flag=True
        End If
      Next k                    '有 For 循环，必有 Next
      If Not flag Then
        Exit For
      End If
    Next j
    Text1.Text=""
    For j=1 To 100
      Text1.Text=Text1.Text & i(j) & Space(5)
    Next
    putdata i,100
  End Sub
```

（13）此题虽然叙述简单，但考查的知识点较多：随机生成指定范围内的正整数、判断素数、文本框中显示多个数据等。

正确程序如下：

```
Option Explicit
Private Sub Command1_Click()
    Dim i%,j%,a(10) As integer
    Randomize
    For i=1 to 10
        a(i)=Int(Rnd*(78-3+1)+3)
        Print a(i);
    Next i
    For i=1 To 10
      For j=2 To a(i)-1
          If a(i) Mod j=0 Then Exit For
      Next j
      If j>a(i)-1 Then
          Text1=Text1 & a(i)
      End If
    Next i
End Sub
```

（14）考生首先要了解什么是两位数（10～99）、三位数（100～999）、四位数（1000～9999），本题中涉及统计、整除、奇数的思想。

```
Private Sub Command1_Click()
    For i=100 To 999
      If i Mod 17=0 Then
          m=m + 1                '设置一个变量用来统计个数
          If m Mod 17=0 And i Mod 2<>0 Then
            Print i              '只有当能整除的时候才输出结果，然后退出循环
            Exit For
          End If
      End If
    Next
End Sub
```

（15）此题比较简单，但是越是简单的题目考生越容易因粗心而造成出错。

【解析】添加控件的方法有两种：一是先选中工具箱中要添加的控件，然后在窗体上按住鼠标

左键并拖动到一定位置后释放；二是通过直接双击工具箱中相应控件的图标来添加控件。设置控件属性的方法也有两种：一是在设计阶段通过对象的属性窗口来设置；二是通过程序代码在程序运行时设置。

　　文本框（Text）通常用于接收用户输入的字符串数据或用于显示输出信息，其 Text 属性用于设置或返回文本框中显示的文本。通过属性设置窗口中的 Font 属性可设置控件标题文本的字体、字号、字形等，也可以通过代码设置 Font 的相关属性。此题需要通过代码设置字体名称为"宋体"。

　　窗体的 MaxButton、MinButton 属性决定其标题栏是否显示最大化、最小化按钮，True 表示显示，False 表示不显示。此外，通过修改窗体的 BorderStyle 属性（用于设置边框样式），也可实现窗体标题栏是否显示最大化、最小化按钮的效果，其中值设置为 3 时窗体具有固定大小，包含左侧控制框和标题栏，但没有最大化、最小化按钮。

　　【操作步骤】

　　① 新建一个"标准 EXE"工程。单击工具箱中的 TextBox 控件图标，在窗体 Form1 上按住鼠标左键并拖动到一定位置后释放，画出一个文本框。

　　② 选定窗体中的文本框和命令按钮，在属性窗口中设置其相关属性。

　　③ 在 C1_click 事件过程中输入一句代码 Text1.FontName = "宋体"，输完后形式如下：

```
Private Sub C1_Click()
    Text1.FontName = "宋体"
End Sub   '注意命令按钮的名称一定是 C1，否则找不到 C1_Click() 从而不得分
```

　　④ 选择"文件"→"保存工程"命令，打开"文件另存为"对话框，在该对话框的"保存在"下拉列表框选择考生文件夹，并在"文件名"文本框中输入 vbsj1，单击"保存"按钮，即保存好窗体文件；在接下来的"工程另存为"对话框中，在"文件名"文本框中输入 vbsj1，并单击"保存"按钮，即保存好工程文件。

　　⑤ 运行工程，单击"改变字体"按钮，显示结果如图 3-43 所示。然后结束程序并再次保存。

图 3-43　运行结果

第4章 | 二级公共基础知识综述

全国计算机等级考试二级考试大纲要求，各语种笔试时除了要考 70 分的程序设计相关知识之外，还要考 30 分的公共基础知识，包括：基本数据结构与算法、程序设计基础、软件工程基础和数据库设计基础。本章将介绍这些基础知识，通过学习，读者可以掌握二级考试大纲涉及的所有公共基础相关知识。

4.1 考点提要

根据全国计算机等级考试二级考试大纲，公共基础知识相关的考点框架如表 4-1 所示。

表 4-1　公共基础知识考点框架

第 一 层	第 二 层	第 三 层
基本数据结构与算法	算法与数据结构的概念	算法的基本概念，算法复杂度的概念和意义（时间复杂度与空间复杂度）
		数据结构的定义，数据的逻辑结构与存储结构，数据结构的图形表示，线性结构与非线性结构的概念
	线性表	线性表的定义，线性表的顺序存储结构及其插入与删除运算
		线性单链表、双向链表与循环链表的结构及其基本运算
	栈和队列	栈和队列的定义，栈和队列的顺序存储结构及其基本运算
	树与二叉树	树的基本概念，二叉树的定义及其存储结构、二叉树的前序、中序和后序遍历
	查找	顺序查找与二分法查找算法。
	排序	基本排序算法（交换类排序，选择类排序，插入类排序）
程序设计基础	程序设计方法与风格	程序设计方法的发展、程序风格相关因素
	结构化程序设计	设计原则、基本特点
	面向对象的程序设计	面向对象设计方法的概念，对象、方法、属性及继承与多态性
软件工程基础	软件工程基本概念	软件生命周期概念，软件工具与软件开发环境
	结构化分析方法	数据流图，数据字典，软件需求规格说明书
	结构化设计方法	总体设计与详细设计
	软件测试的方法	白盒测试与黑盒测试，测试用例设计，软件测试的实施，单元测试、集成测试和系统测试
	程序的调试	静态调试与动态调试
数据库设计基础	数据库的基本概念	数据库，数据库管理系统，数据库系统
	数据模型	实体联系模型 E-R 图，从 E-R 图导出关系数据模型
	关系代数运算	包括集合运算及选择、投影、连接运算，数据库规范化理论
	数据库设计方法和步骤	需求分析、概念设计、逻辑设计和物理设计的相关策略

4.2 基本知识点详述

本节主要介绍二级考试公共基础知识部分的相关知识，包括基本数据结构与算法、程序设计基础、软件工程基础和数据库设计基础有关的基本概念和基础知识。

4.2.1 基本数据结构与算法

1. 算法

① 算法的定义：是对特定问题求解步骤的一种描述，是指令的有限序列。程序是算法在计算机中的实现。

② 算法的五个特性：

- 有限性：执行有限步后正常结束，不能死循环。
- 确定性：算法的每一步都应确切地定义，无歧义。
- 输入：有 0 个或多个输入。
- 输出：至少有一个或多个输出。
- 可行性：原则上都能精确地执行，操作可通过已实现的基本运算执行有限次而完成。

③ 算法的基本要素：

- 对数据对象的运算和操作（包括算术运算、逻辑运算、关系运算、数据传输）。
- 算法的控制结构。

④ 算法设计基本方法：列举法、归纳法、递推、递归、分治法（减半递推技术）。

⑤ 算法的描述方法：流程图、程序设计语言（一般采用类语言或称伪代码）、自然语言（易产生歧义，烦琐，且当今的计算机尚不能处理）。

⑥ 算法设计要求：

- 正确性：不含有语法错误；对于各种合法的输入数据能够得到满足要求的结果。
- 可读性：要求程序有较好的人机交互性，有助于人们对算法的理解。
- 健壮性：对输入的非法数据能做出适当的响应或处理。
- 高效率与低存储量：主要指算法的执行时间和所需的存储空间，这两方面主要和问题的规模有关。

⑦ 与算法执行相关的因素：算法选用的策略、问题的规模、编写程序的语言、编译程序产生的机器代码的质量、计算机执行指令的速度。

⑧ 算法性能评价：时间复杂度、空间复杂度。

⑨ 算法的时间复杂度：指执行算法所需要的计算工作量。

⑩ 算法的空间复杂度：指在执行过程中算法所需要的内存空间。

⑪ 算法时间复杂度的度量方法：

- 算法的运行时间=算法中所有语句的执行次数（频度）之和。
- 算法的渐进时间复杂度：$T(n) = O(f(n))$。

其中，$f(n)$是问题规模 n 与算法中简单操作被重复执行的次数的关系函数。

对并列程序段采用加法规则求 $T(n)$：$T(n, m) = T_1(n) + T_2(m) = O(\max(f(n), g(m)))$

对嵌套程序段采用乘法规则求 $T(n)$：$T(n, m) = T_1(n) * T_2(m) = O(f(n)*g(m))$

常见的时间复杂度，按数量级比较排列关系为：

$$O(1) < O(\log_2 n) < O(n) < O(n\log_2 n) < O(n^2) < O(n^3) < O(n^k) < O(2^n)$$

2. 数据结构的基本概念

① 数据：是客观事物的符号表示。

② 数据元素：是数据的基本单位，可以由若干数据项组成。

③ 数据对象：是性质相同的数据元素的集合，是数据的一个子集。

④ 数据结构：是相互之间存在一种或多种特定关系的数据元素的集合。

⑤ 数据结构讨论的范畴：数据的逻辑结构、存储结构、在该数据结构上的运算（操作）。

数据的逻辑结构：反映数据元素间的逻辑关系，包括线性结构（如线性表、栈、队列、串、数组、广义表）和非线性结构（如树、图）。数据的逻辑结构分类为：

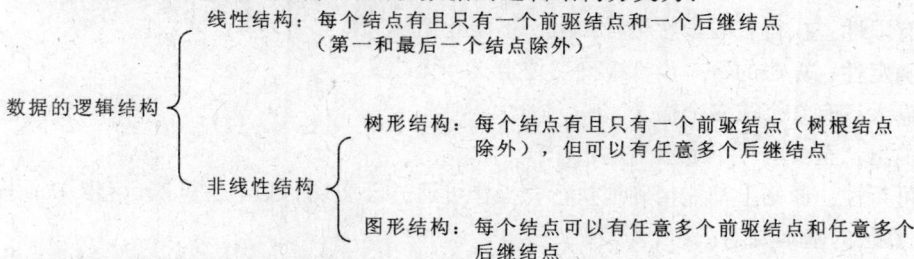

数据的逻辑结构
- 线性结构：每个结点有且只有一个前驱结点和一个后继结点（第一和最后一个结点除外）
- 非线性结构
  - 树形结构：每个结点有且只有一个前驱结点（树根结点除外），但可以有任意多个后继结点
  - 图形结构：每个结点可以有任意多个前驱结点和任意多个后继结点

数据的逻辑结构示意图如图 4-1～图 4-3 所示。

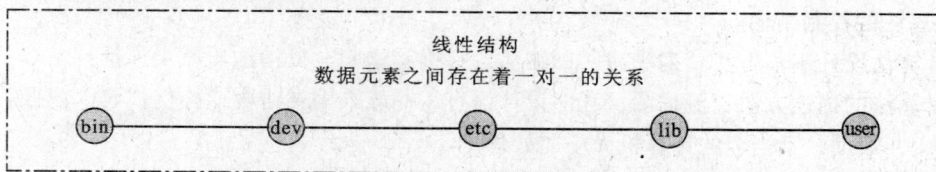

图 4-1　线性结构

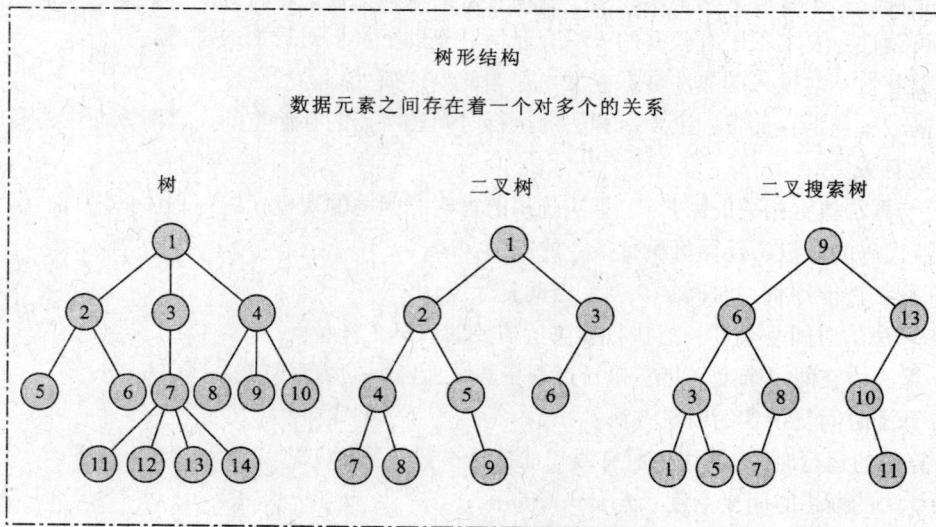

图 4-2　树形结构

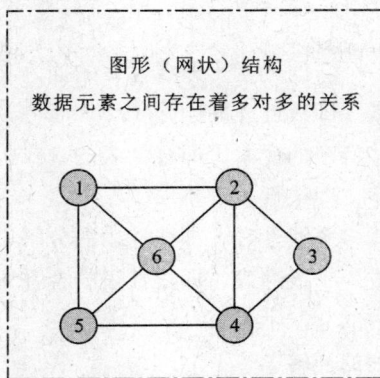

图 4-3　图形结构

- 数据的物理（或称存储）结构：反映数据元素及其关系在计算机存储器内的存储安排，包括顺序存储、链接存储、索引存储、散列存储。
- 数据的顺序存储结构：将数据结构的数据元素按某种顺序存放在计算机存储器的连续存储单元中，存取方便。其结构简单，存储密度为 1，但需要连续的存储空间，当数据元素的数目不确定时，会造成存储空间的闲置，且插入与删除元素时需要移动大量元素。
- 数据的链接存储结构：为数据结构的每个结点元素附加一个数据项，其中存放一个与其相邻接的元素的地址（指针），通过指针找到下一个相关元素的实际存储地址。每个结点由数据域和指针域组成。其存储空间不必连续，在进行插入、删除操作时不必移动结点，但结点指针要占用额外的存储空间，存储密度小于 1。
- 数据的运算：对数据元素施加的操作，如插入、删除、修改、查找、排序等。

3. 线性表

（1）线性表的类型定义

一个线性表是 n 个数据元素的有限序列：$(a_1, a_2, \cdots a_i, a_{i+1} \cdots a_n)$

线性表的逻辑结构是线性结构。

（2）线性表的特征

① 元素个数 n 为线性表的表长，$n=0$ 时的线性表为空表。

② i 为 a_i 在线性表中的位序，$1<i<n$ 时，a_i 的直接前驱是 a_{i-1}，a_1 无直接前驱，a_i 的直接后继是 a_{i+1}，a_n 无直接后继；

③ 元素同构，且不能出现缺项。

（3）线性表的顺序存储

线性表的顺序存储是将线性表中的元素依次存放在一个连续的存储空间中，如图 4-4 所示。

图 4-4　线性表的顺序存储

① 特点：它是随机存取的存储结构，只要确定了存储线性表的起始位置，线性表中的任一数据元素可随机存取。

② 顺序表的定义：采用顺序存储的线性表简称顺序表，它用物理位置来表示逻辑结构。即关系线性化，结点顺序化。

③ 顺序表的基本操作。

- 在线性表的指定位置加入一个新的元素（即线性表的插入）。
- 在线性表中删除指定的元素（即线性表的删除）。
- 在线性表中查找某个或某些特定的元素（即线性表的查找）。
- 对线性表中的元素进行排序（即线性表的排序）。
- 按要求将一个线性表分解成多个线性表（即线性表的分解）。
- 按要求将多个线性表合并成一个线性表（即线性表的合并）。
- 复制一个线性表（即线性表的复制）。
- 逆转一个线性表（即线性表的逆转）。

④ 顺序存储结构的优缺点。

- 优点如下：
  - ➢ 逻辑相邻，物理相邻。
  - ➢ 可随机存取任一元素。
  - ➢ 存储空间使用紧凑，存储密度=1。
- 缺点如下：
  - ➢ 插入、删除操作需要移动大量的元素。
  - ➢ 预先分配空间需按最大空间分配，利用不充分。
  - ➢ 表容量难以扩充。

⑤ 顺序表中数据元素存储地址的计算方法。

设线性表中的第一个数据元素 a_1 的存储地址（第一个字节的地址）为 $\mathrm{Loc}(a_1)$，每一个数据元素占 k 字节，则序号为 i 的数据元素 a_i 的存储地址为：

$$\mathrm{Loc}(a_i)= \mathrm{Loc}(a_1)+(i-1)* k$$

⑥ 顺序表的插入运算（在第 i 个元素之前插入一个元素）。

算法思想（见图 4-5）：

- 检查 i 值是否超出所允许的范围（$1 \leqslant i \leqslant n+1$），若超出，则进行"超出范围"错误处理。
- 将线性表的第 i 个元素和它后面的所有元素均向后移动一个位置。
- 将新元素写入到空出的第 i 个位置上。
- 使线性表的长度增 1。

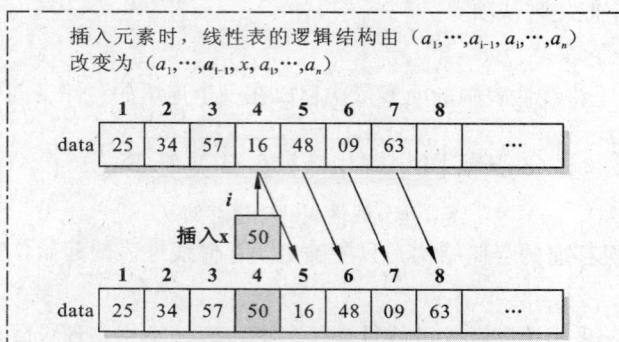

图 4-5　顺序表的插入运算示意图

⑦ 顺序表的删除运算（删除第 i 个元素后面的一个元素）。

算法思想（见图 4-6）：

- 检查 i 值是否超出所允许的范围（$1 \leqslant i \leqslant n$），若超出，则进行"超出范围"错误处理。
- 将线性表的第 i 个元素后面的所有元素均向前移动一个位置。
- 使线性表的长度减 1。

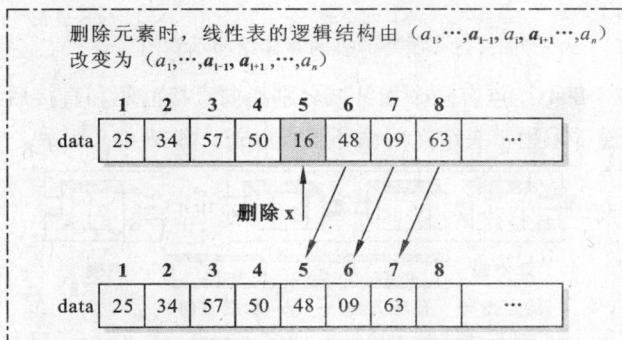

图 4-6　顺序表的删除运算示意图

（4）线性链表

① 线性链表的定义：采用链接存储结构的线性表。

② 线性表的链式存储：为线性表中的每个元素附加一个数据项，存放一个与其相邻接的元素的地址（指针），通过指针找到下一个相关元素的实际存储地址。每个结点（Node）由数据域和指针域组成。数据域中存储元素本身信息，指针域中存储指示直接后继的存储位置。

③ 链式存储的特点：

- 用一组任意的存储单元存储线性表的数据元素。
- 利用指针实现了用不相邻的存储单元存放逻辑上相邻的元素。
- 每个数据元素 a_i 除存储本身信息外，还需存储其直接后继的信息。

④ 单链表的定义：每个结点有一个指向直接后继的指针域，如图 4-7 所示。

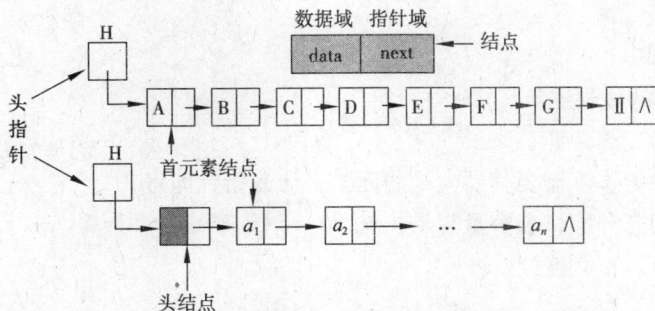

图 4-7　线性单链表的存储结构示意图

⑤ 循环链表的定义：最后一个结点的指针域不为 NULL，而是指向了表的前端。其特点为只要知道表中某一结点的地址，就可搜寻到所有其他结点的地址。

⑥ 为了使空链表和非空链表的操作统一，在循环链表中往往加入头结点，如图 4-8 所示。

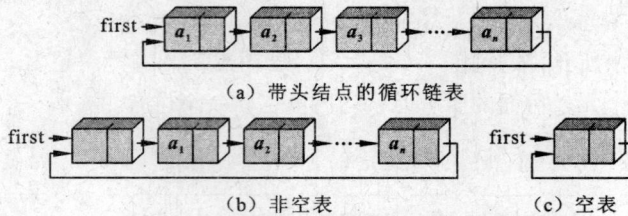

（a）带头结点的循环链表

（b）非空表　　　　　　　（c）空表

图 4-8　循环链表的存储结构示意图

⑦ 双向链表的定义：每个结点有两个指针域分别指向直接前驱和直接后继，在前驱和后继方向都能遍历。双向链表通常采用带头结点的循环链表形式，如图 4-9 所示。

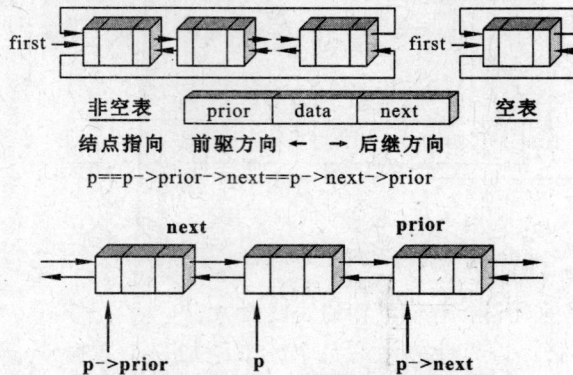

| prior | data | next |

非空表　　　　　　　　　　　　　　　　　空表

结点指向　前驱方向 ←　→ 后继方向

$p==p->prior->next==p->next->prior$

p->prior　　　　p　　　　p->next

图 4-9　双向链表的存储结构示意图

⑧ 线性链表的基本操作。

- 在线性链表包含指定元素的结点之前加入一个新的元素。
- 在线性链表中删除包含指定元素的结点。
- 将一个线性链表按要求进行分解。
- 将两个线性链表按要求合并成一个线性链表。
- 复制线性链表。
- 逆转线性链表。
- 线性链表的排序。
- 线性链表的查找。

⑨ 链式存储结构的优缺点。

- 优点如下：
  - ➢ 插入、删除操作不需要移动大量的元素，修改指针即可。
  - ➢ 存储空间动态分配，表容量容易扩充。
  - ➢ 存储空间可以不必连续。
- 缺点如下：
  - ➢ 指针需要占用额外的存储空间，存储密度<1。
  - ➢ 链表只能顺序存取元素，不可以随机存取。

⑩ 单链表的插入运算。

算法思想（见图 4-10）：

s->next=p->next;
p->next=s;

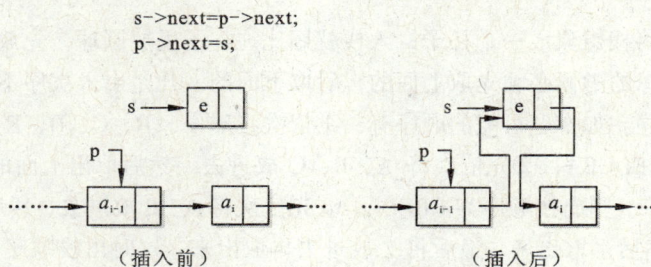

（插入前）　　　　　　　　（插入后）

图 4-10　单链表的插入运算示意图

- 寻找第 i-1 个结点。
- 判断 i 的位置是否不合理（i 小于 1 或 i 大于表长）。
- 生成新结点，并使新结点数据域的值为 e。
- 将新结点插入到单链表 L 中。
- 修改第 i-1 个结点指针。

⑪ 单链表的删除运算。

算法思想（见图 4-11）：

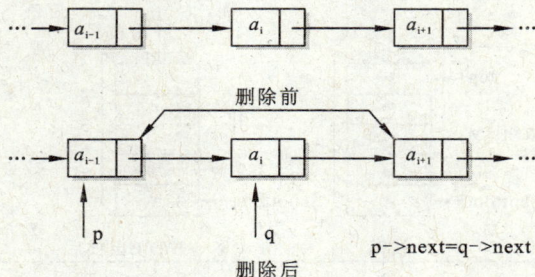

删除前

删除后　　　　p->next=q->next

在单链表中删除含 a_i 的结点

图 4-11　单链表的删除运算示意图

- 寻找第 i-1 个结点。
- 判断删除位置是否不合理。
- 用指针 q 指向被删除结点。
- 修改第 i-1 个结点的指针域为第 i+1 个结点的地址。
- 取出第 i 个结点数据域值。
- 释放第 i 个结点。

4. 栈和队列

（1）栈的定义和特点

- 定义：只允许在一端插入和删除的线性表称为栈，允许插入和删除的一端称为栈顶（top），另一端称为栈底（bottom）。
- 特点：后进先出（Last In First Out，LIFO）或先进后出（FILO）。

【常考题型】已知若干元素的入栈顺序，如 A、B、C、D、E，问：哪些是不可能的出栈顺序？哪些是可能的出栈顺序？

【解题提示】 可将栈想象成一个杯子，入栈就好比往杯子里放圆球，先放进去的在下面，后放进去的在上面，取球的时候必须先取上面的，后取下面的。凡是出入次序不存在矛盾的元素序列就是可能的出栈顺序。如本题可能的顺序有：①依次将球 A、B、C、D、E 全都放进去后再取出来，则出栈顺序为 EDCBA；②先依次将 A、B、C 放进去，然后取出上面的两个，再将 D、E 放进去，然后都取出来，则出栈顺序为 CBEDA；③先依次将 A、B 放进去，然后取出上面的一个，再将 C、D 放进去，然后都取出来，最后将 E 放进去再取出来，这时出栈顺序是 BDCAE。其他可能的顺序不再罗列。

【思考】 DBCAE、DEBAC 是可能的出栈顺序吗？（答：不是，因为 D 是第一个出栈的，说明其前面的 A、B、C 还没出栈，那么这三个元素再出栈时必须符合 CBA 的顺序）

（2）栈的顺序存储及其运算

① 顺序栈的定义：利用一组地址连续的存储单元依次顺序存放自栈底到栈顶的数据元素，同时附设指针 top 指示栈顶元素在顺序栈中的位置；bottom 表示栈底指针。

顺序栈用一维数组 S(1:m)实现，top=0 表示栈空，top=m 表示栈满。

② 栈的基本运算（见图 4-12）。

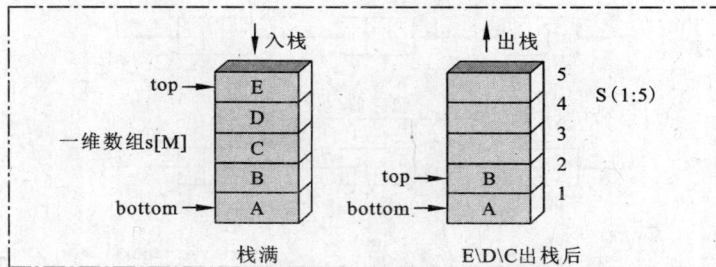

图 4-12 顺序栈的进栈、出栈运算示意图

- 进栈（push）：也叫入栈，即在栈顶位置插入一个新元素，先将 top+1，然后将新元素插入到 top 所指的位置；当 top 已指向栈存储空间的最后一个位置时，说明栈已满，若再进行进栈操作则出现"上溢"错误。

- 出栈（pop）：也叫退栈，即取出栈顶元素并赋给一个指定的变量，先将栈顶元素赋值给一个指定的变量，然后将 top−1；当 top 为 0 时，说明栈已空，若再进行出栈操作则出现"下溢"错误。

- 读（get）栈顶元素：将栈顶元素赋值给一个指定的变量，top 不变。

（3）链栈

采用链式存储结构的栈具有如下特点：

- 链式栈无栈满问题，空间可扩充。
- 插入与删除仅在栈顶处执行。
- 链式栈的栈顶在链头。
- 适合于多栈操作。

（4）队列的定义和特点

① 定义：只允许在一端插入、在另一端删除的顺序表叫队列，允许删除的一端称为队头（front），允许插入的一端称为队尾（rear）。

② 特点：先进先出（First In First Out，FIFO）。

③ 队列用一维数组实现 sq[M]。

④ 队列的基本运算：

- 入（进）队：从队尾插入一个元素。
- 退（出）队：从队头删除一个元素。

⑤ 队列的进队、退队原则（见图 4-13）：

- 入队时队尾指针先进一，rea=rea+1，再将新元素按 rear 指示位置加入。
- 退队时队头指针先进一，front=front+1，再将下标为 front 的元素取出。
- 队满时再入队将产生"溢出"错误。
- 队空时再退队将产生"下溢"错误。

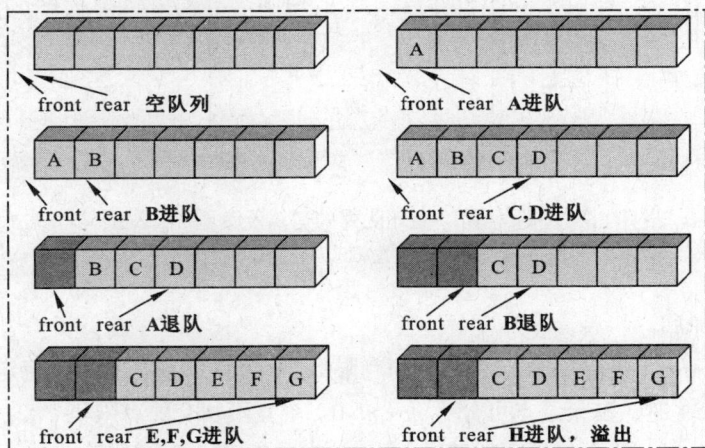

图 4-13 队列的入队、退队运算示意图

关于"假溢出"问题：所谓假溢出是指在队空的情况下新元素却无法入队。例如，设数组维数为 m，则

- 当 front=0，rear=m-1 时，再有元素入队发生溢出——真溢出。
- 当 front≠0，rear=m-1 时，再有元素入队发生溢出——假溢出。

解决这种队空而不能插入的办法之一是：将队列元素存放数组首尾相接，形成循环队列。

（5）循环队列

所谓循环队列，就是将队列存储空间的最后一个位置绕到第一个位置，形成逻辑上的环状空间，供队列循环使用，如图 4-14 所示。

循环队列的运算规则：

- 每进行一次入队运算，队尾指针就进一，当 rear=m+1 时，置 rear=1。
- 每进行一次退队运算，队头指针就进一，当 front=m+1 时，置 front=1。

循环队列的状态判断：

为了区分队列是满还是空，设立标志 s，当 s=1 时表示队列非空，当 s=0 时表示队列空。

- 循环队列的初始状态为空，即 s=0，且 rear=front=m。
- 队列空的条件为 s=0。
- 队列满的条件为 s=1 且 front=rear。

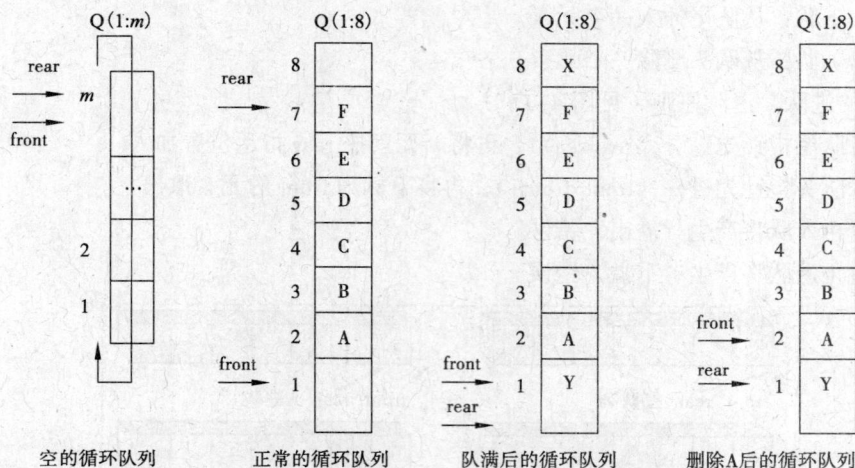

图 4-14　循环队列的运算示意图

5．二叉树

（1）树的基本概念

① 定义：树（tree）是 n（$n>0$）个结点的有限集 T，其中有且仅有一个特定的结点，称为树的根（root），当 $n>1$ 时，其余结点可分为 m（$m>0$）个互不相交的有限集 $T_1,T_2,\cdots,T_m$，其中每一个集合本身又是一棵树，称为根结点的子树（subtree），如图 4-15 所示。

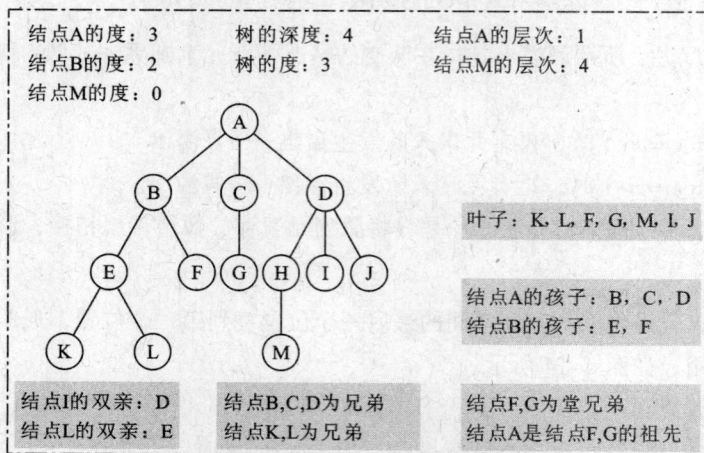

图 4-15　树的结构示意

② 基本术语如下：

- 结点（node）：表示树中的元素，包括数据项及若干指向其子树的分支。
- 结点的度（degree）：结点拥有的子树数。
- 叶子（leaf）：度为 0 的结点。
- 孩子（child）：结点子树的根称为该结点的孩子。
- 双亲（parents）：孩子结点的上层结点。
- 兄弟（sibling）：同一双亲的孩子。
- 树的度：一棵树中最大的结点度数。
- 结点的层次（level）：从根结点算起，根为第一层，它的孩子为第二层……依此类推。
- 深度（depth）：树中结点的最大层次数。
- 森林（forest）：m（$m \geq 0$）棵互不相交的树的集合。

③ 树的逻辑结构特征：是非线性结构，树中任一结点都可以有零个或多个直接后继（孩子）结点，但至多只能有一个直接前趋（双亲）结点。

（2）二叉树的定义与存储结构

① 二叉树的定义：二叉树是 n（$n \geq 0$）个结点的有限集，它或为空树（$n=0$），或由一个根结点和两棵分别称为左子树和右子树的互不相交的二叉树构成，如图 4-16 和图 4-17 所示。

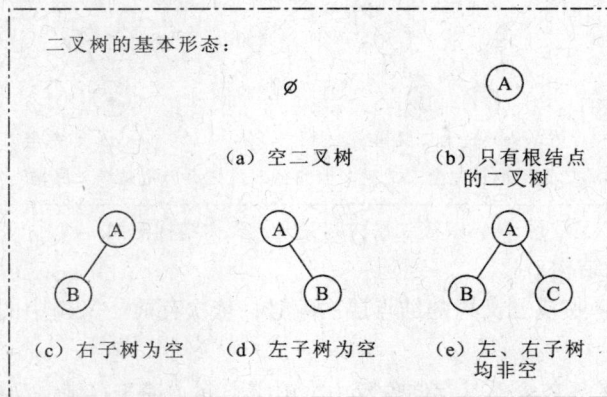

图 4-16　二叉树的基本形态

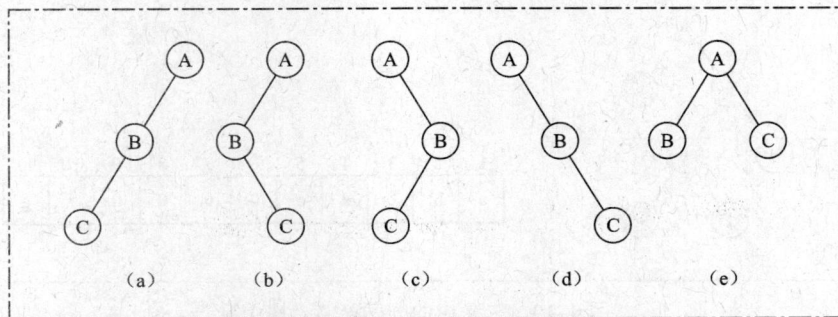

图 4-17　三个结点二叉树的五种形态

② 二叉树的特点：

- 每个结点至多有二棵子树（即不存在度大于 2 的结点）。
- 二叉树的子树有左、右之分，且其次序不能任意颠倒。

③ 满二叉树：除最后一层外每一层上所有结点都有两个子结点的二叉树。也就是在满二叉树上每一层上的结点数都达到最大值，第 k 层上有 2^{k-1} 个结点，如图 4-18 所示。

④ 完全二叉树：除最后一层外，每一层上的结点数均达到最大值，在最后一层上只缺少右边的若干结点，如图 4-18 所示。

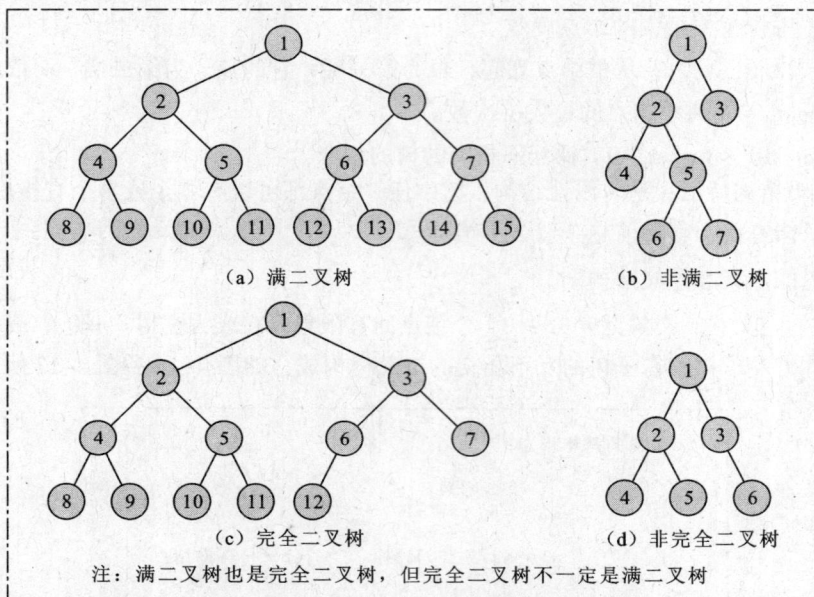

（a）满二叉树　　　　　　　　　（b）非满二叉树

（c）完全二叉树　　　　　　　　（d）非完全二叉树

注：满二叉树也是完全二叉树，但完全二叉树不一定是满二叉树

图 4-18　满二叉树与完全二叉树结构对照

⑤ 二叉树的存储结构：

- 顺序存储结构：按满二叉树的结点层次编号，依次存放二叉树中的数据元素，如图 4-19 所示。

这种方式结点间关系蕴含在其存储位置中，浪费空间，适于存满二叉树和完全二叉树。

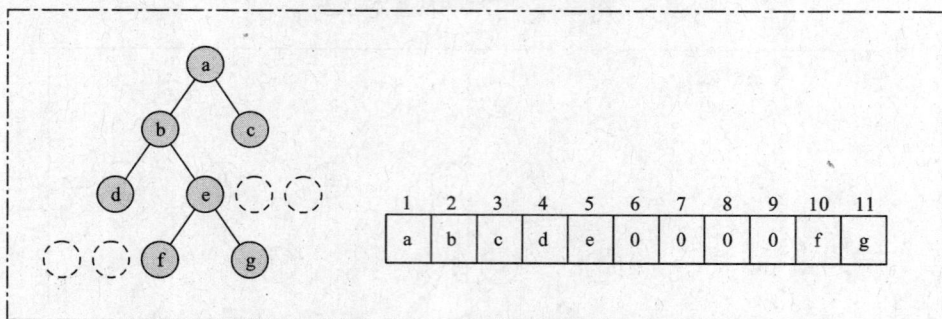

1	2	3	4	5	6	7	8	9	10	11
a	b	c	d	e	0	0	0	0	f	g

图 4-19　二叉树的顺序存储结构示意

- 链式存储结构：采用二叉链表结构时每个结点有三个域，结点的数据域存放数据元素；左侧指针域指向左孩子，右侧指针域指向右孩子，如图 4-20 所示。

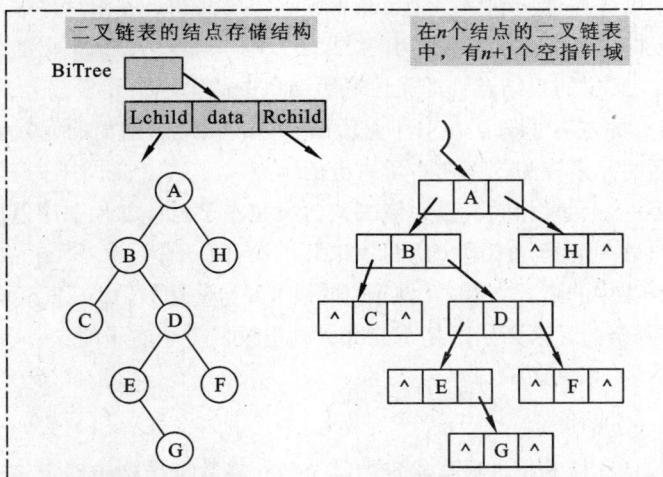

图 4-20　二叉树的二叉链表存储结构示意

（3）二叉树性质

性质 1：在二叉树的第 i 层上至多有 2^{i-1} 个结点（$i \geq 1$）。

性质 2：深度为 k 的二叉树至多有 2^k-1 个结点（$k \geq 1$）。

性质 3：对任何一棵二叉树 T，如果其终端结点数为 n_0，度为 2 的结点数为 n_2，则 $n_0=n_2+1$。

性质 4：具有 n 个结点的完全二叉树的深度为 $\lfloor \log_2 n \rfloor+1$。

性质 5：如果对一棵有 n 个结点的完全二叉树的结点按层序编号，则对任一结点 i（$1 \leq i \leq n$），有：

- 如果 $i=1$，则结点 i 是二叉树的根，无双亲；如果 $i>1$，则其双亲是 $\lfloor i/2 \rfloor$。
- 如果 $2i>n$，则结点 i 无左孩子；如果 $2i \leq n$，则其左孩子是 $2i$。
- 如果 $2i+1>n$，则结点 i 无右孩子；如果 $2i+1 \leq n$，则其右孩子是 $2i+1$。

（4）二叉树的遍历（见图 4-21）

- 先序遍历（DLR）：先访问根结点，然后分别先序遍历左子树、右子树。
- 中序遍历（LDR）：先中序遍历左子树，然后访问根结点，最后中序遍历右子树。
- 后序遍历（LRD）：先后序遍历左、右子树，然后访问根结点。
- 按层次遍历：从上到下、从左到右访问各结点。

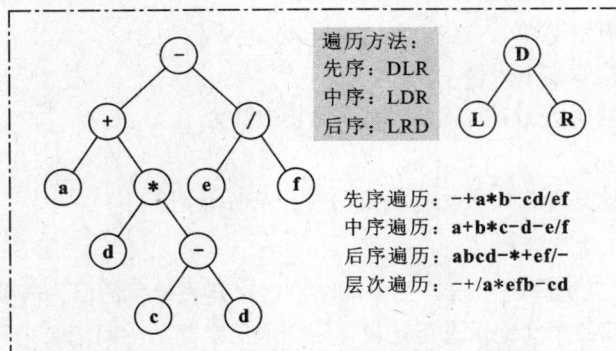

图 4-21　二叉树的各种遍历方法示意

【常考题型】 根据先序遍历和中序遍历结果画出该二叉树，并求后序遍历结果。

【解题提示】 根据先序遍历和中序遍历的结果可以唯一确定一颗二叉树的结构，求解方法如下：

① 找到并画出二叉树的根结点：即先序遍历结果中的第一个元素。

② 画出该根结点的左右子树：在中序遍历结果中，根结点前面的元素皆为二叉树左子树上的结点，根结点后面的元素皆为二叉树右子树上的结点。注意，如果中序遍历结果的第一个元素和先序遍历结果的第一个元素相同，说明该二叉树没有左子树；如果中序遍历结果的最后一个元素和先序遍历结果的第一个元素相同，说明该二叉树没有右子树。

③ 从先序遍历结果中的第二个元素（左子树的根）开始重复①、②，直至画出根的整个左子树。

④ 从先序遍历剩余的元素开始重复①、②，画出根的整个右子树。

6. 查找技术

（1）查找（search）的概念

- 查找的定义：又称检索，是根据给定的某个值，在数据结构中确定一个关键字等于给定值的记录或数据元素。
- 关键字的定义：是数据元素中某个数据项的值，它可以标识一个数据元素。
- 查找的结果：
  - ➢ 查找成功：即找到满足条件的数据对象，这时作为结果可报告该对象在结构中的位置，还可给出该对象中的具体信息。
  - ➢ 查找不成功：或搜索失败。作为结果应报告一些信息，如失败标志、位置等。
- 衡量查找算法好坏的标准：
  - ➢ 平均查找长度（Average Search Length，ASL）：为确定记录在表中的位置，需和给定值进行比较的关键字的个数的期望值称为查找算法在查找成功时的平均查找长度。
  - ➢ 算法所需要的存储量和算法的复杂性等。

（2）顺序查找

① 查找方法：从表的第一个元素开始，将给定的值与表中逐个元素的关键字进行比较，直到两者符合，查到所要找的元素为止。否则就是表中没有要找的元素，检索不成功。

② 顺序查找的特点：

- 对表结构为有序表、无序表均可适用。
- 对存储结构为顺序存储和链式存储的表均适用。
- 适合于短表，方法简单。
- 不适合长表，检索起来太慢。
- 最坏情况下比较次数为 n，最好情况下比较次数为 1。
- 时间复杂度 $O(n)$。
- 平均查找长度比其他方法大，查找成功时：$ASL=(n+1)/2$。

（3）二分（或折半）法查找

① 查找方法：首先选择表中间的一个记录，比较其关键字的值，若要找的记录的关键字值大，则再取表的后半部的中间记录进行比较；否则取前半部的中间记录进行比较，如此反复，直到找到为止。

设表长为 n，low、high 和 mid 分别指向待查元素所在区间的上界、下界和中点，k 为给定值，初始时，令 low=1，high=n，mid=$\lfloor$(low+high)/2$\rfloor$，让 k 与 mid 指向的记录比较，若 $k==$r[mid].key，查找成功；若 $k<$r[mid].key，则 high=mid-1；$k>$r[mid].key，则 low=mid+1；重复上述操作，直至 low>high 时，查找失败。

② 二分查找的特点：
- 仅适用于有序表。
- 只适用顺序存储结构的表，要求表中元素基本不变，在需要插入或删除运算时，影响检索效率。
- 平均查找长度最小：ASL=$(n+1)/n * \log_2(n+1)-1$。

  当 $n>50$ 时：ASL$\approx \log_2(n+1)-1$。
- 时间复杂度 $O(\log_2 n)$。

（4）分块查找

① 查找方法：将 n 个元素均匀地分成块，每块有 s 个记录，块间按大小排序，块内元素不排序。这种方法要建立一个块的最大（或最小）关键字索引表，查找时，先用对半法或顺序法由最大关键字查出所在的块，再用顺序法在块中查找。

② 分块查找的特点：
- 对存储结构为顺序和线性链表的均适用。
- 平均查找长度比顺序查找小。

（5）各种查找方法的比较

不同的数据结构应选择不同的查找方法，如表 4-2 所示。

表 4-2　基于线性表的查找方法比较

	顺序查找	二分（折半）查找	分块查找
ASL	最大 $(n+1)/2$	最小 ASL=$\log_2(n+1)-1$	两者之间
对表结构的要求	有序表、无序表	有序表	分块有序表
对存储结构的要求	顺序存储、线性链表	顺序存储	顺序存储、线性链表

7．排序技术

（1）排序的概念

① 定义：将一个数据元素（或记录）的任意序列，重新排列成一个按关键字有序的序列的过程叫排序。

② 排序的基本操作：
- 比较两个关键字大小（必需的）。
- 将记录从一个位置移动到另一个位置（可以设法避免）。

③ 排序方法的稳定性：

假设 $K_i=K_j$，$i \neq j$，在排序前的序列中 R_i 领先于 R_j，若排序后 R_i 仍领先于 R_j，则称该排序方法是稳定的，否则就是不稳定的。

注　意

　　待排序的记录序列可以用顺序表表示，也可以用链表表示。这里讨论的排序算法一律以顺序表为操作对象，在程序设计语言中用一维数组实现。

（2）交换类排序方法

① 交换排序的基本思想：借助数据元素之间的互相交换进行排序。

② 交换排序方法：冒泡排序、快速排序。

③ 冒泡排序。

- 排序过程：将第一个记录的关键字与第二个记录的关键字进行比较，若为逆序 r[1].key>r[2].key，则交换；然后比较第二个记录与第三个记录；依此类推，直至第 n−1 个记录和第 n 个记录比较为止——第一趟冒泡排序，结果关键字最大的记录被安置在最后一个记录上；对前 n−1 个记录进行第二趟冒泡排序，结果使关键字次大的记录被安置在第 n−1 个记录位置；重复上述过程，直到"在一趟排序过程中没有进行过交换记录的操作"为止。如图 4-22 所示。

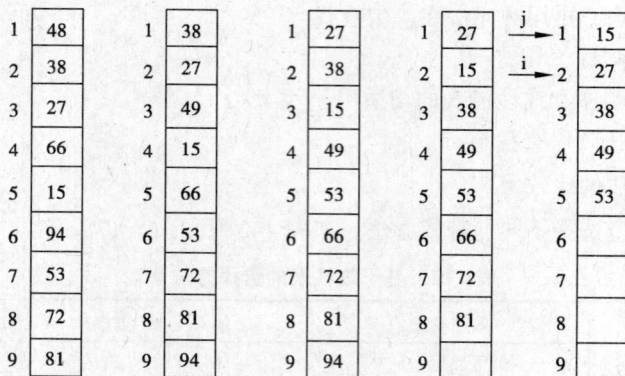

								j→	
1	48	1	38	1	27	1	27	1	15
2	38	2	27	2	38	2	15	i→ 2	27
3	27	3	49	3	15	3	38	3	38
4	66	4	15	4	49	4	49	4	49
5	15	5	66	5	53	5	53	5	53
6	94	6	53	6	66	6	66	6	
7	53	7	72	7	72	7	72	7	
8	72	8	81	8	81	8	81	8	
9	81	9	94	9	94	9		9	

图 4-22　冒泡排序过程示意图

- 算法评价：
  - ➢ 时间复杂度：$T(n)=O(n^2)$，在最好（正序）情况下比较次数为 $n-1$，移动次数为 0。
  - ➢ 空间复杂度：$S(n)=O(1)$。
  - ➢ 稳定性：冒泡排序是稳定排序。

④ 快速排序。

- 排序思想：通过一趟排序，将待排序记录分割成独立的两部分，其中一部分记录的关键字均比另一部分记录的关键字小，则可分别对这两部分记录进行排序，以达到整个序列有序，如图 4-23 所示。
- 算法评价：
  - ➢ 时间复杂度：$T(n)=O(n\log_2 n)$，就平均时间而言，快速排序是目前被认为最好的。
  - ➢ 空间复杂度：$S(n)=O(1)$。
  - ➢ 稳定性：快速排序是不稳定排序。

```
                        X
                        =
例:      初始关键字:    49   38   65   97   76   13   27   50
                        ↑i                              ↑j

比较交换一次后          27   38   65   97   76   13   49   50
                            ↑i                      ↑j

完成一趟排序:        ( 27   38   13 )  49  ( 76   97   65   50 )

分别进行快速排序:    ( 13 )  27  ( 38 )  49  ( 50   65 )  76  ( 97 )

快速排序结束:          13   27   38   49   50   65   76   97
```

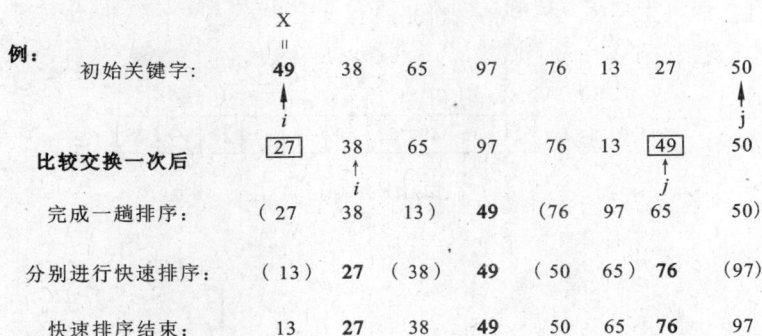

注:从右边找小于X的,从左边找大于X的,进行交换,直到走到一起。

图 4-23　快速排序过程示意图

（3）插入类排序方法

① 插入排序的基本思想:在一个有序序列中插入一个新的记录。

② 插入排序方法:直接插入排序、折半插入排序、希尔排序。

③ 直接插入排序。

- 排序过程:整个排序过程为 $n-1$ 趟插入,即先将序列中第 1 个记录看成是一个有序子序列,然后从第 2 个记录开始,逐个进行插入,直至整个序列有序,如图 4-24 所示。

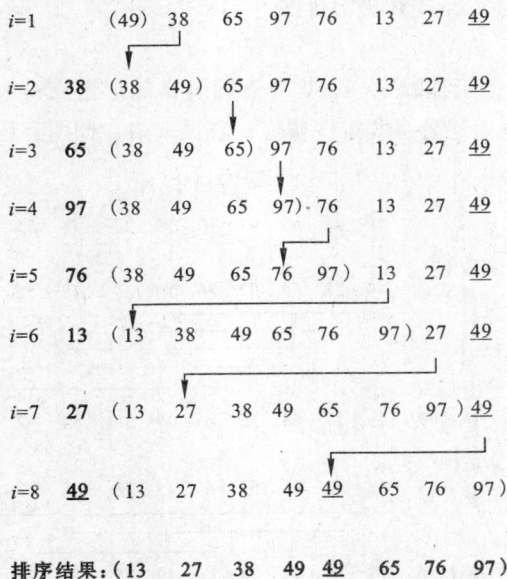

```
i=1    (49) 38   65   97   76   13   27   49

i=2    38  (38   49)  65   97   76   13   27   49

i=3    65  (38   49   65)  97   76   13   27   49

i=4    97  (38   49   65   97)  76   13   27   49

i=5    76  (38   49   65   76   97)  13   27   49

i=6    13  (13   38   49   65   76   97)  27   49

i=7    27  (13   27   38   49   65   76   97 ) 49

i=8    49  (13   27   38   49   49   65   76   97 )
```

排序结果:(13   27   38   49   49   65   76   97)

图 4-24　直接插入排序过程示意图

- 算法评价:
  - 时间复杂度: $T(n)=O(n^2)$。
  - 空间复杂度: $S(n)=O(1)$。
  - 稳定性:直接插入排序是稳定排序。

④ 折半插入排序。

- 排序过程：用折半查找方法确定插入位置，如图 4-25 所示。

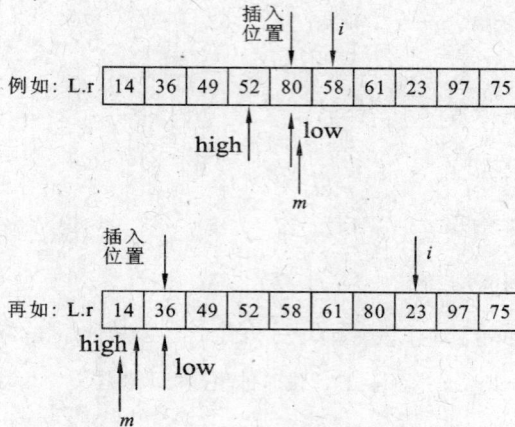

图 4-25　折半插入排序过程示意图

- 算法评价：
  - ➤ 时间复杂度：折半插入仅减少了关键字比较次数 $O(\log_2 n)$，记录移动次数不变，所以总的时间复杂度为 $T(n)=O(n^2)$。
  - ➤ 空间复杂度：$S(n)=O(1)$。
  - ➤ 稳定性：折半插入排序是稳定排序。

⑤ 希尔排序。

- 排序过程：先取一个正整数 $d_1<n$，把所有相隔 d_1 的记录放一组，组内进行直接插入排序；然后取 $d_2<d_1$，重复上述分组和排序操作；直至 $d_i=1$，即所有记录放进一个组中排序为止，如图 4-26 所示。

图 4-26　希尔排序过程示意图

- 算法评价：
  - ➤ 时间复杂度：实验研究表明，当增量序列 d_i 选取合适时，其时间复杂度为 $O(n^{3/2})$。
  - ➤ 空间复杂度：$S(n)=O(1)$。
  - ➤ 稳定性：希尔排序是不稳定排序。

（4）选择类排序方法

① 简单选择排序。

- 基本思想：待排区段的记录序列中选出关键字最大或最小的记录，并将它移动到法定位置。
- 排序方法：首先通过 $n-1$ 次关键字比较，从 n 个记录中找出关键字最小的记录，将它与第一个记录交换；再通过 $n-2$ 次比较，从剩余的 $n-1$ 个记录中找出关键字次小的记录，将它与第二个记录交换；重复上述操作，共进行 $n-1$ 趟排序后，排序结束，如图 4-27 所示。

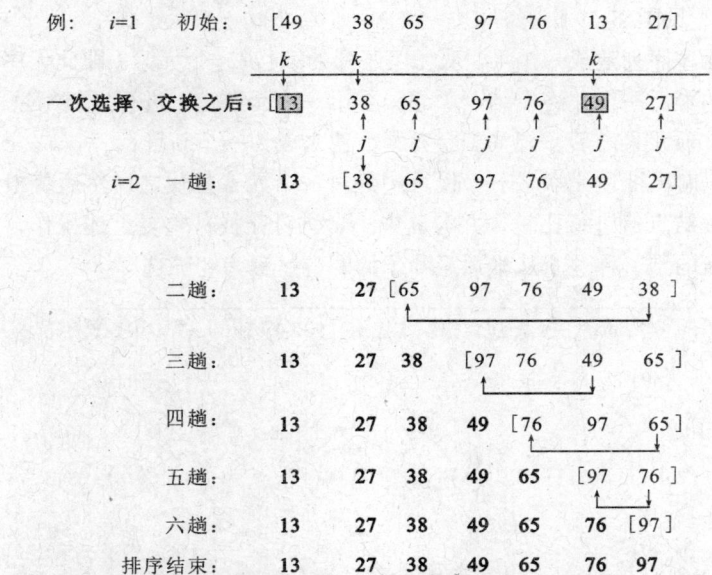

图 4-27　简单选择排序过程示意图

- 算法评价：
  - ➤ 时间复杂度：$T(n)=O(n^2)$。
  - ➤ 空间复杂度：$S(n)=O(1)$。
  - ➤ 稳定性：简单选择排序是不稳定排序。

② 堆排序。

- 堆的定义：n 个元素的序列（$k_1,k_2,\cdots,k_n$），当且仅当满足下列关系时，称为堆，如图 4-28 所示。

$$\begin{cases} K_i \leqslant k_{2i} \\ K_i \leqslant k_{2i+1} \end{cases} \text{或} \begin{cases} K_i \geqslant k_{2i} \\ K_i \geqslant k_{2i+1} \end{cases} \qquad (i=1,2,\cdots,\lfloor n/2 \rfloor)$$

- 堆排序的基本思想：将无序序列建成一个堆，得到关键字最小（或最大）的记录；输出堆顶的最小（大）值后，使剩余的 $n-1$ 个元素重又建成一个堆，则可得到 n 个元素的次小值；重复执行，得到一个有序序列。

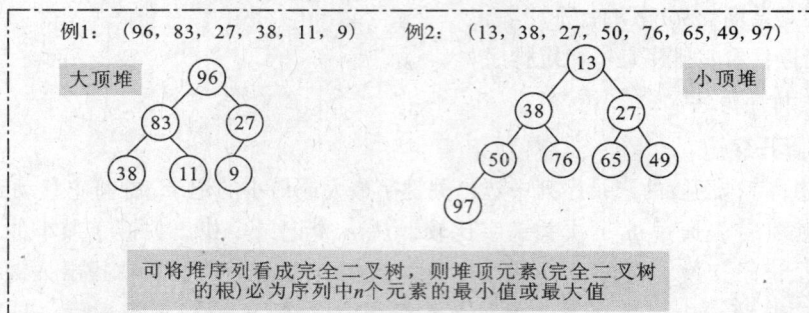

例1：（96，83，27，38，11，9）　　例2：（13，38，27，50，76，65，49，97）

大顶堆　　　　　　　　　　　　　　　　　小顶堆

可将堆序列看成完全二叉树，则堆顶元素(完全二叉树的根)必为序列中n个元素的最小值或最大值

图 4-28　堆结构示意图

- 堆排序方法（见图 4-29）：
  - ➤ 由一个无序序列建成一个堆：从无序序列的第 $\lfloor n/2 \rfloor$ 个元素（即此无序序列对应的完全二叉树的最后一个非终端结点）起，至第一个元素止，进行反复筛选。
  - ➤ 在输出堆顶元素之后，调整剩余元素，使之成为一个新堆：
    筛选——输出堆顶元素之后，以堆中最后一个元素替代之；然后将根结点值与左、右子树的根结点值进行比较，并与其中小者进行交换；重复上述操作，直至叶子结点，将得到新的堆，称这个从堆顶至叶子的调整过程为"筛选"。

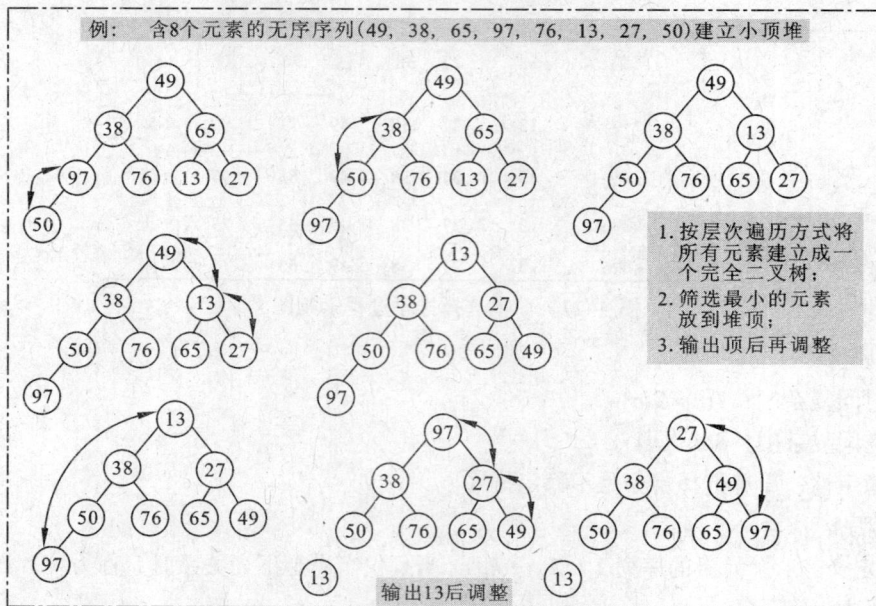

例：　含8个元素的无序序列(49，38，65，97，76，13，27，50)建立小顶堆

1. 按层次遍历方式将所有元素建立成一个完全二叉树；
2. 筛选最小的元素放到堆顶；
3. 输出顶后再调整

输出13后调整

图 4-29　推排序过程示意图

③ 树形选择排序（锦标赛排序）。

它的思想与体育比赛时的淘汰赛类似。首先取得 n 个对象的排序码，进行两两比较，得到 $\lceil n/2 \rceil$ 个比较的优胜者(排序码小者)，作为第一步比较的结果保留下来。然后对这 $\lceil n/2 \rceil$ 个对象再进行排序码的两两比较，……，如此重复，直到选出一个排序码最小的对象为止，如图 4-30 所示。

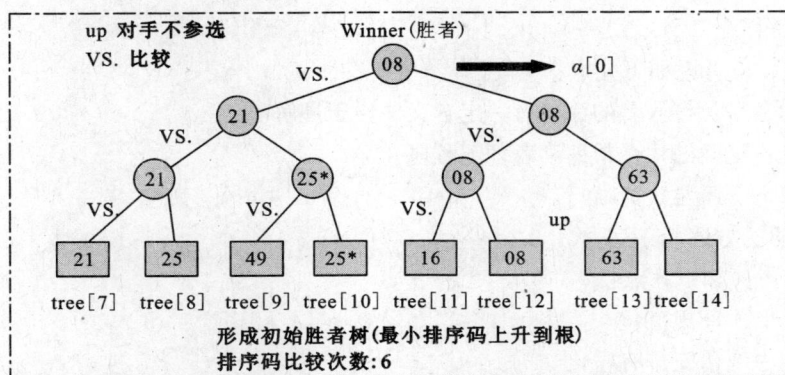

图 4-30　锦标赛排序过程示意图

（5）各种排序方法比较（见表 4-3）

表 4-3　各种排序方法比较

排序方法	比 较 次 数		移 动 次 数		稳 定 性	附 加 存 储	
	最　好	最　差	最　好	最　差		最　好	最　差
直接插入排序	n	n^2	0	n^2	√		1
折半插入排序	$n\log_2 n$	n^2	0	n^2	√		1
起泡排序	n	n^2	0	n^2	√		1
快速排序	$n\log_2 n$	n^2	$n\log_2 n$	n^2	×	$\log_2 n$	n^2
简单选择排序	n^2		0	n	×		1
锦标赛排序	$n\log_2 n$		$n\log_2 n$		√		n
堆排序	$n\log_2 n$		$n\log_2 n$		×		1

4.2.2　程序设计基础

1. 程序设计方法与风格

（1）程序设计方法的发展（见表 4-4）

表 4-4　程序设计方法的发展

设 计 方 法	特　　　　点	代表性语言
面向机器	用机器指令为特定硬件系统编制程序，其目标代码短，运行速度和效率高，但可读性和可移植性差	86 系列汇编语言
面向过程	用高级程序设计语言按计算机能够理解的逻辑来描述要解决的问题及其解决方法，是过程驱动的，程序的可读性和可移植性好，其核心是数据结构和算法，但大型程序维护起来比较困难	FORTRAN（20 世纪 50 年代） BASIC（20 世纪 60 年代） C（20 世纪 70 年代）
面向对象	用面向对象的编程语言把现实世界的实体描述成计算机能理解、可操作的、具有一定属性和行为的对象，将数据及数据的操作封装在一起，通过调用各对象的不同方法来完成相关事件，是事件驱动的，其核心是类和对象，程序易于维护、扩充	C++（20 世纪 80 年代） VB（20 世纪 90 年代） Object Pascal （20 世纪 90 年代） Java（20 世纪 90 年代）

（2）程序设计风格相关因素

养成良好的程序设计的设计风格，主要考虑下述的因素：

① 源程序文档化。

源程序文档化应考虑如下几点：

- 符号名的命名：符号名的命名有一定含义，便于理解。
- 程序注释：正确的注释帮助读者理解程序。
- 视觉组织：程序层次清晰。

② 数据说明的方法。

数据说明应考虑如下几点：

- 数据说明的次序规范化。
- 说明语句中变量安排有序化。
- 使用注释来说明复杂数据结构。

③ 语句的结构。

程序应该简单易懂，语句构造应该简单直接。应该注意的是：

- 在一行内只写一条语句。
- 程序编写应优选考虑清晰性。
- 除非对效率有特殊要求，程序编写要清晰第一、效率第二。
- 首先要保证程序正确，然后才要求提高速度。
- 避免使用临时变量而使程序可读性下降。
- 避免不必要的转移。
- 尽可能使用库函数。
- 避免使用复杂的条件语句。
- 尽量减少使用"否定"条件的条件语句。
- 数据结构要有利于程序的简化。
- 要模块化，使模块功能尽可能单一化。
- 利用信息隐藏，确保每一个模块的独立性。
- 从数据出发去构造程序。
- 不要修补不好的程序，要重新编写。

④ 输入和输出。

无论是批处理的输入和输出方式，还是交互式的输入和输出方式，在设计和编程时都应该考虑如下原则：

- 对所有的输入数据都要检验数据的合理性。
- 检查输入项的各种重要组合的合理性。
- 输入格式要简单。
- 输入数据时，应允许使用自由格式。
- 应允许默认值。
- 输入一批数据时，最好使用输入结束标志。
- 在用交互式输入/输出方式进行输入时，要在屏幕上使用提示符明确提示输入要求，在数据输入过程中和输入结束时应在屏幕上给出状态信息。

- 当程序设计语言对输入格式有严格要求时，应保持输入格式与输入语句的一致性。
- 给所有输出加注释，并设计输出报表格式。

2. 结构化程序设计

（1）结构化程序设计的原则

① 自顶向下：设计程序时先考虑总体，后考虑细节。

② 逐步求精：对复杂问题，逐步细化。

③ 模块化。

④ 限制使用 GOTO 语句。

（2）结构化程序的基本结构与特点

采用结构化程序设计方法编写程序，可使程序结构良好，易读、易理解、易维护。结构化程序设计方法基本可用三种基本结构就可实现。

① 顺序结构：顺序结构是顺序执行结构，即是按照程序语句的自然顺序，一条一条语句地执行。

② 选择结构：选择结构又称分支结构，它包括简单选择和多分支选择，这种结构可以根据给定条件，判断执行哪一个分支中的语句。

③ 重复结构：重复结构又称为循环结构，它根据给定的条件判断是否重复执行某一段相同的程序。

（3）结构化程序设计原则的应用

在结构化程序设计的具体实施中，要注意把握如下要素。

① 使用程序设计语言中的顺序、选择、循环等控制结构表示程序的控制逻辑。

② 选用的控制结构只准许有一个入口和一个出口。

③ 程序语句组成容易识别的程序专项，每块只有一个入口和一个出口。

④ 复杂结构应该用嵌套的基本控制结构进行组合嵌套来实现。

⑤ 语言中所没有的控制结构，应该采用前后一致的方法来模拟。

⑥ 严格控制 GOTO 语句使用。

3. 面向对象的程序设计方法

面向对象的程序设计是通过对类、子类和对象等的设计来体现的，类和对象是面向对象程序设计技术的核心。

（1）面向对象的几个基本概念

① 类（Class）：是定义了对象特征以及对象外观和行为的模板，是同种对象的集合与抽象。类是一种抽象数据类型。

② 对象（Object）：对象是系统中用来描述客观事物的一个实体，它是构成系统的一个基本单位。一个对象由一组属性和对这组属性进行操作的一组服务组成。对象是类的一个实例，具有所在类所定义的全部属性和方法。

③ 对象的基本特点：

- 标识唯一性：对象可由内在本质来区分。

- 分类性：将具有相同属性和操作的对象抽象为类。
- 多态性：同一个操作可以是不同对象的行为。
- 封装性：从外面只能看到对象的外部特征，其内部属性和方法中的算法都是不可见的。只需要知道数据的取值范围和可以对该数据施加的操作。无须知道数据的具体结构以及实现操作的算法。
- 模块独立性好：对象是面向对象的软件的基本模块，它是由数据及施加在这些数据上的操作所组成的统一体，而且对象是以数据为中心的，操作围绕数据来处理，没有无关的操作。

④ 属性（Property）：是对象的特征，包括状态和行为。

- 静态属性：又称状态，在计算机内用变量表示。
- 动态属性：又称行为，在计算机内用方法表示。

⑤ 方法（Method）：与对象相联系的由程序执行的一个处理过程，类似于面向过程中的函数。

⑥ 事件（Event）：由对象识别的一个动作。

⑦ 消息（Message）：面向对象的世界是通过对象与对象彼此的相互合作来推动的，对象间的这种相互合作需要一个机制协助进行，这样的机制称为"消息"。

消息是一个实例与另一个实例之间传递的信息，它请求对象执行某一处理或回答某一要求的信息，它统一了数据流和控制流。一个消息由三部分组成：

- 接收消息的对象的名称。
- 消息标识符（又称消息名）。
- 零个或多个参数。

⑧ 继承性（Inheritance）：继承是面向对象方法的一个主要特征。继承是使用已有的类定义作为基础（直接获得已有的性质和特征）建立新类的定义技术。

已有的类可以当做基类引用，新类则可当做派生类引用，图 4-31 所示就是 VB 中的基类。

图 4-31　VB 中的基类

继承方式有两种：

- 简单继承（single inheritance）：一个类至多只能继承一个类（树结构）。
- 多重继承（multiple inheritance）：一个类直接继承多个父类（网状结构）。

⑨ 多态性（Polymorphism）：对象根据所接受的消息而做出动作，同样的消息被不同的对象接受时可导致完全不同的行动，该现象称为多态性。

（2）面向对象的软件开发过程

面向对象的软件开发过程可以大体划分为三个阶段：

① 面向对象的分析（Object Oriented Analysis，OOA）。

② 面向对象的设计（Object Oriented Design，OOD）。

③ 面向对象的实现（Object Oriented Programming，OOP）。

（3）面向对象程序设计的优点

①　与人类习惯的思维方法一致。面向对象的技术以对象为核心，对象是由数据和容许的操作组成的封装体，与客观实体有直接的对应关系。对象之间通过传递消息互相联系，以模拟现实世界中不同事物彼此之间的联系。如 CD 播放器、媒体播放器、软件窗口等。

②　稳定性好。面向对象的软件系统的结构是根据问题领域的模型建立起来的，当对系统的功能需求变化时并不会引起软件结构的整体变化，往往仅需要做一些局部性的修改。

③　可重用性好。软件重用是指在不同的软件开发过程中重复使用相同或相似软件元素（一般称为类）的过程。重用是提高软件生产率的最主要的方法。

利用可重用的软件成分构造新的软件系统，一个对象类可以重复使用，对象类可以创建，也以在已有的类上修改，但不影响原有类。

④　易于开发大型软件产品。可以把一个大型产品看做一系列互相独立的小产品来处理，这样不仅降低了技术难度，而且使开发工作的管理变得容易。

⑤　可维护性好。一般用传统的面向过程的方法开发出来的软件很难维护，而用面向对象的方法开发的软件可维护性好。表现如下：

- 稳定性较好。
- 易于修改。
- 易于理解。
- 易于测试和调试。

4.2.3　软件工程基础

1. 软件工程基本概念

软件工程是一门研究软件开发与维护的普遍原理和技术的工程学科。

软件工程研究范围非常广泛，包括软件开发的技术方法、软件开发的工具、软件开发过程中的管理及软件的维护等许多方面。

（1）软件定义与软件特点

计算机软件（Software）是计算机系统中与硬件相互依存的另一部分，是包括程序、数据及相关文档的完整集合。

软件在开发、生产、维护和使用方面与计算机硬件相比存在明显的差异。深入理解软件的定义需要了解软件的如下特点：

①　软件是逻辑实体，而不是物理实体，具有抽象性。

②　软件生产与硬件不同，它没有明显的制作过程。

③　软件在运行、使用期间不存在磨损、老化问题。

④　软件的开发、运行对计算机系统具有依赖性，受计算机系统的限制，这导致了软件移植问题。

⑤　软件复杂性高、成本昂贵。

⑥　软件开发涉及诸多的社会因素。

软件按功能可以分为：应用软件、系统软件、支撑软件。

①　应用软件：是为解决特定领域的应用而开发的软件，如事务处理软件、人工智能软件等。

②　系统软件：是计算机管理自身资源、提高计算机使用效率并为计算机用户提供各种服务的软件，如操作系统、编译程序、汇编程序、网络软件等。

③ 支撑软件：是介于系统软件与应用软件之间，协助用户开发软件的工具性软件。

（2）软件危机与软件工程

1968 年，北大西洋公约组织的计算机科学家在联邦德国召开国际会议，讨论软件危机问题，在这次会议上正式提出并使用了"软件工程"这个名词，从此诞生了"软件工程"学科。

① 软件危机的定义。软件危机是指在计算机软件开发和维护过程中所遇到的一系列严重问题，例如如何开发软件、如何满足对软件日益增长的需求、如何维护已有的软件等。软件危机主要有如下表现：

- 软件需求的增长得不到满足，用户对系统不满意的情况经常发生。
- 软件开发成本和进度无法控制，开发成本超出预算，开发周期大大超过规定日期的情况经常发生。
- 软件质量难以保证。
- 软件不可维护或维护程度非常低。
- 软件成本不断提高。
- 软件开发生产率的提高赶不上硬件的发展和应用需求的增长。

总之,可以将软件危机归结为成本、质量、生产率等问题。

② 产生软件危机的原因。

- 管理和控制软件开发过程相当困难。软件是计算机中的逻辑部件，写出程序代码上机试运行之前，软件开发过程进展控制和软件开发的质量评价很难。
- 软件不同于程序，它规模庞大，是众人合作的结果。要将每个人的工作合在一起构成一个高质量的软件系统是一个极端复杂的问题，不仅涉及分析方法、设计方法、形式说明方法及版本控制等协调一致的技术问题，还要有严格的科学管理。
- 软件维护通常意味着改正或修改原来的设计，由于在开发时期采用了错误的方法和技术，带来软件维护的困难。
- 对用户要求没有完整准确的认识就勿忙着手编写程序，是许多软件开发工程失败的主要原因之一。只有用户才真正了解自己的需要，但许多用户开始并不能准确具体的叙述他们的需要，软件开发人员需要做大量深入细致的调查研究工作。如对用户没有正确认识就编写程序，就像不打好地基就盖楼一样。

为了消除软件危机，通过认真研究解决软件危机的方法，认识到软件工程是使计算机软件走向工程的途径，便形成了软件工程学。软件工程就是用工程、科学和数学的原理和方法研制、维护计算机软件的有关技术及管理方法。

软件工程包括三个要素，即方法、工具和过程。方法是完成软件工程项目的技术手段；工具支持软件的开发、管理、文档生成；过程支持软件开发各个环节上的控制和管理。

软件工程的核心思想是把软件看做一个工程产品来处理。把需求计划、可行性研究、工程审核、质量监督等工程化的概念引入到软件生产中，以期达到工程项目的三个基本要素：**进度、经费和质量**的目标。

（3）软件工程过程与软件生命周期

① 软件工程过程的定义。

ISO 9000 定义：软件工程过程是把输入转化为输出的一组彼此相关的资源和活动。软件工程包括两方面内涵：

内涵一：软件工程是指为获得软件产品，在软件工具支持下由软件工程师完成的一系列软件工程的活动。基于这个方法，软件工程过程通常包括四种基本活动：

- P（Plan）：软件规格说明，规定软件的功能及运行时间限制。
- D（Do）：软件开发，产生满足规格说明的软件。
- C（Check）：软件确认，确认软件能够满足用户的要求。
- A（Action）：软件演进，为满足客户要求，软件必须在使用过程中演进。

内涵二：从软件开发的观点看，它就是使用适当的资源（包括人员、硬/软件工具、时间等），为开发软件进行的一组开发活动，在过程结束时将输入转化为输出。

② 软件生命周期的定义。

一个软件从提出、实现、使用维护到停止使用而退役的过程称为软件的生命周期。软件产品从考虑其概念开始，到该软件产品不能使用为止的整个时期都属于软件生命周期。一般包括可行性研究与计划制定、需求分析、设计、实现、测试、交付使用以及维护等阶段，如表 4-5 所示。

表4-5　软件生命周期表

序　号	周 期 名 称	主 要 任 务
1	可行性研究与计划制订	确定待开发软件系统的开发目标和总的要求，给出它的功能、性能、可靠性以及接口等方面的可能方案，制定完成开发任务的实施计划
2	需求分析	对待开发软件提出的需求进行分析并给出详细定义，编写软件规格说明书及初步的用户手册，提交评审
3	软件设计	系统设计人员和程序设计人员应该在反复理解软件需求的基础上给出软件结构、模块划分、功能分配以及处理流程；在系统比较复杂时，设计阶段可分解成概要设计阶段（总体设计）和详细设计阶段；编写概要设计说明书、详细设计说明书和测试计划初稿，提交评审
4	软件实现	把软件设计转换为计算机可以接受的程序代码，即完成程序编码；编写用户手册、操作手册等面向用户的文档；编写单元测试计划
5	软件测试	在设计测试用例的基础上，检验软件的各个组成部分，编写测试分析报告
6	运行和维护	将交付的软件投入运行，并在运行中不断进行维护，根据新提出的需求进行必要的扩充和删改

（4）软件工程的目标与原则

① 软件工程的目标。软件工程的目标是：在给定成本、进度的前提下，开发出具有有效性、可靠性、可理解性、可维护性、可重用性、可适应性、可移植性、可追踪性和可互操作性且满足用户需求的产品。

软件工程需要达到的目标应是：付出较低的开发成本；达到要求的软件功能；取得较好的软件性能；开发的软件易于移植；需要较低的维护费用；能按时完成开发，及时交付使用。

基于软件工程的目标，软件工程的理论和技术性研究的内容主要包括：软件开发技术和软件工程管理。

- 软件开发技术：软件开发技术包括软件开发方法学、开发过程、开发工具和软件工程环境，其主要内容是软件开发方法学。软件开发方法学是根据不同的软件类型，按不同观点和原则，对软件开发中应遵循的策略、原则、步骤和必须产生的文档资料都做出规定，从而使软件的开发能够进入规范化和工程化的阶段，以克服早期的手工方法生产中的随意性和非规范性做法。
- 软件工程管理：软件工程管理包括：软件管理学、软件工程经济学、软件心理学等。

软件工程管理是软件按工程化生产时的重要环节，它要求按照预先制定的计划、进度和预算执行，以实现预期的经济效益和社会效益。

软件工程经济学是研究软件开发中成本的估算、成本效益分析的方法和技术，用经济学的基本原理研究软件工程开发中的经济效益问题。

软件心理学是从个体心理、人类行为、组织行为和企业文化等角度研究软件管理和软件工程。

② 软件工程的原则。为了达到软件工程目标，在软件开发过程中，必须遵循软件工程的基本原则，包括抽象、信息隐蔽、模块化、局部化、确定性、一致性、完备性和可验证性。这些原则适用于所有的软件项目。

- 抽象：抽象事物最基本的特点和行为，忽略非本质细节。采用分层抽象、自顶向下、逐层细化的办法控制软件开发过程的复杂性。
- 信息隐蔽：采用填充包装技术，将程序模块的实现细节隐藏起来，使模块尽量简单。
- 模块化：模块是程序中相对独立的成分，一个独立的编程单位，应有良好的接口定义。
- 局部化：在程序模块中，每个计算机资源要合在一起，并在模块内有较强的内聚性。
- 确定性：软件开发过程中所有概念的表达应是确定的、无歧义且规范的。
- 一致性：包括程序、数据和文档的整个软件系统的各个模块应使用已知的概念、符号和术语，程序内外接口保持一致，系统规格说明与系统行为保持一致。
- 完备性：软件系统不丢失任何重要部分，完全实现系统所需功能。
- 可验证性：系统自顶向下、逐层分解，应遵循容易检查、测评、评审的原则，以确保系统的正确性。

（5）软件开发工具与软件开发环境

软件开发工具和环境是软件工程方法得以实施的重要保证。

① 软件开发工具。早期的软件开发由于缺少工具的支持，使编程工作量大，质量和进度难以保证。软件开发工具的完善和发展可促进软件开发方法的进步和完善，保障软件开发的高速度和高质量。软件开发工具为软件工程方法提供了半自动或自动的软件支撑环境。

② 软件开发环境。软件开发环境，或称软件工程环境，是全面支持软件开发全过程的软件工具集合。这些软件工具按照一定方法或模式组合起来，支持软件生命周期内的各个阶段和各项任务的完成。

2. 结构化分析方法

软件开发方法是软件开发过程所遵循的方法和步骤，其目的在于有效地得到一些工作产品，即程序和文档，并满足质量要求。软件开发方法包括分析方法、设计方法和程序设计方法。

结构方法经过 30 多年发展，已成为系统、成熟的软件开发方法之一。结构化方法包括结构化分析方法、结构化设计方法和结构化编程方法，其核心和基础是结构化程序设计理论。

（1）需求分析与需求分析方法

① 需求分析。需求分析是指用户对目标系统的功能、行为、性能、设计约束等方面的期望。需求分析的任务是发现需求、求精、建模和定义需求的过程。需求分析将创建所需数据模型、功能模型和控制模型。

- 需求分析定义：1997 年，IEEE 软件工程标准对需求分析定义如下：
  - ➤ 用户解决问题或达到目标所需的条件或权能。
  - ➤ 系统或系统部件要满足合同、标准、规范或其他正式规定文档所需具有的条件或权能。
  - ➤ 一种反映前面所述的条件或权能的文档说明。
- 需求分析阶段的工作：需求分析阶段包括四个方面：
  - ➤ 需求获取：确定对目标系统的各方面需求。
  - ➤ 需求分析：对获取的需求进行分析和综合，最终给出系统的解决方案和目标系统的逻辑模型。
  - ➤ 编写需求规格说明书：说明书作为需求分析的阶段成果，可为用户、分析人员和设计人员之间的交流提供方便，可以直接支持目标软件系统的确认，又可以作为控制软件开发进程的依据。
  - ➤ 需求评审：需求分析最后一关，对需求分析阶段的工作进行复审，验证需求文档的一致性、可行性、完整性和有效性。

② 需求分析方法。

- 结构化分析方法：包括面向数据流的结构化分析方法，面向数据结构的 Jackson 方法，面向数据结构的结构化数据系统开发方法。
- 面向对象的分析方法：从需求分析建立的模型的特性来分，需求分析方法又分为静态分析方法和动态分析方法。

（2）结构化分析方法

① 关于结构化分析方法。结构化分析方法的实质是着眼于数据流，自顶向下，逐层分解，建立系统的处理流程，以数据流图和数据字典为主要工具，建立系统的逻辑模型。

结构化分析的步骤如下：

- 通过对用户的调查，以软件的需求为线索，获得当前系统的具体模型。
- 去掉具体模型中非本质因素，抽象出当前系统的逻辑模型。
- 根据计算机的特点分析当前系统与目标系统的差别，建立目标系统的逻辑模型。
- 完善目标系统并补充细节，写出目标系统的软件需求规格说明。
- 评审直到确认完全符合用户对软件的需求。

② 结构化分析的常用工具。

a. 数据流图（Data Flow Diagram，DFD）。数据流图是描述数据处理过程的工具，是需求理解的逻辑模型的图形表示，它直接支持系统的功能建模。数据流图中主要图形元素如表 4-6 所示。

表 4-6　数据流图所用主要图形元素

符号	○	→	══	▭
意义	加工(转换)	数据流	存储文件	源（潭）

建立数据流图步骤如下：

- 由外向内：先画系统的输入和输出，然后画系统的内部。
- 自顶向下：顺序完成顶层、中间层、底层数据流图。
- 逐层分解。

为保证构造的数据流图表达完整、准确、规范，应遵循以下数据流图的构造规则和注意事项：

- 对加工处理建立唯一、层次性的编号，且每个加工处理通常要求既有输入又有输出。
- 数据存储之间不应该有数据流。
- 数据流图的一致性。
- 父图、子图关系与平衡规则。

b. 数据字典（Data Dictionary，DD）。数据字典是结构化分析方法核心。数据字典是对所有与系统相关的数据元素的一个有组织的列表，有精确的、严格的定义，使用户和系统分析员对输入、输出、存储成份和中间计算结果有共同的理解。

数据字典的作用是对数据流图（DFD）中出现的被命名的图形元素进行确切解释。通常数据字典包含的信息有：名称、别名、何处使用/如何使用、内容描述、补充信息等。

c. 判定树。使用判定树进行描述时，应先从问题定义的文字描述中分清哪些是判定条件，哪些是判定的结论，根据描述材料中的连接词找出判定条件之间的从属关系、并列关系、选择关系，并根据它们构造判定树。

d. 判定表。判定表与判定树相似，当数据流图中的加工要依赖于多个逻辑条件的取值，即完成该加工的一组动作是由于某一组条件取值的组合而引发的，使用判定表描述比较适宜。

判定表由四部分组成：①基本条件；②条件项；③基本动作；④动作项。

（3）软件需求规格说明书

软件需求规格说明书是需求分析阶段的最后成果，是软件开发中重要文档之一。

① 软件需求规格说明书的作用。

- 便于用户、开发人员进行理解和交流。
- 反映出用户问题的结构，可以作为软件开发工作的基础和依据。
- 作为确认测试和验收的依据。

② 软件需求规格说明书的内容。

软件需求规格说明书是作为需求分析的一部分而制定的可交付文档。把在软件需求中确定的软件范围加以展开，制定出完整的数据描述、详细功能说明、恰当的检验标准以及其他与需求有关的数据。

软件需求规格说明书所包括的内容和书写框架如表 4-7 所示。

③ 软件需求规格说明书的特点。

软件需求规格说明书是确保软件质量的有力措施，衡量软件需求规格说明书质量好坏的标准、标准的优先级及标准的内涵是：

- 正确性：体现待开发系统的真实要求。
- 无歧义性：对每一个需求只有一种解释，其陈述具有唯一性。
- 完整性：包括全部有意义的需求，功能的、性能的、设计的、约束的、属性或外部接口等方面需求。
- 可验证性：描述的每一个需求都是可以验证的。
- 一致性：各个需求的描述不矛盾。
- 可理解性：需求说明书必须简明易懂，尽量少包含计算机的概念和术语，以便用户和软件人员都能接受它。
- 可修改性。
- 可追踪性：每一个需求的来源、流向是清楚的，当产生和改变文档编制时，可以方便地引证每一个需求。

表 4-7 需求说明书

一、概述
二、数据描述
数据流图
数据字典
系统接口说明
内部接口
三、功能描述
功能
处理说明
设计的限制
四、性能描述
性能参数
测试种类
预期的软件响应
应考虑的特殊问题
五、参考文献目录
六、附录

3. 结构化设计方法

（1）软件设计的基本概念

① 软件设计的基础。软件设计是软件工程的重要阶段，是一个把软件需求转换为软件表示的过程。软件设计的重要性和地位概括为以下几点：

- 软件开发阶段（设计、编码、测试）占据软件项目开发总成本绝大部分，是在软件开发中形成质量的关键环节。
- 软件设计是开发阶段最重要的步骤，是将需求准确地转化为完整的软件产品的唯一途径。
- 软件设计做出的决策最终影响软件实现的成败。
- 软件设计是软件工程和软件维护的基础。

② 软件设计的基本原理。软件设计遵循软件工程的基本目标和原则，建立了适用于在软件设计中应该遵循的基本原理和与软件设计有关的概念。

- 抽象：把事物本质的共同特性抽取出来而不考虑其他细节。
- 模块化：把一个待开发的软件分解成若干小的简单的部分。
- 信息隐蔽：在一个模块中包含的信息（过程或数据），对于不需要这些信息的其他模块来说不能访问的。
- 模块独立性：每个模块只能完成系统某些独立的子功能，并且与其他模块的联系最少且接口简单。衡量软件的模块独立性使用内聚性和耦合性进行度量。
  - ➢ 内聚性：是对一个模块内部各个元素彼此结合的紧密程度的度量。内聚性按由弱到强有偶然内聚、逻辑内聚、时间内聚、过程内聚、通信内聚、顺序内聚、功能内聚这样几种。

➤ 耦合性：是对模块间相互结合的紧密程度的度量。耦合度由高到低排列有内容耦合、公共耦合、外部耦合、控制耦合、标记耦合、数据耦合、非直接耦合这样几种。

③ 结构化设计方法。结构化设计就是采用最佳的可能方法设计系统的各个组成部分以及各部分之间的内部联系的技术。

（2）概要设计

① 概要设计的任务。

● 设计软件系统结构。在概要设计阶段，需要进一步分解、划分模块，划分的具体过程是：

a. 采用某种设计方法，将一个复杂的系统按功能划分成模块。

b. 确定每个模块的功能。

c. 确定模块之间的调用关系。

d. 确定模块之间的接口，即模块之间传递的信息。

e. 评价模块结构的质量。

● 数据库结构及数据库设计。数据设计是实现需求定义和规格说明过程中提出的数据对象的逻辑表示。数据设计的具体任务是：确定输入、输出文件的详细数据结构；结合算法设计，确定算法的逻辑数据结构及其操作；确定对逻辑结构所必须的那些操作的程序模块，限制和确定各个数据设计决策的影响范围；需要与操作系统或调度程序接口所必须的控制表进行数据交换时，确定其详细的数据结构和使用规则；数据的保护性设计；防卫性、一致性、冗余性设计。

数据设计中应该注意掌握以下设计原则：

➤ 用于功能和行为的系统分析原则也应用于数据。

➤ 应该标识所有的数据结构以及其上的操作。

➤ 应当建立数据字典，并用于数据设计和程序设计。

➤ 低层的设计决策应该推迟到设计过程的后期。

➤ 只有那些需要直接使用数据结构、内部数据的模块才能看到该数据的表示。

➤ 应该开发一个由有用的数据结构和应用于其上的操作组成的库。

➤ 软件设计和程序设计语言应该支持抽象数据类型的规格说明和实现。

● 编写设计文档。在概要设计阶段，需要编写的文档有：概要设计说明书、数据库设计说明书、集成测试计划等。

● 概要设计文档评审。要评审的内容包括：在概要设计中，设计部分是否完整地实现了需求中规定的功能、性能等要求，设计方案的可行性，关键性处理及内部接口定义的正确性、有效性，各部分的一致性等，以免在以后的设计中出现问题而返工。

② 面向数据流的设计方法。

在需求分析阶段，主要是分析信息在系统中加工和流动的情况。面向数据流的设计方法定义了一些不同的映射方法，利用这些映射方法可以把数据流变换成结构图表示的软件结构。

常用的软件结构设计工具是结构图（SC）。结构图是描述软件结构的图形工具。基本图符如下：

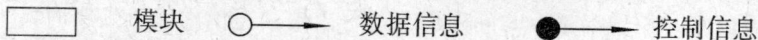

☐ 模块　○——▶ 数据信息　●——▶ 控制信息

● 数据流类型：数据流分为变换型和事务型。

➤ 变换型：变换型是指信息沿输入通路进入系统，同时由外部形式变换成内部形式，进入系统的信息通过变换中心，经加工处理以后再沿输出通路变换成外部形式离开软件系统。变换型数据处理问题的工作过程可分为三步，即取得数据、变换数据和输出数据，如图 4-32 所示。

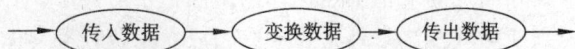

图 4-32 变换型数据流结构

➤ 事务型：在很多软件应用中，存在某种作业数据流，它可以引发一个或多个处理，这些处理能够完成作业要求的功能，这种数据流叫做事务。事务型数据流的特点是接受一项事务，根据事务处理的特点和性质，选择分派一个适当的处理单元（事务处理中心），然后给出结果，如图 4-33 所示。

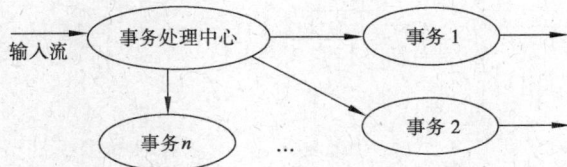

图 4-33 事务型数据流结构

- 面向数据流设计方法的实施要点与设计过程：

第一步：分析、确认数据流的类型，区分是事务型还是变换型。

第二步：说明数据流的边界。

第三步：把数据流映射为程序结构。

第四步：根据设计准则对产生的结构进行细化和求精。

③ 设计的准则。

- 提高模块独立性。

- 模块规模适中。

- 深度、宽度、扇出和扇入适当。

- 使模块的作用域在该模块的控制域内。

- 应减少模块的接口和界面的复杂性。

- 设计成单入口、单出口的模块。

- 设计功能可预测的模块。

（3）详细设计

详细设计的任务是为软件结构图中的每一个模块确定实现算法和局部数据结构，用某种选定的表达工具表示算法和数据结构的细节。常见的过程设计工具如下：

图形工具：程序流程图（一般流程图），N-S，PAD，HIPO。

表格工具：判定表。

语言工具：PDL（伪码）。

① 程序流程图。程序流程图是一种传统的、应用广泛的软件过程设计表示工具，通常也称程序框图。构成程序流程图的最基本图符如下：

控制流（→或↓）　　　加工步骤（　□　）　　　逻辑条件（　◇　）

按照结构化程序设计要求，程序流程图构成的任何程序可用五种控制结构来描述，如图 4-34 所示。这五种结构如下：

- 顺序型：几个连续的加工步骤依次排列构成。
- 选择型：由某个逻辑判断式的取值决定选择两个加工中的一个。
- 先判断重复型：先判断循环控制条件是否成立，成立则执行循环体语句。
- 后判断重复型：重复执行某些特定的加工，直到控制条件成立。
- 多分支选择型：列举多种加工情况，根据控制变量的取值，选择执行其中之一。

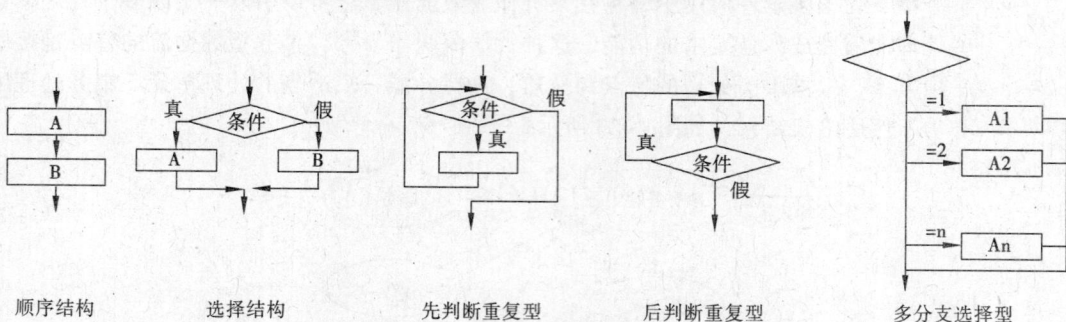

图 4-34　五种结构的程序流程图

② N–S 图（见图 4-35）。

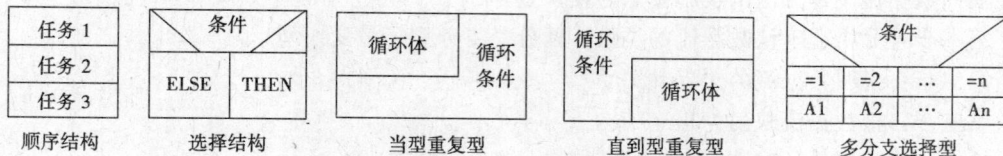

图 4-35　五种结构的 N–S 图

N–S 输送有以下特征：

- 每个构件具有明确的功能域。
- 控制转移必须遵守结构化设计要求。
- 易于确定局部数据和全局数据的作用域。
- 易于表达嵌套关系和模块的层次结构。

③ PAD 图（见图 4-36）。

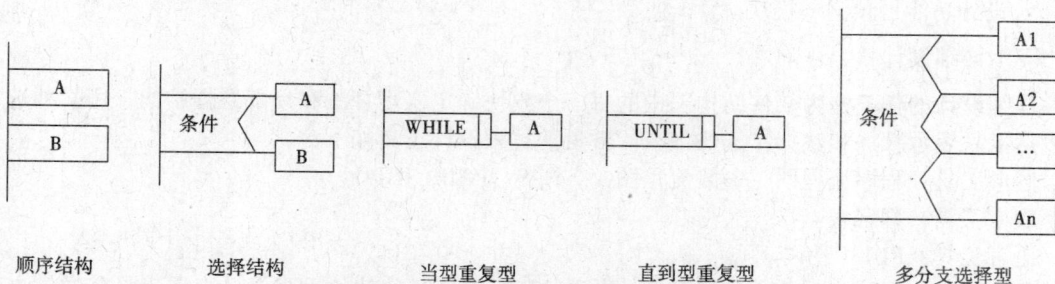

图 4-36　五种结构的 PAD 图

PAD 图有以下特征：

- 结构清晰，结构化程度高。
- 易于阅读。
- 最左端的纵线是程序的主干线，每增加一层 PAD 图向右扩展一条纵线，程序的纵线是程序层次数。
- 程序执行，从 PAD 图最左主干线端结点开始、自上而下、自左向右依次执行，程序终止于最左主干线。

4．软件测试

软件测试是保证软件质量的重要手段，其主要过程涵盖了整个软件生命周期的过程，包括需求定义阶段的需求测试、编码阶段的单元测试、集成测试以及后期的确认测试、系统测试，验证软件是否合格、能否交付用户使用等。

（1）软件测试的目的

软件测试是为了发现错误而执行程序的过程，它是使用人工或自动手段来运行或测定某个系统的过程，其目的在于检验它是否满足规定的需求或是否弄清预期结果与实际结果之间的差别。

（2）软件测试的准则

要做好软件测试，设计出有效的测试方案和好的测试用例，软件测试人员需要充分理解和运用软件测试的一些基本准则：

① 所有测试都应该追溯到需求。最严重的错误是导致程序无法满足用户需求的错误。

② 严格执行测试计划，排除随意性。软件测试应当制定明确的测试计划并按照计划执行。测试计划应包括：所测试软件的功能、输入和输出、测试内容、各项测试的目的和进度安排、测试资料、测试工具、测试用例的选择、资源要求、测试的控制方式和过程等。

③ 充分注意测试中的群集现象。为了提高测试效率，测试人员应该集中对付那些错误群集的程序。

④ 程序员避免检查自己的程序。为了达到好的测试效果，应该由独立的第三方来构造测试。

⑤ 穷举测试不可能。穷举测试是指对程序所有可能的执行路径都进行检查测试。

⑥ 妥善保存测试计划、测试用例、出错统计和最终分析报告，为维护提供方便。

（3）软件测试技术与方法综述

软件测试的方法和技术是多种多样的。从是否需要执行角度分为静态测试和动态测试方法；从功能划分可分为白盒测试和黑盒测试方法。

① 静态测试与动态测试。

a. 静态测试：静态测试包括代码检查、静态结构分析、代码质量度量等。

代码检查：主要检查代码和设计的一致性，包括代码的逻辑表达的正确性，代码结构的合理性等方面。代码检查包括：

- 代码审查：小组集体阅读、讨论检查代码。
- 代码走查：小组成员通过用"脑"仔细研究、执行程序来检查代码。
- 桌面检查：由程序员自己检查自己编写的程序。
- 静态分析：是对代码的机械性、程序化的特性分析方法。包括控制流分析、接口分析、表达式分析。

b. 动态测试：静态测试不实际运行软件，主要通过人工进行。动态测试是基于计算机的测试，是为了发现错误而执行程序的过程。可通过实用例子去运行程序，以发现错误。

② 白盒测试方法与测试用例设计。

白盒测试方法也称结构测试或逻辑驱动测试，它是根据软件产品的内部工作过程，检查内部成分，以确认每种内部操作符合设计规格要求。

白盒测试的基本原则是：保证所测试模块中每一独立路径至少执行一次；保证所测试模块所有判断的每一分支至少执行一次；保证所测试模块每一循环都在边界条件和一般条件各执行一次；验证所有内部数据结构的有效性。

白盒测试的主要方法有逻辑覆盖测试、基本路径测试等。

a. 逻辑覆盖测试：逻辑覆盖是泛指一系列以程序内部的逻辑结构为基础的测试用例设计技术。程序中的逻辑表示有判断、分支、条件等几种表示方式。

- 语句覆盖：选择足够的测试用例，使程序中每个语句至少都能被执行一次。
- 路径覆盖：执行足够的测试用例，使程序中所有可能的路径都至少经历一次。
- 判定覆盖：使设计的测试用例保证程序中每个取值分支至少经历一次。
- 条件覆盖：设计的测试用例保证程序中每个判断的每个条件的可能取值至少执行一次。
- 判断—条件覆盖：设计足够的测试用例，使判断中每个条件的所有可能取值至少执行一次，同时每个判断的所有可能取值分支至少执行一次。

b. 基本路径测试：基本路径测试的思想和步骤是：根据软件过程性描述中的控制流程确定程序的环路复杂性度量，用此度量定义基本路径集合，并由此导出一组测试用例对每一条独立执行的路径进行测试。

③ 黑盒测试方法与测试用例设计。

黑盒测试方法也称功能测试或数据驱动测试。黑盒测试是对软件已经实现的功能是否满足需求进行测试和验证。黑盒测试完全不考虑程序内部的逻辑结构和内部特征，只依据程序的需求和功能规格说明，检查程序功能是否符合它的功能说明。

黑盒测试主要诊断：功能不对或遗漏、界面错误、数据结构或外部数据库访问错误、性能错误、初始和终止条件错。

黑盒测试方法有：等价类划分法、边界分析法、错误推测法、因果图等。

a. 等价类划分法。等价类划分是一种典型的黑盒测试方法。它是将程序的所有可能的输入数据划分成若干部分，然后从每个等价类中选取数据作为测试用例。使用等价类划分法设计测试方案，首先需要划分输入集合的等价类，等价类包括：

有效等价类：合理、有意义的输入数据构成的集合。

无效等价类：不合理、无意义的输入数据构成的集合。

b. 边界值分析法。边界值分析法是对各种输入、输出范围的边界情况设计测试用例的方法。使用边界值分析方法设计测试用例，确定边界情况应考虑选取正好等于、刚刚大于或刚刚小于边界的值作为测试数据，这样发现程序中错误的概率较大。

c. 错误推测法。人们可以靠经验和直觉推测程序中可能存在的各种错误，从而有针对性地编写检查这些错误的例子。

错误推测法的基本思想是：列举出程序中所有可能有的错误和容易发生错误的特殊情况，根据它们选择测试用例。错误推测法针对性强，可以直接切入可能的错误，直接定位，是一种非常实用、有效的方法。

（4）软件测试的实施

软件测试是保证软件质量的重要手段，软件测试是一个过程，其测试流程是该过程规定的程序，目的是使软件测试工作系统化。

软件测试一般按四步进行：单元测试、集成测试、验收测试（确认测试）和系统测试。

① 单元测试。单元测试是对软件设计的最小单位——模块（程序单元）进行正确性检验的测试。单元测试的目的是发现各模块内部可能存在的各种错误。单元测试的依据是详细设计说明书和源程序。单元测试可以采用静态分析和动态测试。

动态测试主要针对模块的五个基本特性进行：

- 模块接口测试：测试通过模块的数据流。
- 局部数据结构测试：检查数据说明一致性、数据初始化、数据类型一致性等。
- 重要执行路径检查。
- 出错处理测试。
- 影响以上各点及其他相关点的边界条件测试。

② 集成测试。集成测试是测试和组装软件的过程。它是把模块按照设计要求组装起来同时进行测试，主要目的是发现与接口有关的错误。

集成测试内容包括：软件单元的接口测试、全局数据结构测试、边界条件和非法输入的测试等。

集成测试将模块组装成程序时通常采用两种方式：非增量方式组装和增量方式组装。增量方式包括下面三种方式：

- 自顶向下的增量方式。
- 自底向上的增量方式。
- 混合增量方式（自顶向下与自底向上相结合的混合增量方式）。

③ 确认测试。确认测试的任务是验证软件的功能和性能及其他特性是否满足了需求规格说明中确定的各种需求，以及软件配置是否完全、正确。

④ 系统测试。系统测试是将通过测试确认的软件，作为整个基于计算机系统的一个元素，与计算机硬件、外部设备、支持软件、数据和人员等其他元素组合在一起，在实际运行环境下对计算机系统进行一系列的集成测试和确认测试。

系统测试的目的是在真实的系统工作环境下检验软件是否能与系统正确连接，发现软件与系统需求不一致的地方。系统测试的具体实施一般包括：功能测试、性能测试、操作测试、配置测试、外部接口测试、安全性测试等。

5．程序的调试

（1）基本概念

对程序进行了成功的测试之后将进行程序调试（通常称为 Debug，即排错），程序调试的任务是诊断和改正程序中的错误。

程序调试由两部分组成，其一是根据错误的迹象确定程序中错误的确切性质、原因和位置。其二是对程序进行修改，排除这个错误。

① 程序调试的基本步骤。

a. 错误定位。

b. 修改设计和代码，排除错误。

c. 进行回归测试，防止引进新的错误。

② 程序调试的原则。

● 确定错误的性质和位置时的注意事项：

  ➢ 分析思考与错误征兆有关的信息。

  ➢ 避开死胡同。如果在调试中陷入困境，最好暂时避开，留到适当时间再考虑。

  ➢ 只把调试工具当做辅助手段来使用。

  ➢ 避免用试探法，最多只能把它当做最后手段。

● 修改错误的原则：

  ➢ 在出错的地方，可能还有别的错误。

  ➢ 修改错误的一个常见的失误是只修改了这个错误的征兆或错误的表现，没有修改错误本身。

  ➢ 注意修正一个错误的同时可能会引入新的错误。

  ➢ 修改错误的过程将迫使人们暂时回到程序设计阶段。

  ➢ 修改源代码程序，不要改变目标代码。

（2）软件调试方法

调试的关键在于推断程序内部的错误位置及原因。从是否跟踪和执行程序的角度，类似于软件测试，软件调试分为静态调试和动态调试。静态调试主要是指通过人的思维来分析源程序代码和排错，是主要的调试手段。而动态调试是辅助静态调试的。主要调试方法可以采用：

① 强行排错法。

② 回溯法。

③ 原因排除法。

4.2.4　数据库设计基础

1. 数据库系统的基本概念

（1）数据、数据库、数据库管理系统

① 数据。数据（Data）实际上就是描述事物的符号记录。计算机中的数据一般分为两部分：一部分与程序有短时间交互关系，随着程序结束而消失，它们称为临时性数据。另一部分数据则对系统起着长期持久的作用，它们称为持久性数据。数据库系统处理的就是持久性数据。

软件中数据有一定结构：数据类型（类型 Type）和值。如整型、实型是指数据的类型；如 15 为值。随着应用的扩大；数据的型也扩大，如多种相关数据以一定结构方式组合构成数据框架，又称为数据结构。对于数据库中的数据结构称为数据模式。

过去的软件系统中是以程序为主体，数据从属于程序。而近十年来，数据在软件系统中的地位发生了变化，在数据库系统及数据库应用系统中，数据占有主体地位，而程序变为附属地位。在数据库系统中需要对数据进行集中、统一管理，以达到数据被多个应用程序共享的目标。

② 数据库。数据库（DataBase，DB）是数据的集合，它具有统一的结构形式并存放于计算机存储介质内，是多种应用数据的集成，并可以被各个应用程序所共享。

数据库存放的数据是按数据所提供的模式存放的，它可构造复杂的数据结构以建立数据间内在联系与复杂的关系，从而构成数据的全局结构模式。数据库中的数据具有"集成"、"共享"的特点。

③ 数据库管理系统。数据库管理系统（DataBase Management System，DBMS）是系统软件，负责对数据库的数据组织、数据操纵、数据维护、控制及保护和数据服务等。数据库管理系统是数据库系统的核心，其主要功能如表 4-8 所示。数据库管理语言的分类及功能如表 4-9 所示。

表 4-8　数据库管理系统的功能

功　能　名　称	功　能　说　明
数据模式定义	为数据库构建其数据框架
数据存取的物理构建	为数据模式存取及构建提供有效的存取方法和手段
数据操纵	为用户使用数据库中的数据提供方便，它提供查询、插入、修改以及删除数据功能，另外不定期的计算及统计功能
数据的完整性、安全性定义与检查	数据库中数据具有共享性，在共享使用时防止错误使用，系统提供了对数据是否正确使用检查，以保持数据的安全性和完整性
数据库的并发控制与故障恢复	数据库是一个集成、共享的数据集合体，它能为多个应用程序服务，当多个应用程序并发操作时，数据库管理系统可以控制和管理数据库，使数据不受破坏
数据服务	数据库管理系统可以对数据库中的数据进行拷贝、转存、重组、性能监测、分析等

表 4-9　数据库管理系统语言

语　言　分　类	功　能
数据定义语言（DDL）	负责数据模式定义与数据的物理存取
数据操纵语言（DML）	负责数据的查询、增加、删除、修改操作
数据控制语言（DCL）	负责数据完整性、安全性定义与检查以及并发控制、故障恢复等

数据库管理系统语言的使用方式如下：

- 交互式命令语言：可以键盘上输入，它又称自含型或自主型语言。
- 宿主型语言：可以嵌入宿主语言中，（如 C、C++ 等高级语言中）。

目前的数据库管理系统（DBMS）均为关系数据库系统。如 Oracle、Sybase、DB2、SQLServer 等，还有小型数据库系统 Visual FoxPro 和 Access 等。

④ 数据库管理员。对数据库进行规划、设计、维护、监视等管理工作的人员称数据库管理员（DBA）。其主要工作有：

- 数据库设计（DataBase Design）：DBA 主要任务之一是做数据库设计。对多个应用的数据需求作全面规划、设计与集成。
- 数据库维护：完成对数据库中数据的安全性、完整性、并发性控制及系统恢复、数据定期转存等。
- 改善系统性能、提高系统效率。

⑤ 数据库系统。数据库系统（DataBase System，DBS）是指引进数据库技术后的计算机系统，能实现有组织地、动态地存储大量相关数据，提供了数据处理和信息资源共享的便利手段。

数据库系统由五部分组成：数据库（数据）、数据库管理系统（软件）、数据库管理员（人员）、系统平台之一（硬件）、系统平台之二（软件）。由这五部分构成了数据库系统。

在数据库系统中硬件平台包括：计算机和网络。

在数据库系统中软件平台包括：操作系统、数据库系统开发工具（C、C++、VB、PB、Delphi 等）、数据库与应用程序及数据库与网络间的接口软件（如 ODBC、JDBC、OLEDB、CORBA、COM、DCOM 等）

⑥ 数据库应用系统。数据库应用系统（DataBase Application System，DBAS）是指系统开发人员利用数据库资源开发出来的、面向某一类实际应用的应用软件系统。数据库应用系统是数据库再加上应用软件以及应用界面这三部分构成。具体包括：数据库、数据库管理系统、数据库管理员、硬件平台、软件平台、应用软件、应用界面。

（2）数据库系统的发展

为数据库的建立、使用和维护而配置的软件称为数据库管理系统（DataBase Management System，DBMS）。数据管理经历了人工管理、文件系统、数据库系统三个阶段，如表 4-10 所示。

表 4-10　数据管理的发展情况

发 展 阶 段	时 间	管 理 特 点
人工管理阶段	20 世纪 50 年代前	数据与程序不具有独立性，一组数据对应一个程序，一个程序中的数据不能被其他程序使用，程序与程序之间存在重复数据，称为数据冗余。数据不能长期保存
文件系统阶段	20 世纪 50～60 年代	程序文件和数据文件可以独立存放，数据文件可多次使用。这时期计算机数据管理特点是：数据文件的数据为满足一个特定应用而存储，不同程序中使用的数据仍会出现重复存储，也会导致数据冗余
数据库系统阶段	20 世纪 60 年代后期	为了实现计算机对数据的统一管理，达到数据共享的目的，发展了数据库技术。数据库技术的主要目的是有效地管理和存取大量的数据资源，包括：提高数据共享性、多用户同时访问数据库数据、减少数据冗余度等
关系数据库系统阶段	出现 20 世纪 70 年代，20 世纪 80 年代得到发展	关系数据库系统结构简单、使用方便、逻辑性强。产生了各种专用数据库系统：工程数据库系统、图形数据库系统、图像数据库系统、统计数据库系统、知识库系统、分布系统数据库系统、并行式数据库系统、面向对象数据库系统

（3）数据库系统的特点

① 数据的集成性。集成性表现：在数据库系统中采用统一的数据结构方式（二维表）；在数据库系统中按照多个应用的需要组织全局的统一的数据结构（即数据模式）；数据库系统中模式由全局数据结构构成，局部结构（如视图）是全局结构的一部分。

② 数据高共享性与低冗余性。由于数据集成使得数据可为多个应用所共享，特别是在网络发达的今天，数据库与网络的结合扩大了数据的应用范围。数据共享可极大减少数据冗余和减少不必要的存储空间。

③ 数据独立性。数据独立性是数据与程序之间互不依赖，也就是数据的逻辑结构、存储结构、与存取方式的改变不会影响应用程序。数据独立性包括：

• 物理独立性：数据的物理结构（如存储设备更换、物理存储方式）的改变，不影响数据库的逻辑结构，也不引起应用程序的变化。

- 逻辑独立性：数据库整体逻辑结构（如修改数据、增加新数据类型、改变数据间联系等）改变，不需要修改应用程序。

④ 数据统一管理与控制。数据库系统不仅为数据提供高度集成环境，同时还为数据提供统一管理手段。主要包括：

- 数据的完整性检查：检查数据库中数据的正确性。
- 数据的安全性保护：检查数据库访问者以防止非法访问。
- 并发控制：控制多个应用的并发访问所产生的相互干扰以保证其正确性。

（4）数据库系统的内部结构体系

数据库系统在其内部具有三级模式及二级映射。

数据库系统的三级模式是概念模式、外模式和内模式。其中，概念模式是数据库系统中全局**数据逻辑结构**的描述，是全体用户公共数据视图；外模式也称子模式或用户模式，它是用户的数据视图，由概念模式推导而出；内模式又称物理模式，它给出了数据库物理存储结构与物理存取方法。

存在两种映射关系，一种是概念模式到内模式的映射，将概念数据库和物理数据库联系起来；另一种是外模式到概念模式的映射，把用户数据库与概念模式数据库联系起来。

2. 数据模型

（1）数据模型的基本概念

数据库中的数据模型可以将复杂的现实世界要求反映到计算机数据库中的物理世界，这种反映是一个研究逐步转化的过程。它分为两个阶段：由现实世界开始，经历信息世界而至计算机世界，从而完成整个转化。

现实世界：用户为了某种需要，将现实世界中部分需求用数据库实现。

信息世界：通过抽象对现实世界进行数据库级上的刻画所构成的逻辑模型叫信息世界。信息世界与数据库的具体模型有关，如层次、网状、关系模型等。

计算机世界：在信息世界基础上用计算机物理结构描述，而形成计算机世界。

数据是现实世界符号的抽象，而数据模型则是数据特征的抽象。数据模型所描述的内容有三部分：

① 数据结构：数据结构主要描述数据的类型、内容、性质以及数据间的联系等。数据结构是**数据模型的基础**，数据模型的分类均以数据结构的不同而分。

② 数据操作：数据模型中的数据操作主要是描述在相应数据结构上的操作类型与操作方式。

③ 数据约束：数据模型中的数据约束主要描述数据结构间的语法、语义联系、它们之间的制约与依存关系、数据动态变化规则，以保证数据的正确、有效与相容。

数据模型按不同应用层次分为三种类型：

① 概念数据模型：又称概念模型，它是面向客观世界、面向用户的模型，它与具体的数据库管理系统和计算机平台无关。它主要着重于客观世界复杂事物的结构描述及它们之间联系的刻画，概念模型是整个数据模型的基础。目前，较为有名的概念模型有 E-R 模型、扩充的 E-R 模型、面向对象模型及谓词模型等。

② 逻辑数据模型：又称数据模型，它是一种面向数据库系统的模型。概念模型只有在转换成数据模型后才能在数据库中得以表示。目前，逻辑数据模型有多种，而被应用最广的包括层次模型、网状模型、关系模型、面向对象模型等。

③ 物理数据模型：又称物理模型，它是一种面向计算机物理表示的模型，此模型给出了数据模型在计算机上物理结构的表示。

（2）E-R 模型

概念模型是面向现实世界的。它的出发点是有效和自然地模拟现实世界，给出数据的概念化结构。被广泛使用的概念模型是 E-R 模型（或实体联系模型）。

① E-R 模型的基本概念。

a. 实体：现实世界中的事物可以抽象为实体，实体是概念世界中的基本单位，它们是客观存在的且又能相互区别的事物。凡是有共性的实体可组成一个集体称为实体集。

如小李、小赵是实体，他们又均是学生而组成实体集。

b. 属性：现实世界中事物均有一些特征，这些特征可以用属性来表示。属性刻画了实体的特征。一个实体可以有若干个属性。每个属性可以有值，一个属性的取值范围称为该属性的值域。

如学生有学号、姓名、性别、年龄等，这些都是属性；小李 20 岁、小赵 19 岁，这是值。

c. 联系：现实世界中事物间的关联称为联系。在概念世界中联系反映了实体集间的一定关系。如读者与图书之间是借阅关系；工人与设备间是操作关系，上下级间是领导关系，生产者与消费者间是供求关系。实体间联系有多种。就实体集的个数而言有：

- 两个实体集间联系。如读者与图书间是借阅关系；工人与设备间是操作关系等。
- 多个实体集间的联系。包括三个或三个以上实体集间的联系。如工厂、产品、用户这三个实体集间存在着工厂提供产品为用户服务的联系。
- 一个实体集内部的联系。一个实体集内若干个实体，它们之间的联系称实体集内部联系。如某公司职工这个实体集内部可以有上下级联系。

实体集间联系的个数可以是单个也可以是多个。如工人与设备之间有操作联系，还有维修联系。两个实体集间联系可分为：

- 一对一联系（one to one relationship）简记为 1:1。如一个学校与一个校长间相互一一对应。
- 一对多联系（one to many relationship）简记为 1:m 或 m:1。如一个导师与多个学生；一个学生宿舍与学生是一对多联系。
- 多对多联系（many to many relationship）简记为 m:n。如教师与学生是多对多联系；一个教师教多个学生，一个学生又可受教多个教师。

② E-R 模型三个基本概念之间的联接关系。

E-R 模型由上面三个基本概念组成，由实体、联系、属性三者结合起来才能表示一个现实世界。

- 实体集（联系）与属性间联接关系。

实体是概念世界中的基本单位，属性附属于实体，它不是独立单位。属性的集合表示一个实体，实体与属性间有一定的联接关系。如人事档案中每个人（实体）有编号、姓名、性别、职称等若干个属性，它们组成了一个有关人（实体）的完整描述，如表 4-11 所示。

表 4-11 实体集示例

编　号	姓　名	性　别	年　龄
00101	李海	男	20
00102	赵晓军	男	19
00103	刘方	女	18
00104	王忆飞	女	19
00105	于江	男	19

属性有属性域，每个实体可以取属性域内的值。一个实体的所有属性取值组成了一个值集叫元组。在概念世界中可以用元组表示实体，也可用它区别不同的实体。如在人事档案中，每一行表示一个实体，这个实体可以用一组属性表示。如人事档案表中（00101，李海，男，20），（00102，赵晓军，男，19），这两个元组分别表示两个不同的实体。

实体有型与值之别，一个实体所有属性构成了这个实体的型。如人事档案中的实体，它的型由编号、姓名、性别、年龄等属性组成，而实体中属性值的集合（即元组）则构成了这个实体的值。

相同型的实体构成了实体集。如人事档案表中的每一行是一个实体，它们均有相同的型，则表中实体构成了一个实体集。

● 实体（集）与联系。

实体集间可以通过联系建立联接关系。如教师与学生之间无法直接建立关系，只有通过"教与学"的联系才能相互之间建立关系。将教师与学生两个实体间用一个属性"教室号"联接起来。

③ E-R 模型的图示法。

E-R 模型可以用图的形式表示，这种图称为 E-R 图，在 E-R 图中分别用不同的几何图形表示 E-R 模型中的三个概念与两个联接关系，如图 4-37 所示。

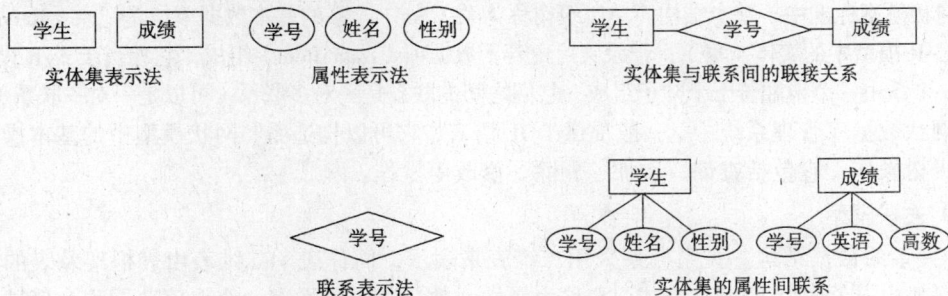

图 4-37 E-R 模型的五种图示法

（3）层次模型

层次模型是最早发展起来的数据库模型。层次模型基本是树形结构，这种结构方式在现实世界中很普遍。如家庭结构、行政组织结构，它们自顶向下、层次分明。

层次模型实际上是由若干表示实体间一对多联系的基本层次联系组成的一棵树，树上每个结点代表一个实体集，如图 4-38 所示。

任何一个树结构均有下列特性：

① 每棵树有且仅有一个无双亲结点，称为根。

② 树中除根外所有结点有且仅有一个双亲。

层次数据模型支持的操作主要有查询、插入、删除和更新，但对操作限制很多。

（4）网状模型

网状模型出现略晚于层次模型。网状模型是一个不加任何条件限制的无向图。数据结构用网状结构表示之间联系的模型称为网状模型。网中每个结点代表一个实体模型，如图 4-39 所示。

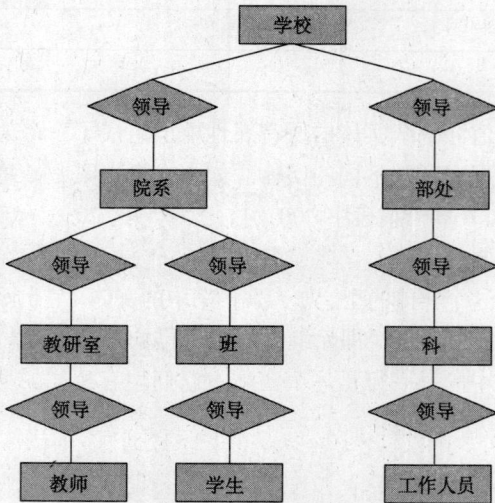

图 4-38　一个学校行政机构的简单 E-R 图　　图 4-39　学校与学生联系的简单 E-R 图

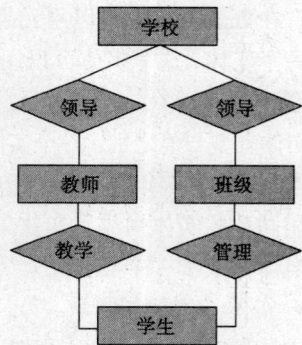

在现实中，网状模型将网络结构分成一些基本结构。一般采用分解方法将一个网络分解成若干个二级树，即只有两个层次的树，这种树由一个根及若干个叶子组成。一般规定根结点与任一叶子间的联系是一对多的联系（包含一对一联系）。

在网状模型标准中，基本结构简单二级树称为系（Set），系的基本数据单位是记录（Record），它相当于 E-R 模型中的实体（集）；记录又可由若干数据项（Data Item）组成，它相当于 E-R 模型中的属性。一个系由一个根和若干个叶子组成，它们之间的联系是一对多联系（可以是一对一联系）。

在网状数据库管理系统中，一般提供 DDL 语言，它可以构造系。网状模型中的基本操作是简单的二级树操作，它包括查询、增加、删除、修改等操作。

（5）关系模型

① 关系的数据结构。关系模型采用二维表来表示，简称表。二维表由表框架及表的元组组成。表框架由 n 个命名的属性组成，n 称为属性元数。每个属性有一个取值范围称为值域。表框架对应了关系的框，即关系模型，如表 4-12 所示。

在表框架中可以按行存储数据，每行数据称为元组。一个元组实际上由 n 个元组分量组成，每个元组分量是表框架中每个属性的投影值。一个表框架可以存放 m 个元组，m 称为表的基数。

表 4-12　二维表示例

学　号	姓　名	性　别	年　龄	专　业
2005001	张浩然	男	19	自动化
2005002	李明	男	18	自动化
2005003	王伟	男	19	自动化
2005004	赵俏	女	18	自动化

一个 n 元表框架及框架内 m 个元组构成了一个完整的二维表。二维表一般满足如下性质：

- 二维表中元组个数有限（元组个数有限性）。
- 二维表中元组均不相同（元组的唯一性）。
- 二维表中元组的次序可以任意交换（元组次序无关性）。
- 二维表中元组的分量是不可分割的基本数据项（分量的原子性）。
- 二维表中属性名各不相同（属性名唯一性）。
- 二维表中属性与次序无关，可任意交换（属性次序无关性）。
- 二维表中属性分量具有与该属性相同的值域（分量值域同一性）。

满足以上七个性质的二维表称为关系。以二维表为基本结构建立的模型称为关系模型。

二维表中有键（key）或码的概念。键具有标识元组、建立元组间联系等重要作用。

二维表中可能有若干个键，它们称为该表的候选码或候选键。从二维表的所有候选键中选取一个作为用户使用的键称为主键或主码，也称为键或码。主键只有一个。如果 A 表中某属性集是某表 B 的键，则称该属性集为 A 的外键或外码。

在关系元组的分量中允许出现空值（NULL）以表示信息的空缺。但关系的主键中不允许出现空值，因为主键为空值则失去了其元组标识的作用。

关系框架与关系元组构成了一个关系，而关系模式的集合构成一个关系数据库。关系的框架称为关系模式，而关系模式集合构成了关系数据库模式。

② 关系操纵。关系操纵是建立在数据操纵上。一般有查询、增加、删除及修改操作。

- 数据查询：对一个关系内查询的基本单位是元组分量，基本操作是先定位后操作。将定位的数据从关系数据库中取出并放入指定的内存。

  对多个关系间的数据查询可分为三步：第一步将多个关系合并成一个关系；第二步对合并后的一个关系定位；第三步操作对多个关系的合并，可分解成两个关系的逐步合并，如三个关系 R1，R2，R3，先将 R1 与 R2 合并成 R4，然后再将 R4 与 R3 合并成 R5。
- 数据删除：数据删除的基本单位是一个关系内的元组，它的功能是将指定关系内的指定元组删除，也就是先定位后删除。
- 数据插入：数据插入仅对一个关系而言，在指定关系中插入一个或多个元组。
- 数据修改：数据修改是在一个关系中修改指定的元组与属性。

③ 关系中数据约束。关系中有三种约束：

- 实体完整性约束：该约束要求关系的主键中属性值不能为空，这是数据库完整性的最基本要求，因为主键是唯一决定元组的，如为空值其唯一性成为不可能了。
- 参照完整性约束：该约束是关系之间相关联的基本约束，它不允许引用不存在的元组：即在关系中的外键要么是所关联关系中实际存在的元组，要么就为空值。
- 用户定义完整性约束：这是针对具体数据环境与应用环境由用户具体设置的约束，它反映了具体应用中数据的语义要求。

3. 关系代数

关系数据库系统的特点之一是它建立在数学理论之上，有很多数学理论可以表示关系模型的**数据操作**，其中最著名的是关系代数与关系演算。这里主要介绍关系代数。

（1）关系模型中的基本操作

关系是由若干个不同的元组所组成，因此关系可视为元组集合。n 元关系是一个 n 元有序组的集合。关系模型有插入、删除、修改和查询四种操作，它们又可以分为六种基本操作：

① 关系的属性指定：指定关系内的某些属性，用它确定二维表中的列。

② 关系的元组选择：用一个逻辑表达式给出关系中所满足表达式的元组，用它确定二维表的行。

③ 两个关系的合并：将两个关系合并成一个关系。

④ 关系的查询：在一个关系或多个关系间查询，查询结果也为关系。

⑤ 关系元组的插入：在关系中添加一些元组。

⑥ 关系元组的删除：在关系中删除一些元组。

（2）关系模型的基本运算

关系是有序组的集合，可将关系操作看成是集合的运算。

① 插入：设有关系 R 需要插入若干元组，要插入的元组组成关系 R′，则插入可用集合运算表示为 R∪R′。

② 删除：设有关系 R 需要删除若干元组，要删除的元组组成关系 R′，则删除可用集合运算表示为 R–R′。

③ 修改：修改关系 R 内的元组内容可用下面方法实现。一是设需修改的元组构成关系 R′，则先做删除 R–R′；二是设修改后的元组构成关系 R″，此时将其插入即得到结果：(R–R′)∪R″。

④ 查询：查询可用下面运算

- 投影运算：投影运算是一个一元运算，一个关系通过投影运算后仍为一个关系 R′。R′是这样一个关系，它是 R 中投影运算所指出的那些域的列所组成的关系。

- 选择运算：选择运算是一个一元运算，关系 R 通过选择运算后仍为一个关系。这个关系是由 R 中那些满足逻辑条件的元组所组成。

- 笛卡儿积运算：两个关系的合并操作可用笛卡尔积表示。设有 n 元关系 R 及 m 元关系 S，它们分别有 p、q 个元组，则 R 与 S 的笛卡尔积为 R×S，该关系是一个 $n+m$ 元关系，元组个数是 $p \times q$。

（3）关系代数中的扩充运算

① 交运算：交运算是求两个关系中的共有元组，表示为 R∩S。

② 除运算：将一个关系中的元组去除另一个关系中的元组，表示为 T/S。

③ 连接与自然连接运算：

- 连接运算又称为 θ–连接运算，通过它可以将两个关系合并成一个大关系。设两个关系为 R 和 S，i 是 R 中域，j 是 S 中域。θ–连接表示为：R⋈S。也可表示为：

$$R \bowtie S = \sigma_i \theta_j (R \times S)$$

在 θ 连接中，i 与 j 需具有相同域。θ 为 "=" 为等值连接，否则为不等值连接；θ 为 "<" 表示小于连接；θ 为 ">" 表示大于连接。

- 自然连接满足两个条件：两个关系有公共域；通过公共域的相等值进行连接。设两个关系为 R 和 S，R 域的 A_1，A_2，…，A_n；S 域有 B_1，B_2，…，B_m。自然连接表示为 R⋈S。也可用下式表示：

$$R \bowtie S = \pi_{A_1, A_2, \cdots, A_n, B_j, \cdots, B_m} (\sigma_{A_{i1} = B_1, A_{i2} = \cdots = B_j} (R \times S))$$

4．数据库设计与管理

（1）数据库设计概述

在数据库系统中一个核心问题是设计一个能满足要求、性能良好的数据库，这就是数据库设计。数据库设计的基本任务是根据用户对象的信息要求、处理需求和数据库的支持环境设计出数据模式。

在数据库设计中有两种方法，一种是以信息需求为主，兼顾处理需求，称为面向数据方法；另一种方法是以处理需求为主，兼顾信息需求，称为面向过程方法。

数据库设计目前一般采用生命周期法，即将整个数据库应用系统的开发分解成目标独立的若干阶段。它们是：需求分析阶段、概念设计阶段、逻辑设计阶段、物理设计阶段、编码阶段、测试阶段、运行阶段、进一步修改阶段。数据库设计中采用上面的前四个阶段，并重点以数据结构与模型的设计为主线。

（2）数据库设计的需求分析

需求收集和分析是数据库设计的第一阶段，这一阶段的基础数据和一组数据流图是下一步设计概念结构的基础。

需求分析的任务是通过详细调查现实世界要处理的对象，充分了解原系统的工作概况，明确用户的各种需求，然后在此基础上确定新系统的功能。

通过调查要从中获得每个用户对数据库的如下要求：

① 信息要求：指用户要从数据库中获得信息的内容和性质，由信息要求可以导出数据要求。

② 处理要求：指用户要完成什么处理功能，对处理的响应时间有何要求等。

③ 安全性和完整性的要求。

为了很好完成调查的任务，设计人员必须不断地与用户交流，与用户达成共识，以便逐步确定用户实际的需求，然后分析和表达用户的需求。

分析和表达用户的需求，经常采用结构化分析方法和面向对象的方法。结构化方法用自顶向下、逐层分解方式分析系统，一般采用数据流图表达数据和处理过程的关系。

数据字典是各类数据描述的集合。它包括五个部分，即数据项、数据结构、数据流、数据存储、处理过程。

（3）数据库概念设计

① 数据库概念设计概述。数据库概念设计的目的是分析数据间内在的语义联系，在此基础上建立一个数据的抽象模型。数据库概念设计方法有两种：

- 集中式模式设计法。
- 视图集成设计法。

② 数据库概念设计的过程。使用 E-R 模型与视图集成法设计时，需要按如下步骤进行：首先选择局部应用、再进行局部视图设计、最后对局部视图进行集成得到概念模式。

- 选择局部应用。
- 视图设计：设计次序有自顶向下、由底向上、由内向外三种。
- 视图集成。

（4）数据库的逻辑设计

① 从 E-R 图向关系模式转换。数据库的逻辑设计主要工作是将 E-R 图转换成指定 DBMS（数

据库管理系统）中的关系模式。

② 逻辑模式规范化及调整、实现。在逻辑设计中要对关系进行规范化验证，对逻辑模式进行调整以满足 RDBMS 的性能、存储空间等要求，同时对模式做适应 RDBMS 限制条件的修改，它们包括如下内容：调整性能以减少连接运算；调整关系大小；尽量采用快照。

③ 关系视图设计。逻辑设计的另一个内容是关系视图设计，关系视图是在关系模式基础上所设计的直接面向操作用户的视图，它可以根据用户需求随时创建。

（5）数据库的物理设计

数据库物理设计的主要目的是对数据库内部物理结构调整并选择合理的存取路径，以提高数据库访问速度及有效利用存储空间。

（6）数据库管理

数据库是一种共享资源，它需要维护与管理，这种工作称为数据库管理。数据库管理包括数据库的建立、数据库的调整、数据库的重组、数据库的安全性控制与完整性控制、数据库的故障校复、数据库监控。

第 5 章 ｜ 二级公共基础知识典型例题精解

本章通过对历年考试真题的总结、分析，精选了部分公共基础知识方面的典型例题，分数据结构与算法、程序设计基础、软件工程基础、数据库设计基础四个模块进行讲解，有助全面掌握计算机二级考试中公共基础知识部分的相关知识和应试技巧。

5.1 基本数据结构与算法

本节选讲的是数据结构与算法方面的典型例题。在二级笔试中，数据结构的定义、算法的基本概念、栈和树几乎是每次必考的知识点；查找和排序基本上每次有一道试题；线性表、队列和线性链表很少单独出题，但经常与其他知识点结合出题。

一、单选题

（1）下列叙述中正确的是_____。

A）数据的逻辑结构与存储结构必定是一一对应的

B）由于计算机存储空间是向量式的存储结构，因此，数据的存储结构一定是线性结构

C）程序设计语言中的数组一般是顺序存储结构，因此，利用数组只能处理线性结构

D）以上三种说法都不对

【答案】 D

【解析】 数据结构的存储结构是和相应的数据在内存中物理地址之间的关系。

逻辑结构只是描述数据之间的关系，它们之间不一定是对应关系，如树的存储结构是线性的，而树的逻辑结构是非线性的。

数据的存储结构可以是顺序存储结构，也可以是链式存储结构。顺序存储结构所有元素相邻存放，在物理地址上是连续的；而链式存储结构的元素之间不一定是线性相连的。

数组虽然是顺序存储结构，但仍然可以用来处理非线性的逻辑结构，如树或图。

（2）数据的存储结构是指_____。

A）数据所占的存储空间量　　　　　　　　B）数据的逻辑结构在计算机中的表示

C）数据在计算机中的顺序存储方式　　　　D）存储在外存中的数据

【答案】 B

【解析】 数据的逻辑结构可以表示成多种存储结构，数据结构的存储结构是和相应的数据在内存中物理地址之间的关系，也就是数据的逻辑结构在计算机中的表示。

（3）计算机算法指的是＿＿＿＿＿＿＿＿。

A）计算方法 　　　　　　　　　　　　B）排序方法

C）解决问题的有限运算序列 　　　　　D）调度方法

【答案】　C

【解析】　算法是解决某一特定类型问题的有限运算序列。描述一个算法可以采用某一种计算机语言，也可以采用流程图等。评价一个算法一般从四个方面进行：正确性、运行时间、占用空间和简单性。其中最主要的是算法的运行时间和占用空间。

（4）下列叙述中正确的是＿＿＿＿＿＿＿＿。

A）算法的效率只与问题的规模有关，而与数据的存储结构无关

B）算法的时间复杂度是指执行算法所需要的计算工作量

C）数据的逻辑结构与存储结构是一一对应的

D）算法的时间复杂度与空间复杂度一定相关

【答案】　B

【解析】　算法的时间复杂度是指执行算法所需要的计算工作量，算法的空间复杂度是指执行算法所需的内存空间，但算法的时间复杂度同算法的空间复杂度都是评价算法优劣的不同方式，它们之间并无特定的关联。

数据的逻辑结构是指各数据元素之间所固有的逻辑关系，数据的存储结构是指对数据进行处理时，各数据元素在计算机中的存储关系。但数据的逻辑结构同存储结构之间并不是一一对应的。如线性表就可以用顺序存储结构和链式存储结构。

算法的效率不仅与问题的规模有关，而且同数据的存储结构有关。如：二分查找法只适用于顺序存储的有序线性表，而不能用于线性链表。

（5）算法的有穷性是指＿＿＿＿＿＿＿＿。

A）算法程序的运行时间是有限的 　　　B）算法程序所处理的数据量是有限的

C）算法程序的长度是有限的 　　　　　D）算法只能被有限的用户使用

【答案】　A

【解析】　算法的基本特征：可行性、确定性、有穷性、输入和输出。

可行性是指算法中描述的操作都可通过已经实现的基本运算执行有限次来实现。

确定性是指算法中的每一个步骤都必须有明确定义的，不允许有模棱两可的解释，也不允许有多义性。对于每一种情况，需要执行的动作都应被严格地、清晰地规定。

有穷性是指算法必须能在有限的时间内做完，即算法必须能在执行有限个步骤之后终止。算法的有穷性还应包括合理的执行时间的含义。

输入是指一个算法必须有零个或多个输入。

输出是指一个算法应该有一个或多个输出，输出的量是算法计算的结果。

（6）下列叙述中正确的是＿＿＿＿＿＿＿＿。

A）一个逻辑数据结构只能有一种存储结构

B）数据的逻辑结构属于线性结构，存储结构属于非线性结构

C）一个逻辑数据结构可以有多种存储结构，且各种存储结构不影响数据处理的效率

D）一个逻辑数据结构可以有多种存储结构，且各种存储结构影响数据处理的效率

【答案】 D

【解析】 数据的存储结构是指数据的逻辑结构在计算机存储空间中的存放形式，一种数据结构可以根据需要采用不同的存储结构，常用的存储结构有顺序、链接、索引等存储方式。但采用不同的存储结构，其数据处理效率是不同的。

（7）下列叙述中正确的是_____。

A）线性链表是线性表的链式存储结构

B）栈与队列是非线性结构

C）双向链表是非线性结构

D）只有根结点的二叉树是线性结构

【答案】 A

【解析】 根据各元素之间前后件关系的复杂程度，数据结构分为：线性结构和非线性结构。线性结构有且只有一个根节点，每一个节点最多有一个前件，也最多有一个后件，常见的线性结构有线性表、栈、队列和线性链表；非线性结构不是线性结构，如树、二叉树、图等。

（8）某线性表采用顺序存储结构，每个元素占 4 个存储单元，首地址为 200，则第 12 个元素的存储地址为_____。

A）248　　　　　B）247　　　　　C）246　　　　　D）244

【答案】 D

【解析】 线性表中的所有元素所占的存储空间是连续的。设线性表中的第一个数据元素 a_1 的存储地址（第一个字节的地址）为 $Loc(a_1)$，每一个数据元素占 k 个字节，则序号为 i 的数据元素 a_i 的存储地址为 $Loc(a_i)= Loc(a_1)+(i-1)*k$。

（9）以下描述的中，不是线性表的顺序存储结构的特征是_____。

A）不便于插入和删除　　　　　B）需要连续的存储空间

C）可随机访问　　　　　D）需另外开辟空间来保存元素之间的关系

【答案】 D

【解析】 线性表的顺序存储是用一片连续空间来存放数据元素，其特点是逻辑上相邻的元素在物理位置上也相邻，数据元素之间逻辑上的先后关系自动隐含在物理位置的相邻元素中，不需另外开辟空间来保存元素之间的关系。缺点是：插入和删除的运算效率很低；存储空间不便于扩充；不便于对存储空间动态分配。

（10）栈和队列的共同点是_____。

A）都是先进先出　　　　　B）都是先进后出

C）只允许在端点处插入和删除元素　　　D）没有共同点

【答案】 C

【解析】 栈和队列都是一种特殊的操作受限的线性表，只允许在端点处进行插入和删除。二者的区别是：栈只允许在表的一端进行插入或删除操作，是一种"后进先出"（LIFO）或"先进后出"（FILO）的线性表；而队列只允许在表的一端（"队尾"）进行插入操作，在另一端（"队头"）进行删除操作，是一种"先进先出"（FIFO）或"后进后出"（LILO）的线性表。

（11）一个栈的入栈序列是：abcde，则栈的不可能的输出序列是_____。

A）edcba　　　　　B）decba　　　　　C）dceab　　　　　D）abcde

【答案】　C

【解析】　栈的特点是：一种特殊的操作受限的线性表，只允许在端点处进行插入和删除。栈只允许在表的一端进行插入或删除操作，是一种"后进先出"（LIFO）或"先进后出"（FILO）的线性表，所以选项 C 中的 dceab 是不可能产生的。

（12）下列描述中不是链表的优点是_____。

A）逻辑上相邻的结点物理上不必邻接

B）插入、删除运算操作方便，不必移动结点

C）所需存储空间比线性表节省

D）无须事先估计存储空间的大小

【答案】　C

【解析】　线性表的链式存储是用一组任意的存储空间来存放数据元素，链表结点空间是动态生成的。链表逻辑上相邻的元素在物理位置上不一定相邻，因此需要另外开辟空间来保存元素之间的关系。在链表中插入或删除结点，只需修改指针，不需要移动元素。

（13）在深度为 7 的满二叉树中，叶子结点的个数为_____。

A）32　　　　　B）31　　　　　C）64　　　　　D）63

【答案】　C

【解析】　满二叉树指除最后一层外每一层上所有结点都有两个子结点的二叉树。也就是在满二叉树的第 k 层上有 2^{k-1} 个结点。

（14）深度为 5 的二叉树至多有_____个结点。

A）16　　　　　B）32　　　　　C）31　　　　　D）10

【答案】　C

【解析】　结点的最大层数称为深度。二叉树的性质：深度为 m 的二叉树最多有 $2^{m}-1$ 个结点。

（15）对右图所示的二叉树，进行后序遍历的结果为_____。

A）ABCDEF　　　　　　　　　B）DBEAFC

C）ABDECF　　　　　　　　　D）DEBFCA

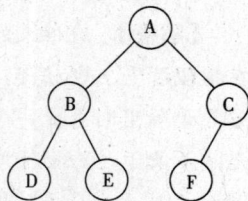

【答案】　D

【解析】　二叉树的遍历是指不重复地访问二叉树中的所有结点。

后序遍历（LRD）：首先遍历左子树，然后遍历右子树，最后访问根结点，并且，在遍历左、右子树时，仍然先遍历左子树，然后遍历右子树，最后访问根结点。

（16）对长度为 n 的线性表进行顺序查找，在最坏情况下所需要的比较次数为_____。

A）$\log_2 n$　　　　　B）$n/2$　　　　　C）n　　　　　D）$n+1$

【答案】　C

【解析】　用线性表进行顺序查找时，从表中的第一个元素开始，将给定的值与表中逐个元素的关键字进行比较，直到两者相符，查到所要找的元素为止。在最坏的情况下，要查找的元素是最后一个元素或查找失败，这两种情况都将与表中所有元素进行比较。

（17）已知一个有序表为（13,18,24,35,47,50,62,83,90,115,134），当使用二分法查找值为 90 的元素时，查找成功的比较次数为_____。

A）1　　　　　　　B）2　　　　　　　C）3　　　　　　　D）9

【答案】　B

【解析】　二分法查找只适用于顺序存储的线性有序表。查找过程如下：

若中间项的值等于 x，则说明已查到。

若 x 小于中间项的值，则在线性表的前半部分查找。

若 x 大于中间项的值，则在线性表的后半部分查找。

（18）对于长度为 n 的线性表，在最坏的情况下，下列各排序法所对应的比较次数中正确的是_____。

A）冒泡排序为 $n/2$　　　　　　　　　B）冒泡排序为 n

C）快速排序为 n　　　　　　　　　　D）快速排序为 $n(n-1)/2$

【答案】　D

【解析】　在最坏情况下，冒泡排序、快速排序、简单插入排序和简单选择排序都是 $n(n-1)/2$

二、填空题

（1）数据逻辑结构包括_____、_____和_____三种类型。

【答案】　线性结构　树形结构　图形结构

【解析】　数据逻辑结构包括线性结构、树形结构和图形结构三种类型，其中树形结构和图形结构合称为非线性结构。

（2）问题处理方案的正确而完整的描述称为_____。

【答案】　算法

【解析】　算法是解题方案准确而完整的描述，它不等于程序，也不等于计算方法。它有以下几个特征：可行性、确定性、有穷性、输入和输出（或拥有足够的情报）。

（3）算法复杂度主要包括时间复杂度和_____复杂度。

【答案】　空间

【解析】　算法复杂度主要包括时间复杂度和空间复杂度。所谓时间复杂度，是指执行算法所需要的计算工作量。可用算法在执行过程中所需基本运算的执行次数来度量算法的工作量。所谓空间复杂度，一般指执行这个算法所需的内存空间。主要包括算法程序所占有的空间、输入的初始数据所占的存储空间及算法执行过程中所需要的额外空间。时间复杂度和空间复杂度只是两个不同衡量角度，它们之间没有内在联系。

（4）一棵二叉树第六层（根结点为第一层）的结点数最多为_____个。

【答案】　32

【解析】　根据二叉树的性质：二叉树第 k 层上，最多有 2^{k-1} 个结点。

（5）某二叉树中度为 2 的结点有 18 个，则该二叉树中有_____个叶子结点

【答案】　19

【解析】　根据二叉树的性质：在任意一棵二叉树中，度数为 0 的结点（叶子结点）总比度为 2 的结点多一个。

（6）具有 88 个结点的二叉树，其深度至少为 _____ 。

【答案】　7

【解析】　根据二叉树的性质：具有 n 个结点的二叉树的深度至少为 $\lfloor Log_2n \rfloor +1$，其中 $\lfloor Log_2n \rfloor$ 表示 Log_2n 的整数部分。

（7）对长度为 10 的线性表进行冒泡排序，最坏情况下需要比较的次数为 _____ 。

【答案】　45

【解析】　对存放原始数据的数组，按从后往前的方向进行多次扫描，当发现相邻两个数据的次序与排序要求的"递增次序"不符合时，即将这两个数据进行互换。这样，较小的数据就会逐单元向前移动，好像气泡向上浮起一样。假设线性表的长度 n，则在最坏情况下，需要的比较次数为 $n(n-1)/2$。

（8）设一棵二叉树的中序遍历结果为 DBEAFC，前序遍历结果为 ABDECF，则后序遍历结果为 _____ 。

【答案】　DEBFCA

【解析】　前序遍历（DLR）首先访问根结点，然后遍历左子树，最后遍历右子树；并且在遍历左右子树时，仍然先访问根结点，然后遍历左子树，最后遍历右子树。

中序遍历（LDR）首先遍历左子树，然后访问根结点，最后遍历右子树；并且在遍历左、右子树时，仍然先遍历左子树，然后访问根结点，最后遍历右子树

后序遍历（LRD）首先遍历左子树，然后遍历右子树，最后访问根结点；并且在遍历左、右子树时，仍然先遍历左子树，然后遍历右子树，最后访问根结点。

5.2　程序设计基础

程序设计基础主要考查程序设计的一些基本知识，如程序设计的方法与风格、结构化程序设计与面向对象程序设计的基本思想。从历年的试题来看，本章试题分值约占 2.4% 左右，属于非重点考查对象。尽管分值所占的比例较少，但基本上每次至少有一道试题。

一、单选题

（1）结构化程序设计主要强调的是 _____ 。

A）程序的规模　　　　　　　　B）程序的易读性

C）程序的执行效率　　　　　　D）程序的可移植性

【答案】　B

【解析】　结构化程序设计主要强调的是结构化程序清晰易读，可理解性好，程序员能够进行逐步求精、程序证明和测试，以保证程序的正确性。

（2）对建立良好的程序设计风格，下面描述正确的是 _____ 。

A）程序应简单、清晰、可读性好　　B）符号名的命名只要符合语法

C）充分考虑程序的执行效率　　　　D）程序的注释可有可无

【答案】　A

【解析】　建立良好的程序设计风格包括以下几点：

用最规范的、最清晰的、最容易理解的方式写程序。

应该特别注意程序的书写格式，让它的形式反映出其内在的意义结构。

充分而合理地使用程序注释给函数和全局数据加注释。

（3）在面向对象方法中，一个对象请求另一对象为其服务的方式是通过发送_____。

A）调用语句　　　　　　　B）命令　　　　　　　C）口令　　　　　　　D）消息

【答案】　D

【解析】　对象之间的相互作用和通信是通过消息来完成的，当对象 A 要执行对象 B 的方法时，对象 A 发送一个消息到对象 B。接受对象需要有足够的信息，以便知道要它做什么。通常，一个消息由下述三部分组成：接收消息的对象的名称、消息标识符（消息名）和零个或多个参数。

（4）信息隐蔽的概念与下述哪一种概念直接相关_____。

A）对象的继承　　　　　　　　　　B）对象的多态

C）对象的封装　　　　　　　　　　D）对象的分类

【答案】　C

【解析】　对象的基本特点：标识唯一性、分类性、多态性、封装性和模块独立性好。

继承是指能够直接获得已有的性质和特征，而不必重复定义他们。

多态性是指同样的消息被不同的对象接受时可导致完全不同的行动的现象。

在面向对象程序设计中，从外面看只能看到对象的外部特征，而不知道也无须知道数据的具体结构及实现操作的算法，这称为对象的封装性。

（5）下列选项中不属于结构化程序设计方法的是_____。

A）自顶向下　　　　　　　　　　B）逐步求精

C）模块化　　　　　　　　　　　D）可复用

【答案】　D

【解析】　结构化程序设计方法的四条原则是：自顶向下；逐步求精；模块化；限制使用 goto 语句。

（6）下列选项不符合良好程序设计风格的是_____。

A）源程序要文档化　　　　　　　　B）数据说明的次序要规范化

C）避免滥用 goto 语句　　　　　　D）模块设计要保证高耦合、高内聚

【答案】　D

【解析】　优秀软件应高内聚、低耦合。

内聚性是用来一个度量模块功能强度的相对指标，一个内聚程序高的模块应当只做一件事。

耦合性用来度量模块之间的相互联系程序。耦合性与内聚性是相互关联的，在程序结构中各模块的内聚性越强，则耦合性越弱。

（7）下面选项中不属于面向对象程序设计特征的是_____。

A）继承性　　　　　　B）多态性　　　　　　C）分类性　　　　　　D）封装性

【答案】　D

【解析】　对象的基本特点：标识唯一性、分类性、多态性、封装性和模块独立性好。

继承是指能够直接获得已有的性质和特征，而不必重复定义它们。

多态性是指同样的消息被不同的对象接受时可导致完全不同的行动的现象。

封装性是指从外面看只能看到对象的外部特征，而不知道也无须知道数据的具体结构及实现操作的算法。

（8）源程序的文档化不包括_____。

A）符号名的命名要有实际意义 　　　　　B）正确的文档格式

C）良好的视觉组织 　　　　　　　　　　D）正确的程序注释

【答案】　B

【解析】　源程序的文档化主要包括：符号名：其命名应具有一定的实际含义，以便理解程序功能。

正确的程序注释：包括充分而合理地使用程序注释 给函数和全局数据加注释。

良好的视觉组织：在程序中利用空格、空行、缩进等技巧使程序层次清晰。

（9）结构化程序设计的三种基本控制结构是_____。

A）过程、子程序和分程序 　　　　　　B）顺序、选择和重复

C）递归、堆栈和队列 　　　　　　　　D）调用、返回和转移

【答案】　B

【解析】　程序设计主要经历了结构化设计和面向对象的程序设计阶段，其中程序设计语言仅仅使用顺序、选择和重复三种基本控制结构就足以表达出各种其他形式结构的程序设计方法。

（10）采用面向对象技术开发的应用系统的特点是_____。

A）重用性更强 　　　　　　　　　　　B）运行速度更快

C）占用存储量小 　　　　　　　　　　D）维护更复杂

【答案】　A

【解析】　采用面向对象技术开发的应用系统的特点主要包括：

与人类习惯的思维方法一致；稳定性好；可重用性好；易于开发大型软件产品；可维护性好。

二、填空题

（1）一个类允许有多个父类，这种继承称为_____。

【答案】　多重继承

【解析】　继承分为单继承与多重继承。单继承是指一个类只允许有一个父类，即类等价为树形结构。多重继承是指一个类允许有多个父类。多重继承的类可以组合多个父类的性质构成所需要的性质。

（2）在面向对象方法中，_____描述的是具有相似属性与操作的一组对象。

【答案】　类

【解析】　类是指具有共同属性、共同方法的对象的集合。所以类是对象的抽象，对象是对应类的一个实例。

（3）在面向对象方法中，类的实例称为_____。

【答案】　对象

【解析】　类是对象的抽象，对象是对应类的一个实例。

（4）结构化程序设计的三种基本逻辑结构为顺序、选择和_____。

【答案】　重复（或循环）

【解析】 结构化程序设计的三种基本逻辑结构为顺序、选择（分支）和重复（或循环）。

（5）源程序文档化要求程序应加注释。注释一般分为序言性注释和_____。

【答案】 功能性

【解析】 源程序文档化要求程序应加注释。注释一般分为序言性注释和功能性注释。

（6）在面向对象方法中，信息隐蔽是通过对象的_____性来实现的。

【答案】 封装

【解析】 对象的基本特点：标识唯一性；分类性；态性。封装性:实现信息隐蔽，模块独立性好。

（7）类是一个支持集成的抽象数据类型，而对象是类的_____。

【答案】 实例

【解析】 类是指具有共同属性、共同方法的对象的集合。所以类是对象的抽象，对象是对应类的一个实例。

（8）在面向对象方法中，类之间共享属性和操作的机制称为_____。

【答案】 继承

【解析】 类是对继承是指能够直接获得已有的性质和特征，而不必重复定义他们。

5.3 软件工程基础

本节选讲的是软件工程基础方面的典型例题。在二级笔试中，软件工程历次试题分数均在 6～10 分之间。其中，结构化设计方法和软件测试几乎每次必考，这两节应重点掌握。程序调试和软件维护试题均在 0～2 分之间波动。另外，与结构化分析方法相关的题目，也不可掉以轻心。

一、单选题

（1）下列描述中正确的是_____。

A）程序就是软件

B）软件开发不受计算机系统的限制

C）软件既是逻辑实体，又是物理实体

D） 软件是程序、数据与相关文档的集合

【答案】 D

【解析】 计算机软件是计算机系统中与硬件相互依赖的另一部分，包括程序、数据及相关文档。它具有以下特征：软件是逻辑实体，而不是物理实体，具有抽象性；软件没有明显的制作过程，一旦研制成功，可大量地复制同一内容的副本；软件在运行、使用期间不存在磨损和老化问题；软件的开发、运行对计算机系统具有依赖性；软件复杂性高，开发和维护成本高；软件开发涉及诸多社会因素。程序是软件的主体部分。

（2）下列描述中正确的是_____。

A）软件工程知识解决软件项目的管理问题

B）软件工程主要解决软件产品的生产率问题

C）软件工程的主要思想是强调在软件开发过程中需要应用工程化原则

D）软件工程只是解决软件开发中的技术问题

【答案】 C

【解析】 软件工程源自于软件危机。软件工程是为了消除软件危机而产生的，它试图使用工程、科学和数学的原理与方法研制、维护计算机软件的有关技术及管理方法，其目的应该是最终解决软件的生产工程化问题。软件工程的主要思想是将工程化原则运用到软件开发过程，它包括方法、工具和过程三个要素。

（3）下列选项中不属于软件生命周期开发阶段任务的是_____。

A）软件测试　　　　　　　　　　B）概要设计
C）软件维护　　　　　　　　　　D）详细设计

【答案】 C

【解析】 软件周期指软件产品从提出、实现、使用维护到停止使用退役的过程。

软件生命周期三个阶段：软件定义、软件开发和运行维护。软件设计是开发阶段最重要的步骤，是将需求准确地转化为完整的软件产品或系统的唯一途径。从工程管理角度来看分为概要设计和详细设计。软件测试指使用人工或自动手段来运行或测定某个系统的过程，其目的在于检验它是否满足规定的需求或是弄清预期结果与实际结果之间的差别。

（4）软件调试的目的是_____。

A）发现错误　　　　　　　　　　B）改正错误
C）改善软件的性能　　　　　　　D）验证软件的正确性

【答案】 B

【解析】 程序调试的任务是诊断和改正程序中的错误，主要在开发阶段进行。

程序调试的基本步骤：错误定位；修改设计和代码，以排除错误；进行回归测试，防止引进新的错误。

（5）在结构化程序设计中，模块划分的原则是_____。

A）各模块应包括尽量多的功能
B）各模块的规模应尽量大
C）各模块之间的联系应尽量紧密
D）模块内具有高内聚度、模块间具有低耦合度

【答案】 D

【解析】 衡量软件模块独立性使用耦合性和内聚性两个定性的度量标准。

内聚性是用来度量模块功能强度的一个相对指标，一个内聚程序高的模块应当只做一件事。耦合性用来度量模块之间的相互联系程序。耦合性与内聚性是相互关联的，在程序结构中各模块的内聚性越强，则耦合性越弱。优秀软件应高内聚、低耦合。

（6）下列叙述中正确的是_____。

A）软件测试的主要目的是发现程序中的错误
B）软件测试的主要目的是确定程序中错误的位置
C）为了提高软件测试的效率，最好由程序编制者自己来完成软件测试的工作
D）软件测试是证明软件没有错误

【答案】 A

【解析】 软件测试定义：使用人工或自动手段来运行或测定某个系统的过程，其目的在于检验它是否满足规定的需求或是弄清预期结果与实际结果之间的差别。

软件测试的方法：静态测试和动态测试。

（7）从工程管理角度，软件设计一般分为两步完成，它们是_____。

A）概要设计与详细设计　　　　　　B）数据设计与接口设计

C）软件结构设计与数据设计　　　　D）过程设计与数据设计

【答案】 A

【解析】 软件设计是开发阶段最重要的步骤，是将需求准确地转化为完整的软件产品或系统的唯一途径。

从技术观点来看，软件设计包括软件结构设计、数据设计、接口设计和过程设计。

从工程管理角度来看，软件设计包括概要设计和详细设计。

（8）软件结构设计的图形工具是_____。

A）DFD图　　　　B）程序图　　　　C）PAD图　　　　D）N-S图

【答案】 B

【解析】 常用的软件结构设计工具是结构图又称程序结构图。使用结构图可以描述软件系统的层次和分块结构关系，它反映了整个系统的功能实现及模块与模块之间的联系与通信。DFD（数据流图）是以图形的方式描绘数据在系统中流动和处理的过程，只反映系统必须完成的逻辑功能，它是需求分析阶段使用的图形工具。盒图（N-S图）和问题分析图（PAD）是详细设计的常用工具。

（9）下列软件设计中，不属于过程设计的是_____。

A）PDL（过程设计语言）　　　　　B）PAD图

C）N-S图　　　　　　　　　　　　D）DFD图

【答案】 D

【解析】 常见的过程设计工具包括程序流程图、N-S图、PAD图、HIPO图和PDL（过程设计语言）。其中为了避免流程图在描述程序逻辑时的灵活性，提出了用方框图来代替传统的程序流程图，通常把这种图称为N-S图。DFD（数据流图）是软件结构化分析的工具。

（10）为了提高测试的效率，应该_____。

A）随机地选取测试数据

B）取一切可能的输入数据作为测试数据

C）在完成编码以后制定软件的测试计划

D）选择发现错误可能性大的数据作为测试数据

【答案】 D

【解析】 软件测试是为了尽可能多地发现程序中的错误，尤其是发现至今尚未发现的错误。在选取测试用例时，不可能进行穷举测试，在每一个细节进行测试，也不能无目的地随机选取测试数据。为了提高测试的效率，测试用例应该选择发现错误可能性大的部分，这样的测试结果才符合软件测试的目的。

（11）使用白盒测试方法时，确定测试数据应根据_____和指定的覆盖标准。

A）程序的内部逻辑　　　　　　　　B）程序的复杂结构

C）使用说明书　　　　　　　　　　D）程序的功能

【答案】 A

【解析】 白盒测试是把测试对象看做一个打开的盒子，测试人员须了解程序的内部结构和处理过程，由于白盒测试是一种结构测试，所以被测对象基本上是源程序，以程序的内部逻辑和指定的覆盖标准确定测试数据。

（12）下列所述中，_____是软件调试技术。

A）错误推断　　　　　　　　　　　B）集成测试

C）回溯法　　　　　　　　　　　　D）边界值分析

【答案】 C

【解析】 软件调试技术包括强行排错法、回溯法和原因排除法。边界值分析、错误推断都是黑盒测试的方法，而集成测试是软件测试的步骤。

二、填空题

（1）软件生命周期可分为多个阶段，一般分为定义阶段、开发阶段和维护阶段。编码和测试属于_____阶段。

【答案】 开发

【解析】 软件测试定义：使用人工或自动手段来运行或测定某个系统的过程，其目的在于检验它是否满足规定的需求或是弄清预期结果与实际结果之间的差别。

软件测试的目的：发现错误而执行程序的过程。

（2）软件需求规格说明书应具有完整性、无歧义性、正确性、可验证性、可修改性等特征，其中最重要的是_____。

【答案】 无歧义性

【解析】 软件需求规格说明书的特点：正确性、无歧义性、完整性、可验证性、一致性、可理解性和可追踪性。

（3）在结构化分析使用的数据流图（DFD）中，利用_____对其中的图形元素进行确切解释。

【答案】 数据字典

【解析】 结构化分析方法的实质：着眼于数据流，自顶向下，逐层分解，建立系统的处理流程，以数据流图和数据字典为主要工具，建立系统的逻辑模型。

数据字典：对所有与系统相关的数据元素的一个有组织的列表，以及精确的、严格的定义，使得用户和系统分析员对于输入、输出、存储成分和中间计算结果有共同的理解。数据字典是结构化分析的核心。

（4）在两种基本测试方法中，_____测试的原则之一是保证所测模块中每一个独立路径至少执行一次。

【答案】 白盒

【解析】 软件测试方法：静态测试和动态测试。

动态测试：是基本计算机的测试，主要包括白盒测试方法和黑盒测试方法。

白盒测试：在程序内部进行，主要用于完成软件内部操作的验证。主要方法有逻辑覆盖、基本路径测试。

（5）软件测试分为白箱（盒）测试和黑箱（盒）测试，等价类划分法属于_____测试。

【答案】　黑盒

【解析】　黑盒测试：主要诊断功能不对或遗漏、界面错误、数据结构或外部数据库访问错误、性能错误、初始化和终止条件错，用于软件确认。主要方法有等价类划分法、边界值分析法、错误推测法、因果图等。

（6）程序测试分为静态测试和动态测试。其中_____是指不执行程序，而只是对程序文本进行检查，通过阅读和讨论，分析和发现程序中的错误。

【答案】　静态测试

【解析】　软件测试方法：静态测试和动态测试。

静态测试包括代码检查、静态结构分析、代码质量度量。不实际运行软件，主要通过人工进行。

动态测试：是基本计算机的测试，主要包括白盒测试方法和黑盒测试方法。

5.4　数据库设计基础

本节选讲的是数据库设计基础方面的典型例题。在二级笔试中，数据库基础知识和数据模型每次必考，且分值比重较大，应该重点掌握。关系运算与数据库设计试题所占比例虽不算太大，但对这两节的相关知识也应该充分理解。

一、单选题

（1）数据库系统的核心是_____。

A）数据模型
B）数据库管理系统
C）数据库
D）数据库管理员

【答案】　B

【解析】　数据库系统（DBS）是由数据库（DB）、数据库管理系统（DBMS）、数据库管理人员（人员）、硬件和软件组成。其中，数据库管理系统是数据系统的核心。它负责数据库中的数据组织、数据操作、数据维护、控制及保护和数据服务等工作。

（2）数据独立性是数据库技术的重要特点之一。所谓数据独立性是指_____。

A）数据与程序独立存放
B）不同的数据被存放在不同的文件中
C）不同的数据只能被对应的应用程序所使用
D）以上三种说法都不对

【答案】　D

【解析】　数据独立性是数据与程序间的互不依赖性。数据的逻辑结构、存储结构与存取方式的改变不会影响应用程序。数据独立性一般分为物理独立性和逻辑独立性两级。

（3）在数据库系统中，用户所见的数据模式为_____。

A）概念模式
B）外模式
C）内模式
D）物理模式

【答案】　B

【解析】 数据库系统的三级模式是概念模式、外模式和内模式。其中，概念模式是数据库系统中全局数据逻辑结构的描述，是全体拥护公共数据视图；外模式又称子模式或用户模式，它是用户的数据视图，由概念模式推导而出；内模式又称物理模式，它给出了数据库物理存储结构与物理存取方法。

（4）数据库的三级模式之间存在映射关系正确的是_____。

A）外模式/内模式　　　　　　　　　　B）外模式/概念模式

C）外模式/外模式　　　　　　　　　　D）概念模式/概念模式

【答案】 B

【解析】 存在两种映射关系：一种是概念模式到内模式的映射，将概念数据库和物理数据库联系起来；另一种是外模式到概念模式的映射，把用户数据库与概念模式数据库联系起来。

（5）用树形结构表示实体之间联系的模型是_____。

A）关系模型　　　B）网状模型　　　C）层次模型　　　D）以上三个都是

【答案】 C

【解析】 关系模型用二维表来表示实体之间的联系；网状模型用无向图来表示实体之间的联系；层次模型是用树形结构来表示实体之间联系。

（6）在 E-R 图中，用来表示实体的图形是_____。

A）矩形　　　B）椭圆形　　　C）菱形　　　D）三角形

【答案】 A

【解析】 在 E-R 模型中，实体集用矩形表示，在矩形内写上该实体集的名字。属性用椭圆形表示，在椭圆形内写上该属性的名称；联系用菱形表示，在菱形内写上联系名；实体集（联系）与属性间的联接关系和实体集与联系间的联接关系都用无向线段表示。

（7）在下面列出的数据模型中，_____是概念数据模型。

A）关系模型　　　B）层次模型　　　C）网状模型　　　D）实体-联系模型

【答案】 D

【解析】 数据模型分成概念数据模型、逻辑数据模型和物理数据模型。概念数据模型是独立于计算机系统的模型，用来描述某个特定组织所关心的信息结构。实体-联系模型（E-R 模型）是概念数据模型，而关系模型、层次模型、网状模型都是逻辑数据模型。

（8）如果在一个关系中，存在多个属性（或属性组）都能用来唯一标识该关系的元组，且其任何子集都不具有这一特性。这些属性（或属性组）都被称为该关系的_____。

A）连接码　　　B）主码　　　C）外码　　　D）候选码

【答案】 D

【解析】 键具有标识元组、建立元组间联系等重要作用。在二维表中凡能唯一标识元组的最小属性集称为该表的键或码。二维表可能有若干个键，他们称为该表的候选码或候选键。从二维表的所以候选键中选取一个作为用户使用的键称为主键或主码。

（9）设属性 A 是关系 R 的主属性，则属性 A 不能取空值（NULL）。这是_____。

A）实体完整性规则　　　　　　　　　　B）参照完整性规则

C）用户定义完整性规则　　　　　　　　D）域完整性规则

【答案】 A

【解析】　关系模型定义了三类数据约束，它们是实体完整性约束、参照完整性约束及用户定义的完整性约束。实体完整性规则是要求关系中组成主键的属性上不能有空值；参照完整性规则是要求不引用不存在的实体；用户定义完整性规则是有具体应用环境决定的，系统提供定义和检验这类完整性的机制。

（10）设有如下三个关系表

R

A
m
n

S

B	C
1	3

T

A	B	C
m	1	3
n	1	3

下列操作中正确的是_____。

A）T=R∩S　　　　B）T=R∪S　　　　C）T=R×S　　　　D）T=R/S

【答案】　C

【解析】　关系 R 是由是一个 1 元关系，有 2 个元组，关系 S 是一个 2 元关系，有 1 个元组，而关系 T 是一个 3 元关系，有 2 个元组，元组由 R 与 S 的有序组组合而成，这是典型的笛卡儿积运算，即 T=R×S。

（11）设关系 R 是 4 元关系，关系 S 是一个 5 元关系，关系 T 是 R 与 S 的笛卡尔积，即 T=R×S，则关系 T 是_____元关系。

A）9　　　　　　B）11　　　　　　C）20　　　　　　D）40

【答案】　A

【解析】　根据笛卡儿积的定义：有 n 元关系 R 及 m 元关系 S，它们分别有 p、q 个元组，则关系 R 与 S 经笛卡儿积记为 R×S，该关系是一个 $m+n$ 元关系，元组个数是 $p×q$，由 R 与 S 的有序组组合而成。

（12）关系数据库管理系统能实现的专门关系运算包括_____。

A）排序、索引、统计　　　　　　　　B）选择、投影、连接

C）关联、更新、排序　　　　　　　　D）显示、打印、制表

【答案】　B

【解析】　关系数据库管理系统能实现的专门关系运算，包括选择运算、投影运算、连接运算。

（13）数据库设计的四个阶段是：需求分析、概念设计、逻辑设计和_____。

A）编码设计　　　B）测试阶段　　　C）运行阶段　　　D）物理设计

【答案】　D

【解析】　数据库设计一般采用生命周期法，即将整个数据库应用系统的开发分解成目标独立的若干阶段，包括需求分析阶段、概念设计阶段、逻辑设计阶段、物理设计阶段、编码阶段、测试阶段、运行阶段、进一步修改阶段。在数据库设计中采用上面几个阶段中的前四个阶段，并重点以数据结构与模型的设计为主线。

（14）在数据库设计中，将 E-R 图转换成关系模型的过程属于_____。

A）需求分析阶段　　　　　　　　　　B）逻辑设计阶段

C）概念设计阶段　　　　　　　　　　D）物理设计阶段

【答案】　B

【解析】　数据库设计包括数据库系统的需求分析、概念设计、逻辑设计、物理设计阶段。需求分析阶段主要工作是分析用户活动，确定系统范围。概念设计阶段建立 E-R 模型，确定属性间的依赖关系。逻辑设计阶段分两步进行：第一步初步设计，把 E-R 图转换为关系模型；第二步优化设计，对模式进行调整和改善。物理设计阶段主要解决选择文件存储结构和确定文件存取方法的问题，包括选择存储结构、确定存取方法、选择存取路径、确定数据的存放位置。

（15）在关系数据库设计中，设计视图（View）是_____阶段的工作。

A）需求分析　　　　　　B）物理设计　　　　　　C）逻辑设计　　　　　　D）概念设计

【答案】　C

【解析】　视图是数据库的外模式，属于逻辑设计阶段的内容。需求分析是分析用户的需要和要求；概念设计主要进行 E-R 模型设计；逻辑设计主要进行数据库模式和外模式设计；物理设计阶段主要进行数据库的物理结构设计，即内模式。

二、填空题

（1）数据独立性分为逻辑独立性与物理独立性，当数据的存储结构改变时，其逻辑结构可以不变，因此，基于逻辑结构的应用程序不必修改，称为_____。

【答案】　物理独立性

【解析】　物理独立性指数据的物理结构（包括存储结构、存取方式等）的改变，如存储设备的更换、物理存储的更换、存取方式改变都不影响数据库的逻辑结构，从而不致引起应用程序的变化；逻辑独立性是指数据库总体逻辑结构的改变，如修改数据模式、增加新的数据类型、改变数据间联系等，不需要相应修改应用程序。

（2）在关系模型中，把数据看成是二维表，每一个二维表称为一个_____。

【答案】　关系

【解析】　在关系数据库中，关系模型采用二维表来表示，简称"表"，因此一个二维表称为关系。

（3）一个关系表的行称为_____。

【答案】　元组

【解析】　二维表是由表框架及表元组组成。在表框架中，可以按行存放数据，每行数据称为元组（记录）。

（4）数据库管理系统常见的数据模型有层次模型、网状模型和_____三种。

【答案】　关系模型

【解析】　数据模型分成概念数据模型、逻辑数据模型和物理数据模型。而关系模型、层次模型、网状模型都是逻辑数据模型。

（5）一个项目具有一个项目主管，一个项目主管可管理多个项目，则实体"项目主管"与实体"项目"的联系属于_____的联系。

【答案】　一对多

【解析】　关系模型实体及实体间的联系的表示方法有

一对一联系：隐含在实体对应的关系中。

一对多联系：隐含在实体对应的关系中。

多对多联系：直接用关系表示。

（6）数据库设计分为以下 6 个设计阶段：需求分析阶段、＿＿＿＿＿＿＿、逻辑设计阶段、物理设计阶段、实施阶段、运行和维护阶段。

【答案】 概念设计阶段

【解析】 数据库设计分为以下 6 个设计阶段：需求分析阶段、概念设计阶段、逻辑设计阶段、物理设计阶段、实施阶段、运行和维护阶段。

（7）＿＿＿＿＿＿＿是从二维表列的方向进行的运算。

【答案】 关系运算

【解析】 关系运算是从二维表列的方向进行的运算

5.5 自 测 习 题

本节参照二级考试的题型，按知识点分类精编了相应练习题，供读者自测，以便进一步巩固对公共基础各模块知识点的掌握。

一、单选题

（1）算法的时间复杂度是指＿＿＿＿＿＿＿。

A）执行算法程序所需要的时间　　　　B）算法程序的长度

C）算法执行过程中所需要的基本运算次数　　D）算法程序中的指令条数

（2）算法的空间复杂度是指＿＿＿＿＿＿＿。

A）算法程序的长度　　　　　　　　　B）算法程序中的指令条数

C）算法程序所占的存储空间　　　　　D）算法执行过程中所需要的存储空间

（3）下列叙述中正确的是＿＿＿＿＿＿＿。

A）线性表是线性结构　　　　　　　　B）栈与队列是非线性结构

C）线性链表是非线性结构　　　　　　D）二叉树是线性结构

（4）下列关于队列的叙述中正确的是＿＿＿＿＿＿＿。

A）在队列中只能插入数据　　　　　　B）在队列中只能删除数据

C）队列是先进先出的线性表　　　　　D）队列是先进后出的线性表

（5）设有一个栈，元素依次进栈的顺序为 fhijk，若进栈过程中可出栈，下面＿＿＿＿＿＿＿是不可能的出栈序列。

A）fhijk　　　　　B）hijkf　　　　　C）kfhij　　　　　D）kjihf

（6）在深度为 5 的满二叉树中，叶子结点的个数为＿＿＿＿＿＿＿。

A）32　　　　　B）31　　　　　C）16　　　　　D）15

（7）设树 T 的度为 4，其中度为 1、2、3、4 的结点个数分别为 4、2、1、1，则 T 的叶子结点数为＿＿＿＿＿＿＿。

A）8　　　　　B）7　　　　　C）6　　　　　D）5

（8）信息隐蔽的概念与下述哪一种概念直接相关＿＿＿＿＿＿＿。

  A）软件结构定义   B）模块独立性   C）模块类型划分   D）模块耦合度

（9）下面对对象概念描述错误的是_____。

  A）任何对象都必须有继承性   B）对象是属性和方法的封装体

  C）对象间的通信靠消息传递   D）操作是对象的动态属性

（10）在软件生命令周期中，能准确地确定软件系统必须做什么和必须具备哪些功能的阶段是_____。

  A）概要设计   B）详细设计   C）可行性研究   D）需求分析

（11）下面不属于软件工程的三个要素的是_____。

  A）工具   B）过程   C）方法   D）环境

（12）检查软件产品是否符合需求定义的过程被称为_____。

  A）确认测试   B）集成测试   C）验证测试   D）验收测试

（13）数据流图用于抽象描述一个软件的逻辑模型，数据流图由一些特定的图符构成。下列图符名标识的图符不属于数据流图合法图符的是_____。

  A）控制流   B）加工   C）数据存储   D）源和潭

（14）下面不属于软件设计原则的是_____。

  A）抽象   B）模块化   C）自底向上   D）信息隐蔽

（15）程序流程图（PFD）中的箭头代表的是_____。

  A）数据流   B）控制流   C）调用关系   D）组成关系

（16）下列工具中为需求分析的常用工具的是_____。

  A）PAD   B）PFD   C）N–S   D）DFD

（17）在结构化方法中，软件功能分解属于下列软件开发中的阶段是_____。

  A）详细设计   B）需求分析   C）总体设计   D）编程调试

（18）下列不属于静态测试方法的是_____。

  A）代码检查   B）白盒法   C）静态结构分析   D）代码质量度量

（19）软件需求分析阶段的工作，可以分为四个方面：需求获取、需求分析、编写需求规格说明书以及_____。

  A）阶段性报告   B）需求评审   C）总结   D）都不正确

（20）在数据管理技术的发展过程中，经历了人工管理阶段、文件系统阶段和数据库系统阶段。其中数据独立性最高的阶段是_____。

  A）数据库系统   B）文件系统   C）人工管理   D）数据项管理

（21）下述关于数据库系统的叙述正确的是_____。

  A）数据库系统减少了数据冗余

  B）数据库系统避免了一切冗余

  C）数据库系统中数据的一致性是指数据类型一致

  D）数据库系统比文件系统能管理更多的数据

（22）关系表中的每一横行称为一个_____。

  A）元组   B）字段   C）属性   D）码

（23）关系代数的四个组合操作是_____。

A）交、连接、自然连接、除法　　　　　　　　B）投影、等值连接、选择、除法

C）投影、连接、选择、除法　　　　　　　　　D）投影、自然连接、选择、连接

（24）在关系数据库中，用来表示实体之间联系的是_____。

A）树结构　　　　　B）网结构　　　　　C）线性表　　　　　D）二维表

（25）数据库设计包括两个方面的设计内容，它们是_____。

A）概念设计和逻辑设计　　　　　　　　　　B）模式设计和内模式设计

C）内模式设计和物理设计　　　　　　　　　D）结构特性设计和行为特性设计

（26）将 E-R 图转换到关系模式时，实体与联系都可以表示成_____。

A）属性　　　　　　B）关系　　　　　　C）键　　　　　　D）域

（27）下列有关数据库的描述，正确的是_____。

A）数据处理是将信息转化为数据的过程

B）数据的物理独立性是指当数据的逻辑结构改变时，数据的存储结构不变

C）关系中的每一列称为元组，一个元组是一个字段

D）如果一个关系中的属性或属性组并非该关系的关键字，但它是另一个关系的关键字，则
　　称其为本关系的外关键字

（28）下列有关数据库的描述，正确的是_____。

A）数据库是一个 DBF 文件　　　　　　　　B）数据库是一个关系

C）数据库是一个结构化的数据集合　　　　　D）数据库是一组文件

（29）软件调试的目的是

A）发现错误　　　　　　　　　　　　　　　B）改正错误

C）改善软件的性能　　　　　　　　　　　　D）挖掘软件的潜能

（30）在 E-R 图中，用来表示联系的图形是_____。

A）矩形　　　　　　B）椭圆形　　　　　C）菱形　　　　　D）三角形

二、填空题

（1）对长度为 n 的有序线性表中进行二分查找，需要的比较次数为_____。

（2）设一棵完全二叉树共有 700 个结点,则在该二叉树中有_____个叶子结点。

（3）当循环队列非空且队尾指针等于队头指针时，说明循环队列已满，不能进行入队运算，这种情况称为_____。

（4）用链表表示线性表的突出优点是_____。

（5）栈的基本运算有三种：入栈、退栈和_____。

（6）线性表的顺序存储结构和线性表的链式存储结构分别是_____和_____。

（7）在程序设计阶段应该采取_____和逐步求精的方法，把一个模块的功能逐步分解，细化为一系列具体的步骤，进而用某种程序设计语言写成程序。

（8）源程序文档化要求程序应加注释。注释一般分为序言性注释和_____。

（9）若已知一棵二叉树的先序序列为 ABCDEFGHI，中序序列为 CBDAEGFIH，这棵二叉树的后序序列是_____。

（10）类是一个支持集成的抽象数据类型，而对象是类的_____。

（11）在面向对象方法中，类之间共享属性和操作的机制称为_____。

（12）软件是程序、数据和_____的集合。

（13）Jackson 方法是一种面向_____的结构化方法。

（14）软件工程研究的内容主要包括_____技术和软件工程管理。

（15）数据流图的类型有_____和事务型。

（16）软件开发环境是全面支持软件开发全过程的_____集合。

（17）一个项目具有一个项目主管，一个项目主管可管理多个项目，则实体"项目主管"与实体"项目"的联系属于_____的联系。

（18）数据独立性分为逻辑独立性和物理独立性。当数据的存储结构改变时，其逻辑结构可以不变。因此，基于逻辑结构的应用程序不必修改，称为_____。

（19）数据库系统中实现各种数据管理功能的核心软件称为_____。

（20）关系模型完整性规则是对关系的某种约束条件,包括实体完整性、_____和自定义完整性。

5.6　自测题答案

本节给出所有自测题的参考答案。

一、单选题

1	2	3	4	5	6	7	8	9	10
C	D	A	C	C	C	A	B	A	D
11	12	13	14	15	16	17	18	19	20
D	A	A	C	B	D	C	B	B	A
21	22	23	24	25	26	27	28	29	30
A	A	C	D	A	B	D	C	B	C

二、填空题

（1）$\log_2 n$　　（2）350　　（3）上溢　　（4）便于插入和删除操作

（5）读栈顶元素　（6）随机存取的存储结构　顺序存取的存储结构

（7）自顶向下　（8）功能性注释　（9）CDBGIHFEA　（10）实例

（11）继承　（12）文档　（13）数据流　（14）软件开发

（15）变换型　（16）软件工具　（17）一对多（或 1:n）（18）逻辑独立性

（19）数据库管理系统　　　　（20）参照完整性

第6章 | 综合练习

本章参照全国计算机等级考试二级 VB 考试的题型、题量和考点，编写了三套笔试及上机模拟试卷，并附参考答案，供读者进行考前模拟练习。

6.1 笔试模拟试卷

笔试模拟试卷一

一、选择题（每小题 2 分，共 70 分）

（1）在下列选项中，哪个不是一个算法一般应该具有的基本特征_____。

A）确定性
B）可行性
C）无穷性
D）拥有足够的情报

（2）在单链表中，增加头结点的目的是_____。

A）方便运算的实现
B）使单链表至少有一个结点
C）标识表结点中首结点的位置
D）说明单链表是线性表的链式存储实现

（3）下列关于栈的叙述中正确的是_____。

A）在栈中只能插入数据
B）在栈中只能删除数据
C）栈是先进先出的线性表
D）栈是先进后出的线性表

（4）对长度为 N 的线性表进行顺序查找，在最坏情况下所需要的比较次数为_____。

A）$N+1$
B）N
C）$(N+1)/2$
D）$N/2$

（5）信息隐蔽的概念与下述哪一种概念直接相关_____。

A）软件结构定义
B）模块独立性
C）模块类型划分
D）模拟耦合度

（6）面向对象的设计方法与传统的面向过程的方法有本质不同，它的基本原理是_____。

A）模拟现实世界中不同事物之间的联系
B）强调模拟现实世界中的算法而不强调概念
C）使用现实世界的概念抽象地思考问题从而自然地解决问题
D）鼓励开发者在软件开发的绝大部分中都用实际领域的概念去思考

（7）在结构化方法中，软件功能分解属于下列软件开发中的阶段是_____。

A）详细设计
B）需求分析
C）总体设计
D）编程调试

（8）软件调试的目的是_____。

A）发现错误　　　　　　　　　　　　　　B）改正错误

C）改善软件的性能　　　　　　　　　　　D）挖掘软件的潜能

（9）关系代数的五个基本操作是_____。

A）并、交、差、笛卡尔积、除法　　　　　B）并、交、选择、笛卡尔积、除法

C）并、差、选择、笛卡尔积、投影　　　　D）并、交、选择、投影、除法

（10）数据库概念设计的过程中，视图设计一般有三种设计次序，以下选项中不对的是_____。

A）自顶向下　　　　B）由底向上　　　　C）由内向外　　　　D）由整体到局部

（11）在 VB 中可以作为容器的是_____。

A）Form、TextBox、PictureBox　　　　　　B）Form、PictureBox、Frame

C）Form、TextBox、Label　　　　　　　　D）PictureBox、TextBox、ListBox

（12）VB 中除窗体能显示图片外，下列控件中可以显示图片的控件有_____。

① PictureBox　　　　　　② Image　　　　　　③ TextBox

④ CommandButton　　　　⑤ OptionButton　　　⑥ Label

A）①②③④　　　　　　　　　　　　　　B）①②⑤⑥

C）①②④⑤　　　　　　　　　　　　　　D）①②④⑥

（13）针对语句 If I=1 Then J=1，下列说法正确的是_____。

A）I=1 和 J=1 均为赋值语句

B）I=1 和 J=1 均为关系表达式

C）I=1 为关系表达式，J=1 为赋值语句

D）I=1 为赋值语句，J=1 为关系表达式

（14）在某过程中已说明变量 a 为 Integer 类型、变量 s 为 String 类型，过程中的以下四组语句中，不能正常执行的是_____。

A）s=2*a+1　　　　　　　　　　　　　　B）s="237" & ".11":a=s

C）s=2*a>3　　　　　　　　　　　　　　D）a=2:s=16400*a

（15）下面所列四组数据中，全部是正确的 VB 常数的是_____。

A）32768，1.34D2，"ABCDE"，&O1767

B）3276，123.56，1.2E-2，#True#

C）&HABCE，02-03-2002，False，D-3

D）ABCDE，#02-02-2002#，E-2

（16）下面有关数组处理的叙述中，不正确的是_____。

① 在过程中用 ReDim 语句定义的动态数组，其下标的上下界可为赋了值的变量。

② 在过程中，可以使用 Dim、Private 和 Static 语句定义数组。

③ 用 ReDim 语句重新定义动态数组时，不得改变该数组的数据类型。

④ 可用 Public 语句在窗体模块的通用说明处定义一个全局数组。

A）①②③④　　　　B）①③④　　　　C）①②③　　　　D）②④

（17）在语句 Public Sub Sort(I As Integer)中，I 是一个按_____传递的参数。

A）地址　　　　　　B）值　　　　　　C）变量　　　　　D）常量

（18）定义两个过程 Private Sub1(St() As String)和 Private Sub2(Ch() As String*6)，在调用过程中用 Dim S(3) As String*6,A(3) As String 定义了两个字符串数组。下面调用语句中正确的有_____。

① Call Sub1(S)　　　② Call Sub1(A)　　　③ Call Sub2(A)　　　④ Call Sub2(S)

A）①②　　　　　　B）①③　　　　　　C）②③　　　　　　D）②④

（19）运行下面程序，单击命令按钮 Command1,则立即窗口上显示的结果是_____。

```
Private Sub Command1_Click()
    Dim A As Integer,B As Boolean,C As Integer,D As Integer
    A=20/3 : B=True : C=B : D=A+C
    Debug.Print A,D,A=A+C
End Sub
```

A）7　6　False　　　　　　　　　　　B）6.6　5.6　False

C）7　6　A=6　　　　　　　　　　　　D）7　8　A=8

（20）在 Visual Basic 中最基本的对象是_____，它是应用程序的基石，也是其他控件的容器。

A）文本框　　　　　B）命令按钮　　　　　C）窗体　　　　　　D）标签

（21）在程序中将变量 Inta、B1、St、D 分别定义为 Integer 类型、Boolean 类型、String 类型和 Date 类型，下列赋值语句中正确的是_____。

A）Inta="333"+"22"　　B）D=#10/05/01#　　C）St=5+"abc"　　D）B1=#True#

（22）以下使用方法的语句中，正确的是_____。

A）List1.Clear　　　　B）Form1.Clear　　　C）Combo1.Cls　　　D）Picture1.Clear

（23）如果在窗体上有命令按钮 OK，在代码编辑窗口有与之对应的 CmdOK_Click()事件，则命令按钮控件的名称属性和 Caption 属性分别为_____。

A）OK、Cmd　　　　B）Cmd、OK　　　C）CmdOK、OK　　　D）OK、CmdOK

（24）以下有关对象属性的说法中错误的是_____。

A）所有的对象都具有 Name（名称）属性

B）只能在执行时设置或改变的属性为执行时属性

C）对象的某些属性只能在设计时设定，不能使用代码改变

D）Enabled 属性值设为 False 的控件对象在窗体上将不可见

（25）在窗体的通用声明处有语句 Dim A() As Single，以下在某事件过程中重定义此数组的一组正确语句是_____。

A）ReDim A(3,3)　　　　　　　　　B）ReDim A(3,3)

　　ReDim A(4,4) As Integer　　　　　　ReDim Preserve A(4,4)

C）ReDim A(3)　　　　　　　　　　D）ReDim A(3,3)

　　ReDim A(3,3) As Integer　　　　　　ReDim Preserve A(3,4)

（26）在窗体 Form1 中用 "Public Sub Fun (x As Integer ,y As Single)" 定义过程 Fun，在窗体 Form2 中定义了变量 i 为 Integer,j 为 Single,若要在 Form2 的某事件过程中调用 Form1 中的 Fun 过程，则下列语句中，正确的语句有几个_____。

① Call Fun(i,j)　　　　　　　　　　② Call Form1.Fun(i,j)

③ Form1.Fun(i),j　　　　　　　　　　④ Form1.Fun i+1,(j)

A）1　　　　　　B）2　　　　　　C）3　　　　　　D）4

（27）根据阶乘的定义，可编写求阶乘的递归函数过程如下，其中空格处应该是_____。

```
Private Function Fact(ByVal N As Integer) As Long
    If N=0 Or N=1 Then
        Fact=1
    Else
        Fact=_____
    End If
End Function
```

A）N*N-1　　　　B）N*Fact(N-1)　　　　C）N*(N-1)　　　　D）N*(N-1)!

（28）在窗体模块的通用声明处有如下语句，会产生错误的语句是_____。

① Const A As Integer=25　　　　　② Public St As String*8

③ Redim B(3) As Integer　　　　　④ Dim Const X As Integer=10

A）①②　　　　B）①③　　　　C）①②③　　　　D）②③④

（29）单选按钮（OptionButton）用于一组互斥的选项中。若一个应用程序包含多组互斥条件，可在不同的_____中安排适当的单选按钮，即可实现。

A）框架控件（Frame）或图像控件（Image）　　　B）组合框（ComboBox）或图像控件（Image）

C）组合框（ComboBox）或图片框（PictureBox）　　D）框架控件（Frame）或图片框（PictureBox）

（30）使用_____方法可将新的列表项添加到列表框中。

A）Print　　　　B）AddItem　　　　C）Clear　　　　D）RemoveItem

（31）刚建立一个新的标准 EXE 工程后，不在工具箱中出现的控件是_____。

A）单选按钮　　　　B）图片框　　　　C）通用对话框　　　　D）文本框

（32）设有变量声明 Dim TestDate As Date，能为变量 TestDate 正确赋值的表达方式是_____。

A）TextDate=#1/1/2002#　　　　　　B）TestDate=#"1/1/2002"#

C）TextDate=date("1/1/2002")　　　　D）TestDate=Format("m/d/yy","1/1/2002")

（33）设有声明 Dim X As Integer，如果 Sgn(X)的值为-1，则 X 的值是_____。

A）整数　　　　　　　　　　　　B）大于 0 的整数

C）等于 0 的整数　　　　　　　　D）小于 0 的数

（34）在窗体上画一个名称为 Command1 的命令按钮，然后编写如下程序：

```
Private Sub Command1_Click()
    Static X As Integer
    Static Y As Integer
    Cls
    Y=1
    Y=Y+5
    X=5+X
    Print X,Y
End Sub
```

程序运行时，三次单击命令按钮 Command1 后，窗体上显示的结果为_____。

A）15 16　　　　　　　B）15 6　　　　　　　C）15 15　　　　　　　D）5 6

（35）设 a=3,b=5，则以下表达式值为真的是_____。

A）a>=b And b>10　　　　　　　　　　B）(a>b)Or(b>0)

C）(a<0)Eqv(b>0)　　　　　　　　　　D）(-3+5>a)And(b>0)

二、填空题（每空 2 分，共 30 分）

（1）数据结构包括数据的 【1】 结构和数据的存储结构。

（2）类是一个支持集成的抽象数据类型，而对象是类的 【2】 。

（3）耦合和内聚是评价模块独立性的两个主要标准，其中 【3】 反映了模块内各成分之间的联系。

（4）通常，将软件产品从提出、实现、使用维护到停止使用退役的过程称为 【4】 。

（5）由关系数据库系统支持的完整性约束是指 【5】 和参照完整性。

（6）下面的事件过程执行结束后，程序中第二个循环被执行了 【6】 次。

```
Option explicit
Option Base 1
Private Sub Command1_Click()
    Dim a(10) As Integer
    Dim i As Integer,k As Integer
    For i=1 To 10
        a(i)=1
    Next i
    k=1
    For k=1 To 10 Step k
        a(k)=0
        k=k+2
    Next k
End Sub
```

（7）A=123:B="345": C= A+B:PRINT C，上述语句运行后，窗体上输出的结果是 【7】 。

（8）以下程序的功能是：从键盘上输入若干个学生的考试分数，当输入负数时结束输入，然后输出其中的最高分数和最低分数。请在【8】和【9】处填入适当的内容，将程序补充完整。

```
Private Sub Form_Click()
    Dim x As Single,amax As Single,amin As Single
    x=InputBox("Enter a score")
    amax=x
    amin=x
        Do While 【8】
        If x>amax Then
            Amax=x
        End If
        If 【9】 Then
            Amin=x
```

```
        End If
          x=InputBox("Enter a score")
        Loop
    Print " Max=";amax," Min=";amin
End Sub
```

（9）在窗体上画一个文本框和一个图片框，然后编写如下两个事件过程：

```
Private Sub Form_Load()
Text1.Text="计算机"
End Sub
Private Sub Text1_Change()
Picture1.Print"等级考试"
End Sub
```

程序运行后，在文本框中显示的内容是 【10】 ，而在图片框中显示的内容是 【11】 。

（10）将 D 盘根目录下的一个旧的文本文件 old.dat 复制到新文件 new.dat 中，并利用文件操作语句将 old.dat 文件从磁盘上删除。

```
Private Sub Command1_Click()
    Dim str1$
    Open "d:\old.dat" For Input As #1
    Open "d:\new.dat" For 【12】 As #2
      Do While Not 【13】
        Line Input #1,str1
        Print #2,str1
      Loop
    【14】 #1,#2
    Kill "d:\olD.dat"
End Sub
```

（11）设有如下程序

```
Private Sub Form_Click()
    Dim n As Integer,s As Integer
    n=8
    s=0
    Do
        s=s+n
        n=n-1
    Loop While n>0
    Print s
End Sub
```

执行以上程序，显示结果为 【15】 。

笔试模拟试卷二

一、选择题（每小题 2 分，共 70 分）

（1）算法一般都可以用哪几种控制结构组合而成_____。

A）循环、分支、递归   B）顺序、循环、嵌套

C）循环、递归、选择   D）顺序、选择、循环

（2）数据的存储结构是指_____。

A）数据所占的存储空间量

B）数据的逻辑结构在计算机中的表示

C）数据在计算机中的顺序存储方式

D）存储在外存中的数据

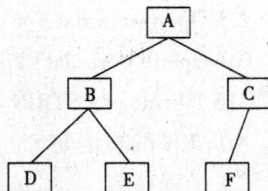

（3）对如右图所示的二叉树中序遍历的结果为_____。

A）ABCDEF B）DBEAFC C）ABDECF D）DEBFCA

（4）在面向对象方法中，一个对象请求另一对象为其服务的方式是通过发送_____。

A）调用语句 B）命令 C）口令 D）消息

（5）检查软件产品是否符合需求定义的过程称为_____。

A）确认测试 B）集成测试 C）验证测试 D）验收测试

（6）下列工具中属于需求分析常用工具的是_____。

A）PAD B）PFD C）N–S D）DFD

（7）下面不属于软件设计原则的是_____。

A）抽象 B）模块化 C）自底向上 D）信息隐蔽

（8）索引属于_____。

A）模式 B）内模式 C）外模式 D）概念模式

（9）在关系数据库中，用来表示实体之间联系的是_____。

A）树结构 B）网结构 C）线性表 D）二维表

（10）将 E-R 图转换到关系模式时，实体与联系都可以表示成_____。

A）属性 B）关系 C）键 D）域

（11）当某个控件获得焦点时,将会触发的事件是_____。

A）SetFocus B）GotFocus C）LostFocus D）不存在

（12）对窗体编写如下事件过程：

```
Private Sub Form_MouseDown(Button As Integer,Shift As Integer,X As Single,Y As Single)
    If Button=2 Then '识别右键
        Print "AAA"
    End If
End Sub
Private Sub Form_MouseUp(Button As Integer,Shift As Integer,X As Single,Y As Single)
    Print "BBB"
End Sub
```

程序运行后，如果单击鼠标右键，则输出结果为_____。

A）AAA BBB B）BBB AAA C）AAA D）BBB

（13）以下叙述中错误的是_____。

A）一个工程可以包括多种类型的文件

B）Visual Basic 应用程序既能以编译方式执行，也能以解释方式执行

C）程序运行后，在内存中只能驻留一个窗体

D）对于事件驱动型应用程序，每次运行时的执行顺序可以不一样

（14）要向已有的 work.dat 文件中添加数据，那么在下列语句中，正确的选项是_____。

A）Open work.dat For output As #1　　　B）Open work.dat For Append As #1

C）Open "work.dat" For output As #1　　D）Open "work.dat" For Append As #1

（15）Print #1,STRI$ 中的 Print 是_____。

A）文件的写语句　　　　　　　　　B）在窗体上显示的方法

C）子程序名　　　　　　　　　　　D）以上均不是

（16）文件列表框中用于设置或返回所选文件的路径和文件名的属性是_____。

A）FileName　　　　B）FilePath　　　　C）Path　　　　D）File

（17）文件号最大可取的值为_____。

A）25　　　　　B）512　　　　　C）511　　　　　D）256

（18）下列过程定义语句中，形参个数不能确定数量的过程是_____。

A）Private Sub Pro3(x As Double,y As Single)

B）Private Sub Pro3(Arr(3),Option x,Option y)

C）Private Sub Pro3(ByRef x,ByVal y,Arr( ))

D）Private Sub Pro3(ParamArray Arr( ))

（19）某人创建了一个工程，其中的窗体名称为 Form1；之后又添加了一个名为 Form2 的窗体，并希望程序执行时先显示 Form2 窗体，那么，他需要做的工作是_____。

A）在工程属性对话框中把"启动对象"设置为 Form2

B）在 Form1 的 Load 事件过程中加入语句 Load Form2

C）在 Form2 的 Load 事件过程中加入语句 Form2.Show

D）在 Form2 的 TabIndex 属性设置为 1，把 Form1 的 TabIndex 属性设置为 2

（20）以下能在窗体 Form1 的标题栏中显示"VisualBasic 窗体"的语句是_____。

A）Form1.Name="VisualBasic 窗体"　　B）Form1.Title="VisualBasic 窗体"

C）Form1.Caption="VisualBasic 窗体"　　D）Form1.Text="VisualBasic 窗体"

（21）以下能够触发文本框 Change 事件的操作是_____。

A）文本框失去焦点　　　　　　　　B）文本框获得焦点

C）设置文本框的焦点　　　　　　　D）改变文本框的内容

（22）以下关于 Visual Basic 特点的叙述中错误的是_____。

A）Visual Basic 是采用事件驱动编程机制的语言

B）Visual Basic 程序既可以编译运行，也可以解释运行

C）Visual Basic 程序不是结构化程序，不具备结构化程序的三种基本结构

D）构成 Visual Basic 程序的多个过程没有固定的执行顺序

（23）设有语句 x=InputBox("输入数值","0","示例")程序运行后，如果从键盘上输入数值 10 并按【Enter】键，则下列叙述中正确的是_____。

A）变量 X 的值是数值 10　　　　　　B）在 InputBox 对话框标题栏中显示的是"示例"

C）0 是默认值　　　　　　　　　　　D）变量 X 的值是字符串"10"

（24）以下叙述中，错误的是_____。

A）一个 Visual Basic 应用程序可以含有多个标准模块文件

B）一个 Visual Basic 工程可以含有多个窗体文件

C）标准模块文件可以属于某个指定的窗体文件

D）标准模块文件的扩展名是.bas

（25）刚建立一个新的标准 EXE 工程后，不在工具箱中出现的控件是_____。

A）单选按钮　　　　　　B）图片框　　　　　　C）通用对话框　　　　　D）文本框

（26）以下叙述中错误的是_____。

A）一个工程可以包含多个窗体文件

B）在一个窗体文件中定义的通用过程不能被其他窗体调用

C）窗体和标准模块需要分别保存为不同类型的磁盘文件

D）用 Dim 定义的窗体层变量只能在该窗体中使用

（27）用 Static 关键字定义过程是指_____。

A）声明过程名是静态的　　　　　　　　　B）声明形参是静态的

C）声明过程中所有的局部变量是静态的　　D）声明函数过程的返回值是静态的

（28）以下叙述中错误的是_____。

A）打开一个工程文件时，系统自动装入与该工程有关的窗体、标准模块等文件

B）保存 Visual Basic 程序时，应分别保存窗体文件及工程文件

C）Visual Basic 应用程序只能以解释方式执行

D）事件可以由用户引发，也可以由系统引发

（29）以下模式切换中，不能实现的是_____。

A）设计→中断　　　　B）中断→设计　　　　C）运行→中断　　　　D）设计→运行

（30）下列不能打开属性窗口的操作是_____。

A）执行"视图"菜单中的"属性窗口"命令　B）按【F4】键

C）按【Ctrl+T】组合键　　　　　　　　　D）单击工具栏上的"属性窗口"按钮

（31）下列可以打开立即窗口的快捷键是_____。

A）Ctrl+D　　　　　B）Ctrl+E　　　　　C）Ctrl+F　　　　　D）Ctrl+G

（32）下面程序运行时，窗体显示的结果为_____。

```
Private Sub Command1_Click()
    Dim a(10)
    For k=10 To 1 step -1
        a(k)=11-k
    Next k
    Print a(3)\a(7) mod a(5))
End Sub
```

A）3　　　　　　　　B）5　　　　　　　　C）7　　　　　　　　D）9

（33）下列程序的运行结果为_____。

```
Dim a(-1 To 6)
    For i=LBound(a,1) To UBound(a,1)
```

```
        a(i)=i
    Next i
Print a(LBound(a,1));a(UBound(a,1))
```

A）0 0　　　　　　B）-5 0　　　　　　C）-1 6　　　　　　D）0 6

（34）下列可为整个固定数组 a(2 to 3,2 to 3)赋值的语句片段为_____。

A）For i=0 To 1 : For j=2 To 3 : a(i, j)=i*j : Next j : Next i

B）For i=2 To 3 : For j=2 To 3 : a(i, j)=i*j : Next j : Next i

C）For i=0 To 1 : a(i,2)=i*2　　: Next i

D）For i=2 To 3 : a(i,2)=i*2 : Next i

（35）设有如下的记录类型

```
Type student
    number as string
    name as string
    age as integer
End type
```

则正确声明该记录类型变量的代码是_____。

A）type s as student　　　　　　B）dim s as student

C）private s as type student　　　　D）static s as student.name student.name

二、填空题（每空2分，共30分）

（1）数据结构作为计算机的一门学科，主要研究数据的逻辑结构、对各种数据结构进行的运算，以及 【1】 。

（2）数据库设计的四个阶段是：需求分析、概念设计、逻辑设计和 【2】 。

（3）软件的 【3】 设计又称为总体结构设计，其主要任务是建立软件系统的总体结构。

（4）根据访问根结点的次序，二叉树的遍历可以分为三种：前序遍历、 【4】 遍历和后序遍历。

（5）软件是程序、数据和 【5】 的集合。

（6）下列程序段的执行结果为 【6】 。

```
A=2
B=5
If A*B<1 Then B=B 1 Else B=1
Print B A>0
```

（7）四个字符串"FORTRAN","BASIC","PASCAL","DBASE"比较的结果最小的是 【7】 。

（8）A=678 : B=" 910": C= A & B: PRINT C,上述语句运行后，窗体上输出的结果是 【8】 。

（9）下面的事件过程执行结束后，A（7）的值是 【9】 。

```
Option explicit
Option Base 1
Private Sub Command1_Click()
   Dim a(10) As Integer
   Dim i As Integer,k As Integer
```

```
     For i=1 To 10
         a(i)=1
     Next i
     k=1
     For k=1 To 10 Step k
         a(k)=0
         k=k+2
     Next k
End Sub
```

（10）在有下面一个程序段从文本框中输入数据，如果该数据满足条件，除以 6 余 2，除以 5 余 3，则输出，否则，将焦点定位在文本框中，并清除文本框的内容。

```
Private Sub Command1_Click( )
    num=Val(Text1.Text)
    If num Mod 6=2 And 【10】 Then
        Print num
    Else
        Text1.Text=""
        Text1.【11】
    End If
End Sub
```

（11）在窗体上画一个命令按钮（其 NAME 属性为 Command1），然后编写如下代码：

```
Option Base 1
    Private Sub Command1_Click()
    Dim a
    s=0
    a=Array(1,2,3,4)
    j=1
    For i=4 To 1 Step 1
      ·s=s+a(i)*j
        j=j*10
    Next i
    Print s
End Sub
```

运行上面的程序，单击命令按钮，其输出结果是 【12】 。

（12）在窗体上画一个名称为 Command1 的命令按钮，然后编写如下事件过程：

```
Private Sub Command1_Click()
x=5
If Sgn(x) Then
    y=Sgn(x^2)
Else
    y=Sgn(x)
End If
```

```
Print y
End Sub
```

程序运行后，单击命令按钮，窗体上显示的是 【13】 。

（13）下面的程序的作用是利用随机函数产生 10 个 100～300（不包含 300）之间的随机整数，打印其中 7 的倍数的数，并求它们的总和，请填空。

```
Private Sub Command1_Click()
    Randomize
    Dim s As Double
    Dim a(10) As Integer
    For i=0 To 9
        a(i)= 【14】
    Next
    For i=0 To 9
        If 【15】 Then
            Print a(i)
            s=s+a(i)
        End If
    Next i
    Print
    Print "S=";s
End Sub
```

笔试模拟试卷三

一、选择题（每小题 2 分，共 70 分）

（1）算法分析的目的是_____。

A）找出数据结构的合理性   B）找出算法中输入和输出之间的关系

C）分析算法的易懂性和可靠性   D）分析算法的效率以求改进

（2）一棵有 124 个叶结点的完全二叉树，最多有_____个结点。

A）247   B）248   C）249   D）250

（3）已知数据表 A 中每个元素距其最终位置不远，为节省时间，应采用的算法是_____。

A）堆排序   B）直接插入排序   C）快速排序   D）直接选择排序

（4）用链表表示线性表的优点是_____。

A）便于插入和删除操作

B）数据元素的物理顺序与逻辑顺序相同

C）花费的存储空间较顺序存储少

D）便于随机存取

（5）下列不属于结构化分析的常用工具的是_____。

A）数据流图   B）数据字典   C）判定树   D）PAD 图

（6）软件开发的结构化生命周期方法将软件生命周期划分成_____。

A）定义、开发、运行维护   B）设计阶段、编程阶段、测试阶段

C）总体设计、详细设计、编程调试   D）需求分析、功能定义、系统设计

（7）在软件工程中，白箱测试法可用于测试程序的内部结构。此方法将程序看做是＿＿＿＿。

A）循环的集合　　　　　　　　B）地址的集合

C）路径的集合　　　　　　　　D）目标的集合

（8）在数据管理技术发展过程中，文件系统与数据库系统的主要区别是数据库系统具有＿＿＿＿。

A）数据无冗余　　　　　　　　B）数据可共享

C）专门的数据管理软件　　　　D）特定的数据模型

（9）分布式数据库系统不具有的特点是＿＿＿＿。

A）分布式　　　　　　　　　　B）数据冗余

C）数据分布性和逻辑整体性　　D）位置透明性和复制透明性

（10）下列说法中，不属于数据模型所描述的内容的是＿＿＿＿。

A）数据结构　　　B）数据操作　　　C）数据查询　　　D）数据约束

（11）构成对象的三要素为＿＿＿＿。

A）窗体、控件、过程　　　　　B）控件、属性、事件

C）属性、事件、方法　　　　　D）窗体、控件、模块

（12）下列关于事件的说法中不正确的是＿＿＿＿。

A）事件是系统预先为对象定义的能被对象识别的动作

B）事件可分为系统事件与用户事件两类

C）VB 中所有控件对象的默认事件都是 Click

D）VB 为每个对象设置好各种事件，并定义事件过程名，但过程代码必须由用户自行编写

（13）在窗体上画一个名称为 TxtA 的文本框，然后编写如下的事件过程：

```
Private Sub TxtA_KeyPress(KeyAscii As Integer)
...
End Sub
```

假定焦点已经位于此文本框中，则能够触发 KeyPress 事件的操作是＿＿＿＿。

A）单击鼠标　　　　　　　　　B）双击文本框

C）鼠标滑过文本框　　　　　　D）按下键盘上的某个键

（14）运行程序产生死循环时，按＿＿＿＿键可以终止程序运行。

A）【Ctrl+C】　　　　　　　　B）【Ctrl+Z】

C）单击"停止运行"按钮　　　　D）【Ctrl+Break】

（15）关于控件属性的设置，正确的是＿＿＿＿。

A）用户必须重新设置所有属性的值，否则属性值为空

B）任何属性的值都可以由用户进行随意设置

C）属性值只能在属性窗口中设置

D）属性值可以由用户设置，也可以使用系统的默认值

（16）执行以下代码，b 的结果为＿＿＿＿。

```
Private Sub Command1_Click()
    a=300
    b=20
```

```
    a=a+b
    b=a-b
    a=a-b
    print b
End Sub
```

A）20　　　　　　B）300　　　　C）30　　　　　D）200

（17）以下叙述中错误的是_____。

A）应用程序结束时，静态变量被释放

B）若用 Static 定义通用过程，则该过程中的局部变量都被默认为 Static 类型

C）Static 类型的变量可以在标准模块的声明部分定义

D）静态变量仅可在该变量的作用范围内使用

（18）在窗体上画一个名称为 Command1 的命令按钮，然后编写如下事件过程：

```
Private Sub Command1_Click()
    Static x As Integer
    Cls
    For i=1 To 2
        y=y+x
        x=x+2
    Next
    Print x,y
End Sub
```

程序运行后，连续三次单击 Command1 按钮后，窗体上显示的是_____。

A）4 2　　　　　　B）12 18　　　　C）12 30　　　　D）4 6

（19）执行以下程序段后，x 的值为_____。

```
Dim x As Integer,i As Integer
x=0
For i=10 To 1 Step -2
    x=x+i\5
Next I
```

A）2　　　　　　　B）3　　　　　　C）4　　　　　　D）5

（20）设有如下语句：

```
Dim a,b As Integer
c="VisualBasic"
d=#7/20/2005#
```

以下关于这段代码的叙述中，错误的是_____。

A）a 被定义为 Integer 类型变量　　　B）b 被定义为 Integer 类型变量

C）c 中的数据是字符串　　　　　　　D）d 中的数据是日期类型

（21）以下叙述中错误的是_____。

A）如果过程被定义为 Static 类型，则该过程中的局部变量都是 Static 类型

B）Sub 过程中不能嵌套定义 Sub 过程

C）Sub 过程中可以嵌套调用 Sub 过程

D）事件过程可以像通用过程一样由用户定义过程名

（22）以下叙述中错误的是_____。

A）在 KeyPress 事件过程中不能识别键盘的按下与释放

B）在 KeyPress 事件过程中不能识别回车键

C）在 KeyDown 和 KeyUp 事件过程中，将键盘输入的 A 和 a 视作相同的字母

D）在 KeyDown 和 KeyUp 事件过程中，从大键盘上输入的"1"和从右侧小键盘上输入的"1"被视作不同的字符

（23）设 a=2、b=3、c=4，表达式 Not a<=c Or 4*c=b^2 And b<>a+c 的值是_____。

A）–1　　　　　　　　B）1　　　　　　　　C）True　　　　　　　　D）False

（24）下列程序执行后，在文本框中输入"a"，输出结果是_____。

```
Private Sub Text1_KeyDown(KeyCode As Integer,Shift As Integer)
    Print KeyCode
End Sub
```

A）97　　　　　　　　B）65　　　　　　　　C）0　　　　　　　　D）出错

（25）在窗体上画一个名称为 Command1 的命令按钮，然后编写如下程序：

```
Private Sub Command1_Click()
    Dim i As Integer,j As Integer
    Dim a(10,10)As Integer
    For i=1 To 3
      For j=1 To3
        a(i,j)=(i-1)*3+j
        Print a(i,j);
      Next j
      Print
    Next i
End Sub
```

程序运行后，单击命令按钮，窗体上显示的是_____。

A）1 2 3 2 4 6 3 6 9　　　　　　　　B）2 3 4 3 4 5 4 5 6

C）1 4 7 2 5 8 3 5 9　　　　　　　　D）1 2 3 4 5 6 7 8 9

（26）通用过程可以通过执行"工具"菜单中的什么命令来建立_____。

A）添加过程　　　B）通用过程　　　C）添加窗体　　　D）添加模块

（27）以下叙述中错误的是_____。

A）事件过程是响应特定事件的一段程序　　　B）不同的对象可以具有相同名称的方法

C）对象的方法是执行指定操作的过程　　　D）对象事件的名称可以由编程者指定

（28）以下关于 Visual Basic 特点的叙述中，错误的是_____。

A）Visual Basic 是采用事件驱动编程机制的语言

B）Visual Basic 程序既可以编译运行，也可以解释运行

C）构成 Visual Basic 程序的多个过程没有固定的执行顺序

D）Visual Basic 程序不是结构化程序，不具备结构化程序的三种基本结构

（29）设有如下语句：

```
Dim a, b As Integer
```

```
c="VisualBasic"
d=#7/20/2005#
```
以下关于这段代码的叙述中，错误的是_____。

A）a 被定义为 Integer 类型变量　　　　B）b 被定义为 Integer 类型变量

C）c 中的数据是字符串　　　　D）d 中的数据是日期类型

（30）在窗体上画 1 个名称为 Command1 的命令按钮，然后编写如下事件过程：

```
Private Sub Command1_Click()
    a=0
    For i=1 To 2
      For j=1 To 4
        If j Mod 2<>0 Then
          a=a-1
        End If
          a=a+1
      Next j
    Next i
    Print a
End Sub
```

程序运行后，单击命令按钮，输出结果是_____。

A）0　　　　　　　B）2　　　　　　　C）3　　　　　　　D）4

（31）下面语句执行后，立即从一个 Sub 过程中退出的是_____。

A）Exit Sub　　　　　　　　B）Exit

C）Return　　　　　　　　D）Resume

（32）在文本框 Text1 中输入数字 12，Text2 中输入数字 34，执行以下语句，可使文本框 Text3 中显示 46 的是_____。

A）Text3.Text=Text1.Text & Text2.Text　　B）Text3.Text=val(Text1.Text)+val(Text2.Text)

C）Text3.Text=Text1.Text+Text2.Text　　D）Text3.Text=val(Text1.Text) & val(Text2.Text)

（33）下列语句中的_____语句可以用来正确地声明一个动态数组。

A）Private A(n) as integer　　　　　　B）Dim A() As Integer

C）Dim A(,) as Integer　　　　　　D）Dim A(1 to n)

（34）以下有关数组的说明中，错误的_____。

A）根据数组说明的方式，可将数组分为动态数组和静态数组

B）在过程中，不能用 private 语句定义数组

C）利用 Redim 语句重新定维时，不得改变已经说明过的数组的数据类型

D）利用 Redim 语句重新定维后，原有的数组元素内容必定丢失

（35）单击命令按钮时，下列程序代码的执行结果为_____。

```
Private Sub Command1_Click()
    For i=1 To 10
      GetValue i
    Next i
```

```
    print GetValue(i)
End Sub
Private Function GetValue(ByVal a As Integer)
    Static s As Intger
    s=s+a
    GetValue=s
End Function
```

A）10   B）65   C）66   D）11

二、填空题（每空 2 分，共 30 分）

（1）设有一棵二叉树，如右图所示。

对此二叉树前序遍历的结果为 【1】 。

（2）在最坏情况下，冒泡排序的时间复杂度为 【2】 。

（3）一个类可以从直接或间接的祖先中继承所有属性和方法。采用这个方法提高了软件的 【3】 。

（4）数据流图的类型有 【4】 和事务型。

（5）实体之间的联系可以归结为一对一、一对多(或多对多)联系与多对多联系。如果一个学校有许多教师，而一个教师只归属于一个学校，则实体集学校和实体集教师之间的联系是属于 【5】 的联系。

（6）设有如下声明：

`Dim X As Integer`

如果 Sgn(X) 的值为 1，则 X 的值是 【6】 。

（7）下列代码功能为：单击窗体时，移除 List1（ListBox 控件）的第一项内容，请补充完成

```
Private Sub C1_Click()
    List1.【7】 0
End Sub
```

（8）设 a=6，则执行 x=IIf(a>5,3,0)后，x 的值为 【8】 。

（9）求当前机器内日期和时间的函数是 【9】 。

（10）表达式 Lcase(Mid("QBASIC",3,4))的值是 【10】 。

（11）以下程序段的输出结果是 【11】 。

```
num=0
While num<=2
    num=num+1
Wend
Print num
```

（12）下面是一个体操评分程序，20 位评委，除去一个最高分和一个最低分，计算平均分（设满分为 10 分）。

```
Private Sub Command1_Click()
Max=0
Min=10
```

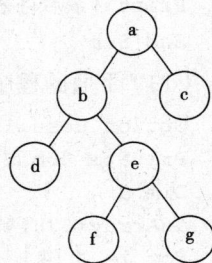

```
        For I=1 TO 20
         N=Val(InputBox("请输入分数: "))
           IF N>MaxThen Max=N
             IF N<Min Then Min=N
                【12】
         Next I
          S= 【13】
          P=S/18
    Print "最高分: ";Max
    Print "最低分: ";Min
    Print "最后得分: ";P
    End Sub
```

（13）下面的程序用"冒泡"法将数组 a 中的 10 个整数按升序排列，请将程序补充完整。

```
Option Base 1
Private Sub Command1_Click()
Dim a
a=Array(678,45,324,528,439,387,87,875,273,823)
For i= 【14】
   For j= 【15】 to 10
      If a(i)>=a(j) Then
          a1=a(i)
          a(i)=a(j)
          a(j)=a1
      End If
   Next j
Next i
For i=1 To 10
   Print a(i)
Next i
End Sub
```

6.2　上机操作模拟试卷

上机模拟试卷一

一、基本操作题

下面出现的"考生文件夹"均为指定文件夹。

请根据以下各小题的要求设计 Visual Basic 应用程序（包括界面和代码）。

（1）在名称为 Form1 的窗体上画一个文本框，其名称为 T1，宽度和高度分别为 1400 和 400；再画两个命令按钮，其名称分别为 C1 和 C2，标题分别为"显示"和"扩大"，编写适当的事件过程。程序运行后，如果单击 C1 命令按钮，则在文本框中显示"等级考试"；如果单击 C2 命令按钮，则使文本框在高、宽方向上各增加一倍，文本框中的字体大小扩大到原来的三倍。效果如下图所示。

要求：要求程序中不得使用变量。存盘时必须存放在考生文件夹下，工程文件名为 kt1.vbp，窗体文件名为 kt1.frm。

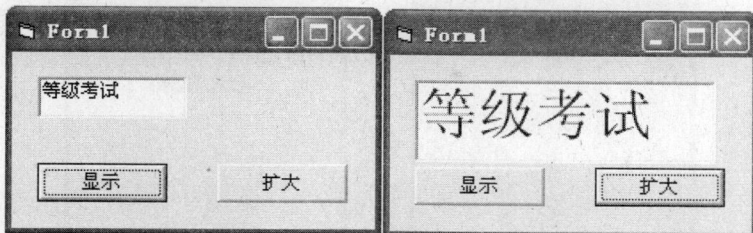

（2）在名称为 Form1 的窗体上画一个文本框，名称为 Text1；再画一个命令按钮，名称为 C1，标题为"移动"。请编写适当的事件过程，使得在运行时，单击"移动"按钮，则文本框水平移动到窗体的最左端。程序中不得使用任何变量。效果如下图所示。

要求：存盘时必须存放在考生文件夹下，工程文件名为 kt2.vbp，窗体文件名为 kt2.frm。

二、简单应用题

下面出现的"考生文件夹"均为指定文件夹。

（1）在名称为 Form1 的窗体上画两个图片框，名称分别为 P1 和 P2，高度均为 1900，宽度均为 1700，通过属性窗口把图片文件 pic1.bmp 放入 P1 中，把图片文件 pic2.jpg 放入 P2 中；再画一个命令按钮，名称为 C1，标题为"交换图片"。编写适当的事件过程，使得在运行时，如果单击命令按钮，则在 P1 中显示 Pic2.jpg，在 P2 中显示 Pic1.bmp。程序中不得使用变量，也不能使用第三个图片框。效果如下图所示。

要求：存盘时必须存放在考生文件夹下，工程文件名为 kt3.vbp，窗体文件名为 kt3.frm。

（2）在考生文件夹下有一个工程文件 kt4.vbp，要求程序运行后，如果按【Ctrl】键的同时单击多个列表框中的项，则可同时选择这些项。而如果单击"显示"按钮，则在窗体上输出所有选中的列表项。

要求：修改列表框的适当属性，使得运行时可以多选，并去掉程序中的注释符，把程序中的"?"改为正确的内容，使其实现上述功能，但不得修改程序中的其他部分。最后把修改后的程序以原来的文件名存盘。效果如下图所示。

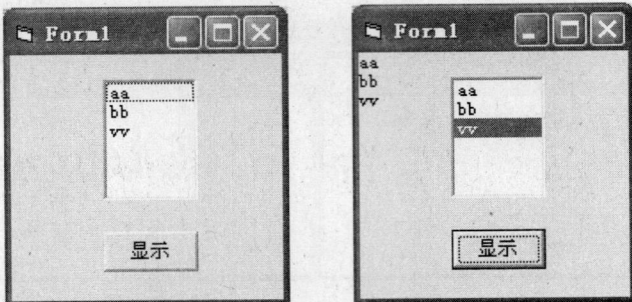

```
Private Sub C1_Click()
'  For i=? To ?
'     If L1.?=True Then
          Print L1.List(i)
       End If
    Next
End Sub
```

三、综合应用题

在考生的文件夹下有一个工程文件 kt5.vbp，相应的窗体文件为 kt5.frm.。在窗体上有两个命令按钮，其名称分别为 Command1 和 Command2，标题分别为"写文件"和"读文件"。其中"写文件"命令按钮事件过程用来建立一个通信录，以随机存取方式保存到文件 t5.txt 中；而"读文件"命令按钮事件过程用来读出文件 t5.txt 中的每个记录，并在窗体上显示出来。通信录中的每个记录由三个字段组成，结构如下：

姓名（Name）	电话（Tel）	邮政编码（Pos）
LiuMingliang	（010）62781234	100082
…	…	…

各字段的类型和长度为：

姓名（Name）：	字符串	15
电话（Tel）：	字符串	15
邮政编码（Pos）：	长整型（Long）	

程序运行后，如果单击"写文件"命令按钮，则可以随机存取方式打开文件 t5.txt，并根据提示向文件中添加记录，每写入一个记录后，都要询问是否再输入新记录，回答"Y"（或"y"）则输入新记录，回答"N"（或"n"）则停止输入；如果单击"读文件"命令按钮，则可以随机存取方式打开文件 t5.txt，读出文件中的全部记录，并在窗体上显示出来。该程序不完整，请把它补充完整。

要求：

① 去掉程序中的注释符，把程序中的 "？" 改为正确的内容，使其能正确运行，但不能修改程序中的其他部分。

② 文件 t5.txt 中已有三个记录（如下图所示），请运行程序，单击"写文件"命令按钮，向文

件 t5.txt 中添加以下两个记录（全部采用西文方式）：

	LiDaqing	（027）87348765	430065
	ChenQingshan	（022）26874321	300120

③ 运行程序，单击"读文件"命令按钮，在窗体上显示全部记录（共 5 个）。

④ 用原来的文件名保存工程文件和窗体文件。

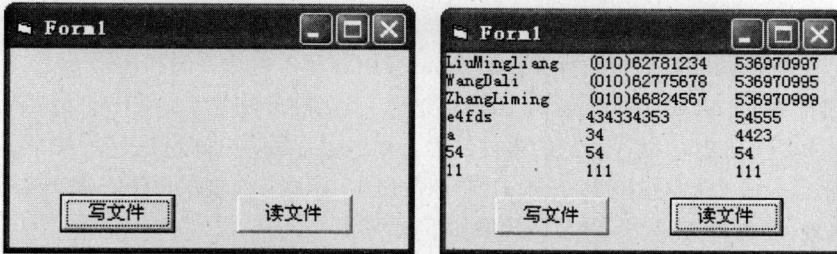

```
Private Type Tele
    Name As String*15
    Tel As String*15
    Pos As Long
End Type

Dim Pers As Tele
Dim RecNum As Integer

Private Sub Command1_Click()
    Open "t5.txt" For Random As #1 Len=Len(Pers)
    RecNum=LOF(1)/Len(Pers)
    Do
        Pers. Name=InputBox("请输入姓名")
        Pers. Tel=InputBox("请输入电话")
        Pers. Pos=InputBox("请输入邮政编码")
'       RecNum=?
'       Put #1,?
        asp=InputBox("More(Y/N)?")
'   Loop While UCase(asp) ?
    Close 1
End Sub

Private Sub Command2_Click()
    Open "t5. txt" For Random As #1 Len=Len(Pers)
'   RecNum=?
    Cls
    For i=1 To RecNum
'       Get #1,?
        Print Pers.Name;Pers.Tel;Pers.Pos
    Next i
    Close 1
End Sub
```

上机模拟试卷二

一、基本操作题

下面出现的"考生文件夹"均为指定文件夹。

请根据以下各小题的要求，设计 Visual Basic 应用程序（包括界面和代码）。

（1）在名称为 Form1 的窗体上画两个命令按钮，其名称分别为 C1 和 C2，标题分别为"命令按钮 1"和"命令按钮 2"。编写适当的事件过程，程序运行后，"命令按钮 2"隐藏，此时如果单击"命令按钮 1"，则"命令按钮 2"出现，"命令按钮 1"隐藏；而如果单击"命令按钮 2"，则"命令按钮 1"出现，"命令按钮 2"隐藏。效果如下图所示。

要求：程序中不得使用变量。存盘时必须存放在考生文件夹下，工程文件名为 kt1.vbp，窗体文件名为 kt1.frm。

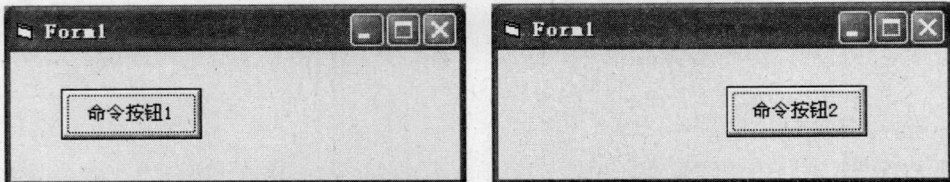

（2）在名称为 Form1 的窗体上画一个标签，其名称为 Label1，在属性窗口中把 BorderStyle 属性设置为 1（如下图所示），编写适当的事件过程。程序运行后，如果单击窗体，则可使标签移到窗体的右上角（只允许在程序中修改适当属性来实现）。效果如下图所示。

要求：① 不得使用任何变量。

② 存盘时必须存放在考生文件夹下，工程文件名为 kt2.vbp，窗体文件名为 kt2.frm。

二、简单应用题

下面出现的"考生文件夹"均为指定文件夹。

（1）在考生目录下有一个工程文件 kt4.vbp，窗体上有一个命令按钮 Command1（标题为"下一个"）。效果如下图所示。

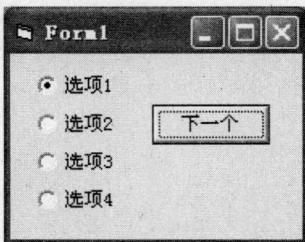

要求：在窗体上建立一个单选按钮数组 Option1，含四个单选按钮，标题分别为"选项 1"、"选项 2"、"选项 3"、"选项 4"，初始状态下，"选择 1"为选中状态。窗体文件中已经给出了命令按钮的 Click 事件过程，但不完整，请去掉程序中的注释符，把程序中的"?"改为正确的内容，使得每单击命令按钮一次，就选中下一个单选按钮，如果已经选中最后一个单选按钮，再单击命令按钮，则选中第 1 个单选按钮。注意，不能修改程序中的其他部分。最后把修改后的文件按原文件名存盘。

```
Private Sub Command1_Click()
'   For k=0 To ?
        If Option1(k).Value Then
'           n=?
        End If
    Next k
    Option1(n).Value=False
    n=n+1
    If n=4 Then
'       n=?
    End If
    Option1(n).Value=True
End Sub
```

（2）在考生文件夹下有一个工程文件 kt4.vbp，窗体上已经画出所有控件。在 Text1 文本框中输入一个任意的字符串（要求串的长度≥10），然后选择组合框中的三个选项之一。单击"计算"按钮，将截取运算后的结果显示在 Text2 中。效果如下图所示。

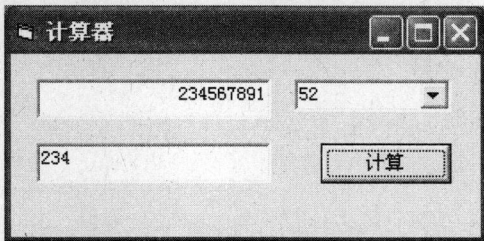

要求：窗体文件中已经给出了程序，但不完整，请去掉程序中的注释符，把程序中的"?"改为正确的内容。不得修改已经给出的程序。最后把修改后的文件按原文件名存盘。

```
Dim is_num As Boolean
Private Sub Command1_Click()
    Dim tmpStr As String*50
'   Select Case ?
      Case 0
        tmpStr=Left(Trim(Text1.Text),3)
      Case 1
        tmpStr=Right(Trim(Text1.Text),3)
      Case 2
'        tmpStr=Mid(Trim(Text1.Text),?)
    End Select
```

```
'   Text2.Text=?
End Sub
```

三、综合应用题

在考生文件夹下有一个工程文件 kt5.vbp，窗体上有两个图片框，名称为 P1 和 P2，分别用来表示信号灯和汽车，其中在 P1 中轮流装入"黄灯.ico"、"红灯.ico"、"绿灯.ico"文件来实现信号灯的切换；还有两个计时器 Timer1 和 Timer2，Timer1 用于变换信号灯，黄灯 1 秒，红灯 2 秒，绿灯 3 秒；Timer2 用于控制汽车向左移动。运行时，信号灯不断变换。单击"开车"按钮后，汽车开始移动，如果移动到信号灯前或信号灯下，遇到红灯或黄灯，则停止移动，当变为绿灯后再继续移动（见下图）。

要求：窗体中已经给出了全部控件和程序，但程序不完整，要求阅读程序并去掉程序中的注释符，把程序中的"?"改为正确的内容，使其实现上述功能，但不能修改程序中的其他部分，也不能修改控件的属性。最后把修改后的文件以原文件名存盘。

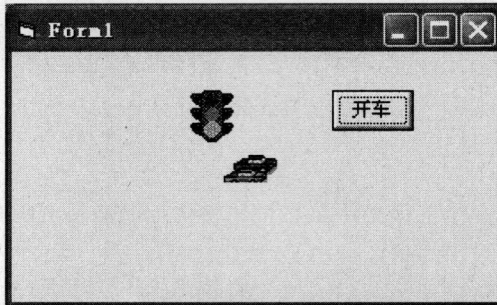

```
Dim a%,b As Boolean
Private Sub C1_Click()
'   Timer2.Enabled=?
    b=True
End Sub
Private Sub Timer1_Timer()
    a=a+1
    If a>6 Then
        a=1
    End If
    Select Case a
        Case 1
            P1. Picture=LoadPicture("黄灯.ico")
        Case 2,3
            P1. Picture=LoadPicture("红灯.ico")
        Case 4,5,6
'            P1.Picture=LoadPicture("?")
'        ?
            If b Then Timer2.Enabled=True
    End Select
```

```
End Sub
Private Sub Timer2_Timer()
    If (a<4) And (P2.Left>P1.Left And P2.Left<P1.Left+P1.Width)Or P2.Left<=100 Then
'       Timer2.Enabled=?
    Else
'       P2.Move ?-10,P2.Top,P2.Width,P2.Height
'       ?
    End If
End Sub
```

上机模拟试卷三

一、基本操作题

下面出现的"考生文件夹"均为指定文件夹。

请根据以下各小题的要求设计 Visual Basic 应用程序（包括界面和代码）。

（1）在名称为 Form1 的窗体上画两个标签（名称分别为 Label1 和 Label2，标题分别为"书名"和"作者"）、两个文本框（名称分别为 Text1 和 Text2，Text 属性均为空白）和一个命令按钮（名称为 Command1，标题为"显示"），如下左图所示。然后编写命令按钮的 Click 事件过程。程序运行后，在两个文本框中分别输入书名和作者，然后单击命令按钮，则在窗体的标题栏上先后显示两个文本框中的内容，如下右图所示。

要求：程序中不得使用任何变量。存盘时必须存放在考生文件夹下，工程文件名为 kt1.vbp，窗体文件名为 kt1.frm。

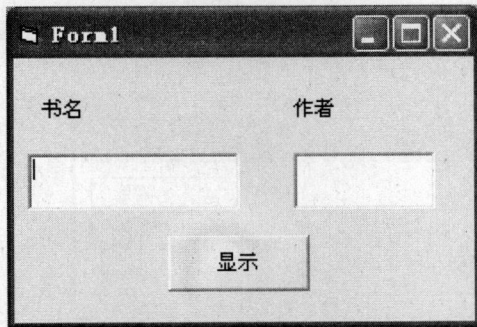

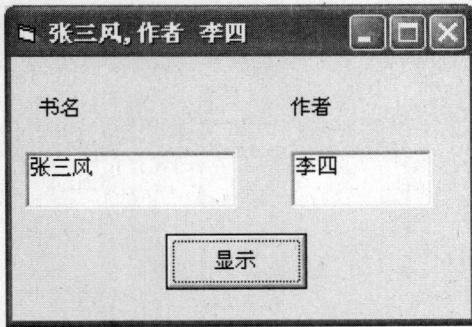

（2）在名称为 Form1 的窗体上画一个垂直滚动条（名称为 VScroll1）和一个水平滚动条（名称为 HScroll1），如下左图所示。在属性窗口中对两个滚动条设置如下属性：

Min	1500
Max	6000
LargeChange	200
SmallChange	50

编写适当的事件过程。程序运行后，如果移动滚动条上的滚动框，则可扩大或缩小窗体。运行后的窗体如下右图所示。

要求：程序中不得使用任何变量。存盘时必须存放在考生文件夹下，工程文件名为 kt2.vbp，窗体文件名为 kt2.frm。

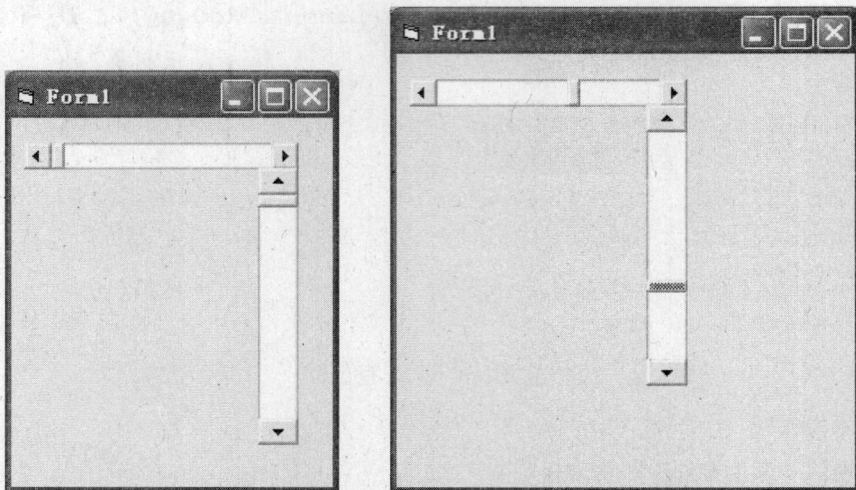

二、简单应用题

下面出现的"考生文件夹"均为指定文件夹。

（1）在名称窗体为 Form1，KeyPreview 属性为 True 的窗体上有一个列表框（名称为 List1）和一个文本框（名称为 Text1），如下左图所示。编写窗体的 KeyDown 事件过程。程序运行后，如果按【A】键，则从键盘上输入要添加到列表框中的项目（内容任意，不少于三个）；如果按【D】键，则从键盘上输入要删除的项目，将其从列表框中删除。程序的运行情况如下右图所示。

在考生文件夹下有一个工程文件 kt3.vbp（相应的窗体文件名为 kt3.frm），可以实现上述功能。但这个程序不完整，请把它补充完整。

要求：去掉程序中的注释符，把程序中的"?"改为适当的内容，使其正确运行，但不能修改程序中的其他部分。最后把修改后的文件按原文件名存盘。

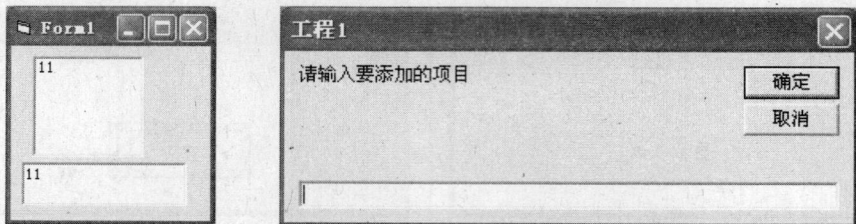

```
Private Sub Form_KeyDown(KeyCode As Integer,Shift As Integer)
    If Chr(KeyCode)="A" Then
        Text1.Text=InputBox("请输入要添加的项目")
'       List1.AddItem ?
    End If
    If Chr(KeyCode)="D" Then
        Text1.Text=InputBox("请输入要删除的项目")
'       For i=0 To ?
```

```
'            If List1.List(i)=? Then
'                List1.RemoveItem ?
             End If
         Next I
     End If
End Sub
```

（2）在考生文件夹下有一个工程文件 kt4.vbp（相应的窗体文件名为 kt4.frm），其功能是通过调用过程 Average 求数组的平均值，请装入该文件。程序运行后，在四个文本框中各输入一个整数，然后单击命令按钮，即可求出数组的平均值，并在窗体上显示出来，如下图所示。这个程序不完整，请把它补充完整，并能正确运行。

要求：去掉程序中的注释符，把程序中的 "?" 改为正确的内容，使其实现上述功能，但不能修改程序中的其他部分。最后把修改后的文件按原文件名存盘。

```
Option Base 1
Private Function Average(a() As Integer) As Single
   Dim Start As Integer,Finish As Integer
   Dim i As Integer
   Dim Sum As Integer
'    Start=?(a)
'    Finish=?(a)
'    Sum=?
   For i=Start To Finish
'    Sum=Sum+?
   Next i
'  Average=?
End Function
Private Sub Command1_Click()
   Dim arr1
   Dim arr2(4) As Integer
   arr1=Array(Val(Text1.Text),Val(Text2.Text),Val(Text3.Text),Val(Text4.Text))
   For i=1 To 4
       arr2(i)=CInt(arr1(i))
   Next i
'  Aver=Average(?)
   Print "平均值是:";Aver
End Sub
```

三、综合应用题

下面出现的"考生文件夹"均为指定文件夹。

去掉程序中的注释符，把程序中的"?"改为正确的内容，使其实现下述功能，但不能修改程序中的其他部分。

在窗体上有三个菜单（名称分别为 Read、Calc 和 Save，标题分别为"读入数据"、"计算并输出"和"存盘"），还有一个文本框（名称为 Text1，MultiLine 属性设置为 True，ScrollBars 属性设置为 2），如下图所示。

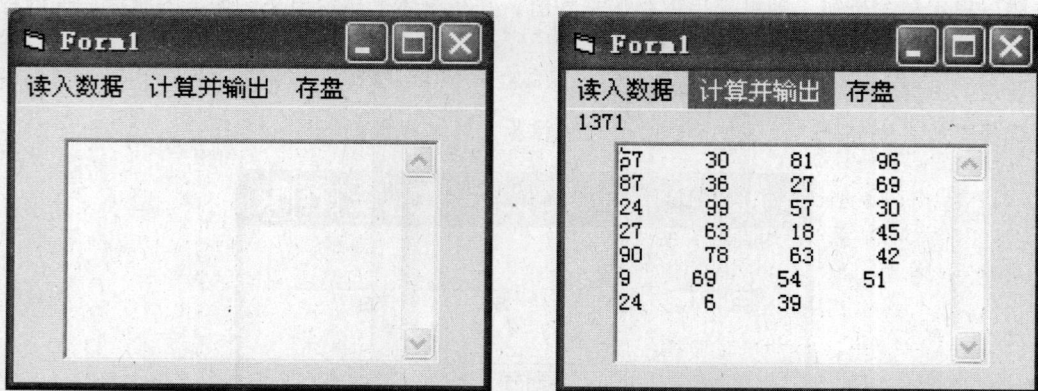

程序运行后，如果执行"读入数据"命令，则读入 datain1.txt 文件中的 100 个整数，放入一个数组中，数组的下界为 1；如果单击"计算并输出"按钮，则把该数组中可以被 3 整除的元素在文本框中显示出来，求出它们的和，并把所求得的和在窗体上显示出来；如果单击"存盘"按钮，则把所求得的和存入考生文件夹下的 dataout.txt 文件中。

在考生文件夹下有一个工程文件 kt5.vbp，窗体文件中的 ReadData 过程可以把 datain1.txt 文件中的 100 个整数读入 Arr 数组中；而 WriteData 过程可以把指定的整数值写到考生文件夹下指定的文件中（整数值通过计算求得，文件名为 dataout.txt）。

要求：考生不得修改窗体文件中已经存在的程序。存盘时，工程文件名仍为 kt5.vbp，窗体文件名仍为 kt5.frm。

```
Option Base 1
Dim Arr(100) As Integer
Dim temp As Integer
Sub ReadData()
   Open App.Path & "\" & "datain1.txt" For Input As #1
   For i=1 To 100
      Input #1,Arr(i)
   Next i
   Close #1
End Sub
Sub WriteData(Filename As String, Num As Integer)
   Open App.Path & "\" & Filename For Output As #1
```

```
    Print #1,Num
'   ? #1
End Sub
Private Sub Calc_Click()
'   Text1.?=""
    For i=1 To 100
        If Arr(i) Mod 3=0 Then
            Text1.Text=Text1.Text & Arr(i) & Space(5)
'           temp=temp+?
        End If
    Next i
    Print temp
End Sub
Private Sub Read_Click()
    ReadData
End Sub
Private Sub Save_Click()
    WriteData "dataout.txt",temp
End Sub
```

6.3　模拟试卷答案

笔试模拟试卷答案

笔试模拟试卷一

一、单选题

1	2	3	4	5	6	7	8	9	10
C	A	D	B	B	C	C	B	C	D
11	12	13	14	15	16	17	18	19	20
B	C	C	D	A	D	A	D	A	C
21	22	23	24	25	26	27	28	29	30
B	A	C	D	D	C	B	D	D	B
31	32	33	34	35					
C	A	D	B	B					

二、填空题

（1）逻辑　　　　（2）实例化　　　　（3）内聚　　　　（4）软件生命周期
（5）实体完整性　　（6）4　　　　　　（7）468　　　　（8）X>=0
（9）X　　　　　（10）计算机　　　　（11）等级考试　　（12）Output
（13）EOF(1)　　（14）Close　　　　（15）36

笔试模拟试卷二

一、单选题

1	2	3	4	5	6	7	8	9	10
D	B	B	D	A	D	C	B	D	B
11	12	13	14	15	16	17	18	19	20
B	A	C	D	A	A	C	D	A	C
21	22	23	24	25	26	27	28	29	30
D	C	D	C	C	B	C	C	A	C
31	32	33	34	35					
D	D	C	B	B					

二、填空题

（1）数据的存储结构　　　（2）物理设计　　　（3）概要

（4）中序遍历　　　（5）文档　　　（6）False

（7）BASIC　　　（8）678910　　　（9）0

（10）num Mod 5=3　　　（11）SetFocus　　　（12）1234

（13）1　　　（14）Int(Rnd * 200 + 100)　　　（15）a(i) Mod 7 = 0

笔试模拟试卷三

一、单选题

1	2	3	4	5	6	7	8	9	10
D	B	B	A	D	A	C	D	B	C
11	12	13	14	15	16	17	18	19	20
C	C	D	D	D	B	B	B	C	A
21	22	23	24	25	26	27	28	29	30
D	B	D	B	D	A	D	D	A	D
31	32	33	34	35					
A	B	B	D	C					

二、填空题

（1）abdefgc　　　（2）$n(n-1)/2$　　　（3）可重用性

（4）变换型　　　（5）1：n（一对多）　　　（6）小于 0 的整数

（7）RemoveItem　　　（8）3　　　（9）now

（10）asic　　　（11）3　　　（12）S=S+N

（13）S-Max-Min　　　（14）a to 9　　　（15）i+1

上机模拟试卷答案

上机模拟试卷一

一、基本操作题

（1）代码如下：

```
Private Sub C1_Click()
    T1="等级考试"
End Sub

Private Sub C2_Click()
    T1.Height=2*Me.T1.Height
    T1.Width=2*T1.Width
    T1.FontSize=3*Form1.T1.FontSize
End Sub
```

（2）代码如下：

```
Private Sub C1_Click()
    Text1.Left=0
End Sub
```

二、简单应用题

（1）代码如下：

```
Private Sub C1_Click()
    P1.Picture=LoadPicture("pic2.jpg")
    P2.Picture=LoadPicture("pic1.bmp")
End Sub
```

（2）代码如下：

```
Private Sub C1_Click()
    For i=0 To Me.l1.ListCount-1
        If l1.Selected(i)=True Then
            Print l1.List(i)
        End If
    Next
End Sub
```

三、综合应用题

代码如下：

```
Private Type Tele
    Name As String*15
    Tel As String*15
    Pos As Long
End Type

Dim Pers As Tele
```

```
Dim RecNum As Integer
Private Sub Command1_Click()
    Open "t5.txt" For Random As #1 Len=Len(Pers)
    RecNum=LOF(1)/Len(Pers)
    Do
        Pers.Name=InputBox("请输入姓名")
        Pers.Tel=InputBox("请输入电话")
        Pers.Pos=InputBox("请输入邮政编码")
        RecNum=RecNum+1
        Put #1,RecNum,Pers
        asp=InputBox("More(Y/N)?")
    Loop While UCase(asp)<>"N"
    Close 1
End Sub
Private Sub Command2_Click()
    Open "t5.txt" For Random As #1 Len=Len(Pers)
    RecNum=LOF(1)/Len(Pers)
    Cls
    For i=1 To RecNum
        Get #1,i,Pers
        Print Pers.Name;Pers.Tel;Pers.Pos
    Next i
    Close 1
End Sub
```

上机模拟试卷二

一、基本操作题

（1）代码如下：

```
Private Sub C1_Click()
    C1.Visible=False
    C2.Visible=True
End Sub
Private Sub C2_Click()
    C1.Visible=True
    C2.Visible=False
End Sub
```

（2）代码如下：

```
Private Sub Form_Click()
    Label1.Left=-Label1.Width+Me.Width
    Label1.Top=0
End Sub
```

二、简单应用题

（1）代码如下：

```
Private Sub Command1_Click()
    For k=0 To 3
        If Option1(k).Value Then
            n=k
        End If
    Next k
    Option1(n).Value=False
    n=n+1
    If n=4 Then
        n=0
    End If
    Option1(n).Value=True
End Sub
```

（2）代码如下：

```
Dim is_num As Boolean
Private Sub Command1_Click()
    Dim tmpStr As String*50
    Select Case Form1.Combo1.ListIndex
        Case 0
            tmpStr=Left(Trim(Text1.Text),3)
        Case 1
            tmpStr=Right(Trim(Text1.Text),3)
        Case 2
            tmpStr=Mid(Trim(Text1.Text),3,4)
    End Select
    Text2. Text=tmpStr
End Sub
```

三、综合应用题

代码如下：

```
Dim a%,b As Boolean
Private Sub C1_Click()
    Timer2.Enabled=True
    b=True
End Sub

Private Sub Timer1_Timer()
    a=a+1
    If a>6 Then
        a=1
    End If
```

```
    Select Case a
        Case 1
            P1.Picture=LoadPicture("黄灯.ico")
        Case 2,3
            P1.Picture=LoadPicture("红灯.ico")
        Case 4,5,6
            P1.Picture=LoadPicture("绿灯.ico")
            If b Then Timer2.Enabled=True
    End Select
End Sub

Private Sub Timer2_Timer()
    If(a<4)And(P2.Left>P1.Left And P2.Left<P1.Left+P1.Width)Or P2.Left<= _
    100 Then
        Timer2.Enabled=False
    Else
        P2.Move P2.Left-10,P2.Top,P2.Width,P2.Height
    End If
End Sub
```

╭─〔 上机模拟试卷三 〕─╮

一、基本操作题

（1）代码如下：

```
Option Explicit
Private Sub Command1_Click()
    Form1.Caption=Text1+","+Label2+","+Text2
End Sub
```

（2）代码如下：

```
Option Explicit
Private Sub HScroll1_Change()
    Form1.Width=HScroll1
End Sub

Private Sub VScroll1_Change()
    Form1.Height=VScroll1.Value
End Sub
```

二、简单应用题

（1）代码如下：

```
Private Sub Form_KeyDown(KeyCode As Integer,Shift As Integer)
    If Chr(KeyCode)="A" Then
```

```
        Text1.Text=InputBox("请输入要添加的项目")
        List1.AddItem Text1
    End If
    If Chr(KeyCode)="D" Then
    Text1.Text=InputBox("请输入要删除的项目")
    For i=0 To List1.ListCount-1
      If List1.List(i)=Form1.Text1 Then
          List1.RemoveItem (i)
        End If
    Next i
    End If
End Sub
```

（2）代码如下：

```
Option Base 1
Private Function Average(a() As Integer) As Single
    Dim Start As Integer,Finish As Integer
    Dim i As Integer
    Dim Sum As Integer
    Start=LBound(a)
    Finish=UBound(a)
    Sum=0
    For i=Start To Finish
        Sum=Sum+a(i)
    Next i
    Average=Sum/Finish
End Function

Private Sub Command1_Click()
    Dim arr1
    Dim arr2(4) As Integer
    arr1=Array(Val(Text1.Text),Val(Text2.Text),Val(Text3.Text),Val(Text4.Text))
    For i=1 To 4
        arr2(i)=CInt(arr1(i))
    Next i
    Aver=Average(arr2)
    Print "平均值是:";Aver
End Sub
```

三、综合应用题

代码如下：

```
Option Base 1
Dim Arr(100) As Integer
Dim temp As Integer
Sub ReadData()
  Open App.Path & "\" & "datain1.txt" For Input As #1
  For i=1 To 100
      Input #1,Arr(i)
  Next i
  Close #1
End Sub
```

```
Sub WriteData(Filename As String, Num As Integer)
    Open App.Path & "\" & Filename For Output As #1
    Print #1,Num
    Close #1
End Sub

Private Sub Calc_Click()
    Text1.Text=""
    For i=1 To 100
        If Arr(i) Mod 3=0 Then
            Text1.Text=Text1.Text & Arr(i) & Space(5)
            temp=temp+Arr(i)
        End If
    Next i
    Print temp
End Sub

Private Sub Read_Click()
    ReadData
End Sub

Private Sub Save_Click()
    WriteData "dataout.txt",temp
End Sub
```

第 7 章 | 学习方法与应试策略

学习程序设计的目的是培养逻辑思维、分析问题和解决问题的能力，这需要不断地学习、实践、积累才能达到。学习 Visual Basic 程序设计包括 Visual 可视化界面设计和 Basic 程序设计两部分。前者直观、简单，容易掌握；后者涉及分析解题思路、算法设计、代码编写与调试等，难度较大。在 VB 的学习过程中，主要精力应放在后者。

学习不能只为了考试，但在计算机等级证书已经逐渐成为用人单位衡量应聘人员计算机应用能力的一项硬指标的今天，如何快速有效的通过二级考试并获取证书，就成了很多人十分关注的问题。

本章主要介绍 VB 程序设计的学习方法和应试策略。

7.1 VB 程序设计学习之道

为了提高学习效率，更好地掌握 VB 程序设计的相关知识，练就熟练的编程能力，达到学以致用的效果，建议在校学生按如下方法学习。

1. 理论课学习

VB 程序设计的学习之道概括起来可以这样表达："上课：**看清楚 听明白 记下来**；课后：**多上机 勤思考 善交流**"。具体建议如下：

① 提前预习，适当的预习可以减轻上课时的听课压力，提高听课效率。

② 上理论课认真听讲，重在听懂并理解所讲的内容，记下标题、重点和难点，不要忙于抄黑板或 PPT。

③ 课后及时复习，通过整理笔记来巩固所学的知识（可参考网络课件来补充笔记），并通过回答课后练习题来加深理解，检查对知识点掌握的情况。

④ 充分利用网络课件，积极参与网上答疑和交流。

2. 实验课学习

学习 VB 程序设计不能纸上谈兵，必须亲自动手上机编程实践。实践一方面可以加深对理论知识的理解，另一方面可以强化在集成开发环境下用计算机编程解决实际问题的能力，熟练掌握编程方法、思路和技巧，提高编程能力，真正达到学以致用的目的。具体建议如下：

① 上实验课之前一定要做好准备，仔细阅读实验指导书，明确实验要求和内容。

② 根据实验要求认真完成每项内容，时间有余时尽量按自己的设想补充实现一些功能。

③ 每周至少业余上机 1~2 次，练习典型例题，按要求独立地完成作业，不要偷懒复制其他同学的作业。

④ 业余上机时可以约基础好些的同学一起，大家互相帮助，力争快速有效地解决编程难关。

⑤ 充分利用联机帮助。

⑥ 编程时遇到个人无法解决的疑难问题时，及时通过网上技术社区寻求技术高手的指点。

3．期末复习

学习的根本目的不是为了考试，但考试是考查学生学习情况的手段。如何顺利地通过期末考试，并取得令人满意的成绩是在校学生普遍关注的问题。"战略上藐视考试，战术上重视考试"、"认真的态度+合理的复习方法"方可达到事半功倍的效果，不要抱侥幸心理打无准备之战。

建议考前按如下方法进行准备：

① 按章节顺序，根据课堂教案所讲知识点认真复习一遍教材，掌握各章节重点内容。

② 以章为单位，仔细阅读典型例题，熟练掌握 VB 可视化编程方法。

③ 多做历年考试真题，熟悉各种题型和上机考试环境。

④ 归纳总结常见算法和考点，重在掌握解题思路与操作技巧。

⑤ 有问题及时问老师或同学，并多与高年级学长交流。

7.2　全国计算机等级考试应试策略

7.2.1　全国计算机等级考试二级 VB 考试简介

1．考试形式

全国计算机等级考试每年春、秋各举行一次，二级 VB 考试分笔试和上机两部分。上机考试采用局域网考试方式，有统一的考试界面，考试结果系统自动提交到设定的服务器上，上机操作题结果由机器自动阅卷。

笔试和上机考试实行百分制计分，笔试以百分制分数通知考生成绩，上机考试以等级分数通知考生成绩（分为"不及格"、"及格"、"良好"、"优秀"四等：90～100 分为"优秀"，80～90 分为"良好"，60～79 分为"及格"，0～59 分为"不及格"）。当笔试和上机考试成绩都及格后，才认定考生通过考试，并由教育部考试中心颁发统一印制的合格证书。笔试和上机考试两部分成绩均为"优秀"者，合格证书上会注明"优秀"字样。当笔试和上机考试中仅一项成绩合格，下次考试报名时应出具上次考试成绩单，成绩合格项可以免考，只参加未通过项的考试。

全国计算机等级考试二级 VB 的具体考试情况如表 7-1 所示。

表 7-1　全国计算机等级考试二级 VB 考试题型分布

考试方式	考试时间	题　型	考　试　内　容		分　值
上机考试	90 分钟	基本操作题	控件设计及简单事件处理（2 题）		30
		简单应用题	完善界面设计与部分代码（2 题）		40
		综合应用题	完善界面设计与部分代码（1 题）（一般结果要求输出到文件）		30
笔试	90 分钟	单选题（70 分）	公共基础知识（10 题）	数据结构与算法	6～8
				程序设计基础	2～4

续表

考试方式	考试时间	题　型	考　试　内　容		分　值
笔试	90 分钟	单选题 （70 分）		软件工程	4
				数据库基础	6
			VB 程序设计 （25 题）	可视化编程与语言基础	≈20
				阅读理解程序功能	≈30
		填空题 （30 分）	公共基础知识（5 空）		10
			VB 程序设计（10 空）		20

2. 命题原则

全国计算机等级考试大纲明确规定："二级"考试（任何一门语言）由"二级公共基础知识"和"程序设计"两大部分组成，考试内容严格按照"宽口径、厚基础"的原则设计，主要测试考生对该学科的基础理论、基本知识和基本技能的掌握程度，以及运用所学知识解决实际问题的能力。

3. 考试要求

根据命题原则，考试大纲对考生如何复习、应试也提出了相应的要求。其主要强调了两个方面：一是强调考生对基本概念、基本理论和基本知识点的掌握；二是强调考生综合运用所学知识进行实际应用的能力。也就是说，考生要想通过等级考试，不仅要熟练地掌握该学科的基本理论知识和操作技能，还要具有"较强"的分析与解决实际问题的能力，真正做到"学以致用"。

（1）扎实的理论基础

这里所谓的理论基础是指理论的基本概念、基本原理和基本知识点。二级考试中，概念性的知识点比较多，特别是公共基础知识部分，考生对这些理论基础知识要用心记忆，专心研究。这一类型的题目一般考察的都是教材中的概念，相对比较简单，丢分实在可惜。

（2）熟练的操作技能

二级考试注重对程序设计实际操作能力的考察，要求考生运用所学理论知识解决实际问题。二级考试考核的主要内容就是程序设计的基本操作和综合应用。

（3）较强的综合运用能力

所谓综合运用能力，是指把所学的理论知识和操作技能综合起来，能在实际应用中加强对这些知识的熟练掌握。

7.2.2　如何顺利通过全国计算机等级考试二级 VB

1. 应试要领

① 选好复习考试书籍——认真进行针对性复习，增加知识。

② 多做历年真题——熟悉考试内容和形式，增加经验。

③ 参加考前辅导班——获得老师指导和同学帮助，增加动力。

④ 调整好考试心态——确保考试时能发挥正常水平，增加信心。

2. 复习思路

要针对考试大纲和考试要求进行复习，主要应注意以下几个方面：

（1）牢固、清晰地掌握基本理论和知识

二级考试的重点是实际应用和操作，但其前提条件是对基本知识点的掌握。那么，正确地理解基本概念和基本原理便是通过考试的关键。如何才能做到这一点呢？具体来说，不外乎以下三点：

一是在复习过程中要注意总结，特别是对一些关系复杂的知识点，不进行总结和比较就很难弄懂、记牢。善于总结，既是一种好的学习方法，又是一种好的记忆手段，有些问题只有通过综合比较、总结提炼，才容易在脑海中留下清晰的印象和轮廓。

二是对一些重要概念的理解要准确，尤其是一些容易混淆的概念，如多种操作方法等，一定要在复习中准确地把握它们之间在步骤和实现意义上的细微区别。对这些易混淆概念的准确理解，考生不可忽视。

三是通过联想记忆复习各考点，有些考点不是孤立的，而是相互有联系的，考生若能由表及里、由此及彼，便能顺利地找到答案。

（2）要根据自己的情况选用适当的资料

资料包括教程、指导、题集三类。教程是系统地讲授一门课程，指导是提纲挈领地讲述一门课，习题则是知识点的一些具体表示。如二级考试，如果已经系统学习过一种语言，就可选用指导书，这样便于较快地复习知识体系，掌握知识重点，提高复习效率。如果是想从头学习一门语言，则要选用教程之类的书籍。

至于到底选用哪个版本的教程，当然是国家考试中心指定的教材最好、最权威，不过关于一门语言的教程不会有本质的差别，只不过侧重点不同、叙述方式有别。如果手头没有国家考试中心的指定教材也无妨，就看本校使用的教材。

在掌握了知识体系的前提下，做习题集是很好的一种方法。但如果没有形成知识的大框架，做习题集总是有点以偏概全之弊。现在关于二级考试的习题集很多，选择的习题集要有针对性，切不可进行"题海战术"。应根据考试大纲，在复习时适当地做一些与二级考试题型相同的题。做题方法是：对于有把握的题目快速浏览一下即可；对于记不清楚的、但一看答案就会清楚有把握的题目，可以不深究；但对于一些比较不确定的题目，不能想当然，最好把此类题目汇集起来做实验。"研究过去、认识现在"无疑是通过考试的一个重要的规律和诀窍，这么做可以较快地熟悉考试题型，掌握答题技巧，从而能在最短的时间内收到最明显的效果。并且要对做过的习题进行适当分类、整理，通过做题掌握相关的知识点，真正做到"举一反三"。

（3）复习笔试与上机实践并行

复习笔试中有关程序设计的题目的最佳方法是上机操作，对不确定的题目，不能想当然地解答，最好把这类题目汇集起来，在计算机上做实验。例如，试题要求考生识别出 4 个选项中的结果哪一个是所给程序段的输出结果，我们就可以把程序在计算机上进行调试运行，看得出什么结果。这样做还可以发现许多有趣的技巧或经验，记忆深刻难忘。

从考试特点看，考试强调应用性、实践性。因而实际考试的内容，并不能在教材中直接找到现成的答案，应通过读书和上机，积累运用计算机的技巧。只读书是很难一下获得很多技巧的，需要动手上机，主动提出实验任务，并付诸实现，方能丰收。不可以书本为中心，也不能丢开书本一味盲目地上机，中心任务是理论体系及知识点与上机运用的结合。

3. 如何准备笔试公共基础知识部分

在笔试总分中，公共基础知识部分占 30%，其中单选题占 20 分，填空题占 10 分。

这部分考题对二级各语种完全一样，知识点基本固定，包括基本数据结构与算法、程序设计、软件工程和数据库的基本概念等，建议先根据本书第 4 章"二级公共基础知识综述"进行复习，仔细阅读相关知识，关键是把握考试知识点，理解相关概念；再搞懂本书第 5 章"二级公共基础知识典型例题精解"的例题；最后，认真做完本书第 6 章"综合练习"和附录中的真题。

4．如何准备 VB 笔试部分

VB 笔试的题型由选择题和填空题组成。选择题和填空题一般是对基本知识和基本操作进行考查的题型，它主要是测试考生对相关概念的掌握、理解是否准确，认识是否全面，思路是否清晰，而很少涉及对理论知识的应用。

（1）选择题的分析与答题技巧

选择题为 25 个单选题，是客观性试题，每道题的分值为 2 分，试题覆盖面广，一般情况下考生不可能做到对每个题目都有答对的把握。这时就需要考生学会放弃，即不要在不确定的题目上花费太多的时间，应该对此题做上标记，立即转移注意力，解答其他题目，最后有空余的时间再回过头来仔细考虑此题。但对于那些实在不清楚的题目，就不要浪费时间了，放弃继续思考，不要因小失大。注意，二级笔试题目众多，分值分散，考生一定要有全局观，合理地安排考试时间。这部分一般难度不大，争取得 40 分左右。

绝大多数选择题的设问是正确观点，称为正面试题；如果设问是错误观点，称为反面试题。考生在作答选择题时可以使用一些答题方法，以提高答题准确率。单选题的答题技巧如下：

① 正选法（顺选法）：如果对题枝中的 4 个选项，一看就能肯定其中的 1 个是正确的，就可以直接得出答案。注意，必须要有百分之百的把握才行。

② 逆选法（排谬法）：逆选法是将错误答案排除的方法。对题枝中的 4 个选项，一看就知道其中的 1 个(或 2 个、3 个)是错误的，可以使用逆选法，即排除错误选项。

③ 比较法（蒙猜法）：这种办法是没有办法的办法，在有一定知识基础上的蒙猜也是一种方法。

一般情况下在做选择题过程中是三种方法的综合使用。例如，如果通过逆选法还剩下 2 个选项无法排除，那么在剩下的选项中随机选一个，因为错了也不倒扣分，所以不应该漏选，每题都选一个答案。

（2）填空题的分析与答题技巧

填空题部分是阅读理解程序进行 VB 源程序的完形填空（即把题目中空的程序代码行补齐，难度较大），其中必考的内容有循环结构、分支结构、数组的定义与使用、变量的传递方式等。填空填一般难度都比较大，一般需要考生准确地填入字符，往往需要非常精确，错一个字符则不得分。这部分有 10 个空，在分值方面每题也是 2 分。所以建议考生对填空题不要太过于看重，与其为个别题目耽误时间，不如回过头来检查自己还没有十足把握的选择题。这部分较难得高分，争取得 10 分左右。

在做填空题时要注意以下几点：

① 答案要简洁明了，尽量使用专业术语。

② 认真填写答案，字迹要工整、清楚，格式要正确，在把答案往答题卡上填写后尽量不要涂改。

③ 在答题卡上填写答案时，一定要注意题目的序号，不要弄错位置。

④ 对于那些有两种答案的填空题，只需填一种答案即可，多填并不多得分。

总之，VB 笔试涉及的知识点比较多，但比较固定，具体内容请参见本书第 1.8 节中表 1–56 VB 程序设计知识要点总览。建议根据本书的指导，先复习知识点，再看典型例题，最后有针对性地多做习题，在做题的过程中理解并掌握 VB 的相关理论知识。

5. 如何准备 VB 上机考试

上机考试重点考察考生的基本操作能力和程序编写能力，要求考生具有综合运用基础知识进行实际操作的能力。上机试题综合性强、难度较大。上机考试的评分是以机评为主，人工复查为辅。机评不存在公正性的问题，但却存在呆板的问题，有时还可能因为出题者考虑不周出现错评的情况。考生做题时不充分考虑到这些情况，就有可能吃亏。

关于上机考试的题型分析和解题技巧请参见本书第 1.7.3 节"题型分析与解题技巧"。

6. 怎样检验自己的考试准备情况

最好的方法是用全真模拟考试软件进行自测，现在的模拟考试软件是历届考试题的汇集，包括笔试和上机考试，基本上涵盖了考试的要求和题型。在完成时间上应较快，无论模拟笔试还是上机考试都应多做几套。如果能得 90 分左右，应考应不成问题。

7. 考试过程中要注意什么

（1）笔试

笔试最忌讳粗心，应该看清题意再下笔（特别是平时练习题做得多的同学更不要想当然的做，要留意题意与以往的练习题是否有什么差别）。切记：遇到没有把握的就先放下，先做有把握的；不要提前交卷，不要轻言放弃，不要空着任何一道题。具体注意事项如下：

① 注意审题。命题人出题是有针对性的，考生在答题时也要有针对性。在解答之前，除了要弄清楚问题，还有必要弄清楚命题人的意图，从而能够针对问题从容做答。

② 先分析，后下笔。明白了问题是什么以后，先把问题在脑海里过一遍，考虑好如何做答，再依思路从容做答。不要手忙脚乱，毛毛躁躁，急于下笔。

③ 对于十分了解或熟悉的问题，切忌粗心大意、得意忘形，应认真分析，识破命题人设下的障眼法，针对问题，清清楚楚地写出答案。

④ 对于拿不准的题目，要静下心来，先弄清命题人的意图，再根据自己已掌握的知识的"蛛丝马迹"综合考虑，争取多得分。

⑤ 对于偶尔碰到的、以前没有见到过的题目，或是虽然在复习中见过，但已完全记不清的问题，也不要惊慌，关键是要树立信心，将自己的判断同书本知识联系起来做答。对于完全陌生的问题，实在不知如何根据书本知识进行解答时，就可完全放弃书本知识，自己思考、推断作答。由于这样有不少猜测的成分，能得几分尚不可知，故不可占用太多的时间。

⑥ 理论考试时应遵循的大策略是：确保选择，力争填空。

总之，考试要取得好成绩，根本上取决于考生对应试内容掌握的扎实程度。否则，即使有再好的技巧也只能是撞大运，是不可能考出理想成绩的。但是，在比较扎实地掌握了应试内容的前提下，了解一些应试的技巧则能起到锦上添花的作用。

（2）上机考试

上机考试最忌讳紧张，应该沉着。上机考试的各种注意事项请参见本书第 1.7.4 节"上机考试注意事项"，这里不再赘述。

最后要强调的是，全国计算机等级考试为控制通过率，合格线的划定水涨船高，所以，面对较难的试卷不要灰心，面对简单的试卷也不要得意忘形。

2010 年 3 月全国计算机等级考试二级笔试试卷
Visual Basic 语言程序设计

一、选择题（每小题 2 分，共 70 分）

下列各题 A)、B)、C)、D) 四个选项中，只有一个选项是正确的。请将正确选项填涂在答题卡相应位置上，答在试卷上不得分。

（1）下列叙述中正确的是_____。

A) 对长度为 n 的有序链表进行查找，最坏情况下需要的比较次数为 n

B) 对长度为 n 的有序链表进行对分查找，最坏情况下需要的比较次数为（$n/2$）

C) 对长度为 n 的有序链表进行对分查找，最坏情况下需要的比较次数为（$\log_2 n$）

D) 对长度为 n 的有序链表进行对分查找，最坏情况下需要的比较次数为（$n \log_2 n$）

（2）算法的时间复杂度是指_____。

A) 算法的执行时间

B) 算法所处理的数据量

C) 算法程序中的语句或指令条数

D) 算法在执行过程中所需要的基本运算次数

（3）软件按功能可以分为：应用软件、系统软件和支撑软件（或工具软件）。下面属于系统软件的是_____。

A) 编辑软件   B) 操作系统

C) 教务管理系统   D) 浏览器

（4）软件（程序）调试的任务是_____。

A) 诊断和改正程序中的错误

B) 尽可能多地发现程序中的错误

C) 发现并改正程序中的所有错误

D) 确定程序中错误的性质

（5）数据流程图（DFD 图）是_____。

A) 软件概要设计的工具   B) 软件详细设计的工具

C) 结构化方法的需求分析工具   D) 面向对象方法的需求分析工具

（6）软件生命周期可分为定义阶段，开发阶段和维护阶段。详细设计属于_____。

A）定义阶段　　　　　B）开发阶段　　　　　C）维护阶段　　　　　D）上述三个阶段

（7）数据库管理系统中负责数据模式定义的语言是_____。

A）数据定义语言　　　　　　　　　　　B）数据管理语言

C）数据操纵语言　　　　　　　　　　　D）数据控制语言

（8）在学生管理的关系数据库中，存取一个学生信息的数据单位是_____。

A）文件　　　　　　　B）数据库　　　　　　C）字段　　　　　　D）记录

（9）数据库设计中，用 E-R 图来描述信息结构但不涉及信息在计算机中的表示，它属于数据库设计的_____。

A）需求分析阶段　　　　　　　　　　　B）逻辑设计阶段

C）概念设计阶段　　　　　　　　　　　D）物理设计阶段

（10）有两个关系 R 和 T 如下：

R		
A	**B**	**C**
a	1	2
b	2	2
c	3	2
d	3	2

T		
A	**B**	**C**
c	3	2
d	3	2

则由关系 R 得到关系 T 的操作是_____。

A）选择　　　　　　　B）投影　　　　　　C）交　　　　　　　D）并

（11）在 VB 集成环境中要结束一个正在运行的工程，可单击工具栏上的一个按钮，这个按钮是_____。

A）　↷　　　　　　B）▶　　　　　　C）　　　　　　D）■

（12）设 x 是整型变量，与函数 IIf(x>0,-x,x)有相同结果的代数式是_____。

A）|x|　　　　　　　B）-|x|　　　　　　C）x　　　　　　　D）-x

（13）设窗体文件中有下面的事件过程：

```
Private Sub Command1_Click()
    Dim s
    a%=100
    Print a
End Sub
```

其中变量 a 和 s 的数据类型分别是_____。

A）整型，整型　　　　　　　　　　　B）变体型，变体型

C）整型，变体型　　　　　　　　　　　D）变体型，整型

（14）下面哪个属性肯定不是框架控件的属性_____。

A）Text　　　　　　　　　　　　　　　B）Caption

C）Left　　　　　　　　　　　　　　　D）Enabled

（15）下面不能在信息框中输出"VB"的是_____。

A）MsgBox "VB" B）x=MsgBox("VB")

C）MsgBox("VB") D）Call MsgBox "VB"

（16）窗体上有一个名称为 Option1 的单选按钮数组，程序运行时，当单击某个单选按钮时，会调用下面的事件过程：

```
Private Sub Option1_Click(Index As Integer)
    …
End Sub
```

下面关于此过程的参数 Index 的叙述中正确的是_____。

A）Index 为 1 表示单选按钮被选中，为 0 表示未选中

B）Index 的值可正可负

C）Index 的值用来区分哪个单选按钮被选中

D）Index 表示数组中单选按钮的数量

（17）设窗体中有一个文本框 Text1,若在程序中执行了 Text1.SetFocus 语句,则触发_____。

A）Text1 的 SetFocus 事件 B）Text1 的 GotFocus 事件

C）Text1 的 LostFocus 事件 D）窗体的 GotFocus 事件

（18）VB 中有 3 个键盘事件：KeyPress、KeyDown、KeyUp，若光标在 Text1 文本框中，则每输入一个字母_____。

A）这 3 个事件都会触发 B）只触发 KeyPress 事件

C）只触发 KeyDown、KeyUp 事件 D）不触发其中任何一个事件

（19）下面关于标准模块的叙述中错误的是_____。

A）标准模块中可以声明全局变量

B）标准模块中可以包含一个 Sub Main 过程，但此过程不能被设置为启动过程

C）标准模块中可以包含一些 Public 过程

D）一个工程中可以含有多个标准模块

（20）设窗体的名称为 Form1，标题为 Win，则窗体的 MouseDown 事件过程的过程名是_____。

A）Form1_MouseDown B）Win_MouseDown

C）Form_MouseDown D）MouseDown_Form1

（21）下面正确使用动态数组的是_____。

A）Dim arr() As Integer B）Dim arr() As Integer

  …   …

  ReDim arr(3,5)   ReDim arr(50)As String

C）Dim arr() D）Dim arr(50) As Integer

  …   …

  ReDim arr(50) As Integer   ReDim arr(20)

（22）下面是求最大公约数的函数的首部：

```
Function gcd(ByVal x As Integer, ByVal y As Integer) As Integer
```

若要输出 8、12、16 这 3 个数的最大公约数，下面正确的语句是＿＿＿＿＿。

A）Print gcd(8,12),gcd(12,16),gcd(16,8)   B）Print gcd(8,12,16)

C）Print gcd(8),gcd(12),gcd(16)   D）Print gcd(8,gcd(12,16))

（23）有下面的程序段，其功能是按图 1 所示的规律输出数据：

```
Dim a(3,5) As Integer
For i=1 To 3
  For j=1 To 5
    A(i,j)=i+j
    Print a(i,j);
  Next j
  Print
Next i
```

```
2 3 4 5 6
3 4 5 6 7
4 5 6 7 8
```
图 1

```
2 3 4
3 4 5
4 5 6
5 6 7
6 7 8
```
图 2

若要按图 2 所示的规律继续输出数据，则接在上述程序段后面的程序段应该是＿＿＿＿＿。

A）
```
For i=1 To 5
  For j=1 To 3
    Print a(j,i);
  Next
  Print
Next
```

D）
```
For i=1 To 5
  For j=1 To 3
    Print a(i,j);
  Next
  Print
Next
```

C）
```
For j=1 To 5
  For i=1 To 3
    Print a(j,i);
  Next
  Print
Next
```

B）
```
For i=1 To 3
  For j=1 To 5
    Print a(j,i);
  Next
  Print
Next
```

（24）窗体上有一个 Text1 文本框，一个 Command1 命令按钮，并有以下程序

```
Private Sub Command1_Click()
  Dim n
  If Text1.Text<>"123456" Then
    n=n+1
    Print "口令输入错误" & n & "次"
  End If
End Sub
```

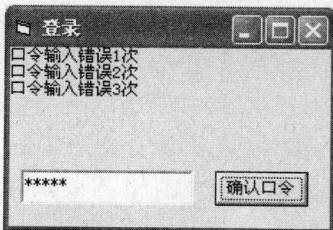

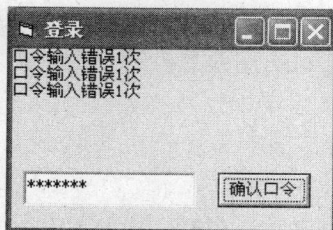

希望程序运行时得到左图所示的效果，即：输入口令，单击"确认口令"命令按钮，若输入的口令不是"123456"，则在窗体上显示输入错误口令的次数。但上面的程序实际显示的是右图所示的效果，程序需要修改。下面修改方案中正确的是＿＿＿＿＿。

A）在 Dim n 语句的下面添加一句：n=0

B）把 Print "口令输入错误" & n & "次"改为 Print "口令输入错误" +n+"次"

C）把 Print "口令输入错误" & n & "次"改为 Print "口令输入错误" & Str(n) & "次"

D）把 Dim n 改为 Static n

（25）要求当鼠标在图片框 P1 中移动时，立即在图片框中显示鼠标的位置坐标。下面能正确实现上述功能的事件过程是_____。

A）
```
Private Sub P1_MouseMove(Button AS Integer,Shift As Integer, _
                          X AsSingle, Y As Single)
    Print X,Y
End Sub
```

B）
```
Private Sub P1_MouseDown(Button AS Integer,Shift As Integer, _
                          X AsSingle, Y As Single)
    Picture.Print X,Y
End Sub
```

C）
```
Private Sub P1_MouseMove(Button AS Integer,Shift As Integer, _
                          X AsSingle, Y As Single)
    P1.Print X,Y
End Sub
```

D）
```
Private Sub Form_MouseMove(Button AS Integer,Shift As Integer, _
                            X As Single, Y As Single)
    P1.Print X,Y
End Sub
```

（26）计算 π 的近似值的一个公式是 $\dfrac{\pi}{4}=1-\dfrac{1}{3}+\dfrac{1}{5}-\dfrac{1}{7}+\cdots+(-1)^{n-1}\dfrac{1}{2n-1}$。

某人编写下面的程序用此公式计算并输出 π 的近似值：
```
Private Sub Command1_Click ( )
    PI=1
    Sign=1
    n=20000
    For k=3 To n
      Sign=-Sign/k
      PI=PI+Sign/k
    Next k
    Print PI*4
End Sub
```
运行后发现结果为 3.22751，显然，程序需要修改。下面修改方案中正确的是_____。

A）把 For k=3 To n 改为 For k=1 To n

B）把 n=20000 改为 n=20000000

C）把 For k=3 To n 改为 For k=3 To n Step 2

D）把 PI=1 改为 PI=0

（27）下面程序计算并输出的是_____。
```
Private Sub Command1_Click ( )
    a=10
```

```
    s=0
    Do
      s=s+a*a*a
      a=a-1
    Loop Until a<=0
    Print s
End Sub
```

A）13+23+33+…+103 的值　　　　　　　　B）10!+…+3!+2!+1!的值

C）(1+2+3+…+10)/3 的值　　　　　　　　　D）10 个 103 的和

（28）若在窗体模块的声明部分声明了如下自定义类型和数组：

```
Private Type rec
  Code As Integer
  Caption As String
End Type
Dim arr(5) As rec
```

则下面的输出语句中正确的是_____。

A）Print arr.Code(2),arr.Caption(2)　　　　　　B）Print arr.Code,arr.Caption

C）Print arr(2).Code,arr(2).Caption　　　　　　D）Print Code(2),Caption(2)

（29）设窗体上有一个通用对话框控件 CD1，希望在执行下面程序时，打开如图所示的文件对话框：

```
Private Sub Command1_Click()
  CD1.DialogTitle="打开文件"
  CD1.InitDir="C:\"
  CD1.Filter="所有文件|*.*|Word文档|*.doc|文本文件|*.Txt"
  CD1.FileName=""
  CD1.Action=1
  If CD1.FileName="" Then
    Print "未打开文件"
  Else
    Print "要打开文件" & CD1.FileName
  End If
End Sub
```

但实际显示的对话框中列出了 C:\下的所有文件和文件夹，"文件类型"一栏中显示的是"所有文件"。下面的修改方案中正确的是_____。

A）把 CD1.Action=1 改为 CD1.Action=2

B）把 "CD1.Filter=" 后面字符串中的 "所有文件" 改为 "文本文件"

C）在语句 CD1.Action=1 的前面添加 CD1.FilterIndex=3

D）把 CD1.FileName="" 改为 CD1.FileName="文本文件"

（30）下面程序运行时，若输入 395，则输出结果是_____。

```
Private Sub Command1_Click()
  Dim x%
  x=InputBox("请输入一个 3 位整数")
  Print x Mod 10,x\100,(x Mod 100)\10
End Sub
```

A）3 9 5　　　　　B）5 3 9　　　　　C）5 9 3　　　　　D）3 5 9

（31）窗体上有 List1、List2 两个列表框，List1 中有若干列表项（见图），并有下面的程序：

```
Private Sub Command1_Click()
  For k=List1.ListCount-1 To 0 Step -1
    If List1.Selected(k) Then
      List2.AddItem List1.List(k)
      List1.RemoveItem k
    End If
  Next k
End Sub
```

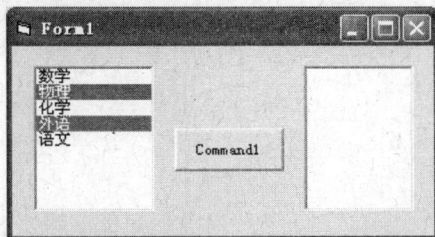

程序运行时，按照图示在 List1 中选中两个列表项，然后单击 Command1 命令按钮，则产生的结果是_____。

A）在 List2 中插入了 "外语"、"物理" 两项

B）在 List1 中删除了 "外语"、"物理" 两项

C）同时产生 A）和 B）的结果

D）把 List1 中最后一个列表项删除并插入到 List2 中

（32）设工程中有两个窗体：Form1、Form2。Form1 为启动窗体；Form2 中有菜单，其结构如表所示。要求在程序运行时，在 Form1 的文本框 Text1 中输入口令并按【Enter】键（【Enter】键的 ASCII 码为 13）后，隐藏 Form1，显示 Form2。若口令为 "Teacher"，所有菜单项都可见；否则看不到 "成绩录入" 菜单项。为此，某人在 Form1 窗体文件中编写如下程序：

菜单结构

标题	名称	级别
成绩管理	mark	1
成绩查询	query	2
成绩录入	input	2

```
Private Sub Text1_KeyPress(KeyAscii As Integer)
  If KeyAscii=13 Then
    If Text1.Text="Teacher" Then
```

```
        Form2.input.Visible=True
      Else
        Form2.input.Visible=False
      End If
    End If
    Form1.Hide
    Form2.Show
End Sub
```

程序运行时发现刚输入口令时就隐藏了 Form1，显示了 Form2，程序需要修改。下面修改方案中正确的是_____。

A）把 Form1 中 Text1 文本框及相关程序放到 Form2 窗体中

B）把 Form1.Hide、Form2.Show 两行移到 2 个 End If 之间

C）把 If KeyAscii=13 Then 改为 If KeyAscii="Teaeher" Then

D）把 2 个 Form2.input.Visible 中的 Form2 删去

（33）某人编写了下面的程序，希望能把 Text1 文本框中的内容写到 out.txt 文件中：

```
Private Sub Command1_Click()
  Open "out.txt" For Output As #2
  Print "Text1"
  Close #2
End Sub
```

调试时发现没有达到目的，为实现上述目的，应做的修改是_____。

A）把 Print "Text1"改为 Print #2,Text1

B）把 Print "Text1"改为 Print Text1

C）把 Print "Text1"改为 Write "Text1"

D）把所有#2 改为#1

（34）窗体上有一个名为 Command1 的命令按钮，并有下面的程序：

```
Private Sub Command1_Click()
  Dim arr(5) As Integer
  For k=1 To 5
    arr(k)=k
  Next k
  prog arr()
  For k=1 To 5
    Print arr(k)
  Next k
End Sub
Sub prog(a() As Integer)
  n=Ubound(a)
  For i=n To 2 step -1
    For j=1 To n-1
      if a(j)<a(j+1) Then
```

```
        t=a(j):a(j)=a(j+1):a(j+1)=t
      End If
    Next j
  Next i
End Sub
```

程序运行时，单击命令按钮后显示的是_____。

A）12345　　　　　　B）54321　　　　　　C）01234　　　　　　D）43210

（35）下面程序运行时，若输入 Visual Basic Programming，则在窗体上输出的是_____。

```
Private Sub Command1_Click()
  Dim count(25) As Integer, ch As String
  ch=UCase(InputBox("请输入字母字符串"))
  For k=1 To Len(ch)
    n=Asc(Mid(ch,k,1))-Asc("A")
    If n>=0 Then
        count(n)=count(n)+ 1
    End If
  Next k
  m=count(0)
  For k=1 To 25
    If m<count(k) Then
      m=count(k)
    End If
  Next k
  Print m
End Sub
```

A）0　　　　　　　　B）1　　　　　　　　C）2　　　　　　　　D）3

二、填空题（每空 2 分，共 30 分）

请将每空的正确答案写在答题卡【1】～【15】序号的横线上，答在试卷上不得分。

（1）一个队列的初始状态为空。现将元素 A,B,C,D,E,F,5,4,3,2,1 依次入队，然后再依次退队，则元素退队的顺序为 【1】 。

（2）设某循环队列的容量为 50，如果头指针 front=45（指向队头元素的前一位置），尾指针 rear=10（指向队尾元素），则该循环队列中共有 【2】 个元素。

（3）设二叉树如下：

对该二叉树进行后序遍历的结果为 【3】 。

（4）软件是 【4】 、数据和文档的集合。

（5）有一个学生选课的关系，其中学生的关系模式为：学生（学号，姓名，班级，年龄），课程的关系模式为：课程（课号，课程名，学时），其中两个关系模式的键分别是学号和课号，则关系模式选课可定义为：选课（学号，【5】，成绩）。

（6）为了使复选框禁用（即呈现灰色），应把它的 Value 属性设置为 【6】 。

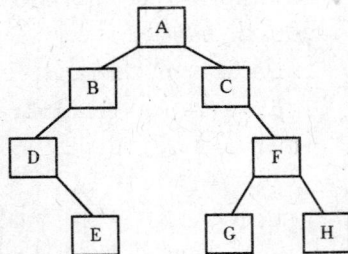

（7）在窗体上画一个标签、一个计时器和一个命令按钮，其名称分别为 Label1、Timer1 和 Command1，如图 1 所示。程序运行后，如果单击命令按钮，则标签开始闪烁，每秒钟"欢迎"二字显示、消失各一次，如图 2 所示。以下是实现上述功能的程序，请填空。

```
Private Sub Form_Load()
  Label1.Caption="欢迎"
  Timer1.Enabled=False
  Timer1.Interval=【7】
  Command1.Caption="开始闪烁"
End Sub
Private Sub Timer1_Timer()
  Label1.Visible=【8】
End Sub
Private Sub Command1_Click()
  【9】
End Sub
```

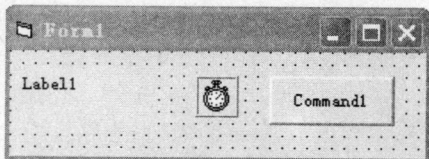

图 1

图 2

（8）有如下程序：

```
Private Sub Form_Click()
  n=10
  i=0
  Do
    i=i+n
    n=n-2
  Loop While n>2
  Print i
End Sub
```

程序运行后，单击窗体，输出结果为【10】。

（9）在窗体上画一个名称为 Command1 的命令按钮。然后编写如下程序：

```
Option Base 1
Private Sub Command1_Click()
  Dim a(10) As Integer
  For i=1 To 10
    a(i)=i
  Next
  Call swap (【11】)
  For i=1 To 10
    Print a(i);
```

```
      Next
   End Sub
   Sub swap(b() As Integer)
      n=Ubound(b)
      For i=1 To n / 2
        t=b(i)
        b(i)=b(n)
        b(n)=t
        【12】
      Next
   End Sub
```

上述程序的功能是，通过调用过程 swap，调换数组中数值的存放位置，即 a(1)与 a(10)的值互换，a(2)与 a(9)的值互换……。请填空。

（10）在窗体上画一个文本框，其名称为 Text1，在属性窗口中把该文本框的 MultiLine 属性设置为 True，然后编写如下事件过程：

```
   Private Sub Form_Click()
      Open "d:\test\smtext1.Txt" For Input As #1
      Do While Not 【13】
        Line Input #1, aspect$
        Whole$=whole$+aspect$+Chr$(13)+Chr$(10)
      Loop
      Text1.Text=whole$
      【14】
      Open "d:\test\smtext2.Txt" For Output As #1
      Print #1, 【15】
      Close #1
   End Sub
```

运行程序，单击窗体，将把磁盘文件 smtext1.txt 的内容读到内存并在文本框中显示出来，然后把该文本框中的内容存入磁盘文件 smtext2.txt。请填空。

2010 年 9 月全国计算机等级考试二级笔试试卷
Visual Basic 语言程序设计

一、选择题（每小题 2 分，共 70 分）

下列各题 A）、B）、C）、D）四个选项中，只有一个选项是正确的。请将正确选项填涂在答题卡相应位置上，答在试卷上不得分。

（1）下列叙述中正确的是_____。

A）线性表的链式存储结构与顺序存储结构所需要的存储空间是相同的

B）线性表的链式存储结构所需要的存储空间一般要多于顺序存储结构

C）线性表的链式存储结构所需要的存储空间一般要少于顺序存储结构

D）上述三种说法都不对

（2）下列叙述中正确的是_____。

A）在栈中，栈中元素随栈底指针与栈顶指针的变化而动态变化

B）在栈中，栈顶指针不变，栈中元素随栈底指针的变化而动态变化

C）在栈中，栈底指针不变，栈中元素随栈顶指针的变化而动态变化

D）上述三种说法都不对

（3）软件测试的目的是_____。

A）评估软件可靠性   B）发现并改正程序中的错误

C）改正程序中的错误   D）发现程序中的错误

（4）下面描述中，不属于软件危机表现的是_____。

A）软件过程不规范   B）软件开发生产率低

C）软件质量难以控制   D）软件成本不断提高

（5）软件生命周期是指_____。

A）软件产品从提出、实现、使用维护到停止使用退役的过程

B）软件从需求分析、设计、实现到测试完成的过程

C）软件的开发过程

D）软件的运行维护过程

（6）面向对象方法中，继承是指_____。

A）一组对象所具有的相似性质   B）一个对象具有另一个对象的性质

C）各对象之间的共同性质   D）类之间共享属性和操作的机制

（7）层次型、网状型和关系型数据库划分原则是_____。

A）记录长度   B）文件的大小

C）联系的复杂程度   D）数据之间的联系方式

（8）一个工作人员可以使用多台计算机，而一台计算机可被多个人使用，则实体工作人员、与实体计算机之间的联系是_____。

A）一对一   B）一对多   C）多对多   D）多对一

（9）数据库设计中反映用户对数据要求的模式是_____。

A）内模式   B）概念模式   C）外模式   D）设计模式

（10）有三个关系 R、S 和 T 如下：

R

A	B	C
a	1	2
b	2	1
c	3	1

S

A	D
c	4

T

A	B	C	D
c	3	1	4

则由关系 R 和 S 得到关系 T 的操作是_____。

A）自然连接   B）交   C）投影   D）并

（11）在 Visual Basic 集成环境中，要添加一个窗体，可以单击工具栏上的一个按钮，这个按钮是_____。

A）   B）   C）   D）

（12）在 Visual Basic 集成环境的设计模式下，用鼠标双击窗体上的某个控件打开的窗口是_____。

A）工程资源管理器窗口   B）属性窗口

C）工具箱窗口   D）代码窗口

（13）下列叙述中错误的是_____。

A）列表框与组合框都有 List 属性   B）列表框有 Selected 属性，而组合框没有

C）列表框和组合框都有 Style 属性   D）组合框有 Text 属性、而列表框没有

（14）设窗体上有一个命令按钮数组，能够区分数组中各个按钮的属性是_____。

A）Name   B）Index   C）Caption   D）Left

（15）滚动条可以响应的事件是_____。

A）Load   B）Scroll   C）Click   D）MouseDown

（16）设 a=5, b=6, c=7, d=8，执行语句 X=IIf((a > b)And (c > d),10,20)后，x 的值是_____。

A）10   B）20   C）30   D）200

（17）语句 Print Sgn(-6^2)+ Abs(-6^2)+Int(-6^2)的输出结果是_____。

A）-36   B）1   C）-1   D）-72

（18）在窗体上画一个图片框，在图片框中画一个命令按钮，位置如图所示。

则命令按钮的 Top 属性值是_____。

A）200   B）300   C）500   D）700

（19）在窗体上画一个名称为 Command l 的命令按钮。单击命令按钮时执行如下事件过程：

```
Private Sub Command1_Click()
  a$="software and hardware"
  b$=Right(a$, 8)
  c$=Mid(a$, 1, 8)
  MsgBox a$,, b$, c$, 1
End Sub
```

则在弹出的信息框标题栏中显示的标题是_____。

A）software and hardware   B）hardware   C）software   D）1

（20）在窗体上画一个文本框（名称为 Text 1）和一个标签（名称为 Label 1），程序运行后，如果在文本框中输入文本，则标签中立即显示相同的内容。以下可以实现上述操作的事件过程是_____。

A）
```
Private Sub Text1_Change()
    Label1.Caption=Text1.Text
End Sub
```

B）
```
Private Sub Label1_Change()
    Label1.Caption=Text1.Text
End Sub
```

C）
```
Private Sub Text1_Click()
    Label1.Caption=Text1.Text
End Sub
```
D）
```
Private Sub Label1_Click()
    Label1.Caption=Text1.Text
End Sub
```

（21）以下说法中错误的是_____。

A）如果把一个命令按钮的 Default 属性设置为 True，则按【Enter】键与单击该命令按钮的作用相同

B）可以用多个命令按钮组成命令按钮数组

C）命令按钮只能识别单击（Click）事件

D）通过设置命令按钮的 Enabled 属性，可以使该命令按钮有效或禁用

（22）以下关于局部变量的叙述中错误的是_____。

A）在过程中用 Dim 语句或 Static 语句声明的变量是局部变量

B）局部变量的作用域是它所在的过程

C）在过程中用 Static 语句声明的变量是静态局部变量

D）过程执行完毕，该过程中用 Dim 或 Static 语句声明的变量即被释放

（23）以下程序段的输出结果是_____。

```
x=1
y=4
Do Until y＞4
    x=x*y
    Y=y+1
Loop
Print x
```

A）1　　　　　　　　B）4　　　　　　　　C）8　　　　　　　　D）20

（24）如果执行一个语句后弹出如图所示的窗口，则这个语句是_____。

A）InputBox("输入框","请输入 VB 数据")

B）x=InputBox("输入框","请输入 VB 数据")

C）InputBox("请输入 VB 数据","输入框")

D）x=InputBox("请输入 VB 数据","输入框")

（25）有如下事件过程：

```
Private Sub Form_Click()
    Dim n As Integer
    x=0
    n=InputBox("请输入一个整数")
    For i=1 To n
      For j=1 To i
```

```
    x=x+1
    Next j
  Next i
  Print x
End Sub
```

程序运行后，单击窗体，如果在输入对话框中输入 5，则在窗体上显示的内容是_____。

A）13　　　　　　　　B）14　　　　　　　　C）15　　　　　　　　D）16

（26）请阅读程序：

```
Sub subP(b()As Integer)
  For i=1 To 4
    b(i)=2*i
  Next i
End Sub
Private Sub Command1_Click()
  Dim a(l To 4)As Integer
  A(1)=5 : a(2)=6 : a(3)=7 : a(4)=8
  subP a()
  For i=1 To 4
    Print a(i)
  Next i
End Sub
```

运行上面的程序，单击命令按钮，则输出结果是_____。

A）2　　　　　　　　B）5　　　　　　　　C）10　　　　　　　D）出错
　　4　　　　　　　　　　6　　　　　　　　　12
　　6　　　　　　　　　　7　　　　　　　　　14
　　8　　　　　　　　　　8　　　　　　　　　16

（27）Fibonacci 数列的规律是：前 2 个数为 1，从第 3 个数开始，每个数是它前 2 个数之和，即 1,1,2,3,5,8,13,21,34,55,89,…。某人编写了下面的函数，判断大于 1 的整数 x 是否为 Fibonacci 数列中的某个数，若是，则返回 True，否则返回 False。

```
Function Isfab(x As Integer)As Boolean
  Dim a As Integer, b As Integer, c As Integer, flag As Boolean
  flag=False
  a=1: b=I
  Do While x<b
    c=a+b
    a=b
    b=c
    If x=b Then flag=True
  Loop
  Isfab=flag
End Function
```

测试时发现对于所有正整数 x，函数都返回 False，程序需要修改。下面的修改方案中正确的是_____。

A）把 a= b 与 b=c 的位置互换

B）把 c=a+b 移到 b=c 之后

C）把 Do While x < b 改为 Do While x > b

D）把 if x=b Then　flag=True 改为 If x=a Then　flag=True

（28）在窗体上画一个命令按钮，其名称为 Command1，然后编写如下事件过程：

```
Private Sub Command1_Click()
    Dim a$, b$, c$, k%
    a="ABCD"
    b="123456"
    c=""
    k=1
    Do While k<= Len(a)Or k<=Len(b)
      If k<=Len(a)Then
        c=c & Mid(a, k, 1)
      End If
      If k<=Len(b)Then
        c=c & Mid(b, k, 1)
      End If
      k=k + 1
    Loop
    Print c
End Sub
```

运行程序，单击命令按钮，输出结果是_____。

A）123456ABCD　　　　B）ABCD123456　　　　C）D6C5B4A321　　　　D）A1B2C3D456

（29）请阅读程序：

```
Private Sub Form_ Click()
  m=1
  For i=4 To 1 Step-1
    Print Str(m);
    m=m + 1
    For j=1 To i
      Print" * ";
    Next j
    Print
  Next i
End Sub
```

程序运行后，单击窗体，则输出结果是_____。

A）1****	B）4****	C）****	D）*
2***	3***	***	**
3**	2**	**	***
4*	1*	*	****

（30）在窗体上画一个命令按钮（其名称为 Command1），然后编写如下代码：

```
Private Sub Command1_Click()
    Dim a
    a=Array(1,2,3,4)
    i=3 : j=1
    Do While i>=0
      s=s+a(i)*j
      i=i-1
      j=j*10
    Loop
    Print s
End Sub
```

运行上面的程序，单击命令按钮，则输出结果是_____。

A）4321　　　　　　B）123　　　　　　C）234　　　　　D）1234

（31）下列可以打开随机文件的语句是_____。

A）Open "file1.dat" For Input As#1

B）Open "file1.dat" For Append As#1

C）Open "file1.dat" For Output As#1

D）Open "file1.dat" For Random As#1 Len=20

（32）有弹出式菜单的结构如下表，程序运行时，单击窗体则弹出如下图所示的菜单。下面的事件过程中能正确实现这一功能的是_____。

内缩	标题	名称
无	编辑	edit
…	剪切	cut
…	粘贴	paste

```
剪切
粘贴
```

A）Private Sub Form_Click()
　　PopupMenu cut
　　End Sub

B）Private Sub Command1_Click()
　　PopupMenu edit
　　End Sub

C）Private Sub Form_Click()
　　PopupMenu edit
　　End Sub

D）Private Sub Form_Click()
　　PopupMenu cut
　　PopupMenu paste
　　End Sub

（33）请阅读程序：

```
Option Base 1
Private Sub Form_Click()
    Dim Arr(4, 4)As Integer
    For i=1 To 4
      For j=1 To 4
        Arr(i, j)=(i - 1)*2+j
      Next j
```

```
        Next i
        For i=3 To 4
          For j=3 To 4
            Print Arr(j, i);
          Next j
          Print
        Next i
    End Sub
```

程序运行后，单击窗体，则输出结果是_____。

A）5　7　　　　　　B）6　8　　　　　　C）7　9　　　　　　D）8　10

　　6　8　　　　　　　　　7　9　　　　　　　8　10　　　　　　　8　11

（34）下面函数的功能应该是：删除字符串 str 中所有与变量 ch 相同的字符，并返回删除后的结果。例如：若 str= "ABCDABCD"，ch= "B"，则函数的返回值为"ACDACD"。

```
Function delchar(str As String, ch As String)As String
    Dim k As Integer, temp As String, ret As String
    ret=""
    For k=1 To Len(str)
    temp=Mid(str, k, 1)
    If temp= ch Then
      ret=ret & temp
    End If
    Next k
    delchar=ret
End Function
```

但实际上函数有错误，需要修改。下面的修改方案中正确的是_____。

A）把 ret=ret & temp 改为 ret=temp

B）把 If temp=ch Then 改为 If temp<>ch Then

C）把 delchar=ret 改为 delchar=temp

D）把 ret =""改为 temp=""

（35）在窗体上画一个命令按钮和两个文本框，其名称分别为 Command1、Text1 和 Text2，在属性窗口中把窗体的 KeyPreview 属性设置为 True，然后编写如下程序：

```
Dim S1 As String, S2 As String
Private Sub Form_Load()
    Text1.Text = ""
    Text2.Text = ""
    Text1.Enabled = False
    Text2.Enabled = False
End Sub
Private Sub Form_KeyDown(KeyCode As Integer, Shift As Integer)
    S2 = S2 & Chr(KeyCode)
End Sub
```

```
Private Sub Form_KeyPress(KeyAscii As Integer)
    S1 = S1 & Chr(KeyAscii)
End Sub
Private Sub Command1_Click()
    Text1.Text = S1
    Text2.Text = S2
    S1 = ""
    S2 = ""
End Sub
```

程序运行后，先后按【A】、【B】、【C】键，然后单击命令按钮，在文本框 Text1 和 Text2 中显示的内容分别为_____。

A）abc 和 ABC　　　　　　B）空白　　　　　　C）ABC 和 abc　　　　　　D）出错

二、填空题（每空 2 分，共 30 分）

请将每空的正确答案写在答题卡【1】至【15】序号的横线上，答在试卷上不得分。

（1）一个栈的初始状态为空。首先将元素 5,4,3,2,1 依次入栈，然后退栈一次，再将元素 A,B,C,D 依次入栈，之后将所有元素全部退栈，则所有元素退栈（包括中间退栈的元素）的顺序为　【1】。

（2）在长度为 n 的线性表中，寻找最大项至少需要比较　【2】　次。

（3）一棵二叉树有 10 个度为 1 的结点，7 个度为 2 的结点，则该二叉树共有　【3】　个结点。

（4）仅由顺序、选择（分支）和重复（循环）结构构成的程序是　【4】　程序。

（5）数据库设计的四个阶段是：需求分析、概念设计、逻辑设计和　【5】。

（6）窗体上有一个名称为 Combo1 的组合框，其初始内容为空，有一个名称为 Command1、标题为"添加项目"的命令按钮。程序运行后，如果单击命令按钮，会将给定数组中的项目添加到组合框中，如图所示。请填空。

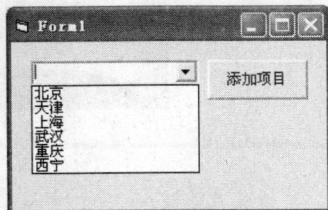

```
Option Base 1
Private Sub Command1_Click()
    Dim city As Variant
    city= 【6】 ("北京","天津","上海","武汉","重庆","西宁")
    For i= 【7】 To UBound(city)
      Combo1.AddItem 【8】
    Next
End Sub
```

（7）窗体上有一个名称为 Text1 的文本框和一个名称为 Command1、标题为"计算"的命令按钮，如图所示。函数 fun()及命令按钮的单击事件过程如下，请填空。

```
Private Sub Command1_Click()
    Dim x As Integer
    x=Val(InputBOX("输入数据"))
    Text1=Str(fun(x)+fun(x)+fun(x))
End Sub

Private Function fun(ByRef n As Integer)
    If n Mod 3=0 Then
        n=n+n
    Else
        n=n*n
    End If
    【9】 =n
End Function
```

当单击命令按钮，在输入对话框中输入 2 时，文本框中显示的是 【10】 。

（8）窗体上有一个名称为 List1 的列表框和一个名称为 Picture1 的图片框。Form_Load 事件过程的作用是，把 Datal.txt 文件中的物品名称添加到列表框中。运行程序，当双击列表框中的物品名称时，可以把该物品对应的图片显示在图片框中，如图所示。以下是类型定义及程序，请填空。

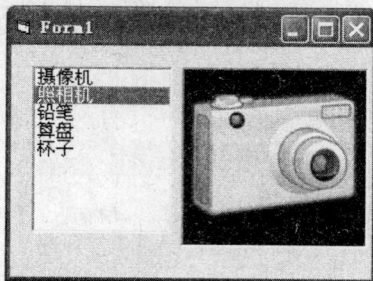

```
Private Type Pic
    gName As String*10          '物品名称
    picFile As String*20        '物品图片的图片文件名
End Type
Dim p(4)As Pic,pRec As Pic
Private Sub Form_Load()
    Open "Datal.txt" For Random As #1 【11】 =Len(pRec)
    For i=0 To 4
      Get #1,i+l,P(i)
      List1.AddItem p(i).gName
    Next i
    Close #1
End Sub

Private Sub List1_DblClick()
    For i=0 To 4
```

```
        If RTrim(List1.List(i))=RTrim(【12】)Then
            Picture1.Picture=LoadPicture(p(i).【13】)
            Exit For
        End If
    Next
End Sub
```

（9）窗体上有一个名称为 CD1 的通用对话框。通过菜单编辑器建立如图 1 所示的菜单。程序运行时，如果单击"打开"菜单项，则执行打开文件的操作，当选定文件（如 G:\VB\2010-9\in.txt）并打开后，该文件的文件名会被添加到菜单中，如图 2 所示。各菜单项的名称和标题等定义如下表。

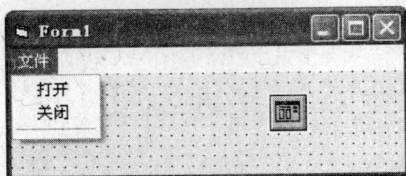

图 1

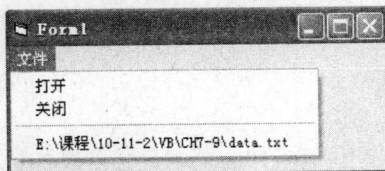

图 2

各菜单项名称和标题

标　题	名　称	内　缩	索　引	可　见
文件	File	无	无	True
打开	mnuOpen	…	无	True
关闭	mnuClose	…	无	True
-	mnu	…	无	True
（空）	FName	…	0	False

以下是单击"打开"菜单项的事件过程，请填空。

```
Dim mnuCounter As Integer
Private Sub mnuOpen_Click()
    CD1.ShowOpen
    If CD1.FileName<>"" Then
        Open 【14】 For Input As #1
        mnuCounter=mnuCounter+1
        Load FName(mnuCounter)
        FName(mnuCounter).Caption=CD1.FileName
        FName(mnuCounter).【15】=True
        Close #1
    End If
End Sub
```

2011 年 3 月全国计算机等级考试二级笔试试卷
Visual Basic 语言程序设计

一、选择题（每小题 2 分，共 70 分）

下列各题 A）、B）、C）、D）四个选项中，只有一个选项是正确的，请将正确选项填涂在答题卡相应位置上，答在试卷上不得分。

（1）下列关于栈叙述正确的是（　　）。

A）栈顶元素最先能被删除　　　　B）栈顶元素最后才能被删除

C）栈底元素永远不能被删除　　　　D）以上三种说法都不对

（2）下列叙述中正确的是（　　）。

A）有一个以上根结点的数据结构不一定是非线性结构

B）只有一个根结点的数据结构不一定是线性结构

C）循环链表是非线性结构

D）双向链表是非线性结构

（3）某二叉树共有 7 个结点，其中叶子结点只有 1 个，则该二叉树的深度为（假设根结点在第 1 层）（　　）。

A）3　　　　　　　B）4　　　　　　　C）6　　　　　　　D）7

（4）在软件开发中，需求分析阶段产生的主要文档是（　　）。

A）软件集成测试计划　　　　B）软件详细设计说明书

C）用户手册　　　　D）软件需求规格说明书

（5）结构化程序所要求的基本结构不包括（　　）。

A）顺序结构　　　B）GOTO 跳转　　C）选择（分支）结构　　D）重复（循环）结构

（6）下面描述中错误的是（　　）。

A）系统总体结构图支持软件系统的详细设计

B）软件设计是将软件需求转换为软件表示的过程

C）数据结构与数据库设计是软件设计的任务之一

D）PAD 图是软件详细设计的表示工具

（7）负责数据库中查询操作的数据库语言是（　　）。

A）数据定义语言　B）数据管理语言　C）数据操纵语言　　D）数据控制语言

（8）一个教师可讲授多门课程，一门课程可由多个教师讲授，则实体教师和课程间的联系是（　　）。

A）1∶1 联系　　　B）1∶m 联系　　C）m∶1 联系　　　D）m∶n 联系

（9）有三个关系 R、S 和 T 如下：

R

A	B	C
a	1	2
b	2	1
c	3	1

S

A	B
c	3

T

C
1

则由关系 R 和 S 得到关系 T 的操作是（　　）。

A）自然连接　　　B）交　　　　C）除　　　　D）并

（10）定义无符号整数类为 UInt，下面可以作为类 UInt 实例化值的是（　　）。

A）–369　　　B）369　　　C）0.369　　　D）整数集合{1, 2, 3, 4, 5}

（11）在 Visual Basic 集成环境中，可以列出工程中所有模块名称的窗口是（　　　）。

A）工程资源管理器窗口　　　　　　B）窗体设计窗口

C）属性窗口　　　　　　　　　　　D）代码窗口

（12）假定编写了如下 4 个窗体事件的事件过程，则运行应用程序并显示窗体后，已经执行的事件过程是（　　　）。

A）Load　　　　　B）Click　　　　　C）LostFocus　　　　　D）KeyPress

（13）为了使标签具有"透明"的显示效果，需要设置的属性是（　　　）。

A）Caption　　　　　　　　　　　B）Alignment

C）BackStyle　　　　　　　　　　D）AutoSize

（14）下面可以产生 20～30（含 20 和 30）的随机整数的表达式是（　　　）。

A）Int(Rnd*10+20)　　　　　　　B）Int(Rnd*11+20)

C）Int(Rnd*20+30)　　　　　　　D）Int(Rnd*30+20)

（15）设窗体上有一个名称为 HS1 的水平滚动条，如果执行了语句：

HS1.Value=(HS1.Max−HS1.Min)/2+HS1.Min，则（　　　）。

A）滚动块处于最左端

B）滚动块处于最右端

C）滚动块处于中间位置

D）滚动块可能处于任何位置，具体位置取决于 Max、Min 属性的值

（16）窗体上有一个名称为 Cb1 的组合框，程序运行后，为了输出选中的列表项，应使用的语句是（　　　）。

A）Print Cb1.Selected　　　　　　B）Print Cb1.List(Cb1.ListIndex)

C）Print Cb1.Selected.Text　　　　D）Print Cb1.List(ListIndex)

（17）为了在窗体上建立两组单选按钮，并且当程序运行时，每组都可以有一个单选按钮被选中，则以下做法中正确的是（　　　）。

A）把这两组单选按钮设置为名称不同的两个控件数组

B）使两组单选按钮的 Index 属性分别相同

C）使两组单选按钮的名称分别相同

D）把两组单选按钮分别画到两个不同的框架中

（18）如果一个直线控件在窗体上呈现为一条垂直线，则可以确定的是（　　　）。

A）它的 Y1、Y2 属性的值相等

B）它的 X1、X2 属性的值相等

C）它的 X1、Y1 属性的值分别与 X2、Y2 属性的值相等

D）它的 X1、X2 属性的值分别与 Y1、Y2 属性的值相等

（19）设 a=2,b=3,c=4,d=5，则下面语句的输出是（　　　）。

Print 3>2*b Or a=c And b<>c Or c>d

A）False　　　　　B）1　　　　　C）True　　　　　D）−1

（20）窗体 Form1 上有一个名称为 Command1 的命令按钮，以下对应窗体单击事件的事件过程是（　　　）。

A) Private Sub Form1_Click()
　　…
　End Sub

B) Private Sub Form_Click()
　　…
　End Sub

C) Private Sub Command1_Click()
　　…
　End Sub

D) Private Sub Command_Click()
　　…
　End sub

（21）默认情况下，下面声明的数组的元素个数是（　　）。

Dim a(5, -2 to 2)

A）20　　　　　　B）24　　　　　　C）25　　　　　　D）30

（22）设有如下程序段

```
Dim a(10)
…
For Each x In a
    Print x;
Next x
```

在上面的程序段中，变量 x 必须是（　　）。

A）整型变量　　　B）变体型变量　　　C）动态数组　　　D）静态数组

（23）设有以下函数过程

```
Private Function Fun(a()As Integer,b As String)As Integer
    …
End Function
```

若已有变量声明：

Dim x(5) As Integer,n As Integer,ch As String"

则下面正确的过程调用语句是（　　）。

A）x(0)=Fun(x,"ch")

B）n=Fun(n,ch)

C）Call Fun x,"ch"

D）n=Fun(x(5),ch)

（24）假定用下面的语句打开文件：

Open"File1.txt"For Input AS #1

则不能正确读文件的语句是（　　）。

A）Input #1,ch$

B）Line Input #1,ch$

C）ch$=Input$(5,#1)

D）Read #1,ch$

（25）下面程序执行结果是（　　）。

```
Private Sub Command1_Click()
    a=10
    For k=1 To 5 Step-1
      A=a-k
    Next k
Print a;k
End Sub
```

A）-5　6　　　　B）-5　-5　　　　C）10　0　　　　D）10　1

（26）设窗体上有一个名为 Text1 的文体框和一个名为 Command1 的命令按钮，并有以下事件过程：

```
Private Sub Command1_Click()
    X!=Val(Text1.Text)
    Select Case x
      Case Is <-10,Is>=20
        Print"输入错误"
      Case Is<0
        Print 20-x
      Case Is <10
        Print 20
      Case Is<=20
        Print x+10
    End Select
End Sub
```

程序运行时，如果在文本框中输入-5，则单击命令按钮后的输出结果是（　　　）。

A）5　　　　　　　B）20　　　　　　　C）25　　　　　　　D）输入错误

（27）设有如下程序：

```
Private Sub Command1_Click()
    x = 10 : y = 0
    For i = 1 To 5
      Do
        x = x - 2
        y = y + 2
      Loop Until y > 5 Or x < -1
    Next
End Sub
```

运行程序，其中 Do 循环执行的次数是（　　　）。

A）15　　　　　　B）10　　　　　　　C）7　　　　　　　D）3

（28）阅读程序

```
Private Sub Command1_Click
    Dim arr
    Dim i As Integer
    Arr=Array (0,1,2,3,4,5,6,7,8,9,10)
    For i=0 To 2
      Print arr(7-i);
    Next
End Sub
```

程序运行后，窗体上显示的是（　　　）。

A）8 7 6　　　　　　B）7 6 5　　　　　　C）6 5 4　　　　　　D）5 4 3

（29）在窗体上画一个名为 Command1 的命令按钮，然后编写以下程序：

```
Private Sub Command1_Click()
```

```
    Dim a(10) As Integer
    For k=10 TO 1 Step -1
      a(k)=20-2*k
    Next k
    K=k+7
    Print a(k-a(k))
End Sub
```

运行程序，单击命令按钮，输出结果是（　　）。

A）18　　　　　　　B）12　　　　　　　C）8　　　　　　　D）6

（30）窗体上有一个名为 Command1 的命令按钮，并有如下程序：

```
Private Sub Command1_Click()
    Dim a(10),x%
    For k=1 To 10
      a(k)=Int(Rnd*90+10)
      x=x+a(k) Mod 2
    Next k
    Print x
End Sub
```

程序运行后，单击命令按钮，输出结果是（　　）。

A）10 个数中奇数的个数　　　　　　B）10 个数中偶数的个数

C）10 个数中奇数的累加和　　　　　D）10 个数中偶数的累加和

（31）窗体上有一个名为 Command1 的命令按钮和一个名为 Timer1 的计时器，并有下面的事件过程：

```
Private Sub Command1_Click()
    Timer1.Enabled = True
End Sub
Private Sub Form_Load()
    Timer1.Interval = 10
    Timer1.Enabled = False
End Sub
Private Sub Timer1_Timer()
    Command1.Left = Command1.Left + 10
End Sub
```

程序运行时，单击命令按钮，则产生的结果是（　　）。

A）命令按钮每 10 秒向左移动一次

B）命令按钮每 10 秒向右移动一次

C）命令按钮每 10 毫秒向左移动一次

D）命令按钮每 10 毫秒向右移动一次

（32）设窗体上有一个名为 List1 的列表框，并编写下面的事件过程：

```
Private Sub List1_Click()
    Dim ch As String
```

```
    ch = List1.List(List1.ListIndex)
    List1.RemoveItem List1.ListIndex
    List1.AddItem ch
End Sub
```

程序运行时，单击一个列表项，则产生的结果是（　　　）。

A）该列表项被移到列表的最前面　　　　B）该列表项被删除

C）该列表项被移到列表的最后面　　　　D）该列表项被删除后又在原位置插入

（33）窗体上有一个名为 Command1 的命令按钮，并有如下程序：

```
Private Sub Command1_Click()
    Dim a As Integer, b As Integer
    a = 8
    b = 12
    Print Fun(a, b); a; b
End Sub
Private Function Fun(ByVal a As Integer, b As Integer) As Integer
    a = a Mod 5
    b = b \ 5
    Fun = a
End Function
```

程序运行时，单击命令按钮，则输出结果是（　　　）。

A）3　3　2　　　　　　B）3　8　2　　　　　C）8　8　12　　　　　D）3　8　12

（34）为了从当前文件夹中读入文件 File1.txt，某人编写了下面的程序：

```
Private Sub Command1_Click()
    Open "File1.txt" For Output As #20
    Do While Not EOF(20)
        Line Input #20, ch$
        Print ch
    Loop
End Sub
```

程序调试时，发现有错误，下面的修改方案中正确的是（　　　）。

A）在 Open 语句中的文件名前添加路径

B）把程序中各处的"20"改为"1"

C）把 Print ch 语句改为 Print #20,ch

D）把 Open 语句中的 Output 改为 Input

（35）以下程序运行后的窗体如图所示，其中组合框的名称是 Combo1，已有列表项如图所示；命令按钮的名称是 Command1。

```
Private Sub Command1_Click()
    If Not Check(Combo1.Text) Then
        MsgBox ("输入错误")
        Exit Sub
    End If
    For k = 0 To Combo1.ListCount - 1
```

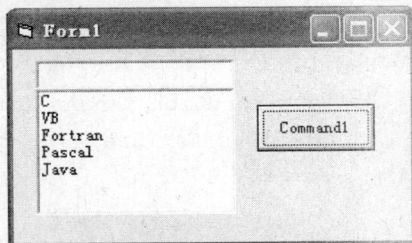

```
        If Combo1.Text = Combo1.List(k) Then
          MsgBox ("添加项目失败")
          Exit Sub
        End If
      Next k
      Combo1.AddItem Combo1.Text
      MsgBox ("添加项目成功")
End Sub
Private Function Check(ch As String) As Boolean
    n = Len(ch)
    For k = 1 To n
      c$ = UCase(Mid(ch, k, 1))
      If c < "A" Or c > "Z" Then
        Check = False
        Exit Function
      End If
    Next k
    Check = True
End Function
```

程序运行时，如果在组合框的编辑区中输入"Java"，则单击命令按钮后产生的结果是（   ）。

A）显示"输入错误"   B）显示"添加项目失败"

C）显示"添加项目成功"   D）没有任何显示

二、填空题（每空 2 分，共 30 分）

请将每空的正确答案写在答题卡【1】至【15】序号的横线上，答在试卷上不得分。

（1）有序线性表能进行二分查找的前提是该线性表必须是 【1】 存储的。

（2）一棵二叉树的中序遍历结果为 DBEAFC，前序遍历结果为 ABDECF，则后序遍历结果为 【2】 。

（3）对软件设计的最小单位（模块或程序单元）进行的测试通常称为 【3】 测试。

（4）实体完整性约束要求关系数据库中元组的 【4】 属性值不能为空。

（5）在关系 A(S,SN,D) 和关系 B(D,CN,NM) 中，A 的主关键字是 S，B 的主关键字是 D，则称 【5】 是关系 A 的外码。

（6）在窗体上有 1 个名称为 Command1 的命令按钮，并有如下事件过程和函数过程：

```
Private Sub Command1_Click()
    Dim p As Integer
    p = m(1) + m(2) + m(3)
    Print p
End Sub
Private Function m(n As Integer) As Integer
    Static s As Integer
    For k = 1 To n
```

```
    s = s + 1
  Next
  m = s
End Function
```

运行程序，单击命令按钮 Command1 后的输出结果为 【6】 。

（7）在窗体上画 1 个名称为 Command1 的命令按钮，然后编写如下程序：

```
Private Sub Command1_Click()
    Dim m As Integer, x As Integer
    Dim flag As Boolean
    flag = False
    n = Val(IntputBox("请输入任意 1 个正整数"))
    Do While Not flag
      a = 2
      flag = 【7】
      Do While flag And a <= Int(Sqr(n)).
        If n / a = n \ a Then
          flag = False
        Else
          【8】
        End If
      Loop
      If Not flag Then n = n + 1
    Loop
    Print 【9】
End Sub
```

上述程序的功能是，当在键盘输入任意一个正整数时，将输出不小于该整数的最小素数。请
填空完善程序。

（8）以下程序的功能是，先将随机产生的 10 个不同的整数放入数组 a 中，再将这 10 个数按
升序方式输出。请填空。

```
Private Sub Form_Click()
    Dim a(10) As Integer, i As Integer
    Randomize
    i = 0
    Do
      num = Int(Rnd * 90) + 10
      For j = 1 To I              '检查新产生的随机数是否与以前的相同，相同的无效
        If num = a(j) Then
          Exit For
        End If
      Next j
      If j > i Then
        i = i + 1
```

```
        a(i) = 【10】
      End If
    Loop While i < 10
    For i = 1 To 9
      For j = 【11】 To 10
        if a(i)>a(j) then temp =a(i):a(i)=a(j):【12】
      Next j
    Next i
    For i = 1 To 10
      Print a(i)
    Next i
  End Sub
```

（9）窗体上已有名称分别为 Drive1、Dir1、File1 的驱动器列表框、目录列表框和文件列表框，且有 1 个名称为 Text1 的文本框。以下程序的功能是：将指定位置中扩展名为.txt 的文件显示在 File1 中，如果双击 File1 中某个文件，则在 Text1 中显示该文件的内容。请填空。

```
Private Sub Form_Load()
    File1.Pattern = 【13】
End Sub
Private Sub Drive1_Change()
    Dir1.Path = Drive1.Drive
End Sub
Private Sub Dir1_Change()
    File1.Path = Dir1.Path
End Sub
Private Sub File1_DblClick()
    Dim s As String * 1
    If Right(File1.Path, 1) = "\" Then
      f_name = File1.Path + File1.FileName
    Else
      f_name = File1.Path + "\" + File1.FileName
    End If
    Open f_name 【14】 As #1
    Text1.Text = ""
    Do While 【15】
      s = Input(1, #1)
      Text1.Text = Text1.Text + s
    Loop
    Close #1
End Sub
```

2011 年 9 月全国计算机等级考试二级笔试试卷
Visual Basic 语言程序设计

一、选择题（每小题 2 分，共 70 分）

下列各题 A）、B）、C）、D）四个选项中，只有一个选项是正确的。请将正确选项填涂在答题卡相应位置上，答在试卷上不得分。

（1）下列叙述中正确的是（　　）。

A）算法就是程序　　　　　　　　　　B）设计算法时只需要考虑数据结构的设计

C）设计算法时只需要考虑结果的可靠性　　D）以上三种说法都不对

（2）下列关于线性链表的叙述中，正确的是（　　）。

A）各数据结点的存储空间可以不连续，但它们的存储顺序与逻辑顺序必须一致

B）各数据结点的存储顺序与逻辑顺序可以不一致，但它们的存储空间必须连续

C）进行插入与删除时，不需要移动表中的元素

D）以上三种说法都不对

（3）下列关于二叉树的叙述中，正确的是（　　）。

A）叶子结点总是比度为 2 的结点少一个

B）叶子结点总是比度为 2 的结点多一个

C）叶子结点数是度为 2 的结点数的两倍

D）度为 2 的结点数是度为 1 的结点数的两倍

（4）软件按功能可以分为应用软件、系统软件和支撑软件（或工具软件）。下面属于应用软件的是（　　）。

A）学生成绩管理系统　　　　　　　　B）C 语言编译程序

C）UNIX 操作系统　　　　　　　　　D）数据库管理系统

（5）某系统总体结构图如下图所示：

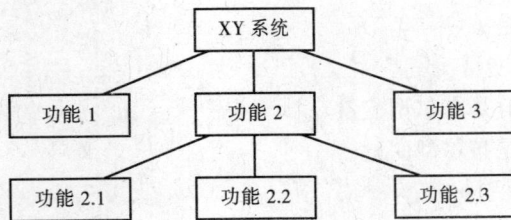

该系统总体结构图的深度是（　　）。

A）7　　　　　　B）6　　　　　　C）3　　　　　　D）2

（6）程序调试的任务是（　　）。

A）设计测试用例　　　　　　　　　　B）验证程序的正确性

C）发现程序中的错误　　　　　　　　D）诊断和改正程序中的错误

（7）下列关于数据库设计的叙述中，正确的是（　　　）。

A）在需求分析阶段建立数据字典　　　B）在概念设计阶段建立数据字典

C）在逻辑设计阶段建立数据字典　　　D）在物理设计阶段建立数据字典

（8）数据库系统的三级模式不包括（　　　）。

A）概念模式　　　　B）内模式　　　　C）外模式　　　　D）数据模式

（9）有三个关系 R、S 和 T 如下：

R

A	B	C
a	1	2
b	2	1
c	3	1

S

A	B	C
a	1	2
b	2	1

T

A	B	C
c	3	1

则由关系 R 和 S 得到关系 T 的操作是（　　　）。

A）自然连接　　　　B）差　　　　C）交　　　　D）并

（10）下列选项中属于面向对象设计方法主要特征的是（　　　）。

A）继承　　　　B）自顶向下　　　　C）模块化　　　　D）逐步求精

（11）以下描述中错误的是（　　　）。

A）窗体的标题通过其 Caption 属性设置

B）窗体的名称（Name 属性）可以在运行期间修改

C）窗体的背景图形通过其 Picture 属性设置

D）窗体最小化时的图标通过其 Icon 属性设置

（12）在设计阶段，当按【Ctrl+R】组合键时，所打开的窗口是（　　　）。

A）代码窗口　　　　　　　　　　B）工具箱窗口

C）工程资源管理器窗口　　　　　D）属性窗口

（13）设有如下变量声明语句：

```
Dim a,b As Boolean
```

则下面叙述中正确的是（　　　）。

A）a 和 b 都是布尔型变量

B）a 是变体型变量，b 是布尔型变量

C）a 是整型变量，b 是布尔型变量

D）a 和 b 都是变体型变量

（14）下列可作为 Visual Basic 变量名的是（　　　）。

A）A#A　　　　B）4ABC　　　　C）?xy　　　　D）Print_Text

（15）假定一个滚动条的 LargeChange 属性值为 100，则 100 表示（　　　）。

A）单击滚动条箭头和滚动框之间某位置时滚动框位置的变化量

B）滚动框位置的最大值

C）拖动滚动框时滚动框位置的变化量

D）单击滚动条箭头时滚动框位置的变化量

（16）在窗体上画一个命令按钮，然后编写如下事件过程；

```
Private Sub Command1_Click()
    MsgBox str(123+321)
End.Sub
```

程序运行后，单击命令按钮，则在信息框中显示的提示信息为（　　　）。

A）字符串"l23+321"

B）字符串"444"

C）数值"444"

D）空白

（17）假定有以下程序：

```
Private Sub Form_Click()
    a = 1 : b = a
    Do Until a >= 5
        x = a * b
        Print b; x
        a = a + b
        b = b + a
    Loop
End Sub
```

程序运行后，单击窗体，输出结果是（　　　）。

A）1 1	B）1 1	C）1 1	D）1 1
2 3	2 4	3 8	3 6

（18）在窗体上画一个名称为 List1 的列表框，列表框中显示若干城市的名称。当单击列表框中的某个城市名时，该城市名消失。下列在 List1_Click 事件过程中能正确实现上述功能的语句是（　　　）。

A）List1.RemoveItem List1.Text　　　　B）List1.RemoveItem List1.Clear

C）List1.RemoveItem List1.ListCount　D）List1.RemoveItem List1.ListIndex

（19）列表框中的项目保存在一个数组中，这个数组的名称是（　　　）。

A）Column　　　　B）Style　　　　C）List　　　D）MultiSelect

（20）有人编写了如下程序：

```
Private Sub Form_Click()
    Dim s As Integer, x As Integer
    x = 0
    s = 0
    Do While s = 10000
        x = x + 1
        s = s + x ^ 2
    Loop
    Print s
End Sub
```

上述程序的功能是：计算 $S = 1 + 2^2 + 3^2 + \cdots + n^2 + \cdots$，直到 S>10000 为止。程序运行后，发现

得不到正确的结果，必须进行修改。下列修改中正确的是（　　　）。

A）把 x=0 改为 x=1

B）把 Do While s = 10000 改为 Do While s <= 10000

C）把 Do While s = 10000 改为 Do While s > 10000

D）交换 x=x+1 和 s=s+x^2 的位置

（21）设有如下程序：

```
Private Sub Form_Click()
    Dim s As Integer, f As Long
    Dim n As Integer, i As Integer
    f = 1
    n = 4
    For i = 1 To n
        f = f * i
        s = s + f
    Next i
    Print s
End Sub
```

程序运行后，单击窗体，输出结果是（　　　）。

A）32　　　　　　　　B）33　　　　　　　C）34　　　　　　　　D）35

（22）阅读下面的程序段：

```
a = 0
For i = 1 To 3
    For j = 1 To i
        For k = j To 3
            a = a + 1
        Next k
    Next j
Next i
```

执行上面的程序段后，a 的值为（　　　）。

A）3　　　　　　　　B）9　　　　　　　C）14　　　　　　　　D）21

（23）设有如下程序：

```
Private Sub Form_Click()
    Cls
    a$ = "123456"
    For i = 1 To 6
        Print Tab(12 - i);_____
    Next i
End Sub
```

程序运行后，单击窗体，要求结果如图所示，则在处应填入的内容为（　　　）。

A）Left(a$,i)　　　B）Mid(a$,8-i,i)　　　C）Right(a$,i)　　　D）Mid(a$,7,i)

```
 1
 12
 123
 1234
 12345
 123456
```

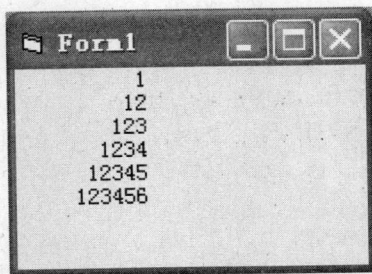

（24）设有如下程序：

```
Private Sub Form_Click()
    Dim i As Integer, x As String, y As String
    x = "ABCDEFG"
    For i = 4 To 1 Step -1
        y = Mid(x, i, i) + y
    Next i
    Print y
End Sub
```

程序运行后，单击窗体，输出结果为（   ）。

A）ABCCDEDEFG   B）AABBCDEFG

C）ABCDEFG   D）AABBCCDDEEFFGG

（25）设有如下程序：

```
Private Sub Form_Click()
    Dim i As Integer
    Dim ary(1 To 5) As Integer
    Dim sum As Integer
    For i = 1 To 5
        ary(i) = i + 1
        sum = sum + ary(i)
    Next i
    Print sum
End Sub
```

程序运行后，单击窗体，则在窗体上显示的是（   ）。

A）15   B）16   C）20   D）25

（26）有一个数列，它的前3个数为0，1，1，此后的每个数都是其前面3个数之和，即0，1，1，2，4，7，13，24，…，要求编写程序输出该数列中所有不超过1000的数。

某人编写程序如下：

```
Private Sub Form_Click()
    Dim i As Integer, a As Integer, b As Integer
    Dim c As Integer, d As Integer
    a = 0 : b = 1 : c = 1
    d = a + b + c
    i = 5
```

```
    While d <= 1000
        Print d;
        a = b : b = c : c = d
        d = a + b + c
        i = i + 1
    Wend
End Sub
```

运行上面的程序，发现输出的数列不完整，应进行修改。以下正确的修改是（　　　）。

A）把 While d <= 1000 改为 While d > 1000

B）把 i=5 改为 i=4

C）把 i=i+1 移到 While d <= 1000 的下面

D）在 i=5 的上面增加一个语句：print a;b;c;

（27）下面的语句用 Array 函数为数组变量 a 的各元素赋整数值：

a=Array(1,2,3,4,5,6,7,8,9)

针对 a 的声明语句应该是（　　　）。

A）Dim a   B）Dim a As Integer

C）Dim a(9) As Integer   D）Dim a() As Integer

（28）下列描述中正确的是（　　　）。

A）Visual Basic 只能通过过程调用执行通用过程

B）可以在 Sub 过程的代码中包含另一个 Sub 过程的代码

C）可以像通用过程一样指定事件过程的名字

D）Sub 过程和 Function 过程都有返回值

（29）阅读程序：

```
Function fac(ByVal n As Integer) As Integer
    Dim temp As Integer
    temp = 1
    For i% = 1 To n
        temp = temp * i%
    Next i%
    fac = temp
End Function
Private Sub Form_Click()
    Dim nsum As Integer
    nsum = 1
    For i% = 2 To 4
        nsum = nsum + fac(i%)
    Next i%
    Print nsum
End Sub
```

程序运行后，单击窗体，输出结果是（　　　）。

A）35   B）31   C）33   D）37

（30）在窗体上画一个命令按钮和一个标签，其名称分别为 Command1 和 Label1，然后编写如下代码：

```
Sub s(x As Integer, y As Integer)
    Static z As Integer
    y = x * x + z
    z = y
End Sub
Private Sub Command1_Click()
    Dim i As Integer, z As Integer
    m = 0
    z = 0
    For i = 1 To 3
        s i, z
        m = m + z
    Next i
    Label1.Caption = Str(m)
End Sub
```

程序运行后，单击命令按钮，在标签中显示的内容是（　　）。

A）50　　　　　　　　B）20　　　　　　　　C）14　　　　　　　　D）7

（31）以下说法中正确的是（　　）。

A）MouseUp 事件是鼠标向上移动时触发的事件

B）MouseUp 事件过程中的 x,y 参数用于修改鼠标位置

C）在 MouseUp 事件过程中可以判断用户是否使用了组合键

D）在 MouseUp 事件过程中不能判断鼠标的位置

（32）假定已经在菜单编辑器中建立了窗体的弹出式菜单，其顶级菜单项的名称为 a1，其"可见"属性为 False。程序运行后，单击鼠标左键或右键都能弹出菜单的事件过程是（　　）。

A）
```
Private Sub Form_MouseDown(Button As Integer, Shift As Integer, _
                           X As Single, Y As Single)
    If Button = 1 And Button = 2 Then
        PopupMenu a1
    End If
End Sub
```

B）
```
Private Sub Form_MouseDown (Button As Integer, Shift As Integer, _
                           X As Single, Y As Single)
    PopupMenu a1
End Sub
```

C）
```
Private Sub Form_MouseDown (Button As Integer, Shift As Integer, _
                           X As Single, Y As Single)
    If Button = 1 Then
        PopupMenu a1
    End If
End Sub
```

D）
```
Private Sub Form_MouseDown (Button As Integer, Shift As Integer, _
                           X As Single, Y As Single)
    If Button = 2 Then
        PopupMenu a1
    End If
End Sub
```

（33）在窗体上画一个名称为 CD1 的通用对话框，并有如下程序：

```
Private Sub Form_Load()
    CD1.DefaultExt = "doc"
    CD1.FileName = "c:\file1.txt"
    CD1.Filter = "应用程序(*.exe)|*.exe"
End Sub
```

程序运行时，如果显示了"打开"对话框，在"文件类型"下拉列表框中默认的文件类型是（　　　）。

　　A）应用程序（*.exe）　　　　B）*.doc　　　　　C）*.txt　　　D）不确定

（34）以下描述中错误的是（　　　）。

　　A）在多窗体应用程序中，可以有多个当前窗体

　　B）多窗体应用程序的启动窗体可以在设计时设定

　　C）多窗体应用程序中每个窗体作为一个磁盘文件保存

　　D）多窗体应用程序可以编译生成一个 EXE 文件

（35）以下关于顺序文件的叙述中，正确的是（　　　）。

　　A）可以用不同的文件号以不同的读写方式同时打开同一个文件

　　B）文件中各记录的写入顺序与读出顺序是一致的

　　C）可以用 Input#或 Line Input#语句向文件写记录

　　D）如果用 Append 方式打开文件，则既可以在文件末尾添加记录，也可以读取原有记录

二、填空题（每空 2 分，共 30 分）

请将每空的正确答案写在答题卡【1】至【15】序号的横线上，答在试卷上不得分。

（1）数据结构分为线性结构与非线性结构，带链的栈属于　【1】　。

（2）在长度为 n 的顺序存储的线性表中插入一个元素，最坏情况下需要移动表中　【2】　个元素。

（3）常见的软件开发方法有结构化方法和面向对象方法。对某应用系统经过需求分析建立数据流图（DFD），则应采用　【3】　方法。

（4）数据库系统的核心是　【4】　。

（5）在进行关系数据库的逻辑设计时，E-R 图中的属性常被转换为关系中的属性，联系通常被转换为　【5】　。

（6）为了使标签能自动调整大小以显示标题（Caption 属性）的全部文本内容，应把该标签的　【6】　属性设置为 True。

（7）在窗体上画一个命令按钮，其名称为 Command1，然后编写如下事件过程：

```
Private Sub Command1_Click()
    X = 1
    result = 1
    While X <= 10
        result= 【7】
        X = X + 1
    Wend
    Print result
End Sub
```

上述事件过程用来计算 10 的阶乘。请填空。

（8）在窗体上画一个命令按钮，其名称为 Command1，然后编写如下事件过程：

```
Private Sub Command1_Click()
    t = 0 : m = 1 : sum = 0
    Do
        t=t+ 【8】
        sum=sum+ 【9】
        m = m + 2
    loop while 【10】
    Print sum
End Sub
```

该程序的功能是，单击命令按钮，则计算并输出以下表达式的值：

$$1+(1+3)+(1+3+5)+\cdots+(1+3+5+\cdots+39)$$

请填空。

（9）在窗体上画一个命令按钮（其 Name 属性为 Command1），然后编写如下代码：

```
Private Sub Command1_Click()
    Dim M(10) As Integer
    For k = 1 To 10
        M(k) = 12 - k
    Next k
    X = 6
    Print M(2 + M(X))
End Sub
```

程序运行后，单击命令按钮，输出结果是 【11】 。

（10）在窗体上画一个命令按钮，名称为 Command1，然后编写如下事件过程：

```
Private Sub Command1_Click()
    Dim n As Integer
    n = Val(InputBox("请输入一个整数: "))
    If n Mod 3 = 0 And n Mod 2 = 0 And n Mod 5 = 0 Then
        Print n + 10
    End If
End Sub
```

程序运行后，单击命令按钮，在输入对话框中输入 60，则输出结果是 【12】 。

（11）在窗体上画一个命令按钮，名称为 Command1，然后编写如下程序：

```
Private Sub Command1_Click()
    Dim ct As String
    Dim nt As Integer
    open "e:\stud.txt" 【13】
    Do While True
        ct = InputBox("请输入姓名: ")
        if ct= 【14】 then exit do
        nt = Val(InputBox("请输入总分: "))
```

```
    Write #1, 【15】
    Loop
    Close #1
End Sub
```

以上程序的功能是，程序运行后，单击命令按钮，则向 E 盘根目录下的文件 stud.txt 中添加记录（保留已有记录），添加的记录由键盘输入；如果输入"end"，则结束输入。每条记录包含姓名（字符串型）和总分（整型）两个数据。请填空。

2012 年 3 月全国计算机等级考试二级笔试试卷
Visual Basic 语言程序设计

一、选择题（每小题 2 分，共 70 分）

下列各题 A）、B）、C）、D）四个选项中，只有一个选项是正确的。请将正确选项填涂在答题卡相应位置上，答在试卷上不得分。

（1）下列叙述中正确的是（   ）。

A）循环队列是队列的一种链式存储结构   B）循环队列是队列的一种顺序存储结构

C）循环队列是非线性结构   D）循环队列是一种逻辑结构

（2）下列叙述中正确的是（   ）。

A）栈是一种先进先出的线性表   B）队列是一种后进先出的线性表

C）栈与队列都是非线性结构   D）以上三种说法都不对

（3）一棵二叉树共有 25 个结点，其中 5 个是叶子结点，则度为 1 的结点数为（   ）。

A）16   B）10   C）6   D）4

（4）在下列模式中，能够给出数据库物理存储结构与物理存取方法的是（   ）。

A）外模式   B）内模式   C）概念模式   D）逻辑模式

（5）在满足实体完整性约束的条件下（   ）。

A）一个关系中应该有一个或多个候选关键字

B）一个关系中只能有一个候选关键字

C）一个关系中必须有多个候选关键字

D）一个关系中可以没有候选关键字

（6）有三个关系 R、S 和 T 如下：

R		
A	B	C
a	1	2
b	2	1
c	3	1

S		
A	B	C
a	1	2
d	2	1

T		
A	B	C
b	2	1
c	3	1

则由关系 R 和 S 得到关系 T 的操作是（   ）。

A）自然连接   B）并   C）交   D）差

（7）软件生命周期中的活动不包括（　　）。

A）市场调研　　　　B）需求分析　　　　　C）软件测试　　　　　D）软件维护

（8）下面不属于需求分析阶段任务的是（　　）。

A）确定软件系统的功能需求　　　　　B）确定软件系统的性能需求

C）需求规格说明书评审　　　　　D）制定软件集成测试计划

（9）在黑盒测试方法中，设计测试用例的主要根据是（　　）。

A）程序内部逻辑　　　　　B）程序外部功能

C）程序数据结构　　　　　D）程序流程图

（10）在软件设计中不使用的工具是（　　）。

A）系统结构图　　　　　B）PAD 图

C）数据流图（DFD 图）　　　　　D）程序流程图

（11）以下合法的 VB 变量名是（　　）。

A）case　　　　　B）name10　　　　　C）t-name　　　　　D）x*y

（12）设 x 是小于 10 的非负数。对此陈述，以下正确的 VB 表达式是（　　）。

A）0≤x<10　　　B）0<=x<10　　　　　C）x>=0 And x<10　　　D）x>=0 Or x<=10

（13）以下关于窗体的叙述中，错误的是（　　）。

A）窗体的 Name 属性用于标识一个窗体

B）运行程序时，改变窗体大小，能够触发窗体的 Resize 事件

C）窗体的 Enabled 属性为 False 时，不能响应单击窗体事件

D）程序运行期间，可以改变 Name 属性值

（14）下面定义窗体级变量 a 的语句中错误的是（　　）。

A）Dim a%　　　　　B）Private a%

C）Private a As Integer　　　　　D）Static a%

（15）表达式 Int(Rnd(0)*50)所产生的随机数范围是（　　）。

A）（0,50）　　　B）（1,50）　　　　　C）（0,49）　　　　　D）（1,49）

（16）设 x=5，执行语句 Print x=x+10，窗体上显示的是（　　）。

A）15　　　　　B）5　　　　　C）True　　　　　D）False

（17）设有如下数组声明语句：

Dim arr(-2 To 2,0 To 3) As Integer

该数组所包含的数组元素个数是（　　）。

A）20　　　　　B）16　　　　　C）15　　　　　D）12

（18）现有由多个单选按钮构成的控件数组，用于区别该控件数组中各控件的属性是（　　）。

A）Name　　　　　B）Index　　　　　C）Caption　　　　　D）Value

（19）设有分段函数：

$$y=\begin{cases}5 & x<0\\ 2x & 0\leq x\leq 5\\ x^2+1 & x>5\end{cases}$$

以下表示上述分段函数的语句序列中错误的是（　　　）。

A）
```
Select Case X
    Case Is < 0
        Y = 5
    Case Is <= 5, Is > 0
        Y = 2 * X
    Case Else
        Y = X * X + 1
End Select
```

B）
```
If x < 0 Then
        y = 5
    ElseIf x <= 5 Then
        y = 2 * x
    Else
        y = x * x + 1
    End If
```

C）
```
IIf(x<0,5,IIf(x<=5,2*x,x*x+1))
```

D）
```
If x<0 Then y=5
If x<=5 And x>=0 Then y=2*x
If x>5 Then y= x*x+1
```

（20）设程序中有如下语句：
```
x=InputBox("输入","数据",100)
Print x
```
运行程序，执行上述语句，输入 5 并单击输入对话框上的"取消"按钮，则窗体上输出（　　　）。

A）0　　　　　　B）5　　　　　　C）100　　　　　　D）空白

（21）设有如下一段程序：
```
Option Base 1
Private Sub Command1_Click()
    Dim a
    a=Array(3,5,7,9)
    x=1
    for i=4 to 1 Step -1
        s=s+a(i)*x
        x=x*10
    Next
    Print s
End Sub
```
执行程序，单击 Command1 命令按钮，执行上述事件过程，输出结果是（　　　）。

A）9753　　　　　B）3579　　　　　C）35　　　　　　D）79

（22）设有一个命令按钮 Command1 的事件过程以及一个函数过程。程序如下：
```
Private Sub Command1_Click()
    Static x As Integer
    x=f(x+5)
    Cls
    Print x
End Sub
Private Function f(x As Integer) As Integer
    f=x+x
End Function
```
连续单击命令按钮 3 次，第 3 次单击命令按钮后，窗体上显示的计算结果是（　　　）。

A）10　　　　　　B）30　　　　　　C）60　　　　　　D）70

（23）以下关于菜单设计的叙述中错误的是（　　　）。

A）各菜单项可以构成控件数组

B）每个菜单项可以看成是一个控件

C）设计菜单时，菜单项的"有效"未选，即 ☐ 有效(E)，表示该菜单项不显示

D）菜单项只响应单击事件

（24）以下关于多窗体的叙述中，正确的是（　　　）。

A）任何时刻，只有一个当前窗体

B）向一个工程添加多个窗体，存盘后生成一个窗体文件

C）打开一个窗体时，其他窗体自动关闭

D）只有第一个建立的窗体才是启动窗体

（25）窗体上有一个名称为 CommonDialog1 的通用对话框，一个名称为 Command1 的命令按钮，并有如下事件过程：

```
Private Sub Command1_Click()
    CommonDialog1.DefaultExt = "doc"
    CommonDialog1.FileName = "VB.txt"
    CommonDialog1.Filter = "All(*.*)|Word|*.Doc|"
    CommonDialog1.FilterIndex = 1
    CommonDialog1.ShowSave
End Sub
```

运行程序，如下叙述中正确的是（　　　）。

A）打开的对话框中文件"保存类型"框中显示"All(*.*)"

B）实现保存文件的操作，文件名是 VB.txt

C）DefaultExt 属性与 FileName 属性所指明的文件类型不一致，程序出错

D）对话框的 Filter 属性没有指出 txt 类型，程序运行出错

（26）设程序中有如下数组定义和过程调用语句：

```
Dim a(10) As Integer
    …
Call p(a)
```

如下过程定义中，正确的是（　　　）。

A）Private Sub p(a As Integer)　　　　　B）Private Sub p(a( ) As Integer)

C）Private Sub p(a(10) As Integer)　　　　D）Private Sub p(a(n) As Integer)

（27）若要获得组合框中输入的数据，可使用的属性是（　　　）。

A）ListIndex　　　　　　　　　　　　B）Caption

C）Text　　　　　　　　　　　　　　D）List

（28）在窗体上画两个名称分别为 Text1、Text2 的文本框，Text1 的 Text 属性为 DataBase，如图所示。现有如下事件过程：

```
Private Sub Text1_Change()
    Text2.Text = Mid(Text1, 1, 5)
End Sub
```

运行程序，在文本框 Text1 中原有字符之前输入 a，Text2 中显示的是（　　　）。

   A）DataA　　　　　B）DataB　　　　　　C）aData　　　　　D）aBase

（29）有如下程序：

```
Option Base 1
Private Sub Command1_Click()
    Dim arr(10)
    arr = Array(10, 35, 28, 90, 54, 68, 72, 90)
    For Each a In arr
        If a > 50 Then
            sum = sum + a
        End If
    Next a
End Sub
```

运行上述程序时出现错误，错误之处是（　　　）。

A）数组定义语句不对，应改为 Dim arr B）没有指明 For 循环的终值

C）应在 For 语句之前增加 Sum=0　　　　　D）Next a 应改为 Next

（30）要求产生 10 个随机整数，存放在数组 arr 中。从键盘输入要删除的数组元素的下标，将该元素中的数据删除，后面元素中的数据依次前移，并显示删除后剩余的数据。现有如下程序：

```
Option Base 1
Private Sub Command1_Click()
    Dim arr(10) As Integer
    For i = 1 To 10          '循环1
        arr(i) = Int(Rnd * 100)
        Print arr(i);
    Next
    x = InputBox("输入 1-10 的一个整数")
    For i = x + 1 To 10    '循环2
        arr(i - 1) = arr(i)
    Next
    For i = 1 To 10          '循环3
        Print arr(i);
    Next
End Sub
```

运行程序后发现显示的结果不正确。应该进行的修改是（　　　）。

A）产生随机数时不使用 Int()函数　　　　　B）循环 2 的初值应为 i=x

C）数组定义改为 Dim a(11) As Integer　　　　D）循环 3 的循环终值应为 9

（31）使用驱动器列表框 Drive1、目录列表框 Dir1、文件列表框 File1 时，需要设置控件的同步。以下能够正确设置两个控件同步的命令是（　　　）。

A）Dir1.Path = Drive1.Path　　　　　　　B）File1.Path=Dir1.Path

C）File1.Path= Drive1.Path　　　　　　　D）Drive1.Drive= Dir1.Path

（32）以下关于弹出式菜单的叙述中，错误的是（ ）。

A）一个窗体只能有一个弹出式菜单

B）弹出式菜单在菜单编辑器中建立

C）弹出式菜单的菜单名（主菜单项）的"可见"属性通常设置为 False

D）弹出式菜单通过窗体的 PopupMenu 方法显示

（33）有如下程序：

```
Private Type stu
    x As String
    y As Integer
End Type
Private Sub Command1_Click()
    Dim a As stu
    a.x="ABCD"
    a.y=12345
    Print a
End Sub
```

程序运行时出现错误，错误的原因是（ ）。

A）Type 定义语句没有放在标准模块中　　　　B）变量声明语句有错

C）赋值语句不对　　　　　　　　　　　　　　D）输出语句 Print 不对

（34）在窗体上画两个名称分别为 Text1、Text2 的文本框，一个名称为 Label1 的标签，窗体外观如图 1 所示。要求当改变任一个文本框的内容，就会将该文本框的内容显示在标签中，如图 2 所示。实现上述功能的程序如下：

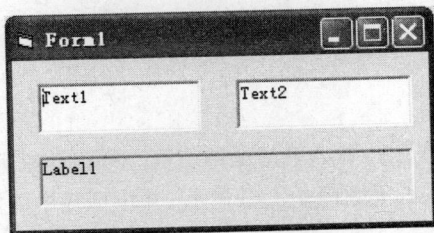
图 1

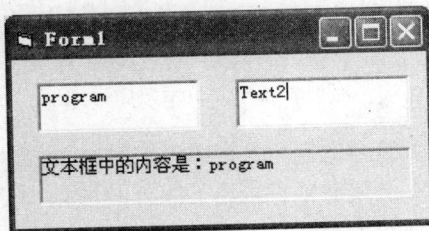
图 2

```
Private Sub Text1_Change()
    Call showtext(Text1)
End Sub
Private Sub Text2_Change()
    Call showtext(Text2)
End Sub
Private Sub showtext(T As TextBox)
    Label1.Caption = "文本框中的内容是:" & T.Text
End Sub
```

关于上述程序，以下叙述中错误的是（　　　　）。

A）showtext 过程的参数类型可以是 Control

B）showtext 过程的参数类型可以是 Variant

C）两个过程调用语句有错，应分别改为 Call showtext(Text1.Text)、Call showtext(Text2.Text)

D）showtext 过程中的 T 是控件变量

（35）设有打开文件的语句如下：

```
Open "test.dat" For Random As #1
```

要求把变量 a 中的数据保存到该文件中，应该使用的语句是（　　　　）。

A）Input #1,a　　　　B）Write #1,a　　　　C）put #1, ,a　　　　D）Get #1, ,a

二、填空题（每空 2 分，共 30 分）

请将每空的正确答案写在答题卡【1】至【15】序号的横线上，答在试卷上不得分。

（1）在长度为 n 的顺序存储的线性表中删除一个元素，最坏情况下需要移动表中的元素个数为　【1】　。

（2）设循环队列的存储空间为 Q(1:30)，初始状态为 front=rear=30。现经过一系列入队与退队运算后，front=16，rear=15,则循环队列中有　【2】　个元素。

（3）数据库管理系统提供的数据语言中，负责数据的增、删、改和查询的是　【3】　。

（4）在将 E-R 图转换到关系模式时，实体和联系都可以表示成　【4】　。

（5）常见的软件工程方法有结构化方法和面向对象方法，类、继承以及多态性等概念属于　【5】　。

（6）下面的事件过程执行时，可以把 Text1 文本框中的内容写到文件"file1.txt"中去。请填空。

```
Private sub Command1_Click()
    Open "file1.txt" For 【6】 As #1
    Print 【7】 , Text1.Text
    Close #1
End sub
```

（7）设窗体上有一个名称为 Label1 的标签。程序运行时，单击鼠标左键，再移动鼠标，鼠标的位置坐标会实时地显示在 Label1 标签中;单击鼠标右键则停止实时显示,并将标签中内容清除。下面的程序可实现这一功能，请填空。

```
Dim down As Boolean
Private Sub Form_MouseDown(Button As Integer, Shift As Integer, X As Single, _
                          Y As Single)
    Select Case 【8】
        Case 1
            down = True
        Case 2
            down = False
    End Select
End Sub
```

```
Private Sub Form_MouseMove(Button As Integer, Shift As Integer, X As Single, _
                           Y As Single)
    If 【9】 Then
        【10】 = "X=" & X & "  Y=" & Y
    Else
        Label1.Caption = ""
    End If
End Sub
```

（8）窗体上有 List1、List2 两个列表框，程序运行时，在两个列表框中分别选中 1 个项目，如图 1 所示，单击名称为 Command1 的"交换"按钮，则把选中的项目互换，互换后的位置不限，如图 2 所示。下面的程序可实现这一功能，请填空。

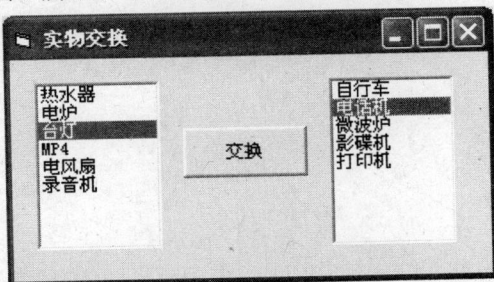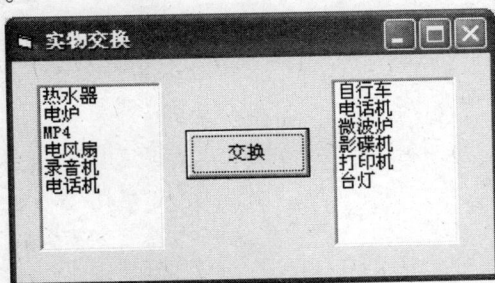

图 1　交换前　　　　　　　　　　　　　图 2　交换后

```
Private Sub Command1_Click()
    If List1.Text = "" Or List2.Text = "" Then
        MsgBox "请选择交换的物品！"
    Else
        List1.AddItem List2.Text
        List2.RemoveItem 【11】
        【12】
        List1.RemoveItem List1.ListIndex
    End If
End Sub
```

（9）设窗体上有 Text1 文本框和 Command1 命令按钮，并有以下程序：

```
Private Sub Command1_Click()
    temp$ = ""
    For k = 1 To Len(Text1)
        ch$ = Mid(Text1, k, 1)
        If Not found(temp, ch) Then
            temp = temp & 【13】
        End If
    Next k
    Text1 = 【14】
End Sub
Private Function found(str As String, ch As String) As Boolean
```

```
       For k = 1 To Len(str)
          If ch = Mid(str, k, 1) Then
             found = 【15】
             Exit Function
          End If
       Next k
       found = False
   End Function
```

　　运行时，在文本框中输入若干英文字母，然后单击命令按钮，则可以删去文本框中所有重复的字母。例如：若文本框中原有字符串为"abcddbbc"，则单击命令按钮后文本框中字符串为"abcd"。其中函数 found()的功能是判断字符串 str 中是否有字符 ch，若有，函数返回 True，否则返回 False。请填空。

2010 年 3 月全国计算机等级考试二级笔试试卷
Visual Basic 语言程序设计参考答案

一、选择题（每小题 2 分，共 70 分）

1	2	3	4	5	6	7	8	9	10
A	D	B	A	C	B	A	D	C	A
11	12	13	14	15	16	17	18	19	20
D	B	C	A	D	C	B	A	B	A
21	22	23	24	25	26	27	28	29	30
A	D	A	D	C	C	A	C	C	B
31	32	33	34	35					
C	B	A	A	B	D				

二、填空题（30 分）

（1）A,B,C,D,E,5,4,3,2,1　　（2）15　　（3）EDBGHFCA　　（4）程序
（5）课号　　（6）2　　（7）500　　（8）Not Label1.Visible
（9）Timer1.Enabled=True　　（10）28　　（11）a 或 a()　　（12）n=n-1
（13）EOF(1)　　（14）Close #1　　（15）Text1.Text 或 Text1

2010 年 9 月全国计算机等级考试二级笔试试卷
Visual Basic 语言程序设计参考答案

一、选择题（每小题 2 分，共 70 分）

1	2	3	4	5	6	7	8	9	10
B	C	D	A	A	D	D	C	C	A
11	12	13	14	15	16	17	18	19	20
A	D	D	B	B	B	C	A	B	A

21	22	23	24	25	26	27	28	29	30
C	D	B	D	C	A	C	D	A	D

31	32	33	34	35					
D	C	C	B	A					

二、填空题（30分）

（1）1DCBA2345　　　　（2）1　　　（3）25　　　（4）结构化　　　（5）物理设计
（6）Array　　　　　　（7）1　　　（8）city(i)　　（9）fun　　　　（10）276
（11）Len　　　　　　　（12）p(i).gName　　　　　（13）picFile
（14）CD1.FileName　　　（15）Visible

2011 年 3 月全国计算机等级考试二级笔试试卷
Visual Basic 语言程序设计参考答案

一、选择题（每小题 2 分，共 70 分）

1	2	3	4	5	6	7	8	9	10
A	B	D	D	B	A	C	D	C	B

11	12	13	14	15	16	17	18	19	20
A	A	C	B	C	B	D	B	A	B

21	22	23	24	25	26	27	28	29	30
D	B	A	D	D	C	C	B	A	A

31	32	33	34	35					
D	C	B	D	B					

二、填空题（30分）

（1）顺序　　　（2）DEBFCA　　（3）单元　　（4）主键　　　（5）D
（6）10　　　　（7）True　　　（8）a=a+1　（9）n　　　　（10）num
（11）i+1　　　（12）a(j)=temp　（13）"*.txt"　（14）For Input　（15）Not EOF(1)

2011 年 9 月全国计算机等级考试二级笔试试卷
Visual Basic 语言程序设计参考答案

一、选择题（每小题 2 分，共 70 分）

1	2	3	4	5	6	7	8	9	10
D	C	B	A	C	D	A	D	B	A

11	12	13	14	15	16	17	18	19	20
B	C	B	D	A	B	D	D	C	B

21	22	23	24	25	26	27	28	29	30
B	C	A	A	C	D	A	A	C	B
31	32	33	34	35					
C	B	A	A	B					

二、填空题（30分）

（1）线性结构　　（2）n　　（3）结构化　　（4）数据库管理系统（或 DBMS）
（5）关系　　（6）AutoSize　　（7）result=result * x
（8）m　　（9）t　　（10）m<=39　　（11）4　　（12）70
（13）For Append As#1　　（14）"end"　　（15）ct,nt

2012 年 3 月全国计算机等级考试二级笔试试卷
Visual Basic 语言程序设计参考答案

一、选择题（每小题 2 分，共 70 分）

1	2	3	4	5	6	7	8	9	10
B	D	A	B	A	D	A	D	B	C
11	12	13	14	15	16	17	18	19	20
B	C	D	D	C	D	A	B	A	D
21	22	23	24	25	26	27	28	29	30
B	D	C	A	A	B	C	C	A	D
31	32	33	34	35					
B	A	D	C	C					

二、填空题（30分）

（1）n–1　　（2）29　　（3）数据操纵语言（或 DML）
（4）关系　　（5）面向对象方法　　（6）Output 或 Append
（7）#1　　（8）Button　　（9）down（或 down=True）
（10）Label1.Caption　　（11）List2.ListIndex　　（12）List2.AddItem List1.Text
（13）ch　　（14）temp　　（15）True

2012 年 3 月全国计算机等级考试二级上机试卷一

1. 基本操作（2 小题，每小题 15 分，共计 30 分）

请根据以下各小题的要求设计 Visual Basic 应用程序（包括界面和代码）。

（1）在名称为 Form1、标题为"电影制作"的窗体上画一个名称为 Cmb1、初始内容为空的下拉式组合框（可输入文本）。下拉列表中有"音频效果"、"视频效果"和"视频过渡"3 个表项内容。运行后的窗体如图所示。

注 意
  存盘时，将文件保存至"考生文件夹"下，且窗体文件名为 sjt1.frm，工程文件名为 sjt1.vbp。

（2）在名称为 Form1，标题为"椭圆练习"的窗体上，画一个名称为 shape1 的椭圆，其高为 800，宽为 1 200，左边距为 1 000。椭圆的边框是宽度为 5 的蓝色（&H00C00000&）实线，椭圆填充色为黄色（&H0000FFFF&）。再画出两个名称为 Command1 和 Command2、标题为"左移"和"右移"的命令按钮。如图所示。

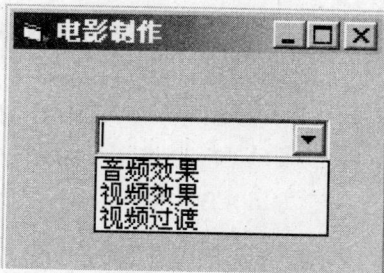

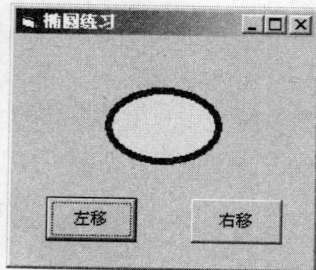

要求：编写两个按钮的 Click 事件过程，使得每单击"左移"按钮一次，椭圆向左移动 100，每单击"右移"按钮一次，椭圆向右移动 100。要求程序中不得使用变量，每个事件过程中只能写一条语句。

注 意
  存盘时，将文件保存至"考生文件夹"下，且窗体文件名为 sjt2.frm，工程文件名为 sjt2.vbp。

2. 简单应用题（2 小题，每小题 20 分，共计 40 分）

（1）考生文件夹下有一个工程文件 sjt3.vbp，其窗体中有一个红色方框和一个计时器控件。程序运行时，每隔半秒方框的颜色交替变为黄色和红色（黄色值为&HFFFF& ，红色值为&HFF&）。若单击鼠标右键，则停止变色；若单击鼠标左键，则方框左上角移到鼠标单击的位置处（见图）。请将事件过程中的注释符去掉，将把"?"改为正确的内容，以实现以上功能。

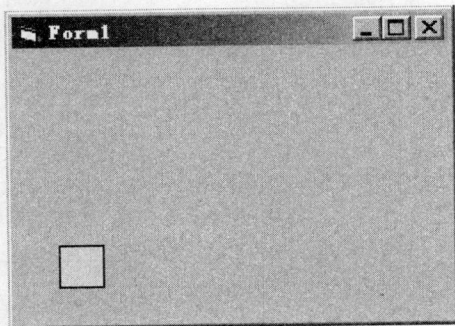

```
Private Sub Form_Load()
    Timer1.Enabled = True
'    Timer1.Interval = ?
End Sub

Private Sub Form_MouseDown(Button As Integer, Shift As Integer, X As Single, _
                          Y As Single)
    If Button = 1 Then
'        Shape1.Left = ?
'        Shape1.Top = ?
    End If
    If Button = 2 Then
'        Timer1.Enabled = ?
    End If
End Sub

Private Sub Timer1_Timer()
'    If Shape1.BackColor = ? Then
        Shape1.BackColor = &HFFFF&
    Else
        Shape1.BackColor = &HFF&
    End If
End Sub
```

（2）考生文件夹下有一个工程文件 sjt4.vbp。其窗口上有两个名称为 Command1 和 Command2、标题为"开始查找"和"重新输入"的命令按钮；有两个名称为 Text1 和 Text2、初始值均为空的文本框。

① 在 Text1 文本框中输入仅含字母和空格（空格用于分隔不同的单词）的字符串后，单击"开始查找"按钮，则可将输入字符串中最长的单词显示在 Text2 文本框中，如图所示。

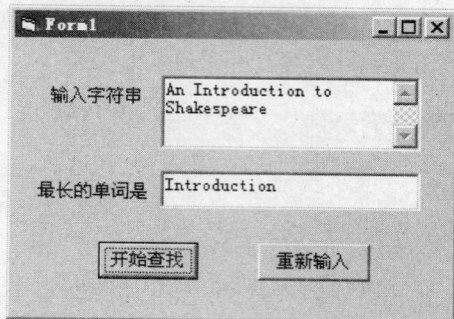

② 单击"重新输入"按钮，则清除 Text1 和 Text2 的内容，并将焦点设置在 Text1 文本框中，为下一次的输入做好准备。请将"开始查找"命令按钮 Click 事件过程中的注释符去掉，将把"?"改为正确的内容，以实现以上功能。

注 意

考生不得修改窗体文件已经存在的控件和程序，最后将程序按原文件名存盘。

```vb
Private Sub Command1_Click()
    Dim m As Integer, n As Integer    'n 存放最长单词的长度
    Dim s As String, word_s As String
    Dim word_max As String            'word_max 存放最长单词
    s = Trim(Text1.Text)
    Do While Len(s) > 0
      m = InStr(s, Space(1))
      If m = 0 Then
        ' word_s = ?
        s = ""
      Else
        word_s = Left(s, m - 1)       '分离出一个单词
        's = Mid(s, ? )               '剩余内容放入 s
      End If
      'If n < ? Then
        n = Len(word_s)
        word_max = word_s
      End If
    Loop
    'Text2.Text = ?
End Sub

Private Sub Command2_Click()
    Text1.Text = ""
```

```
    Text2.Text = ""
    Text1.SetFocus
End Sub
```

3. 综合应用（1 小题，计 30 分）

注 意
下面出现的"考生文件夹"均为 K:\。

考生文件夹下有一个工程文件 sjt5.vbp。其窗口上有两个名称为 Command1 和 Command2、标题为"读数据"和"排序"的命令按钮。有两个标题分别为"数组 A"和"数组 B"的标签。请将窗体标题设置为"完全平方数排序"；再画两个名称分别为 Text1 和 Text2、初始内容都为空的文本框，并可多行显示、有垂直滚动条，如图所示。程序功能如下：

（1）单击"读数据"按钮，把考生文件夹下的 in5.dat 文件中的 100 个正整数读入数组 A，并将它们显示在 Text1 文本框中。

（2）单击"排序"按钮，则首先将这 100 个数中的所有完全平方数放入数组 B 中，并将它们按降序排列显示在 Text2 文本框中。

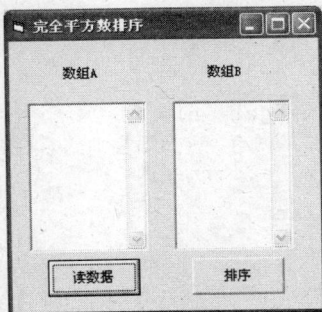

提 示
一个整数若是另一个整数的平方，那它就是完全平方数。如 $144=12^2$，所以 144 就是一个完全平方数。

要求：去掉注释符，把"?"改为正确的内容，并添加代码使得"排序"命令按钮的 Click 事件过程可以实现以上功能。

提 示
sort 过程可以把求出的完全平方数进行排序，可以直接调用。

注 意
考生不得修改窗体文件已经存在的控件和程序，在结束程序之前，必须进行排序，且须用窗体右上角的关闭按钮结束程序，否则无成绩。最后将程序按原文件名存盘。

```
Dim a(100) As Integer, b(100) As Integer
Private Sub Command1_Click()
    Dim k As Integer
    Open App.Path & "\in5.dat" For Input As #1
    For k = 1 To 100
```

```
        Input #1, a(k)
        Text1.Text = Text1.Text + Str(a(k))
    Next k
    Close #1
End Sub


Private Sub Command2_Click()
   Dim n As Integer
   '考生编写的代码



   '考生编写代码结束
' Call ?

   '以下程序将排序后的数组 B 显示在 Text2 中
   For k = 1 To n
       Text2.Text = Text2.Text + Str(b(k))
   Next k
End Sub

Private Sub sort(c() As Integer, n)
   For i = 1 To n
      For j = i To n
          If c(j) > c(i) Then
              tmp = c(j)
              c(j) = c(i)
              c(i) = tmp
          End If
      Next
   Next
End Sub

Private Sub Form_Unload(Cancel As Integer)
   Open App.Path & "\out5.dat" For Output As #1
   Print #1, Text2.Text
   Close #1
End Sub
```

2012 年 3 月全国计算机等级考试二级上机试卷二

1. 基本操作（2 小题，每小题 15 分，共计 30 分）

注 意

下面出现的"考生文件夹"均为 K:\。

请根据以下各小题的要求设计 VB 应用程序（包括界面和代码）。

（1）在名称为 Form1、标题为"考试"的窗体上画一个名称为 Combo1、初始内容为空的下拉式组合框。下拉列表中有"隶书"、"宋体"和"楷体"三个项目。运行的窗体如图所示。

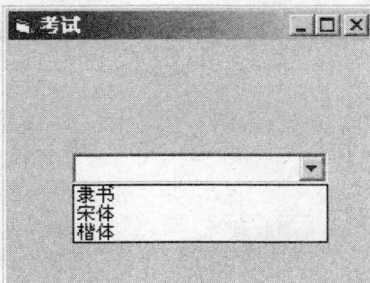

（2）在名称为 Form1 的窗体上画两个文本框，其名称分别为 Text1、Text2，初始内容都为空，显示为三号字，且 Text1 的初始状态为不可用。再画一个名称为 Command1、标题为"开始"的命令按钮。如图所示。

要求：编写适当的事件过程，使得单击"开始"按钮后，Text1 文本框变为可用状态，且在 Text1 文本框中输入字母串时，Text2 文本框中用大写字母形式显示 Text1 文本框中的内容。程序中不得使用变量，每个事件过程中只能写一条语句。

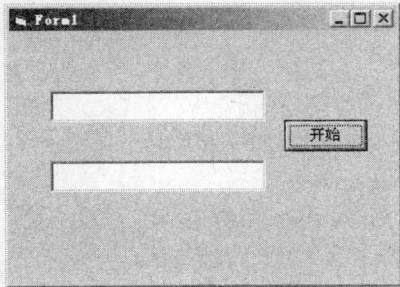

2．简单应用题（2 小题，每小题 20 分，共计 40 分）

（1）考生文件夹下有一个工程文件 sjt3.vbp，其功能是：

① 单击"读数据"按钮，则把考生文件夹下 in3.dat 文件中的 20 个整数读入数组 a 中，同时显示在 Text1 文件框中。

② 单击"变换"按钮，则数组 a 中元素的位置自动对调（即第一个数组元素与数组最后一个元素对调，第二个数组元素与倒数第二个数组元素对调……），并将位置调整后的数组显示在文本框 Text2 中。在窗体文件中已经给出了全部控件（见图），但程序不完整。

要求：完善程序使其实现上述功能。

─ 注 意 ─
考生不得修改窗体文件中已存在的控件和程序，在结束程序运行前，必须执行"变换"操作，且必须用窗体右上角的"关闭"按钮结束程序，否则无成绩。最后程序按原文件名存盘。

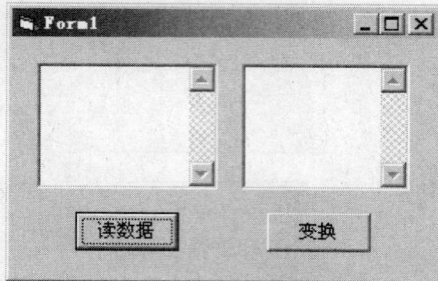

```
Dim a(20) As Integer
Private Sub Command1_Click()
    Dim k As Integer
    Open App.Path & "\in3.dat" For Input As #1
    For k = 1 To 20
        Input #1, a(k)
        Text1 = Text1 + Str(a(k)) + Space(2)
    Next k
    Close #1
End Sub


Private Sub Command2_Click()
  '考生编写




    '以下程序段将已变换的数组元素显示在 Text2 文本框中
    For k = 1 To 20
        Text2 = Text2 + Str(a(k)) + Space(2)
    Next k
End Sub

Private Sub Form_Unload(Cancel As Integer)
    Open App.Path & "\out3.dat" For Output As #1
    Print #1, Text2.Text
    Close #1
End Sub
```

（2）考生文件夹下有一个工程文件 sjt4.vbp，窗体上有两个标题分别为"读数据"和"统计"命令按钮，两个名称分别为 Text1 和 Text2、初始值为空的文件框，如图所示。

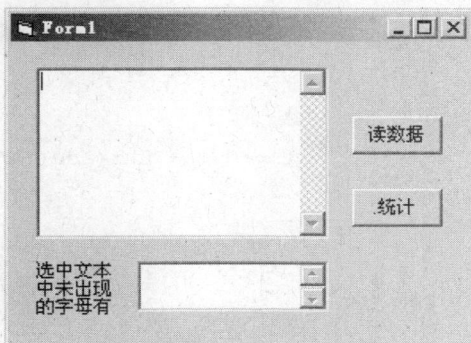

程序功能如下:

① 单击"读数据"按钮,则将考生文件夹下 in4.dat 文件的内容(该文件中仅含有字母和空格)显示在 Text1 文本框中。

② 在 Text1 文本框中选中内容后,单击"统计"按钮,则自动统计选中文本中从未出现过的字母(统计过程不区分大小写),并将这些字母以大写形式显示在 Text2 文本框中。

请将"统计"按钮 Click 事件过程中的注释符去掉,把"?"改为正确的内容,以实现上述程序功能。

注 意

考生不得修改窗体文件中已存在的控件和程序,最后把修改后的程序按原文件名存盘。

```
Option Base 1
Dim x As String, max_n As Integer
Private Sub Command1_Click()
  Open App.Path & "\in4.dat" For Input As #1
  s = Input(LOF(1), #1)
  Close #1
  Text1.Text = s
End Sub

Private Sub Command2_Click()
  Dim a(26) As Integer
  sl = Text1.SelLength
  st = Text1.SelText
  Text2.Text = ""
'  If  ?  Then
    MsgBox "请先选择文本!"
  Else
'    For i = 1 To ?
      c = Mid(st, i, 1)
      If c <> " " Then
        n = Asc(UCase(c)) - Asc("A") + 1
'        a(n) = ?
```

```
            End If
        Next
'       For i = 1 To ?
          If a(i) = 0 Then
              Text2.Text = Text2.Text + " " + Chr(Asc("A") + i - 1)
          End If
        Next
    End If
End Sub
```

3. 综合应用（1 小题，计 30 分）

> **注 意**
> 下面出现的"考生文件夹"均为 K:\。

考生文件夹下有一个工程文件 sjt5.vbp，在该工程文件中已经定义了一个学生记录类型数据 StudType。有三个标题分别为"学号"、"姓名"和"平均分"的标签；三个初始内容为空，用于接收学号、姓名和平均分的文本框 Text1、Text2 和 Text3；一个用于显示排序结果的图片框；两个标题分别为"添加"和"排序"的命令按钮，如图所示。

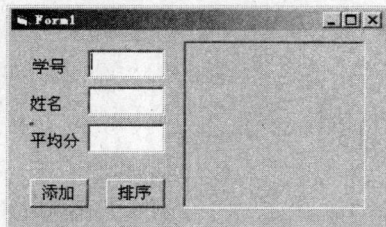

程序功能如下：

① 在 Text1、Text2 和 Text3 三个文本框中输入学号、姓名和平均分后，单击"添加"按钮，则将输入的内容存入自定义的学生记录类型数组 stud 中。（注意：最多只能输入 10 个学生信息，且学号不能为空）。

② 单击"排序"按钮，则将学生记录类型数组 stud 中存放的的学生信息，按平均分降序的排列方式显示在图片框中，每个学生一行，且显示三项信息。

请将"添加"、"排序"按钮的 Click 事件过程中的注释符去掉，把"?"改为正确的内容，以实现上述功能。

> **注 意**
> 考生不得修改窗体文件中已存在的控件和程序，最后程序按原文件名存盘。

```
'学生记录类型模块:
Type StudType
    Num As String * 6          '学号
    Name As String * 8         '姓名
    Average  As Single         '平均分
End Type

Option Base 1
Dim n%, tag_in%
Dim stud(1 To 10)  As StudType
```

```
Private Sub Command1_Click()
    If n < 10 Then
        tag_in = 0
        n = n + 1
    Else
        tag_in = 1
        MsgBox "输入的学生人数已超过数组声明的个数！"
    End If
    If tag_in = 0 Then
        If Text1 = "" Then
            MsgBox "学号不能为空，请重输！"
'            n =?
        Else
'            ? = Text1
            stud(n).Name = Text2
            stud(n).Average = Val(Text3)
        End If
    End If
    Text1 = "": Text2 = "": Text3 = ""
End Sub
Private Sub Command2_Click()
Dim t As StudType
    Picture1.Cls
    For j = 1 To n - 1
'       For k = ? To n
'           If stud(k).Average > stud(j).? Then
                t = stud(k)
'               stud(k) = ?
                stud(j) = t
            End If
        Next k
    Next j
    For j = 1 To n
        Picture1.Print stud(j).Num; stud(j).Name; stud(j).Average
    Next j
End Sub
```

2012 年 3 月全国计算机等级考试二级上机试卷三

1. 基本操作（2 小题，每小题 15 分，共计 30 分）

── 注 意 ──────────────────────────────
　下面出现的"考生文件夹"均为 K:\。

请根据以下各小题的要求设计 Visual Basic 应用程序（包括界面和代码）。

（1）在名称为 Form1 的窗体上画一个名称为 Shape1 的形状控件，要求在属性窗口中将其形状设置为椭圆，其长轴（水平方向）、短轴（垂直方向）的长度分别为 1 600、800。把窗体的标题改为"Shape 控件"，窗体上没有最大化、最小化按钮。程序运行后的窗体如图所示。

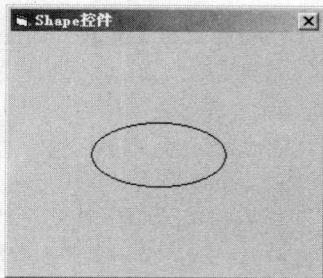

注意

存盘时必须存放在考生文件夹下，工程文件名为 sjt1.vbp，窗体文件名为 sjt1.frm。

（2）在名称为 Form1 的窗体上画一个名称为 HS 的水平滚动条，最大值为 100，最小值为 1。再画一个名称为 List1 的列表框，在属性窗口中输入列表项的值，分别为 1 000、1 500、2 000，如图所示。请编写适当的程序，使得运行程序时，当选择列表框中的某一项，将水平滚动条的长度改变为所选中的值。要求程序中不得使用变量，每个事件过程中只能写一条语句。

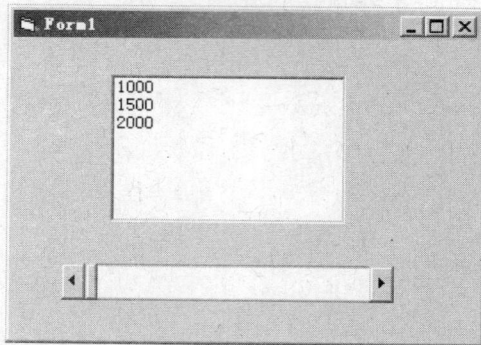

注意

存盘时必须存放在考生文件夹下，工程文件名为 sjt2.vbp，窗体文件名为 sjt2.frm。

2. 简单应用题（2 小题，每小题 20 分，共计 40 分）

注意

下面出现的"考生文件夹"均为 K:\。

（1）考生文件夹中有一个工程文件 sjt3.vbp。运行程序时，先向文本框 Text1 中输入一个不超过 10 的正整数，然后选择"N 的阶乘"或"（N+2）的阶乘"单选按钮，即可进行计算，计算结果显示在文本框 Text2 中，如图所示。在给出的窗体文件中已添加了全部控件，但程序不完整。要求去掉程序中的注释符，把程序中的"？"改为正确的内容。

注意

不能修改程序的其他部分和控件属性。最后把修改后的文件按原文件名存盘。

```
Private Sub Option1_Click(Index As Integer)
    Dim n As Integer
```

```
    n = Val(Text1.Text)
'    Select Case ?
        Case 0
'            Text2.Text = f1(?)
        Case 1
'            Text2.Text = f1(?)
    End Select
End Sub

Public Function f1(n As Integer) As Long
    Dim x As Long
    x = 1
'    For i = 1 To ?
      x = x * i
    Next
'    ? = x
End Function
```

（2）考生文件夹中有一个工程文件 sjt4.vbp。该程序的功能是将文件 in4.txt 中的文本读出并显示在文本框 Text1 中。在文本框 Text2 中输入一个英文字母，然后单击"统计"命令按钮，统计该字母（大小写被认为是不同的字母）在文本中出现的次数，统计结果显示在标签 Label3 中。

给出的窗体文件中已经有了全部控件，如图所示。程序不完整，要求去掉程序中的注释符，把程序中的"?"改为正确的内容。

注　意

不能修改程序的其他部分和控件属性。最后把修改后的文件按原文件名存盘。

```
Private Sub Form_Load()
    Open App.Path & "\in4.txt" For Input As #1
    Line Input #1, s
'    Text1.Text = ?
    Close #1
End Sub

Private Sub Command1_Click()
    Dim n As Integer
    s = Text1.Text
    s1 = RTrim(Text2.Text)
    Do
```

```
'         p = InStr( ? )
          If p <> 0 Then n = n + 1
          s = Mid(s, p + 1)
'      Loop While p ? 0
'      Label3.Caption = ?
End Sub
```

3. 综合应用（1 小题，计 30 分）

考生文件夹中有一个工程文件 sjt5.vbp，其窗体上有一个文本框，名称为 Text1；还有两个命令按钮，名称分别为 C1、C2，标题分别为"计算"、"存盘"，如图所示。有一个函数过程 isprime(a)可以在程序中直接调用，其功能是判断参数 a 是否为素数，如果是素数，则返回 True，否则返回 False。

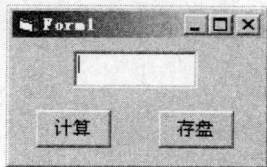

请编写适当的事件过程，使得在运行时，单击"计算"按钮，则找出小于 18 000 的最大素数，并显示在 Text1 中；单击"存盘"按钮，则把 Text1 中的计算结果存入考生文件夹下的 out5.txt 文件中。

> ── 注 意 ──
> 考生不得修改 isprime()函数过程和控件的属性，必须把计算结果通过"存盘"按钮存入 out5.txt 文件中，否则无成绩。

```
Private Function isprime(a As Integer) As Boolean
    Dim flag As Boolean
    flag = True
    b% = 2
    Do While b% <= Int(a / 2) And flag
        If Int(a / b%) = a / b% Then
            flag = False
        Else
            b% = b% + 1
        End If
    Loop
    isprime = flag
End Function
'考生编写



'考生编写结束
```

2012 年 3 月全国计算机等级考试二级上机试卷四

1. 基本操作（2 小题，每小题 15 分，共计 30 分）

> ── 注 意 ──
> 下面出现的"考生文件夹"均为 K:\。

请根据以下各小题的要求设计 Visual Basic 应用程序（包括界面和代码）。

（1）在名称为 Form1、标题为"列表框练习"的窗体上画一个名称为 List1 的列表框，表项内容依次输入 xxx、ddd、mmm、aaa，且以宋体 14 号字显示表项内容，如图 1 所示。最后设置相应属性，使运行后列表框中的表项按字母升序方式排列，如图 2 所示。

图 1　　　　　　　　　图 2

（2）在名称为 Form1 的窗体上，画一个名称为 Label1 的标签，其标题为"计算机等级考试"，字体为宋体，字号为 12，且能根据标题内容自动调整标签的大小。再画两个名称分别为 Command1、Command2，标题分别为"缩小"和"还原"的命令按钮，如图所示。

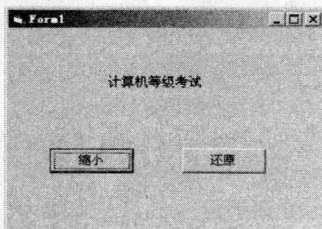

要求：编写适当的事件过程，使得单击"缩小"按钮，Label1 中所显示的标题内容自动减小 2 个字号；单击"还原"按钮，Label1 所显示的标题内容的大小自动恢复到 12 号。

—注 意—
　　存盘时必须存放在考生文件夹下，工程文件名为 sjt2.vbp，窗体文件名为 sjt2.frm。要求程序中不得使用变量，每个事件过程中只能写一条语句。

2. 简单应用题（2 小题，每小题 20 分，共计 40 分）

—注 意—
　　下面出现的"考生文件夹"均为 K:\。

（1）考生文件夹下的工程文件 sjt3.vbp 中有一个初始内容为空且带有垂直滚动条的文本框，其名称为 Text1；两个标题分别为"读数据"和"查找"的命令按钮，其名称分别为 Cmd1、Cmd2。请画一个标题为"查找结果"的标签 Label1，再画一个名称为 Text2、初始内容为空的文本框，如图所示。

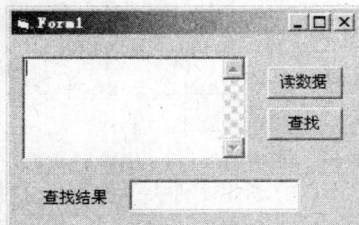

程序功能如下：

① 单击"读数据"按钮，则将考生文件夹下 in3.dat 文件中已按升序排列的 30 个整数读入一维数组 a 中，并同时显示在 Text1 文本框内。

② 单击"查找"按钮，将弹出输入框接收用户输入的任意一个偶数，若接收的数为奇数，

则提示重新输入。如果接收的偶数超出一维数组 a 的数值范围，则无须进行相应查找工作，直接在 Text2 内给出结果；否则，在一维数组 a 中查找该数，并根据查找结果在 Text2 文本框内显示相应信息。命令按钮的 Click 事件过程已给出，但"查找"按钮的 Click 事件过程不完整，请将其中的注释符去掉，把"?"改为正确的内容，以实现上述程序功能。

注 意

不能修改程序的其他部分和已存在的控件，最后把修改后的文件按原文件名存盘。

```
Option Base 1
Dim a(30) As Integer
Private Sub Cmd1_Click()
        Open App.Path & "\in3.dat" For Input As #1
    For m = 1 To 30
      Input #1, a(m)
      Text1 = Text1 + Str(a(m)) + Space(2)
    Next m
    Close #1
End Sub
Private Sub Cmd2_Click()
    Dim num As Integer, n As Integer
    num = InputBox("请输入待查找的数")
    ' If num / 2  ?  Fix(num / 2) Then
        MsgBox "输入数为奇数，请重输! ", , "检查"
        Exit Sub
    End If
    ' If num < a(1)  ?  num > a(30) Then
        Text2.Text = Str(num) + "已超出所给数值范围"
        Exit Sub
    End If
    For n = 1 To 30
      ' If a(n) =  ?  Then
          Text2.Text = Str(num) + "是数组中的第" + Str(n) + "个值"
          Exit For
      End If
    Next n
    'If n  ?  30 Then
        Text2.Text = Str(num) + "不存在于数组中"
    End If
End Sub
```

（2）考生文件夹下的工程文件 sjt4.vbp 中有一个初始内容为空的文本框 Text1，一个包含三个元素的文本框控件数组 Text2，两个标题分别是"读数据"和"统计"的命令按钮，两个分别含有三个元素的标签控件数组 Label1、Label2，如图所示。

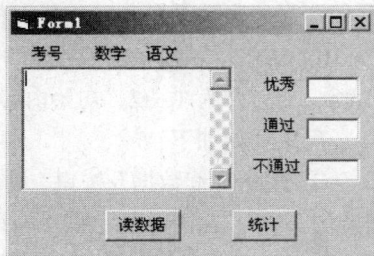

程序功能如下：

① 考生文件夹下的 in4.dat 文件中存有 20 个考生的考号及数学和语文单科考试成绩。单击"读数据"按钮，可以将 in4.dat 文件内容读入到 20 行 3 列的二维数组 a 中，并同时显示在 Text1 文本框内。

② 单击"统计"按钮，则对考生数学和语文的平均分在"优秀"、"通过"和"不通过"三个分数段的人数进行统计，并将人数统计结果显示在控件数组 Text2 中相应的位置。其中，平均分在 85 分以上（含 85 分）为"优秀"，平均分在 60～85 分之间（含 60 分）为"通过"，平均分在 60 分以下为"不通过"。命令按钮的 Click 事件过程已经给出，但"统计"按钮的 Click 事件过程不完整，请将其中的注释符去掉，把"?"改为正确的内容，以实现上述程序功能。

> **注 意**
> 不能修改程序的其他部分和已存在的控件，最后把修改后的文件按原文件名存盘。

```
Option Base 1
Dim a(20, 3) As Integer
Private Sub Command1_Click()
    Open App.Path & "\in4.dat" For Input As #1
    For i = 1 To 20
      For j = 1 To 3
        Input #1, a(i, j)
        Text1 = Text1 + Str(a(i, j)) + Space(4)
      Next j
      Text1 = Text1 + Chr(13) + Chr(10)
    Next i
    Close #1
End Sub
Private Sub Command2_Click()
  Dim x(3) As Integer
  For i = 1 To 20
'     ? = (a(i, 2) + a(i, 3)) / 2
      Select Case Avg
'        Case ?
           x(1) = x(1) + 1
'        Case ?
           x(2) = x(2) + 1
         Case Is < 60
           x(3) = x(3) + 1
'      ?
  Next i
  For n = 1 To 3
'    Text2( ? ) = x(n + 1)
  Next n
End Sub
```

3. 综合应用（1 小题，计 30 分）

考生文件夹下的工程文件 sjt5.vbp 中有一个初始内容为空的文本框 Text1，两个标题分别为"读数据"和"计算"的命令按钮；请画一个标题为"各行平均数的最大值为"的标签 Label2，再画一个初始内容为空的文本框 Text2，如图所示。程序功能如下：

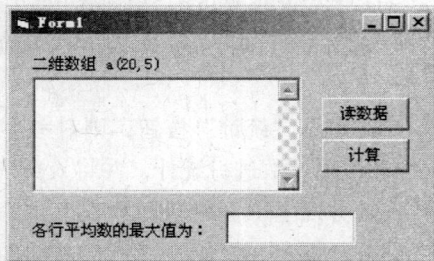

① 单击"读数据"按钮，则将考生文件夹下的 in5.dat 文件内容读入到 20 行 5 列的二维数组 a 中，并同时显示在 Text1 文本框内。

② 单击"计算"按钮，则自动统计二维数组 a 中各行的平均数，并将这些平均数中最大值显示在 Text2 文本框内。

"读数据"按钮的 Click 事件过程已经给出，请编写"计算"按钮的 Click 事件过程实现上述功能。

— 注 意 —

考生不得修改窗体文件中已存在的控件和程序，在结束程序运行之前，必须进行"计算"，且必须用窗体右上角的关闭按钮结束程序，否则无成绩。最后，程序按原文件名存盘。

```
Option Base 1
Dim a(20, 5) As Integer
Private Sub Command1_Click()
    Open App.Path & "\in5.dat" For Input As #1
    For i = 1 To 20
      For j = 1 To 5
          Input #1, a(i, j)
          Text1 = Text1 + Str(a(i, j)) + Space(2)
      Next j
      Text1 = Text1 + Chr(13) + Chr(10)
    Next i
    Close #1
End Sub


Private Sub Command2_Click()
    '考生编写



    '考生编写结束
End Sub


Private Sub Form_Unload(Cancel As Integer)
    Open App.Path & "\out5.dat" For Output As #1
    Print #1, Text2.Text
    Close #1
End Sub
```

2012 年 3 月全国计算机等级考试二级上机试卷五

1. 基本操作（2 小题，每小题 15 分，共计 30 分）

注 意

　　下面出现的"考生文件夹"均为 K:\。

请根据以下各小题的要求设计 Visual Basic 应用程序（包括界面和代码）。

（1）在名称为 Form1 的窗体上面画一个名称为 Label1 的标签，并设置适当的属性以满足以下要求：

① 标签的内容为"计算机等级考试"；

② 标签可根据显示内容自动调整其大小；

③ 标签带有边框，且标签内容显示为三号字。

运行后的窗体如图所示。

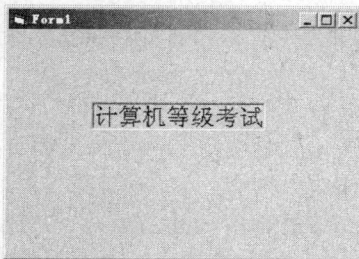

注 意

　　存盘时必须放在考生文件夹下，工程文件名为 sjt1.vbp，窗体文件名为 sjt1.frm。

（2）在名称为 Form1 的窗体上面一个名称为 HScroll1 的水平滚动条，其刻度范围为 1～100；再画一个名称为 Text1 的文本框，初始内容为 1。请编写适当的事件过程，使得程序运行时，文本框中实时显示滚动框的当前位置。运行情况如图所示。

要求：程序中不得使用变量，每个事件过程中只能写一条语句。

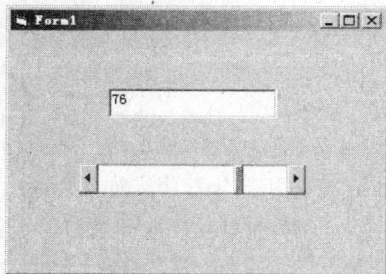

注 意

　　存盘时必须存放在考生文件夹下，工程文件名为 sjt2.vbp,窗体文件名为 sjt2.frm。

2. 简单应用题（2 小题，每小题 20 分，共计 40 分）

注 意

　　下面出现的"考生文件夹"均为 K:\。

（1）考生文件夹下有一个工程文件 sjt3.vbp。窗体上有名称为 Timer1 的定时器，以及名称为 Line1 和 Line2 的两条水平直线。

请用名称为 Shape1 的形状控件，在两条直线之间画一个宽和高都相等的形状，其显示形式为圆，并设置适当属性使其满足以下要求：

① 圆的顶端距窗体 Form1 顶端的距离为 360。

② 圆的颜色为红色（红色对应的值为 %H000000FF& 或 &HFF&），如图所示。

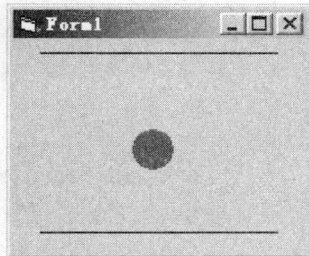

程序运行时，Shape1 将在 Line1 和 Line2 之间运动。当 Shape1 的顶端到达 Line1 时，会自动改变方而向下运动；当 Shape1 的底部到达 Line2 时，会改变方向而向上运动。

文件中给出的程序不完整，请去掉程序中的注释符，把程序中的"?"改为正确内容，使其实现上述功能。

注 意

不能修改程序的其他部分和已给出控件的属性，最后将修改后的文件按原文件名存盘。

```
Dim s As Integer, h As Long
Private Sub Form_Load()
'   Timer1.Enabled = ?
    s = -40
End Sub


Private Sub Timer1_Timer()
    Shape1.Move Shape1.Left, Shape1.Top + s
'   If Shape1.Top <= ? Then
        s = -s
    End If
'   If Shape1.Top + ? >= Line2.Y1 Then
        s = -s
    End If
End Sub
```

（2）考生文件夹下有一个工程文件 sjt4.vbp，包含了所有控件和部分程序，如图所示。程序功能如下：

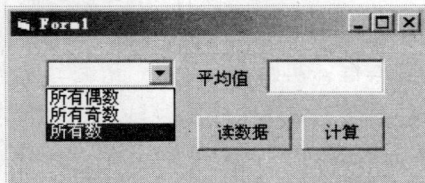

① 单击"读数据"按钮，可将考生文件夹下 in4.dat 文件中的 100 个整数读到数组 a 中。

② 单击"计算"按钮，则根据从名称为 Combo1 的组合框中选中的项目，对数组 a 中的数据计算平均值，并将计算结果四舍五入取整后显示在文本框 Text1 中。

"读数据"按钮的 Click 事件过程已经给出，请为"计算"按钮编写适当的事件过程实现上述功能。

注 意

不得修改已经存在的控件和程序，在结束程序运行之前，必须进行一次计算，且必须用窗体右上角的关闭按钮结束程序，否则无成绩。最后，程序按原文件名存盘。

```
Dim a(100) As Integer
Private Sub Command1_Click()
    Dim k As Integer
    Open App.Path & "\in4.dat" For Input As #1
    For k = 1 To 100
        Input #1, a(k)
    Next k
    Close #1
```

```
End Sub

Private Sub Command2_Click()
'考生编写



'考生编写结束
End Sub

Private Sub Form_Unload(Cancel As Integer)
    Open App.Path & "\out4.dat" For Output As #1
    Print #1, Combo1.Text; Text1.Text
    Close #1
End Sub
```

3. 综合应用（1 小题，计 30 分）

考生文件夹下有一个工程文件 sjt5.vbp，相应的窗体文件为 sjt5.frm，此外还有一个名为 datain.txt 的文本文件，其内容如下：

```
43   76   58   28   12   98   57   31   42   53   64   75
86   97   13   24   35   46   57   68   79   80   59   37
```

程序运行后单击窗体，将文件 datain.txt 中的数据输入到二维数组 Mat 中，在窗体上按 5 行 5 列的矩阵形式显示出来，然后交换矩阵第二列和第四列的数据，并在窗体上输出交换后的矩阵，如图所示。在窗体的代码窗口中，已给出了部分程序，这个程序不完整，请把它补充完整，并能正确运行。

要求：去掉程序中的注释符，把程序中的"?"改为正确的内容（可以是多行），使其实现上述功能，但不能修改程序中的其他部分，最后把修改后的文件按原文件名存盘。

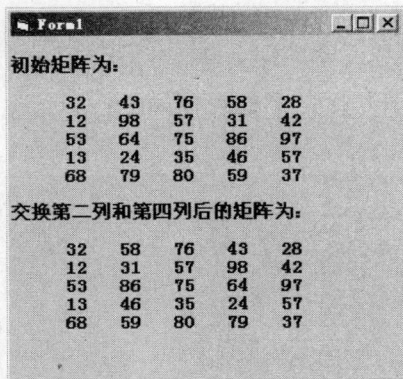

```
初始矩阵为:

    32    43    76    58    28
    12    98    57    31    42
    53    64    75    86    97
    13    24    35    46    57
    68    79    80    59    37

交换第二列和第四列后的矩阵为:

    32    58    76    43    28
    12    31    57    98    42
    53    86    75    64    97
    13    46    35    24    57
    68    59    80    79    37
```

```
Option Base 1
Private Sub Form_Click()
    Const N = 5
    Const M = 5
```

```
'    Dim  ?
   Dim i, j, t
'    Open App.Path & "\" & "datain.txt"  ?  As #1
   For i = 1 To N
     For j = 1 To M
'          ?
     Next j
   Next i
   Close #1
   Print
   Print "初始矩阵为: "
   Print
   For i = 1 To N
     For j = 1 To M
       Print Tab(5 * j); Mat(i, j);
     Next j
     Print
   Next i
   For i = 1 To N
     t = Mat(i, 2)
     Mat(i, 2) = Mat(i, 4)
'       ?
   Next i
   Print
   Print "交换第二列和第四列后的矩阵为: "
   Print
   For i = 1 To N
     For j = 1 To M
       Print Tab(5 * j); Mat(i, j);
     Next j
     Print
   Next i
End Sub
```

2012 年 3 月全国计算机等级考试二级上机试卷一

参 考 答 案

1. 基本操作（2 小题，每小题 15 分，共计 30 分）

（1）窗体界面设计及属性设置：

本题中用到的相关控件及属性

控 件	属 性	设 置 值
组合框	Name	Cmb1
	List	音频效果 视频效果 视频过渡
	Style	0
窗体	Name	Form1
	Caption	电影制作

（2）代码如下：

```
Private Sub Command1_Click()
    Shape1.Left = Shape1.Left - 100
End Sub
Private Sub Command2_Click()
    Shape1.Left = Shape1.Left + 100
End Sub
```

2. 简单应用题（2 小题，每小题 20 分，共计 40 分）

（1）代码如下：

```
Private Sub Form_Load()
    Timer1.Enabled = True
    Timer1.Interval = 500
End Sub
Private Sub Form_MouseDown(Button As Integer, Shift As Integer, X As Single, _
                            Y As Single)
```

```
    If Button = 1 Then
        Shape1.Left = X
        Shape1.Top = Y
    End If
    If Button = 2 Then
        Timer1.Enabled = False
    End If
End Sub


Private Sub Timer1_Timer()
    If Shape1.BackColor = &HFF& Then
        Shape1.BackColor = &HFFFF&
    Else
        Shape1.BackColor = &HFF&
    End If
End Sub
```

（2）代码如下：

```
Private Sub Command1_Click()
    Dim m As Integer, n As Integer      'n存放最长单词的长度
    Dim s As String, word_s As String
    Dim word_max As String              'word_max存放最长单词
    s = Trim(Text1.Text)
    Do While Len(s) > 0
        m = InStr(s, Space(1))
        If m = 0 Then
        word_s = s
            s = ""
        Else
            word_s = Left(s, m - 1)     '分离出一个单词
            s = Mid(s, m + 1)           '剩余内容放入s
        End If
        If n < Len(word_s) Then
            n = Len(word_s)
            word_max = word_s
        End If
    Loop
    Text2.Text = word_max
End Sub


Private Sub Command2_Click()
    Text1.Text = ""
    Text2.Text = ""
    Text1.SetFocus
End Sub
```

3. 综合应用题

代码如下：

```
Dim a(100) As Integer, b(100) As Integer
Private Sub Command1_Click()
    Dim k As Integer
    Open App.Path & "\in5.dat" For Input As #1
    For k = 1 To 100
        Input #1, a(k)
        Text1.Text = Text1.Text + Str(a(k))
    Next k
    Close #1
End Sub
Private Sub Command2_Click()
    Dim n As Integer
'考生编写的代码
    n = 100
    For i = 1 To n
      b(i) = a(i)
    Next i
'考生编写代码结束
    Call sort(b(), 100)

    '以下程序将排序后的数组 B 显示在 Text2 中
    For k = 1 To n
        Text2.Text = Text2.Text + Str(b(k))
    Next k
End Sub

Private Sub sort(c() As Integer, n)
    For i = 1 To n
        For j = i To n
            If c(j) > c(i) Then
                tmp = c(j)
                c(j) = c(i)
                c(i) = tmp
            End If
        Next
    Next
End Sub

Private Sub Form_Unload(Cancel As Integer)
    Open App.Path & "\out5.dat" For Output As #1
    Print #1, Text2.Text
    Close #1
End Sub
```

2012 年 3 月全国计算机等级考试二级上机试卷二
参 考 答 案

1. **基本操作**（2 小题，每小题 15 分，共计 30 分）

（1）窗体界面设计及属性设置：

本题中用到的相关控件及属性

控　件	属　　性	设　置　值
组合框	Name	Combo1
	List	隶书 宋体 楷体
	Style	0
窗体	Name	Form1
	Caption	考试

（2）代码如下：

```
Private Sub Command1_Click()
    Text1.Enabled = True
End Sub
Private Sub Text1_Change()
    Text2.Text = UCase(Text1.Text)
End Sub
```

2. **简单应用题**（2 小题，每小题 20 分，共计 40 分）

（1）代码如下：

```
Dim a(20) As Integer
Private Sub Command1_Click()
    Dim k As Integer
    Open App.Path & "\in3.dat" For Input As #1
    For k = 1 To 20
        Input #1, a(k)
        Text1 = Text1 + Str(a(k)) + Space(2)
    Next k
    Close #1
End Sub
Private Sub Command2_Click()
    '考生编写
    Dim temp As String
    Dim n As Integer
    Dim a() As String
    a = Split(Text1.Text, Space(2))
```

```
   n = UBound(a)
   For i = n - 1 To 0 Step -1
     a(i + 1) = a(i)
   Next i
   For i = 1 To n \ 2
     temp = a(i)
     a(i) = a(n - i + 1)
     a(n - i + 1) = temp
   Next i
   '以下程序段将已变换的数组元素显示在 Text2 文本框中
   For k = 1 To 20
     Text2 = Text2 + Str(a(k)) + Space(2)
   Next k
End Sub
Private Sub Form_Unload(Cancel As Integer)
   Open App.Path & "\out3.dat" For Output As #1
   Print #1, Text2.Text
   Close #1
End Sub
```

（2）代码如下：

```
Option Base 1
Dim x As String, max_n As Integer
Private Sub Command1_Click()
   Open App.Path & "\in4.dat" For Input As #1
   s = Input(LOF(1), #1)
   Close #1
   Text1.Text = s
End Sub
Private Sub Command2_Click()
   Dim a(26) As Integer
   sl = Text1.SelLength
   st = Text1.SelText
   Text2.Text = ""
   If Len(st) = 0 Then
      MsgBox "请先选择文本！"
   Else
      For i = 1 To Len(st)
         c = Mid(st, i, 1)
         If c <> " " Then
            n = Asc(UCase(c)) - Asc("A") + 1
            a(n) = 1
         End If
      Next
```

```
         For i = 1 To 26
            If a(i) = 0 Then
               Text2.Text = Text2.Text + " " + Chr(Asc("A") + i - 1)
            End If
         Next
      End If
End Sub
```

3. 综合应用题

代码如下：

```
Option Base 1
Dim n%, tag_in%
Dim stud(1 To 10)  As StudType
Private Sub Command1_Click()
   If n < 10 Then
      tag_in = 0
      n = n + 1
   Else
      tag_in = 1
      MsgBox "输入的学生人数已超过数组声明的个数！"
   End If
   If tag_in = 0 Then
      If Text1 = "" Then
         MsgBox "学号不能为空，请重输！"
         n = n - 1
      Else
         stud(n).Num = Text1
         stud(n).Name = Text2
         stud(n).Average = Val(Text3)
      End If
   End If
   Text1 = "": Text2 = "": Text3 = ""
End Sub
Private Sub Command2_Click()
Dim t As StudType
   Picture1.Cls
   For j = 1 To n - 1
     For k = j + 1 To n
       If stud(k).Average > stud(j).Average Then
          t = stud(k)
          stud(k) = stud(j)
          stud(j) = t
       End If
     Next k
```

```
   Next j
   For j = 1 To n
      Picture1.Print stud(j).Num; stud(j).Name; stud(j).Average
   Next j
End Sub
```

2012 年 3 月全国计算机等级考试二级上机试卷三
参 考 答 案

1. 基本操作（2 小题，每小题 15 分，共计 30 分）

（1）窗体界面设计及属性设置：

本题中用到的相关控件及属性

控　件	属　性	设　置　值
图形	Name	Shape1
	Width	1600
	Hight	800
	BorderStyle	3-Fixed
窗体	Name	Form1
	Caption	Shape 控件

（2）代码如下：

```
Private Sub List1_Click()
    HS.Width = List1.List(List1.ListIndex)
End Sub
```

2. 简单应用题（2 小题，每小题 20 分，共计 40 分）

（1）代码如下：

```
Private Sub Option1_Click(Index As Integer)
    Dim n As Integer
    n = Val(Text1.Text)
    Select Case Index
        Case 0
            Text2.Text = f1(n)
        Case 1
            Text2.Text = f1(n + 2)
    End Select
End Sub
Public Function f1(n As Integer) As Long
    Dim x As Long
    x = 1
    For i = 1 To n
```

```
        x = x * i
    Next
    f1 = x
End Function
```

（2）代码如下：

```
Private Sub Form_Load()
    Open App.Path & "\in4.txt" For Input As #1
    Line Input #1, s
    Text1.Text = s
    Close #1
End Sub
Private Sub Command1_Click()
    Dim n As Integer
    s = Text1.Text
    s1 = RTrim(Text2.Text)
    Do
      p = InStr(s, s1)
        If p <> 0 Then n = n + 1
        s = Mid(s, p + 1)
    Loop While p > 0
    Label3.Caption = n
End Sub
```

3. 综合应用题

代码如下：

```
Private Function isprime(a As Integer) As Boolean
    Dim flag As Boolean
    flag = True
    b% = 2
    Do While b% <= Int(a / 2) And flag
        If Int(a / b%) = a / b% Then
            flag = False
        Else
            b% = b% + 1
        End If
    Loop
    isprime = flag
End Function
'考生编写
Private Sub C1_Click()
    Dim i As Integer
    For i = 18000 To 2 Step -1
        If isprime(i) Then
            Text1.Text = i
```

```
        Exit For
      End If
    Next i
End Sub

Private Sub C2_Click()
    Open "out5.txt" For Output As #1
    Print #1, Text1.Text
    Close
End Sub
'考生编写结束
```

2012 年 3 月全国计算机等级考试二级上机试卷四
参 考 答 案

1. **基本操作**（2 小题，每小题 15 分，共计 30 分）

（1）窗体界面设计及属性设置：

本题中用到的相关控件及属性

控 件	属 性	设 置 值
列表框	Name	List1
	Font	宋体，14
	List	aaa
		ddd
		mmm
		xxx
窗体	Name	Form1
	Caption	列表框练习

（2）代码如下：

```
Private Sub Command1_Click()
    Label1.Font.Size = Label1.Font.Size - 2
End Sub
Private Sub Command2_Click()
    Label1.Font.Size = 12
End Sub
```

2. **简单应用题**（2 小题，每小题 20 分，共计 40 分）

（1）代码如下：

```
Option Base 1
Dim a(30) As Integer
Private Sub Cmd1_Click()
    Open App.Path & "\in3.dat" For Input As #1
```

```
      For m = 1 To 30
         Input #1, a(m)
         Text1 = Text1 + Str(a(m)) + Space(2)
      Next m
      Close #1
   End Sub


   Private Sub Cmd2_Click()
      Dim num As Integer, n As Integer
      num = InputBox("请输入待查找的数")
        If num / 2 < Fix(num / 2) Then
          MsgBox "输入数为奇数，请重输! ", , "检查"
          Exit Sub
      End If
      If num < a(1) Or num > a(30) Then
          Text2.Text = Str(num) + "已超出所给数值范围"
          Exit Sub
      End If
      For n = 1 To 30
          If a(n) = Val(num) Then
           Text2.Text = Str(num) + "是数组中的第" + Str(n) + "个值"
           Exit For
        End If
      Next n
        If n > 30 Then
          Text2.Text = Str(num) + "不存在于数组中"
      End If
   End Sub
```
（2）代码如下：
```
Option Base 1
Dim a(20, 3) As Integer
Private Sub Command1_Click()
   Open App.Path & "\in4.dat" For Input As #1
   For i = 1 To 20
     For j = 1 To 3
        Input #1, a(i, j)
        Text1 = Text1 + Str(a(i, j)) + Space(4)
     Next j
     Text1 = Text1 + Chr(13) + Chr(10)
   Next i
   Close #1
End Sub
Private Sub Command2_Click()
```

```
    Dim x(3) As Integer
    For i = 1 To 20
      Avg = (a(i, 2) + a(i, 3)) / 2
        Select Case Avg
            Case Is >= 85
                x(1) = x(1) + 1
            Case Is >= 60
                x(2) = x(2) + 1
            Case Is < 60
                x(3) = x(3) + 1
        End Select
    Next i
    For n = 0 To 2
      Text2(n) = x(n + 1)
    Next n
End Sub
```

3. 综合应用题

代码如下：

```
Option Base 1
Dim a(20, 5) As Integer
Private Sub Command1_Click()
    Open App.Path & "\in5.dat" For Input As #1
    For i = 1 To 20
      For j = 1 To 5
          Input #1, a(i, j)
          Text1 = Text1 + Str(a(i, j)) + Space(2)
      Next j
      Text1 = Text1 + Chr(13) + Chr(10)
    Next i
    Close #1
End Sub

Private Sub Command2_Click()
    '考生编写
    Max = 0
    For i = 1 To 20
        Sum = 0
        For j = 1 To 5
          Sum = Sum + a(i, j)
        Next j
        Avg = Sum / 5
        If Max < Avg Then
            Max = Avg
```

```
        row = i
      End If
    Next i
    Text2.Text = Max
    '考生编写结束
End Sub

Private Sub Form_Unload(Cancel As Integer)
    Open App.Path & "\out5.dat" For Output As #1
    Print #1, Text2.Text
    Close #1
End Sub
```

2012 年 3 月全国计算机等级考试二级上机试卷五

参 考 答 案

1. 基本操作（2 小题，每小题 15 分，共计 30 分）

（1）窗体界面设计及属性设置：

本题中用到的相关控件及属性

控　件	属　性	设　置　值
标签	Name	Label1
	Font	"三号"
	AutoSize	True
	BorderStyle	1–Fixed
	Caption	计算机等级考试
窗体	Name	Form1
	Caption	Form1

（2）代码如下：

```
Private Sub HScroll1_Change()
    Text1.Text = HScroll1.Value
End Sub
```

2. 简单应用题（2 小题，每小题 20 分，共计 40 分）

（1）代码如下：

```
Dim s As Integer, h As Long
Private Sub Form_Load()
    Timer1.Enabled = True
    s = -40
End Sub
Private Sub Timer1_Timer()
```

```
    Shape1.Move Shape1.Left, Shape1.Top + s
    If Shape1.Top <= Line1.Y1 Then
        s = -s
    End If
    If Shape1.Top + Shape1.Height >= Line2.Y1 Then
        s = -s
    End If
End Sub
```

（2）代码如下：

```
Dim a(100) As Integer
Private Sub Command1_Click()
    Dim k As Integer
    Open App.Path & "\in4.dat" For Input As #1
    For k = 1 To 100
        Input #1, a(k)
    Next k
    Close #1
End Sub


Private Sub Command2_Click()
'考生编写
Dim count As Long
Dim sum As Long
count = 0
sum = 0
Select Case Combo1.ListIndex
    Case -1
        MsgBox ("请选择要计算的类型")
        Exit Sub
    Case 0
        For i = 1 To 100
            If a(i) Mod 2 = 0 Then
                sum = sum + a(i)
                count = count + 1
            End If
        Next i
    Case 1
        For i = 1 To 100
            If a(i) Mod 2 <> 0 Then
                sum = sum + a(i)
                count = count + 1
            End If
        Next i
```

```
    Case 2
        For i = 1 To 100
            sum = sum + a(i)
            count = count + 1
        Next i
End Select
If count <> 0 Then
    Text1.Text = Cint(sum / count)
End If
'考生编写结束
End Sub
Private Sub Form_Unload(Cancel As Integer)
    Open App.Path & "\out4.dat" For Output As #1
    Print #1, Combo1.Text; Text1.Text
    Close #1
End Sub
```

3. 综合应用题

代码如下：

```
Option Base 1
Private Sub Form_Click()
    Const N = 5
    Const M = 5
    Dim mat(M, N) As Integer
    Dim i, j, t
    Open App.Path & "\" & "datain.txt" For Input As #1
    For i = 1 To N
      For j = 1 To M
        Input #1, mat(i, j)
      Next j
    Next i
    Close #1
    Print
    Print "初始矩阵为: "
    Print
    For i = 1 To N
      For j = 1 To M
        Print Tab(5 * j); mat(i, j);
      Next j
      Print
    Next i

    For i = 1 To N
      t = mat(i, 2)
```

```
        mat(i, 2) = mat(i, 4)
        mat(i, 4) = t
    Next i
    Print
    Print "交换第二列和第四列后的矩阵为: "
    Print
    For i = 1 To N
        For j = 1 To M
            Print Tab(5 * j); mat(i, j);
        Next j
        Print
    Next i
End Sub
```

参 考 文 献

[1] 施珺，陈艳艳，宋世斌，等. 凌风阁·VB课件 [OL]. http://sjweb.hhit.edu.cn/vbweb.

[2] 龚沛曾，杨志强，陆卫民. Visual Basic 程序设计教程[M]. 3 版. 北京：高等教育出版社，2007.

[3] 龚沛曾，杨志强，陆卫民. Visual Basic 程序设计实验指导与测试[M]. 3 版. 北京：高等教育出版社，2007.

[4] 教育部考试中心. 全国计算机等级考试二级教程：二级 Visual Basic 语言程序设计（2008年版）[M]. 北京：高等教育出版社，2011.

[5] 教育部考试中心. 全国计算机等级考试二级教程：公共基础知识（2011 年版）[M]. 北京：高等教育出版社，2011.

[6] 全国计算机等级考试指定教程名师辅导编写组. 全国计算机等级考试上机考试题库（二级 Visual Basic 语言程序设计）[M]. 北京：北京邮电大学出版社，2011.

[7] 全国计算机等级考试指定教程名师辅导编写组. 全国计算机等级考试标准预测试卷（二级 Visual Basic 语言程序设计）[M]. 北京：北京邮电大学出版社，2011.

[8] 陈艳艳. 计算机等级考试辅导资料（VB 二级）[M]. 连云港：淮海工学院计算机系，2007.

[9] 牛又奇，孙建国. 新编 Visual Basic 程序设计教程[M]. 苏州：苏州大学出版社，2007.

[10] 孙建国，海滨. 新编 Visual Basic 实验指导书[M]. 苏州：苏州大学出版社，2007.

[11] 江苏省普通高等学校计算机等级考试中心. 二级考试试卷汇编 Visual Basic 语言分册（2008—2011 年）[M]. 苏州：苏州大学出版社，2011.